“十三五”国家重点出版物出版规划项目

高性能高分子材料丛书

聚芳硫醚材料

杨 杰 王孝军 张 刚 卫志美 编著

科 学 出 版 社

北 京

内 容 简 介

本书为“高性能高分子材料丛书”之一。聚芳硫醚(PAS)，包括已经大规模产业化并得到广泛应用的聚苯硫醚(PPS)树脂，其特征是分子主链由硫醚与芳基结构构成，这是一个具有独特结构与性能的聚合物系列品种，在具有普遍的耐高温、耐腐蚀以及高强度等力学性能的基础上，也因结构的改变而具有了一些特殊的性能与潜在的应用领域，在高性能高分子序列中属于质优价廉的品种。本书将在系统介绍聚芳硫醚命名及分类、发展与研究历史、国内外研究与产业现状的基础上，着重阐述几种重要的聚芳硫醚树脂，特别是聚苯硫醚树脂的性能，生产、制备工艺、加工技术及其应用方法与领域，并对国内外在聚芳硫醚研究领域的进展及其成果进行深入的阐述，对其未来的发展方向与前景进行展望。

本书适合从事高分子材料研究的科研工作者、高校相关专业师生阅读与参考，并可作为高性能高分子材料合成、加工与应用领域从业人员的参考书。

图书在版编目(CIP)数据

聚芳硫醚材料 / 杨杰等编著. —北京：科学出版社，2020.12

(高性能高分子材料丛书 / 蹇锡高总主编)

“十三五”国家重点出版物出版规划项目

ISBN 978-7-03-067040-3

Ⅰ. ①聚… Ⅱ. ①杨… Ⅲ. ①聚硫醚-研究 Ⅳ. ①TQ326.56

中国版本图书馆 CIP 数据核字(2020)第 237889 号

丛书策划：翁靖一

责任编辑：翁靖一 孙 曼 / 责任校对：杜子昂

责任印制：师艳茹 / 封面设计：东方人华

科学出版社 出版

北京东黄城根北街 16 号

邮政编码：100717

http://www.sciencep.com

北京通州皇家印刷厂 印刷

科学出版社发行 各地新华书店经销

*

2020 年 12 月第 一 版 开本：720 × 1000 1/16

2020 年 12 月第一次印刷 印张：22 1/4

字数：428 000

定价：149.00 元

(如有印装质量问题，我社负责调换)

高性能高分子材料丛书

编 委 会

总　序

自20世纪初，高分子概念被提出以来，高分子材料越来越多地走进人们的生活，成为材料科学中最具代表性和发展前途的一类材料。我国是高分子材料生产和消费大国，每年在该领域获得的授权专利数量已经居世界第一，相关材料应用的研究与开发也如火如荼。高分子材料现已成为现代工业和高新技术产业的重要基石，与材料科学、信息科学、生命科学和环境科学等前瞻领域的交叉与结合，在推动国民经济建设、促进人类科技文明的进步、改善人们的生活质量等方面发挥着重要的作用。

国家“十三五”规划显示，高分子材料作为新兴产业重要组成部分已纳入国家战略性新兴产业发展规划，并将列入国家重点专项规划，可见国家已从政策层面为高分子材料行业的大力发展提供了有力保障。然而，随着尖端科学技术的发展，高速飞行、火箭、宇宙航行、无线电、能源动力、海洋工程技术等的飞跃，人们对高分子材料提出了越来越高的要求，高性能高分子材料应运而生，作为国际高分子科学发展的前沿，应用前景极为广阔。高性能高分子材料，可替代金属作为结构材料，或用作高级复合材料的基体树脂，具有优异的力学性能。这类材料是航空航天、电子电气、交通运输、能源动力、国防军工及国家重大工程等领域的重要材料基础，也是现代科技发展的关键材料，对国家支柱产业的发展，尤其是国家安全的保障起着重要或关键的作用，其蓬勃发展对国民经济水平的提高也具有极大的促进作用。我国经济社会发展尤其是面临的产业升级以及新产业的形成和发展，对高性能高分子功能材料的迫切需求日益突出。例如，人类对环境问题和石化资源枯竭日益严重的担忧，必将有力地促进高效分离功能的高分子材料、生态与环境高分子材料的研发；近14亿人口的健康保健水平的提升和人口老龄化，将对生物医用材料和制品有着内在的巨大需求；高性能柔性高分子薄膜使电子产品发生了颠覆性的变化；等等。不难发现，当今和未来社会发展对高分子材料提出了诸多新的要求，包括高性能、多功能、节能环保等，以上要求对传统材料提出了巨大的挑战。通过对传统的通用高分子材料高性能化，特别是设计制备新型高性能高分子材料，有望获得传统高分子材料不具备的特殊优异性质，进而有望满足未来社会对高分子材料高性能、多功能化的要求。正因为如此，高性能高分子材料的基础科学研究和应用技术发展受到全世界各国政府、学术界、工业界的高度重视，已成为国际高分子科学发展的前沿及热点。

因此，对高性能高分子材料这一国际高分子科学前沿领域的原理、最新研究进展及未来展望进行全面、系统地整理和思考，形成完整的知识体系，对推动我国高性能高分子材料的大力发展，促进其在新能源、航空航天、生命健康等战略新兴领域的应用发展，具有重要的现实意义。高性能高分子材料的大力发展，也代表着当代国际高分子科学发展的主流和前沿，对实现可持续发展具有重要的现实意义和深远的指导意义。

为此，我接受科学出版社的邀请，组织活跃在科研第一线的近三十位优秀科学家积极撰写“高性能高分子材料丛书”，内容涵盖了高性能高分子领域的主要研究内容，尽可能反映出该领域最新发展水平，特别是紧密围绕着“高性能高分子材料”这一主题，区别于以往那些从橡胶、塑料、纤维的角度所出版过的相关图书，内容新颖、原创性较高。丛书邀请了我国高性能高分子材料领域的知名院士、“973”项目首席科学家、教育部“长江学者”特聘教授、国家杰出青年科学基金获得者等专家亲自参与编著，致力于将高性能高分子材料领域的基本科学问题，以及在多领域多方面应用探索形成的原始创新成果进行一次全面总结、归纳和提炼，同时期望能促进其在相应领域尽快实现产业化和大规模应用。

本套丛书于2018年获批为“十三五”国家重点出版物出版规划项目，具有学术水平高、涵盖面广、时效性强、引领性和实用性突出等特点，希望经得起时间和行业的检验。并且，希望本套丛书的出版能够有效促进高性能高分子材料及产业的发展，引领对此领域感兴趣的广大读者深入学习和研究，实现科学理论的总结与传承，科技成果的推广与普及传播。

最后，我衷心感谢积极支持并参与本套丛书编审工作的陈祥宝院士、李仲平院士、瞿金平院士、王玉忠院士、张立群教授、李光宪教授、郑强教授、王笃金研究员、杨小牛研究员、余木火教授、解孝林教授、王锦艳教授、张守海教授等专家学者。希望本套丛书的出版对我国高性能高分子材料的基础科学研究和大规模产业化应用及其持续健康发展起到积极的引领和推动作用，并有利于提升我国在该学科前沿领域的学术水平和国际地位，创造新的经济增长点，并为我国产业升级、提升国家核心竞争力提供该学科的理论支撑。

蹇锡高

中国工程院院士
大连理工大学教授

前　言

新材料研发属于当今世界关系人类发展全局的高新技术领域，已为世界各科技强国所普遍重视，其在全球经济发展与产业升级变革中的重要性与引领性作用不断加强。我国是化学工业生产的大国，但化工新材料却是我国化学工业最大的短板，有的已经成为我国战略新兴产业发展的瓶颈，因此，大力发展我国的高性能新材料的研究、生产与应用就显得非常紧迫且意义重大。而让科技界与产业界广泛地了解并关注我国高性能高分子聚合物的现状及未来的发展趋势就成为发展我国高性能高分子材料的关键与前提。

整体来看，我国的高性能高分子材料在研究方面还是开展得较为广泛与深入的，但在产业化方面却与国外，特别是国外的一些跨国大公司存在较大的差距。不过本书将要阐述的聚芳硫醚(PAS)，包括已经大规模产业化并得到广泛应用的聚苯硫醚(PPS)树脂，却是我国在高性能高分子领域的研发上具有特色与先进性，甚至具有部分领先水平的少数几种高性能高分子系列品种，也使得其中的聚苯硫醚成为我国在该领域首个采用自主知识产权成功进行大规模产业化生产的高性能树脂品种。

对于大多数人而言，聚芳硫醚是一个陌生的名词，作为分子主链为硫醚与芳基结构这类聚合物的统称，聚芳硫醚是一个具有独特结构与性能的聚合物系列品种，而聚苯硫醚就是其中一个结构最简单、研发与应用最成熟的明星品种及特例。聚芳硫醚类树脂因其主链上的芳基结构以及硫醚键，普遍具有优异的耐高温、耐腐蚀、阻燃以及高力学强度等性能，又因各个树脂品种之间的结构差异，各个树脂品种在性能与用途方面具有特殊性，从而能够覆盖多种环境及领域的需求。

本书就是在这一背景下，按照高性能高分子材料丛书的规划、要求与目标，结合作者在该领域的知识背景与沉淀以及长期从事聚芳硫醚材料研发与产业化工作的经验，收集、整理并总结国内外在该领域的研究、产业化与应用成果的基础上进行编撰的。

本书将从聚芳硫醚命名及分类出发，系统介绍其发展与研究历史、国内外研究与产业现状，着重从生产、制备工艺、加工技术及应用领域等多个方面阐述几种重要的聚芳硫醚树脂，并对国内外聚芳硫醚研究领域的最新进展和成果进行深入剖析，最后就其未来的发展方向和前景进行展望。

作者希望通过本书的出版，让更多的人知道、了解聚芳硫醚，让更多的研究工作者参与到聚芳硫醚的研发中来，也促使更多的领域与应用部门参与到聚芳硫醚应用技术的开发与应用中来，使得我国在该领域的领先技术与优势产业持续、全面地扩大，为我国高性能高分子材料的发展壮大、我国高新技术的发展及现有产业的升级换代作出应有的贡献，同时，也使聚芳硫醚的发展成为国际上高性能高分子材料发展的亮点与标杆。

本书由杨杰、王孝军、张刚及卫志美共同协力编撰而成，其中，杨杰负责第1章及其他章节部分内容的编写与统稿工作，王孝军负责第5、6、7章部分内容编写及部分统稿工作，张刚负责第2、3、4章部分内容的编写，卫志美负责第3、5章部分内容的编写，还有杨家操、张美林、龙盛如、王钊、吴喆夫、黄佳、彭伟明、曹素娇、童心、严光明、张雨、董园、刘振艳、曹轶、余婷、熊晨、常成功、连英甫、杨发明等老师与同学参与了资料收集、整理工作。可以说，本书是四川大学聚芳硫醚课题组成员们共同努力的成果。

值本书出版之际，特将本书献给作者的老师：陈永荣和伍齐贤两位教授，致敬四川大学这两位开创了我国聚芳硫醚研究的前辈！并对本书中引用的大量参考文献的原作者表达深深的敬意与谢意！此外，作者还要衷心感谢刘静博士、陈逊等提供的充实资料与大力支持！

由于编写时间紧迫，成书仓促，本书在收集相关数据及资料中存在不足之处，加之作者水平的限制，书中不妥和疏漏之处在所难免，恳切希望得到广大读者及专家学者的评判指正，以利我们进一步的修改与完善，谢谢！

杨　杰
2020年6月
于四川大学

目　录

第1章

聚芳硫醚概论及其研发历史与现状

聚芳硫醚(polyarylene sulfide，PAS)是指聚合物分子主链结构为硫与芳基结构交替连接的一类高分子聚合物，其分子通式为

$$\left[\!-\mathrm{Ar}-\mathrm{S}-\!\right]_n$$

PAS，包括其中结构最为简单的聚苯硫醚(polyphenylene sulfide，PPS)，这一类高性能高分子，其发展历史可追溯至19世纪末。1896年，Genvresse用苯和硫在Friedel-Crafts反应催化剂$AlCl_3$存在下共热，生成了一种无定形、不易溶解的树脂[1]。由此，这一具有PPS原始意义的树脂，在经历了120多年国内外科学工作者及产业界不懈的努力与创造后，已发展成为高性能高分子树脂的代名词。PAS，以及PPS名称的内涵已经完全更新，树脂合成技术与工艺、树脂的性能及品种、树脂的加工技术与应用领域更是得到了全面的发展与进步。

从全球范围来看，PAS类材料的研究和生产主要集中在日本、美国和中国。在早期的研究及产业化发展中，美国具有开创性地位，成就显著；20世纪80年代后期，日本快速跟进与发展，特别是在产业化方面取得了突出而优秀的成绩，开始领跑世界；总体来看，中国处于并跑行列之中。国内PAS研究及产业化工作主要集中在四川大学及其合作伙伴身上。四川大学在PAS树脂分子结构设计、树脂合成、放大及产业化、结构与性能研究、加工改性研究、产品制造与应用，尤其是高性能热塑性复合材料、耐腐蚀渗透膜等，诸多研究方向及应用领域取得了突破，并在部分方向上已经成为全球领跑者。

PAS类聚合物构成的特殊性以及分子链结构的刚性，使得它们普遍具有优良的耐高温、耐腐蚀、耐辐射、阻燃、均衡的物理机械性能和极好的尺寸稳定性以及优良的电性能等特点，并被广泛作为结构性高分子材料使用。例如，PAS树脂可以作为高性能复合材料用基体树脂；可以制成高性能纤维等；通过填充、改性后可广泛用作特种工程塑料；同时，PAS树脂还可制成各种功能性的薄膜、涂层和复合材料。

目前，PAS树脂中发展最成熟、应用最广的品种为PPS，其作为特种工程塑料而被广泛使用。此外，PAS类树脂中研究工作较深入的品种还有聚芳硫醚砜

(polyarylene sulfide sulfone，PASS)和聚芳硫醚酮(polyarylene sulfide ketone，PASK)等。

本书将在系统介绍 PAS 命名及分类、发展与研究历史、国内外研究与产业现状的基础上，着重介绍几种 PAS 树脂，特别是 PPS 树脂的性能、生产与制备工艺、加工方法与技术及其应用，并对国内外在 PAS 研究领域的进展及其成果进行深入的阐述，对其未来的发展方向与前景进行展望。

1.1 聚芳硫醚的命名及分类

1.1.1 命名

严格来说，PAS 属于聚芳醚类树脂中的一类，但它是其中特殊的一类树脂：分子主链结构中含硫。正因为分子主链结构中含硫，PAS 类树脂有其特殊的结构与性能。早期的 PAS 树脂品种的名称比较混乱，PAS 与 PPS 也完全不加区别地混用。为改变这一状况，根据国际通用的聚合物命名规则，四川大学聚芳硫醚研究团队在对这类聚合物进行系统性研究的基础上，规范了这类聚合物的命名与简称[2]，以便于研究、交流的准确性以及公众通过名称对其进行正确的认知。

对于 PAS 新的树脂品种的命名，将首先根据芳基结构是简单苯环还是其他芳基结构进行区分，再根据苯环或芳基结构上是否含有官能团或所含官能团的种类进行命名。例如，芳基结构为单一的苯环，则为大家熟知的聚苯硫醚(PPS)，若 PPS 的苯环上还带有简单的侧基，则根据其侧基称为：××(侧基名)基化聚苯硫醚，如氨基化聚苯硫醚、羟基化聚苯硫醚、羧基化聚苯硫醚等；若芳基结构不是简单的苯环及带有简单侧基的苯环，则根据其芳基结构命名为聚芳硫醚××，如芳基结构为苯基砜或者苯基酮，则分别称为聚芳硫醚砜(PASS)或聚芳硫醚酮(PASK)；有一例外的是，带有氰基这一侧基结构的聚苯硫醚树脂，因为历史的原因以及氰基这一侧基的强极性导致树脂聚集态结构与性能发生大的改变这一结果，也就将该树脂直接称为了聚芳硫醚腈(PASN)。由此可见，PPS 是 PAS 树脂中结构最简单的聚合物，是 PAS 的特例。此外，从另一个角度看 PAS，也可理解为，所有品种的 PAS 树脂都是由 PPS 演变而来的，故可称其他品种的 PAS 树脂为 PPS 的结构改性品种。例如，若将 PPS 结构中的苯基分别用苯基砜或者苯基酮取代，在早期的研究文章中，这些 PAS 树脂也被分别称为聚苯硫醚砜(polyphenylene sulfide sulfone，PPSS)或聚苯硫醚酮(polyphenylene sulfide ketone，PPSK)，但现在这些名称都已逐步淘汰，而分别以 PASS 及 PASK 进行称呼与报道了。此外，在聚合物的研究与发展过程中，也有一些新的、边缘性的树脂品种出现，虽然其结构中只含有少量的硫及芳基结构单元，为使研究工作更加系统，我们也将其纳入 PAS 的范畴。

近三十年来，经过四川大学聚芳硫醚科研团队深入、广泛而系统的研究与产业化工作，以及坚持采用科学规范的命名体系对 PAS 进行相应的报道与宣传，PAS 的名称与概念已逐步演变、发展、完善，并在科技与工业领域获得了广泛的认知。

1.1.2　归属与分类

塑料是聚合物中包含种类最多、产量最大、应用最广的一个分支。塑料按照其性能和使用范围又可分为通用塑料和工程塑料两大类。通用塑料，如聚乙烯、聚丙烯、聚苯乙烯及聚氯乙烯等的特点是产量大、价格低，但使用温度低于 100 ℃；工程塑料是指在高于 100 ℃和低于 0 ℃的温度下仍能保持尺寸稳定性和力学性能的聚合物材料，它们通常包含尼龙、聚酯、聚碳酸酯、聚甲醛和聚苯醚五大品种，其拉伸强度≥49 MPa，弯曲模量≥2 GPa，长期耐热性≥100 ℃，可被应用于机械、电子电气、汽车等工业领域制作结构受力件；在五大工程塑料基础上，人们又将长期耐热性≥150 ℃、具有更高强度和更高模量的工程塑料称为特种工程塑料。特种工程塑料的特点是品种多、产量小、附加值高，其代表性品种为 PPS、聚醚醚酮(PEEK)等聚合物。自然地，PAS 类材料全都满足以上条件，因而，PAS 与其代表性品种 PPS 一道被归属于特种工程塑料。工程塑料分类情况见图 1-1。

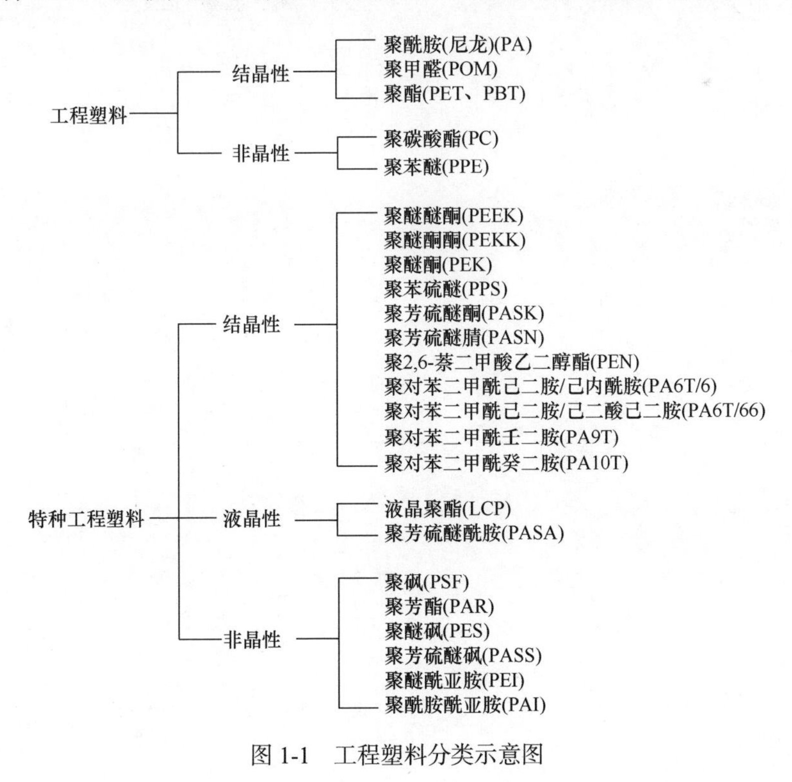

图 1-1　工程塑料分类示意图

目前，研究工作较深入的 PAS 树脂的主要品种有 PPS、PASS、PASK 等，PPS 以外的品种都可以看成是在 PPS 的主链结构上引入强极性基团后形成的新型树脂，且普遍都达到了提高 PPS 树脂耐热性的目的。根据结构与基团的不同，PAS 树脂中有与 PPS 一样为结晶性树脂的，如 PASK；也有完全为非晶性树脂的，如 PASS；还有部分结合聚酰亚胺优点的聚芳硫醚砜酰亚胺(polyarylene sulfide sulfone imide，PASSI)等。表 1-1 是 PAS 树脂的一些品种及其结构式。

表 1-1　代表性 PAS 树脂分子结构示意图

树脂	简称	结构式
聚苯硫醚	PPS	$\left[-C_6H_4-S- \right]_n$
聚芳硫醚砜	PASS	$\left[-C_6H_4-SO_2-C_6H_4-S- \right]_n$
聚芳硫醚酮	PASK	$\left[-C_6H_4-CO-C_6H_4-S- \right]_n$
聚芳硫醚酰胺	PASA	$\left[-C_6H_4-CO-NH-C_6H_4-S- \right]_n$
聚芳硫醚酮酮	PASKK	$\left[-C_6H_4-CO-C_6H_4-CO-S- \right]_n$
聚芳硫醚砜酰亚胺	PASSI	$\left[-\text{(phthalimide)}-N-C_6H_4-SO_2-C_6H_4-N-\text{(phthalimide)}-S- \right]_n$
聚联苯硫醚砜	PBPSS	$\left[-S-C_6H_4-SO_2-C_6H_4-C_6H_4-SO_2-C_6H_4- \right]_n$
聚芳硫醚砜酰胺	PASSA	$\left[-CO-C_6H_4-S-C_6H_4-CO-NH-C_6H_4-S-C_6H_4-SO_2-C_6H_4-S-C_6H_4-NH- \right]_n$
半芳族聚芳硫醚酰胺	semi-PASA	$\left[-S-C_6H_4-CO-NH-R_1-NH-CO-C_6H_4- \right]_n$　$-R_1- = -(CH_2)_n-$　n=2,4,6,8,10
聚芳硫醚酯	PASR	$\left[-CO-C_6H_4-S-C_6H_4-CO-O-C_6H_4-C(Me)(C_6H_5)-C_6H_4-O- \right]_n$

除了在 PPS 的主链结构上引入强极性基团形成新的 PAS 树脂外，还有在 PPS 中苯环结构上引入侧基而制得的树脂，其主要目的是通过引入功能性的侧基，获得功能性的 PPS 树脂，例如，在苯环上分别引入羟基、氨基、羧基以及氰基，制成羟基化聚苯硫醚、氨基化与羧基化聚苯硫醚等。但引入氰基而制得的聚芳硫醚腈，除使得树脂更耐油外，还因为氰基强的极性，聚合物聚集态产生大的变化，进而树脂性能发生明显的改变。

以上介绍的各种 PAS 树脂中，PPS 是其代表性品种，是 PAS 树脂中研究最成熟、产业化最为成功、应用最广泛、人们最熟知的品种，也是本书阐述的重点。

1.2　聚芳硫醚的研发历史

1.2.1　PPS 研发历史

PPS 是一种新型的高性能热塑性树脂，具有优异的耐热性、阻燃性、绝缘性，其强度和硬度均较高，可用多种成型方法进行加工，而且可精密成型。同时，PPS 与无机填料、增强纤维的亲和性以及与其他高分子材料的相容性好，因而可制成不同的增强填充品种及高分子合金。PPS 是特种工程塑料的第一大品种，也是性价比最高的特种工程塑料。在工程塑料系列中，PPS 的产量排在聚碳酸酯、聚酯、聚甲醛、尼龙和聚苯醚之后，又成为名副其实的第六大工程塑料。PPS 的用途十分广泛，主要应用于汽车、电子电气、机械行业、石油化工、制药业、轻工业以及军工、航空航天等特殊领域。

追溯 PPS 树脂的发展历史，公认的应从 19 世纪末开始。1888 年，PPS 树脂作为反应的副产物第一次为人们所发现。1896 年，法国人 Genvresse 首先报道采用苯与硫在 $AlCl_3$ 催化下利用 Friedel-Crafts 反应，在实验室中合成了一种无定形、不溶性的树脂，其化学实验式为$(C_6H_4S)_n$，这就是最初的 PPS。之后数十年中，许多学者又采用不同的方法合成了一些难定义但组成类似 PPS 的树脂。例如，1909 年 Deuss 将苯硫酚与 $AlCl_3$ 作用得到一种 PPS。1910 年，Hilditch 利用苯硫酚在浓 H_2SO_4 中的自聚反应，也制成了一种奶油色不溶性粉状 PPS，类似于 Deuss 的产品。1928 年，Glass 和 Reid 也在 350 ℃下用苯与硫反应制得一种树脂状的 PPS 产品，其产率为 50%；1935 年，Ellis 用苯和二氯化硫或硫反应，$AlCl_3$ 作催化剂，合成出了一种低分子量的 PPS 树脂。但由于这些反应都存在支化和交联问题，同时，树脂的分子量和产率都不高，因此无实际利用价值。1948 年，A. D. Macallum 采用对二氯苯和硫黄以及碳酸钠在熔融状态下反应合成 PPS 树脂，但因反应放热量大，聚合过程控制困难，产物的重现性差，且树脂结构中具有多硫结构，造成性能不稳定而未能走向实用化。1959 年，美国陶氏化学公司(Dow Chemical Company)的 R. W. Lenz 等采用对卤代苯硫酚的金属盐在 N_2 及吡啶存在下进行自缩聚，成功制得了重复性良好的标准线型 PPS 树脂，但原料毒性大，价格昂贵，反应易产生副产物——环状 PPS 低聚物，工艺过程中的难点太多，因而也在工业化过程中受挫[2]。

1963 年，美国诺顿公司(Norton Company)的 Roscoe A. Pike 申请了第一项关于 PPS 的专利[3]：Catalysts for polyphenylene sulfide type resins。之后不久，人们就发明了具有工业化生产价值的 PPS 合成路线，制得了具有应用价值的 PPS 树脂。1967 年，美国菲利普斯石油公司(Phillips Petroleum Company)的 James T. Edmonds 和 Harold Warold Wayne Hill 成功研制出了采用对二氯苯和硫化钠为原料，在极性有机溶剂 *N*-甲基吡咯烷酮(NMP)中进行溶液缩聚合成 PPS 的方法，并申请了专利保护[4]。该公司于 1971 年首次实现了 PPS 的工业化生产并以商品名“Ryton PPS”投放市场。自此，PPS 受到世界各地的关注，其合成与加工等研究逐步活跃起来。1979 年，菲利普斯石油公司又相继开发了 PPS 的纺丝工艺，PPS 的纺丝技术也得到了逐步发展。

1987 年前，美国菲利普斯石油公司的 Ryton PPS 树脂几乎占据了全球所有的市场。同时，作为战略性物资材料，其销售与出口也受到了一些限制，并根据“巴统协议”向包括中国在内的国家禁运。受早期工艺水平的限制，最初的 PPS 树脂分子量比较低，其重均分子量通常为 20000 左右，外观为灰白色细粉，在进行常规的塑料制品加工应用之前，该树脂还要经过热氧交联处理，提升树脂分子量、降低熔体流动性，树脂颜色也变深，成为褐色。之后，树脂再与增强纤维及各种填料通过挤出造粒，制成复合改性品种，应用于塑料制品的加工中。因而当年的 PPS 制品存在着一个较大的缺点，就是耐冲击性差、性脆。

1985 年美国菲利普斯石油公司专利保护期满后，PPS 赢来了发展的一个高峰。其中，成就较为突出的为日本的几家公司。日本吴羽化学工业株式会社以对二氯苯与硫化钠为原料，通过改善合成催化剂种类，在 *N*-甲基吡咯烷酮(NMP)中通过高压聚合合成出了高韧性、高分子量的线型 PPS 产品，此产品也被日本称为第二代 PPS 树脂。该产品分子量较高、性能优异、色泽较白，成功地克服了美国菲利普斯石油公司先前 PPS 韧性较差的缺陷。

在 1990 年前后，由于受到金融危机的影响，全球对 PPS 的需求受到了很大限制，美国菲利普斯石油公司与日本 PPS 厂家的销售额度持续减小。直到 1995 年前后，全球经济回暖，PPS 的生产才进入良性发展阶段。2000 年及以后，由于汽车工业、航空航天、电子电气等领域的快速发展，PPS 树脂成为工程塑料中最为畅销的品种，直至现今仍供不应求。

因为 PPS 具备优良的综合性能，其应用领域不断得到扩展，市场持续保持 10%以上的增长速率。因此，各家树脂生产商纷纷对原 PPS 树脂生产线进行扩能，甚至建立新的生产装置。例如，美国、日本的 PPS 树脂规模化工业生产装置能力都普遍由最初的 3000～4000 t/a 扩大为 5000～8000 t/a，而 Chevron-Phillips 化学公司，则率先建设并投产了万吨级的 PPS 树脂生产线，虽然其从建成到达产历时较长，且经历了公司的 PPS 树脂业务被索尔维公司(Solvay，原中文名称为苏威，2014 年 9 月收购了美国 Chevron-Phillips 化学公司 PPS 业务)收购的历程，但其万吨级 PPS 树脂生产线开车仍然不失为一件标志性事件。

目前，已有美国、日本、中国和韩国掌握了 PPS 树脂的工业化生产制造技术，拥有生产能力和商业化的产品。此外，早期的德国、俄罗斯、印度也都进行过 PPS 树脂工业化生产技术的研发与尝试，但却因为各种原因都没能实现 PPS 树脂的工业化生产。

我国的 PPS 研究和生产始于 20 世纪 70 年代初期，其间经历了如下几个主要阶段[2]。

1. *初始期*

20 世纪 60 年代中期，华东化工学院廖爱德、李世晋参照 Genvresse、Macallum 等前人的工作进行了一些 PPS 的合成研究。之后，70 年代初至 80 年代初，天津市合成材料工业研究所、广州市化学工业研究所和四川大学等单位相继开展了 PPS 的合成研究、中试生产和初步应用开发工作。这三家单位在技术上都分别采用釜内脱水或釜外脱水的方法在六甲基磷酰三胺(HMPA)或 NMP 中进行缩聚反应制备 PPS 树脂，并在 1974 年后相继进行了 PPS 树脂的中试放大工作。但以上这些 PPS 合成装置由于溶剂消耗量大、工艺技术不成熟、生产成本高、产品质量不稳定等多种因素而先后停止了生产，前两家单位也相继退出了 PPS 树脂的合成研究工作。四川大学的研究团队则在陈永荣教授与伍齐贤教授的带领下，在将 PPS 树脂产品大量制成防腐涂料应用于化工装备及填料并取得极好效果的基础上，开始探索并开创了具有我国特色的硫黄溶液法合成 PPS 技术。

2. *发展期*

20 世纪 80 年代中期至 90 年代中期可以定义为 PPS 在我国的发展期，其间一个主要特征为：四川大学进一步发展了自己开发的硫黄溶液法技术，在四川省自贡市化学试剂厂(后改名四川特种工程塑料厂)建立了 9 t/a PPS 树脂合成扩试装置，其 PPS 研究也被连续列入了“七五”、“八五”和“九五”期间的“国家高技术研究发展计划”(简称“863”计划)之中，其间，以四川大学杨杰教授为代表的第二代 PPS 研究学者又在提升树脂分子量上取得了一定突破，解决了当时合成的 PPS 树脂分子量较低、树脂性能难以提高的技术难题。在此基础上，四川大学同化工部第八设计院和自贡市化学试剂厂共同承担了国家计划委员会的重大新产品开发项目，在自贡市化学试剂厂建立了国内首套百吨级(150 t/a)PPS 工业化试验装置，并成功通过了四川省科学技术委员会、四川省化工厅组织的 72 h 生产考核和国家计划委员会的鉴定、验收，自贡市化学试剂厂成为当时国产 PPS 树脂最主要的供货单位。以此为起始，国外的 PPS 树脂也被解除封锁，开始大量进入中国市场。

发展期的第二个特征是 PPS 复合材料的研发、生产、加工和推广应用取得突破，国内科技和产业界开始认知并逐步接受了这一在当时属于昂贵材料的 PPS 特种工程塑料。“八五”期间，以四川大学为牵头单位，联合北京市化学工业研究院、化工部晨光化工研究院、四川特种工程塑料厂，以及国有 719 厂和 715 厂等共同承担了国家“八五”攻关项目“聚苯硫醚制品开发”，进行了大规模的 PPS 复合材料品种的研发与生产、PPS 塑料制品的加工与推广应用，为 PPS 在我国的发展和应用打下了坚实的基础。

发展期的第三个特征是国内 PPS 生产装置一哄而起，分别在全国各地先后建有二十多套 50～200 t/a 规模(在规模和能力上多进行了夸大宣传)PPS 生产装置，但由于几乎都采用了极不成熟的技术源头，普遍在技术上存在一些缺陷，导致生产线溶剂消耗量大，产品分子量低、质量差、成本高，因而这些装置不久就纷纷被关、停、并、转，造成了巨大的社会经济损失。

发展期的第四个特征是国内 PPS 树脂生产的原料获得了根本性的改善。硫化钠是硫化钠法生产 PPS 树脂最根本的两种单体之一，高质量的硫化钠是工业化生产 PPS 树脂最重要的基础，但由于之前受到国产硫化钠产品质量及纯度等因素的制约，我国的硫化钠法合成 PPS 路线在放大与产业化过程中困难重重。直至 20 世纪 90 年代中期，新疆天山化工厂引进美国的硫化钠生产技术，开始生产片状的、含 3 个结晶水的工业硫化钠($Na_2S \cdot 3H_2O$)之后，制约我国 PPS 树脂产业化的这一重要因素才算得到根本性的改善，为我国 PPS 的全面开花与发展打下了基础。

3. 产业化期

20 世纪 90 年代中期，四川大学的 PPS 树脂合成技术得以全面突破，PPS 树脂的合成工艺路线、工业化放大、树脂复合材料的加工与产品研发得到迅速的发展，并确定了多种合成路线，其中以严永刚教授为代表的研究人员在聚合反应复合催化体系研究中取得突破，建立了新的高分子量线型韧性 PPS 树脂合成工艺。

与此同时，PPS 的发展前景获得了广泛的共识，国内有关职能部门也规划了我国 PPS 的产业化发展方向，四川、吉林、山东等地的一些企业也纷纷瞄准了建设 PPS 千吨级规模化生产装置的目标，并分别进行了立项，但直到进入 21 世纪后才真正开始了我国 PPS 千吨级产业化生产线的建设。四川省华拓实业发展股份有限公司和自贡鸿鹤化工集团下属自贡鸿鹤特种工程塑料有限责任公司在原四川特种工程塑料厂合成 PPS 技术的基础上，采用精制工业硫化钠与对二氯苯在 NMP 中加压缩聚的工艺路线分别建立了 85 t/a 和 70 t/a 的 PPS 树脂合成装置，并相继通过了四川省组织的 72 h 生产考核。以此为资本，四川华拓实业发展股份有限公司正式接手国家计划委员会的高技术产业化示范工程项目，于 2002 年底在四川德阳建成了千吨级的 PPS 产业化装置并试车成功，于 2003 年以四川得阳科技股份有限公司(简称得阳科技)的名义开始了 PPS 树脂的生产，成为几乎是唯一的国产 PPS 树脂生产与供应商。2004 年，四川得阳科技股份有限公司和四川大学共同的成果“1000 t/a 硫化钠法合成线型高分子量聚苯硫醚树脂装置”获得了四川省科技进步一等奖，这也是我国在工程塑料和特种工程塑料领域拥有完全自主知识产权的第一套千吨级产业化生产装置，使我国成为继美国、日本之后成功地实现了聚苯硫醚这一战略性高性能材料的工业化生产的国家。

4. 产业化进步期

2005 年开始，四川得阳科技股份有限公司陆续新建了两条 6000 t/a 的 PPS 树脂生产线，并于 2007 年进一步投资新建年产 24000 吨 PPS 树脂生产线和年产 5000 吨 PPS 纺丝生产线。受四川得阳科技股份有限公司 PPS 产业化成功的鼓舞，国内出现了 PPS 发展的热潮，有多家单位建成新的 PPS 产业化装置。例如，2012 年，昊华西南化工有限责任公司(由自贡鸿鹤化工股份有限公司与中昊晨光化工研究院有限公司整合成立)2000 吨聚苯硫醚生产线正式投产运营；2013 年 9 月，浙江新和成特种材料有限公司(简称浙江新和成)采用日本无锂工艺路线的年产 5000 吨注塑级 PPS 项目正式投产；2013 年，鄂尔多斯市伊腾高科有限责任公司建立的年产 3000 吨纤维级树脂装置正式建成并一次性试车成功；2014 年，张家港市新盛新材料有限公司年产 5000 吨注塑级 PPS 项目正式投产；2014 年 8 月，广安玖源新材料有限公司投资建设年产 3000 吨 PPS 装置，并于 2015 年试运行；2015 年，敦煌西域特种新材股份有限公司一期 2000 吨 PPS 项目投产运行；2016 年 7 月，重庆聚狮新材料科技有限公司(简称重庆聚狮)PPS 项目开工建设 5 套并行的年产 2000 吨生产装置，其首套装置于 2017 年投产。

2014 年 3 月，香港上市公司中国旭光高新材料集团有限公司(四川得阳科技股份有限公司暨四川得阳化学有限公司资产皆合并于其中)因招股说明书和财务年报涉嫌造假，被香港股市停牌，四川得阳科技股份有限公司暨四川得阳化学有限公司也被停业。虽然其间一度短时间恢复生产，但也因法律制约，资金、人员大量流失等而再度停产。2019 年，该公司进入破产状态，其 PPS 树脂生产技术以及管理与技术人员全部扩散、流失。

国内各 PPS 生产企业除浙江新和成外，几乎都采用源自四川大学技术的锂盐催化体系，而当 2014 年国内新能源汽车发展达到高峰期时，锂电池需求猛增，使得锂盐价格出现暴涨，由原来的 4 万～5 万元/t 一路涨到 15 万元/t，并一度涨至 17 万元/t，加上锂盐回收系统存在的技术屏障，导致国内 PPS 生产企业生产成本急剧上涨，各企业皆出现产品售价与成本倒挂的窘境。与催化剂涨价对应的却是，随着国内生产企业增多，国外 PPS 生产企业开始对国内企业实施中低端产品价格战，使得 PPS 树脂售价持续下跌至 5.5 万元/t 甚至更低，几乎所有的 PPS 树脂生产厂都纷纷停产，甚至破产，唯有采用日本无锂工艺加国内技术改进后工艺路线的浙江新和成一枝独秀，继续扩大生产，并于 2018 年投产了采用新工艺路线的万吨级生产装置，停用了原年产 5000 吨旧生产装置。

我国 PPS 的发展被列入了 2015～2020 国家新材料重点方向，使得该材料的发展受到了大批企业及地方政府的广泛重视与支持，在原有装置大量停产的同时，又有一些新的企业加入进来，一大批新的装置不断涌现，且规模都越建越大。截至 2019 年底，国内 PPS 装置总设计产能已超过 10 万吨，但这些装置却普遍具有低水平重复、盲目建设的特点。国内这些众多的生产线和不同的工艺路线都会导致产品质量、性能与经济性的差异。如何进一步提升产品质量，提高溶剂和催化剂回收率将是各套装置生存的关键。当前，浙江新和成和新疆中泰新鑫化工科技股份有限公司的万吨级生产线是国内 PPS 合成技术的代表性生产线，它们均采用最新的硫氢化钠聚合路线及优化后的产品纯化洗涤、溶助剂回收系统，进一步优化升级了产品性能、降低了 PPS 生产成本，具有较强的竞争力。

近十年来，在杨杰教授的带领下，以四川大学张刚等为代表的 PPS 第三代研究学者在 PPS 新型催化体系以及新型溶助剂回收方面进行了系统的研究和放大工作，并取得了突破性进展，新技术的推广应用可望全方位推进 PPS 生产技术的变革及大幅度削减树脂生产成本，这对提高树脂生产技术水平、提升树脂质量、投产树脂新品种、满足需求，以及保持并提升我国在国际上在该领域具有的优势都具有重大意义。

1.2.2 其他聚芳硫醚品种研发历史

自 1962 年，美国陶氏化学公司的 Robert W. Lenz 申请了关于 PPS 的第一项专利[5]“Method for preparing linear polyarylene sulfide”以来，通过改变 PPS 的主链结构，对其进行化学结构的改性来制备新的 PAS 树脂，改变和提高 PPS 的性能，特别是耐热性能，一直是科研工作者追求的目标，也是 PAS 的一个重要发展方向。目前已开发出来的此类 PAS 树脂主要有 PASS、PASK 等。

PASS 是美国菲利普斯石油公司于 20 世纪 70 年代开始进行研发的一种新型热塑性无定形耐高温树脂[6-8]，大日本油墨化学工业(DIC)株式会社后来也加入了 PASS 的研究、开发行列[9-11]，但目前这两家公司都没有进行商业化的 PASS 树脂生产。国内，四川大学在 20 世纪 70 年代开始了 PASS 的合成研究，但在这些前期的研究工作中，始终没有获得理想的高分子量 PASS 树脂[12]。直到 2000 年后，四川大学王华东、杨杰、李东升等在提升树脂分子量这一难题上取得了一系列突破[13-16]，该工作在被列入了国家“十五”“863”计划之后，研究工作更是取得了极大的进展，成功推出了常压下合成高分子量 PASS 树脂的放大工艺技术。目前，四川大学与内蒙古晋通高新材料有限责任公司正采用该工艺技术进行 PASS 树脂千吨级产业化工作。

PASK 是一种与 PPS 相似的新型结晶性耐高温热塑性树脂，其熔点高达 360 ℃，具有优异的耐热性与力学性能。美国的菲利普斯石油公司曾经在 20 世纪 80 年代和 90 年代期间进行过 PASK 树脂的研发[17,18]，之后因为工艺技术上的困难而放弃了该树脂的进一步研发。自从 1968 年第一篇合成专利报道以来，经过近二十年的研发，日本吴羽化学工业株式会社在 20 世纪 80 年代进行了 PASK 树脂的放大工作[19,20]。四川大学陈永荣、伍齐贤、余自力等自 20 世纪 80 年代就开始了 PASK 树脂的研发[21-23]，取得了一系列的成绩，但在提升树脂分子量这个关键技术难点上始终难以突破。2011 年后，杨杰、张刚、王言伦、李志敏等才分别采用两种不同的方法在 PASK 树脂分子量提升这一瓶颈问题上取得了根本性的进展[24-27]。此外，山东建筑大学(原为山东建筑工程学院)也曾经进行过 PASK 树脂的研发工作[28,29]。

PASA 是日本研究工作者石川明宏于 1988 年率先研发的具有某些高分子液晶功能及现象的新型树脂[30]，我国四川大学的周祚万、伍齐贤等也对其开展过相关研究[31-34]。

1.3　国内外聚苯硫醚生产现状及应用市场

1.3.1　国外生产现状及应用市场

1. PPS 树脂生产现况

1985 年以前，由于受专利的保护，仅有美国菲利普斯石油公司生产的商品名为 Ryton 的 PPS 树脂供应市场。1985 年，由于 Ryton PPS 专利失效，许多公司相继采用美国菲利普斯石油公司的技术路线或相似工艺建成了 PPS 生产装置，进行 PPS 的生产，同时加紧新技术的开发，使得 PPS 生产能力大增，技术水平不断提升，产品质量与性能不断上升、生产成本不断下降。现今意义上的 PPS 树脂，无论从产品质量、性能和市场价格来说，都已经完全不是 1985 年前仅有美国菲利普斯石油公司独家进行树脂生产时那个意义上的 PPS 树脂了。

目前，美国有索尔维公司(原美国 Chevron-Phillips 化学公司 PPS 生产线)和塞拉尼斯公司(原美国 Ticona 公司)2 家 PPS 树脂生产商；日本有东丽工业株式会社、东曹株式会社、吴羽化学工业株式会社、大日本油墨化学工业株式会社等 4 家 PPS 树脂规模化生产商；此外，东丽工业株式会社在韩国建有 0.86 万 t/a PPS 树脂生产装置，韩国 SK 化学公司与日本帝人株式会社合建有采用如下工业路径的 1.2 万 t/a 生产装置，但装置运行并不顺利，产品质量与性能也较差。

$$\text{I}-\text{C}_6\text{H}_4-\text{I} + \text{S} \xrightarrow[\text{高温}]{\text{催化剂}} \left[\text{C}_6\text{H}_4-\text{S}\right]_n + \text{I}_2$$

欧洲方面，德国拜耳(Bayer)公司曾在比利时安特卫普建有一套5000t/a的PPS树脂生产装置，但由于工艺技术方面的原因于1992年被关闭了，使得整个欧洲没有了PPS树脂的生产。目前，一些欧洲公司仍然对PPS树脂的生产抱有极大的兴趣，例如，索尔维公司通过收购Chevron-Phillips化学公司的PPS业务，从而实现了PPS树脂的生产。

当前，全球PPS树脂主要生产厂及生产能力如表1-2所示。

表 1-2 全球 PPS 树脂主要生产厂商情况

国别	生产厂家	产品类型	商品名称	产能/(万 t/a)	备注
美国	索尔维公司(Solvay)	交联型、线型	Ryton®	2	2014年9月，索尔维收购美国Chevron-Phillips化学公司PPS业务
	塞拉尼斯(Celanese)	交联型、线型	Fortron®	1.5	原Ticona公司及日本吴羽化学工业株式会社技术
日本	东丽工业株式会社(Toray Industries)	交联型、线型	Torelina®	2.76	前身是东丽菲利浦株式会社，1994年进入东丽工业株式会社。在韩国建有0.86万t/a装置
	吴羽化学工业株式会社(Kureha Chemical Industry，KCI)	交联型、线型	Fortron®	1.2	
	东曹株式会社(Tosoh Corporation)	交联型、线型	Susteel®	5000	前身是东曹-保土谷株式会社，1996年进入东曹
	大日本油墨化学工业株式会社(Dainippon Ink & Chemicals，DIC)	交联型、线型	DIC®	1.9	包括2001年兼并的东燃(Tohpren)石油化学工业株式会社
中国	四川得阳科技股份有限公司(华拓实业发展股份有限公司)	交联型、线型	Haton®	3.2	由四川华通路桥集团有限公司、四川大学、中蓝晨光化工研究设计院有限公司、中国高新技术投资发展有限公司等组建，目前处于破产状态
	浙江新和成特种材料有限公司(绍兴)	交联型、线型	NHU	1.5	2013年建成年产5000吨装置，2018年投产了新的万吨级生产装置
	昊华西南化工有限责任公司(自贡)	交联型、线型		0.2	目前处于停产状态
	重庆聚狮(重庆)	交联型、线型	GLION	1.0	目前处于断断续续的生产状态
	西域特种新材股份有限公司(敦煌)	交联型、线型		0.4	目前处于停产状态
	伊腾高科有限责任公司(鄂尔多斯)	交联型、线型	Eaton	0.3	目前处于停产状态
	玖源新材料有限公司(广安)	交联型、线型		0.3	目前处于停产状态
	中泰新鑫化工科技股份有限公司(新疆)	交联型、线型		1.0	目前处于试生产状态

续表

国别	生产厂家	产品类型	商品名称	产能/(万 t/a)	备注
韩国	INITZ	交联型、线型	ECOTRAN®	1.2	2013 年，由韩国 SK 化学公司与日本帝人株式会社合资设立，并在韩国蔚山建设生产装置

2018 年，全世界 PPS 树脂的年生产量约为 12 万吨，其中，日本为 PPS 树脂第一大生产国，包括东丽工业株式会社、吴羽化学工业株式会社、大日本油墨化学工业株式会社、东曹株式会社等生产商，其 PPS 树脂生产量约占世界总产量的 56%；美国居第二位，包括索尔维公司和塞拉尼斯公司两家生产商，其 PPS 树脂生产量约占世界总产量的 30%；中国列第三位，其特点是生产商众多，包括浙江新和成、重庆聚狮等生产商在内的企业都是产能大，但开工不足，新的树脂生产线不断涌现，统计下来已超过 10 万吨的生产能力，但各家公司普遍没有达到宣称的能力，2018 年中国企业全年仅产树脂 1 万余吨，约占世界总产量的 10%；此外，还有韩国 INITZ 的 1.2 万吨生产线部分开车，实际生产量为 0.2 万～0.3 万吨，在全球生产量中占比很少，但若加上东丽工业株式会社在韩国的生产量，则与中国总的生产量不相上下。以上这些产品当中，尤以日本吴羽化学工业株式会社第二代 PPS 树脂性能最为突出。据估计，在未来 5 年内，PPS 的需求量还将以年均 10%的速率持续增长。

2. PPS 树脂复合改性料生产现状

相对于 PPS 树脂生产厂，从事 PPS 的复合改性与混配的工厂就非常多了，除少数复合共混厂是 PPS 树脂生产商自己设立外，大部分复合改性与混配厂通过购买或合作进行 PPS 复合改性料以及纤维的生产。例如，之前提及的 Chevron-Phillips 化学公司不仅在美国本土设有树脂改性厂，还在比利时和新加坡设立了复合共混改性厂，同时也向其他公司提供树脂。日本市场上通常很少有纯 PPS 树脂的销售，而是由几家公司将其复合共混后以各自的商标品牌上市。例如，日本吴羽化学工业株式会社的 PPS 树脂全部由宝理塑料株式会社进行复合改性后进行销售；而大日本油墨化学工业株式会社不仅复合加工自己生产的 PPS 树脂，也向其他复合厂如住友贝克莱特和东洋纺提供原料；东丽工业株式会社生产的树脂不仅自己复合加工，还向旭硝子和三菱工程塑料株式会社供应。随着中国经济的发展以及对于 PPS 复合改性料需求的剧增，一些国外公司也纷纷在中国设厂或者寻求合作，建立 PPS 复合改性和混配厂，以满足自身在华发展业务，如东丽工业株式会社在中国深圳、苏州、成都就设立了三处 PPS 树脂改性工厂；大日本油墨化学工业株式会社在张家港建厂；塞拉尼斯在南京建厂；索尔维在常州建厂；宝理塑料株式会社在南通建厂；2015 年，荷兰帝斯曼(DSM)与浙江新和成也设立合资公司，进行 PPS 树脂复合改性加工方面的合作。

1.3.2 国内生产现状及应用市场

1. PPS 树脂及复合改性料生产现况

现今，国内从事 PPS 研究和开发最主要的单位为四川大学，其对 PPS 的研究和开发贯穿了我国 PPS 的发展历史，是国内最全面、权威的 PPS 研究中心，在 PPS 的合成及工艺路线、工业化放大、结构与性能、产品加工与制品开发等各领域进行全方位的研究和开发，在国内外有着广泛的影响；得阳科技及浙江新和成则分别为国内自主技术与引进技术、锂盐催化体系与无锂生产体系以及前期和当前树脂产业化生产的代表性单位。

得阳科技与四川大学、中蓝晨光化工研究设计院有限公司等合作，在前期 PPS 树脂的产业化过程中贡献极大，也发展得最为顺利和成功，短短数年时间便成为我国 PPS 产业的龙头企业，并在工艺技术进步、新产品研发等方面取得了令人瞩目的成绩，其 PPS 树脂产能也号称达到了 3.5 万吨。但由于其母公司扩张过广、过快，得阳科技也陷入财务与信誉危机而被股市停牌，进而被迫停产，直至破产清算。

成立于 2012 年的浙江新和成特种材料有限公司则通过吸收国外技术，建立了一套年产 5000 吨的 PPS 树脂生产装置，并通过进一步的国内技术改造，于 2018 年又建成了一套年产 1 万吨的 PPS 树脂生产新装置而逐步发展起来，特别是在得阳科技停产后，成为我国 PPS 树脂生产的龙头与代表性企业。

国内从事 PPS 复合、改性料生产开发的单位较多，早期最主要的生产企业四川有得阳科技股份有限公司、四川中物材料股份有限公司、德阳科吉高新材料有限责任公司、中蓝晨光化工研究设计院有限公司等。其中，规模最大的是四川得阳科技股份有限公司，该公司有 50 多种规格型号的复合粒料品种进入市场销售。当前，国内改性 PPS 最主要的生产企业则有：金发科技股份有限公司、上海普利特复合材料股份有限公司、德阳科吉高新材料有限责任公司、四川中物材料股份有限公司、广东鸿塑科技有限公司、山东赛恩吉新材料有限公司、东莞市鼎杰实业有限公司、苏州欧瑞达塑胶科技有限公司、苏州纳磐新材料科技有限公司、南京真宸科技有限公司等。除国产 PPS 复合改性材料外，索尔维公司的 Ryton PPS 系列和 Xtel XK PPS 系列、东丽工业株式会社的 TORELINA PPS、宝理塑料株式会社的 Fortron PPS 系列以及大日本油墨化学工业株式会社的 DIC PPS 系列也在国内有着较大市场。

2. PPS 树脂及复合改性料应用市场

1) 特种工程塑料

PPS 最主要的应用领域就是将 PPS 树脂通过复合增强、改性后，制成特种工程塑料进行销售与应用。这些 PPS 特种工程塑料仍以通用品种——40%玻璃纤维增强料及玻璃纤维与矿物的填充料为主，主要应用于电子电气、汽车及机械等领域。

电子电气领域：PPS 主要用于制造接插件、线圈骨架、半导体、连接器、插座、FDD 框架、芯片座、开关、电容支架、电阻和卷轴、线圈、微型电子元件封装、电刷、电刷支架、接线器开关、变压器开关、小型电路板、接线器、高压接线柱、中波滤波器、灯座、微调电容器、锅炉传感器支架、保险基座、电子马达支架、屏蔽罩、微轴承、光学读磁头、硬盘驱动器等、蒸汽熨斗防漏隔板、吹风机、隔热板、电热壶加热元件、微波炉转盘支架、电风扇、干衣机、咖啡煲、烤面包机、电饭煲、热风筒、烫发器、空调动涡卷等。

汽车领域：PPS 用于汽车上的零部件多达数百种，主要用于制造冷却系统、刹车系统、燃油系统、传动系统、电子系统及照明系统等。例如，恒温器壳体、水泵叶轮、水室端盖、调水阀阀体、大灯灯碗、灯座插座、传感器、汽化器、进气管、汽油泵、座椅弹簧座、水箱、水室、节气门体、节温器、调节电机、点火系统、电机支架、暖风口支架、调温器支架、外壳、叶轮、泵体指针环、循环水泵外壳、刹车制动器支架、传动装置、制动锁、流量泵、汽油泵、刹车阀体、真空助力泵转子、刹车活塞、真空助力泵叶片、油箱、油管、进出口油板、油泵叶轮、油板快接件、油压传感器、节流阀体、分油管、空/油混合系统、油泵刷架、油泵传感器、节流阀/轴、进气歧管、化油器、连接器、电机刷架、发电机连接桥、快接件、动力分配中心、接线盒、辅灯底座、线圈骨架、变速箱感应器、电路板、电路封装、结构和支撑件、发电机滑环、曲轴感应器、胎压感应器、汽车导线，以及照明系统，如灯座、反光灯杯及支架、雾灯反光罩、射灯反光罩等。

机械与防腐环保领域：PPS 主要用于制造泵壳、泵轮、瓦、齿轮、滑轮、万向头、密封垫、法兰盘、计数器、水准仪、流量计部件、轴承保持架、表壳、照相机、仪器仪表以及化学油泵、工业油泵、燃料罐连接器，以及医疗器械中的连接器、适配器、药物释放装备、外科探测器、过滤体系、外科工具、内窥镜等。

此外，PPS 特种工程塑料还被应用于军工及航空等领域，除常规武器制造方面应用较多外，还用于制作歼击机和导弹垂直尾翼、航空航天飞行器接插件、线圈骨架、仪表盘、计数器、水准仪、流量计、万向头、密封垫等诸多部件，也可制作枪支、头盔、军用帐篷、器皿、宇航员用品、军舰和潜艇的耐腐蚀耐磨零部件。

目前，全球PPS复合增强、改性粒料一半以上的消费集中在中国，且需求量增长很快，年增长速率高达10%左右。此外，国内沿海一带大量进口国外的副牌、浇口料以及PPS废弃制品粉碎后的回收料等，使得我国成为名副其实的PPS消费大国，其各种复合增强、改性粒料总的消费量在6万～8万t/a之间。

2) 纤维与薄膜

PPS树脂的一个重要用途还包括制备成为高性能的纤维和薄膜。

由于具备优良的绝缘性和热稳定性，PPS纤维作为特种高性能有机纤维在我国获得了长足的发展与应用。PPS纤维大量地被制成用于燃煤热电厂、固体焚化厂的尾气除尘过滤袋，与其他纤维混纺，可制作高性能工业滤布，如造纸用针刺毡等。

四川得阳科技股份有限公司、自贡鸿鹤化工集团、浙江新和成特种材料有限公司、鄂尔多斯市伊腾高科有限责任公司等在纤维级PPS树脂生产中都取得了突出的成绩，为我国PPS纤维级树脂的国产化做出了贡献。四川安费尔高分子材料科技有限公司、江苏瑞泰科技有限公司、四川得阳特种新材料有限公司、苏州金泉新材料股份有限公司等在PPS纤维生产制造领域也做出了突出的贡献，使得我国PPS纤维生产能力与实力名列国际前列。而我国PPS纤维及其纺织制品在高温除尘领域的应用，特别是在热电厂尾气高温除尘方面获得的广泛应用，更是在国际上及环保领域取得了广泛的影响与赞誉，并开创了PPS树脂一大主要应用领域，占据了全球PPS纤维应用的主要地位，获得了较好的社会与经济效益。可以预计，随着我国环保工作的进一步加强及大气污染治理的深入，用作高温滤材的PPS纤维用量还将持续增加。

PPS薄膜是极好的F级绝缘材料，可制作电容器、阻抗电子元件、扁平线圈骨架、电线包覆物、掩盖物、汽化器隔膜，热敏印刷材料、柔软磁盘以及电子摄影用感光带等。

四川大学在PPS薄膜级树脂及PPS薄膜等方向开展了一系列的研究工作，其研究工作也被列入了“十一五”“863”计划项目中，但由于设备、资金等的限制，目前我国还缺乏商品化的PPS薄膜级树脂，更缺乏PPS薄膜制品。看准这一机会，国内已有企业开始涉足该领域，预计2020年后，我国的PPS薄膜生产将会取得突破，可望实现PPS薄膜商品的国产化。

3) 高性能树脂基复合材料

PPS还可以与高性能连续纤维复合，制成高性能热塑性复合材料，应用于航空航天、交通运输等领域需要的耐腐蚀、轻量化的次承力，甚至是主承力结构件上，如空客A340-500、A340-600及A380系列机翼的前缘、副翼、机头内侧部分，Fokker50型起落架门的翼肋和桁条，飞机座椅架、支架、横梁和进气管等零件以及汽车、轨道交通的结构件等。

高性能热塑性复合材料的研究、制造与应用在国际上获得了高速的发展，欧美在该领域远远走在了我国的前面。当前，我国的研发工作也得到了广泛的重视。以四川大学及其创立的南京特塑复合材料有限公司所拥有的研究团队在 PPS 树脂基高性能热塑性复合材料测试方法与手段的建立、复合材料界面研究及复合材料的制备等领域进行了广泛而深入的探索与创新，并在复合材料生产线的建立以及包括 PPS 树脂基在内的各种高性能热塑性复合材料片材、单向带以及(中)长纤维增强热塑性(long fiber reinforce thermoplastic，LFT)复合材料产品的生产上取得了长足进展，为这些高新材料产品在航空航天和国防、军工领域的应用以及我国高性能热塑性复合材料的发展开创了一个良好的局面。

4) 涂料

在早期的 PPS 产品应用中，涂料产品及耐腐蚀涂层是一个主要应用领域与方向，国内一些单位及企业进行了一系列的 PPS 防腐、耐磨、耐高温和防粘涂料产品及制品的开发与推广应用工作，并在化工、医药、食品、仪表等方面获得了大量的应用成果。

1.4　聚芳硫醚的研发及未来的发展趋势

1.4.1　PPS 专利申请及研发现状

作者委托北京市科学技术情报研究所分别于 2019 年 12 月底和 2020 年 1 月初对标题中含有聚苯硫醚(PPS)和聚芳硫醚(PAS)的全球有效专利及研究论文发表情况进行了检索与分析，部分检索与分析结果如下。

1. 全球“聚苯硫醚”和“聚芳硫醚”专利发展概况

1) 专利申请趋势

北京市科学技术情报研究所从德温特创新平台 (Derwent Innovation)上，分别对标题中含有 PPS 和 PAS 的全球有效专利进行检索，从检索结果来看，世界范围内，1963 年美国诺顿公司最早提出聚苯硫醚专利申请[3]，1962 年美国陶氏化学公司首先提出聚芳硫醚专利申请[5]。截至 2019 年 12 月，可检索到全球“聚苯硫醚”、“聚芳硫醚”专利申请总量分别为 3907 件、5391 件。

从 PPS 全球专利申请量趋势来看(图 1-2)，依据申请年份统计可以将 PPS 的发展大体分为 4 个阶段：①萌芽期，1984 年之前专利申请数量较少；②持续发展期，1985～1990 年专利申请量逐年增加，属于持续发展期，随着美国 PPS 基础专利到期，日本企业迅速进入 PPS 专利技术市场，在此期间日本申请 PPS 专利数量占全球申请总量的 70%，成为世界第一 PPS 专利申请国；③调整期，1991～2010 年专利申请量先逐年下降后再稳定增长，进入调整期，在此期间中国、韩国等国家申请量开始逐渐增加；④快速增长期，2011 年以后，全球 PPS 专利年度申请量急剧增加，2012 年申请数量最多，达到 246 件，随后年度申请量略有下降，但基本维持在每年 150 件以上，该阶段中国 PPS 专利申请量排名第一，申请专利数占据全球六成。

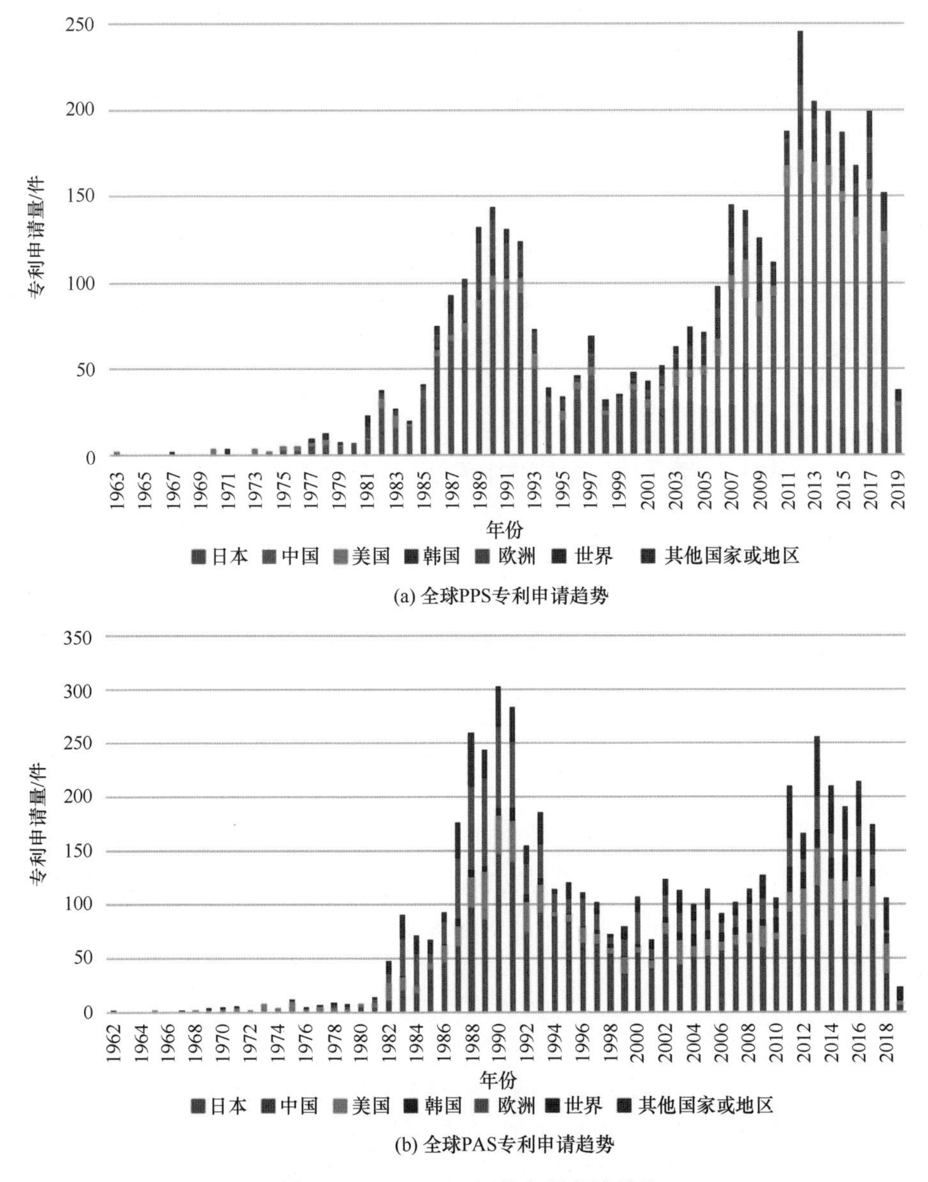

(a) 全球PPS专利申请趋势

(b) 全球PAS专利申请趋势

图 1-2　PPS、PAS 相关专利申请趋势

受各国专利审查制度的影响，专利从申请到公开一般会有 2～3 年的延迟(一般为 18 个月)，因此 2018 年、2019 年数据不能反映实际申请情况，2018 年的专利申请量仅供参考

PAS 专利申请与 PPS 专利申请趋势大致相似，依据申请年份统计可以分为 4 个阶段：①萌芽期：1984 年之前专利申请数量较少；②持续发展期：1985～1990 年专利申请量迅速增长，日本、欧洲、美国专利申请量位居前三；③调整期：1991～2010 年专利申请量明显下降后保持平稳，进入调整期，从 1991 年起年度专利申请量从 284 件急速下降至 2001 年的 67 件，随后每年申请量基本维持在 100 件以上；④快速增长期：2011 年以后，全球专利申请量迎来了第二个调整期，年度专利申请量为 112～256 件。

2) 各国家或地区专利布局分析

从 PPS、PAS 相关专利国家或地区分布(图 1-3)可以看出，当前 PPS 专利申请主要集中在日本和中国，分别为 1421 件、1378 件，分别占全球申请专利总数的 37%、35%，其次是欧洲和美国。PAS 专利申请主要集中在日本、欧洲、美国，这三个国家和地区专利申请总量超过全球 2/3。其中，日本是 PAS 专利申请最多的国家，专利数量达到 2141 件，占全球专利申请的 40%。

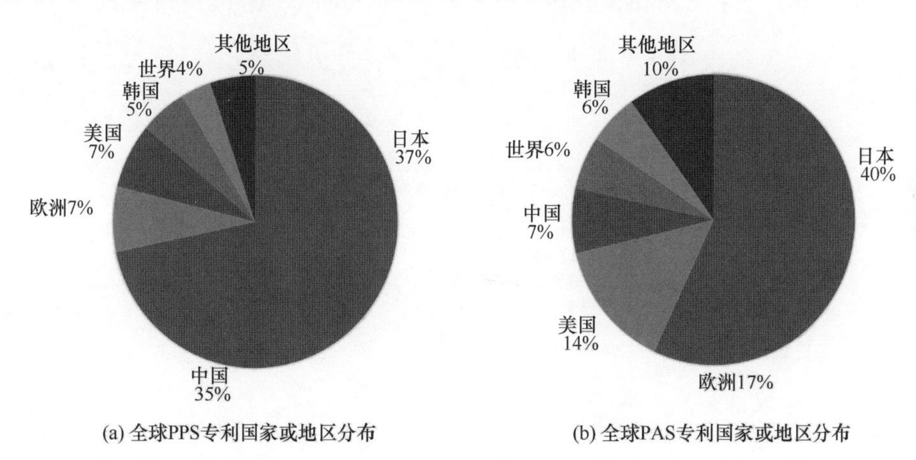

图 1-3 PPS、PAS 相关专利国家或地区分布

3) 各国研发实力分析

从图 1-4 可知，PPS 专利的申请人主要分布在日本和中国，其次是美国、韩国和德国；PAS 专利的申请人主要分布在日本和美国，其次是韩国和德国，中国位居第五。

4) 技术引领者分析

图 1-5 展示了全球范围内 PPS 专利申请量排名前 20 位的申请人。东丽工业株式会社申请 PPS 专利 1051 件，占全球申请总数的 27%，遥遥领先，东曹株式会社和 DIC 株式会社以 201 件和 100 件分别位居第二和第三。以上表明日本在 PPS 研究上处于活跃状态与领先的地位。排名前 20 的专利申请人中，日本申请人占据

9 席、中国申请人占据 6 席，韩国和美国申请人各占据 2 席，这从侧面显示出日、中、韩、美四国在 PPS 研究上的活跃与重视程度。

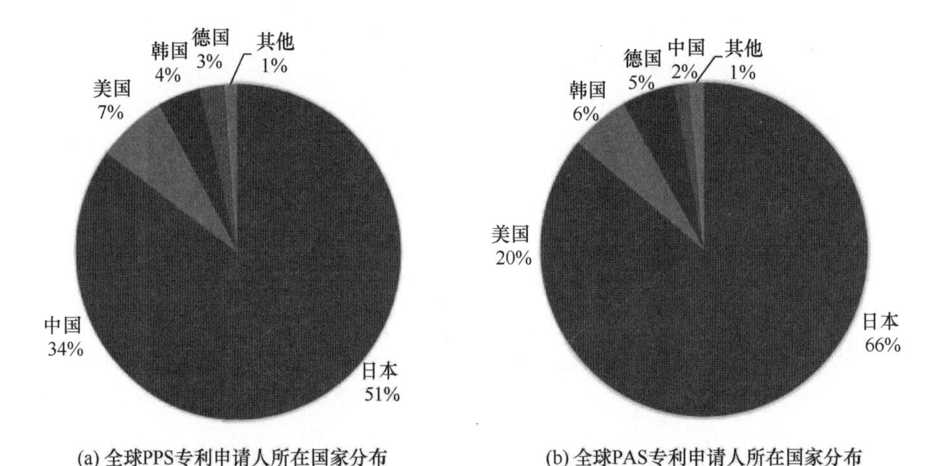

图 1-4 PPS、PAS 专利申请人所在国家分布

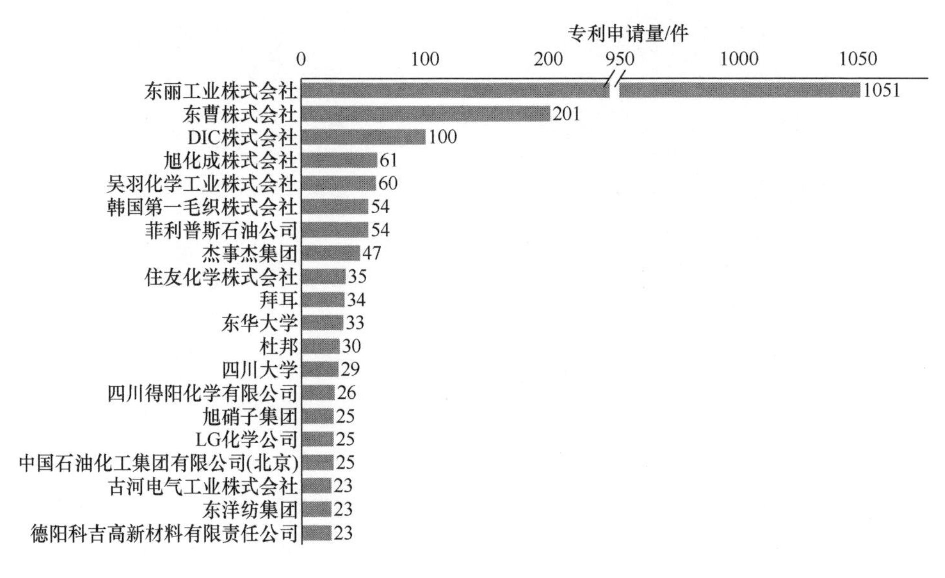

图 1-5 全球 PPS 专利申请人排名(前 20)

图 1-6 展示了全球范围内 PAS 专利申请量排名前二十位的申请人。吴羽化学工业株式会社以 811 件专利排名首位，DIC 株式会社和菲利普斯石油公司次之。排名前 20 的专利申请人中，日本申请人占据 9 席、美国申请人占据 4 席，韩国申请人占据 3 席，侧面揭示出日、美、韩三国在 PAS 研究上的活跃度与优势。

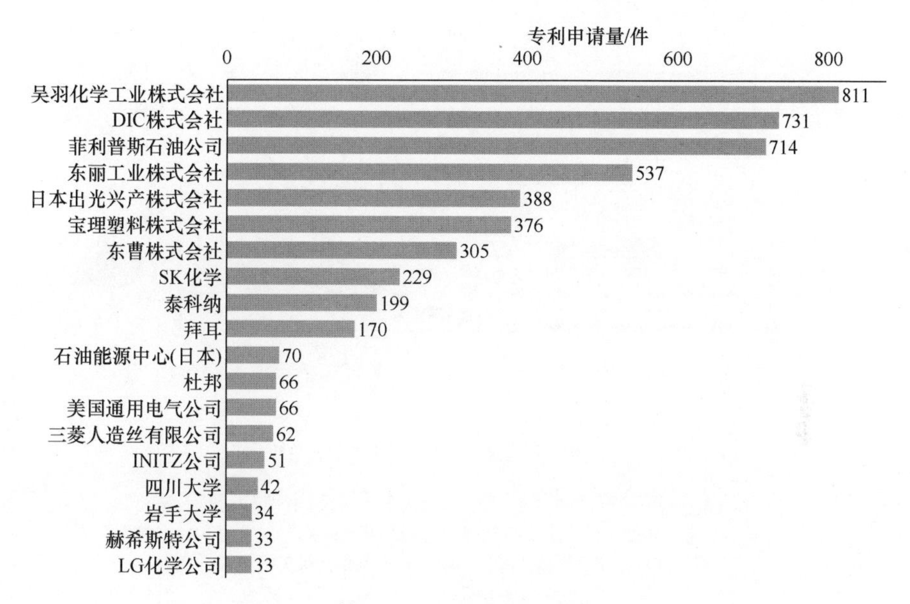

图 1-6　全球 PAS 专利申请人排名(前 20)

2. 中国“聚苯硫醚”和“聚芳硫醚”专利发展态势(在中国申请的专利，包括外企)

1) 中国专利发展趋势分析

四川大学在 1985 年最早提出 PPS、PAS 中国专利申请。截至 2019 年 12 月，可检索到 1378 件 PPS 中国专利，391 件 PAS 中国专利，见图 1-7。

从 PPS 中国专利申请量增长趋势来看，可以分为 3 个阶段：①技术导入期，2005 年之前中国专利申请数量较少，申请人主要来自日本企业、中国高校和中小型民营企业等；②技术成长期，2006～2010 年中国专利申请量增加且持续上涨；③技术成熟期，2011 年以后中国专利申请量维持在每年 110 件以上，其间中国石油化工集团有限公司等大型国企开始加入 PPS 研发队伍。

与 PPS 中国专利申请量趋势相比，PAS 中国专利总量较少，根据技术生命周期理论推测其目前仍处于萌芽阶段。

2) 技术引领者分析

中国的 PPS 专利申请中，有 89%的专利申请是国内申请人提交，其他 11%的专利申请主要由国外申请人通过《专利合作条约》(PCT)途径进入中国。图 1-8 展示了 PPS 中国专利申请量排名前 9 位的申请人。日本东丽工业株式会社以申请 97 件 PPS 中国专利位居首位，随后是杰事杰集团、东华大学和四川大学，分别申请专利 47 件、33 件和 29 件。

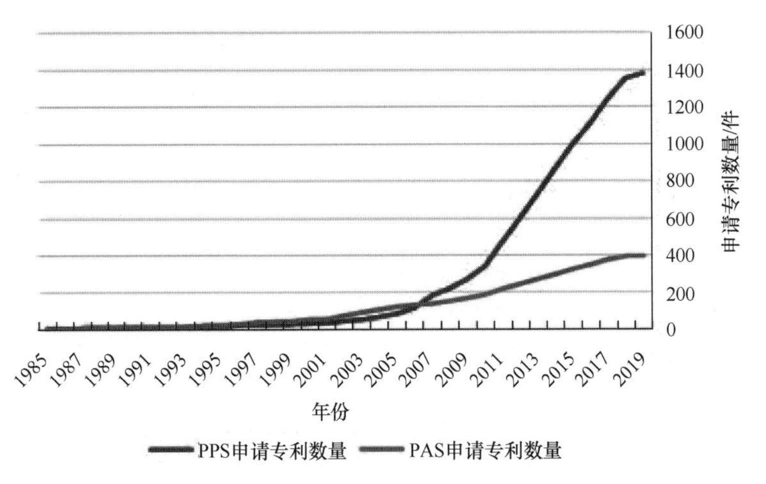

图 1-7 聚苯硫醚、聚芳硫醚中国专利申请趋势

在中国，一般发明专利自申请日起满 18 个月后公开，因此 2018 年、2019 年数据不能反映实际申请情况，2018 年的专利申请量仅供参考

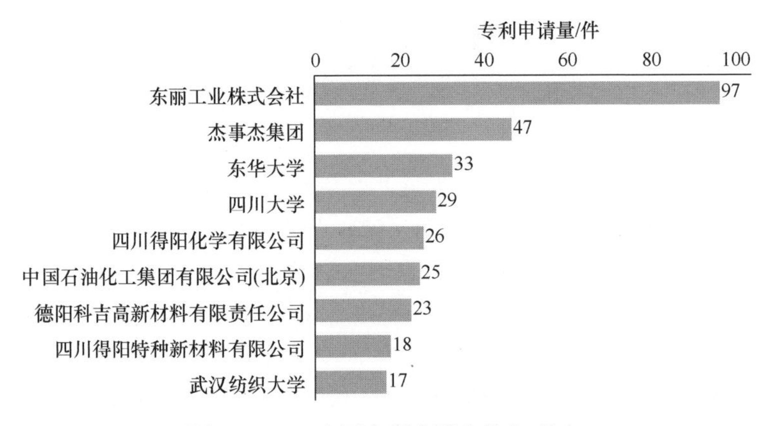

图 1-8 PPS 中国专利申请人排名(前 9)

中国 PAS 专利申请中，77 件专利申请由国内申请人提交，其他的专利申请主要由国外申请人通过《专利合作条约》(PCT)途径进入中国。图 1-9 展示了 PAS 中国专利申请量大于 10 件(含 10 件)的申请人。吴羽化学工业株式会社申请中国专利 71 件，位居第一，其次是东丽工业株式会社和四川大学，分别申请专利 46 件和 42 件。排名前 9 的专利申请人中，中国申请人仅有四川大学，可见我国 PAS 研发的集中度很高。

从以上检索与分析结果来看，可以得出如下结论：

与国外相关研发单位及企业比较，我国的研发单位及企业在研发的深度与广度上还有差距，在知识产权的保护意识上更存在大的差距；

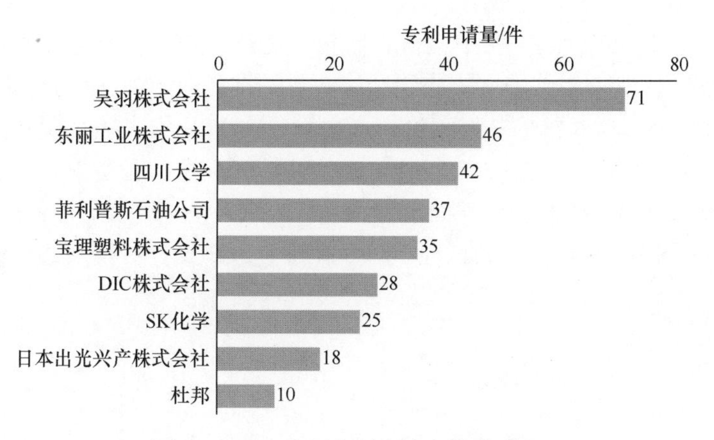

图 1-9 PAS 中国专利申请人排名(前 9)

国外公司，特别是日本相关公司在中国的专利申请数量完全超越了中国的研究单位与生产企业；

国内的 PPS 及 PAS 研发主要集中在四川大学及其合作伙伴身上，对这些有效专利进一步分析还可发现，其研究的范围包括了 PAS 新型树脂的制备探索，PPS 合成工艺技术及装备，PPS 树脂加工、复合改性，纤维及膜的制备，PAS 树脂基高性能复合材料及渗透膜材料与制备技术等领域与方向；

国内从事 PAS 生产的单位分布较广，但都集中并局限在 PPS 树脂及复合改性材料的生产上；

国内一些企业的专利申报内容与研发单位的专利相似度较高(模仿度高)，创新性不足。

3. 全球“聚苯硫醚”和“聚芳硫醚”研究论文发表概况

1) 聚苯硫醚、聚芳硫醚中文核心期刊论文分析

2020 年 1 月初，北京市科学技术情报研究所以 CNKI 中国学术期刊网络出版总库为中文数据来源，“聚苯硫醚”、“聚芳硫醚”等作为主题词，检索中文核心期刊论文，检索到自 1992 年我国开始进行中文核心期刊分类后，在中文核心期刊上发表的 PPS 相关论文为 618 篇，PAS 相关论文为 57 篇。

学术论文的发文量在一定程度上可以反映某个领域或学科的科研热度与发展状况。由图 1-10 的 PPS、PAS 中文核心期刊论文发表趋势来看，PPS 中文核心期刊论文数量明显高于 PAS，近 10 年来，发表 PPS 中文核心论文数量较之前有所增加，从 2009 年的 19 篇增长到 2014 年的 44 篇，近 5 年来，PPS 的中文核心期刊发文量略有下降但保持平稳，而每年发表 PAS 中文核心期刊论文数量不足 10 篇。

表 1-3 是自 1992 年来，在中文核心期刊上发表的 PPS 研究论文的相关数据统计。由该表可见，发表相关中文核心期刊论文数量排名前 10 的机构有 8 所为高校，2 家为科研单位。这些机构共发表论文 268 篇，占 PPS 中文核心期刊论文总数的 43.4%。其中，四川大学发表 PPS 中文核心期刊 105 篇，遥遥领先；东华大学和中山大学以 35 篇和 24 篇位居第二和第三。从高频关键词来看，排名前 10 机构的主要研究包括 PPS 共混物及其性能、PPS 纤维、PPS 复合材料及其性能、PPS 的合成等。

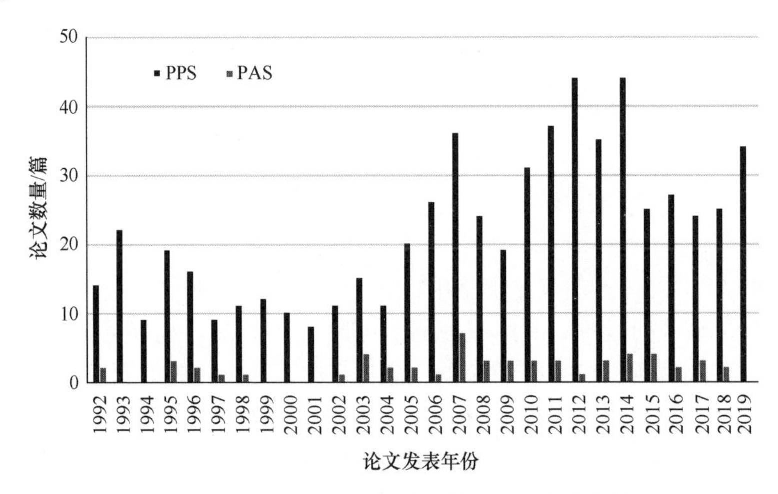

图 1-10　PPS、PAS 中文核心期刊论文发表趋势

表 1-3　发表 PPS 中文核心期刊研究论文的机构统计情况(前 10)

机构名称	发文数量/篇	高频关键词(基于作者关键词)
四川大学	105	力学性能、合成、聚苯硫醚纤维、增韧、复合材料、结晶
东华大学	35	力学性能、共混、聚苯硫醚纤维、氧化汞、尼龙 6、改性、热处理
中山大学	24	聚合物共混物、尼龙 6、成核作用、结晶行为
中国工程物理研究院化工材料研究所	21	力学性能、增韧、复合材料、摩擦、玻璃纤维、相容性、磨损
天津工业大学	20	聚苯硫醚纤维、中空纤维、拉伸温度、热分析、热定型、短纤维、结晶
华南理工大学	17	玻璃纤维、复合材料、力学性能、纳米碳酸钙
西南科技大学	13	力学性能、复合材料、摩擦、磨损
太原理工大学	12	聚苯硫醚纤维、上染百分率、共混改性、抗氧剂、载体染色
华东理工大学	11	层间剪切强度
四川华通工程技术研究院	10	力学性能、造纸磨盘、金属磨盘

表 1-4 统计了在中文核心期刊上发表的 PAS 研究论文的情况，共检索到 PAS 中文核心期刊论文数量 62 篇，其中，四川大学共发表 50 篇 PAS 中文核心期刊论文，占论文总数的 80.6%。其中，PAS 树脂合成和 PAS 分离膜等是这些论文的主要研究内容。

表 1-4　发表 PAS 中文核心期刊研究论文的机构统计情况

机构名称	发文数量/篇	关键词(基于作者关键词)
四川大学	50	聚芳硫醚砜、分离膜、聚苯硫醚砜、合成
北京化工大学	2	浸没沉淀相转化、耐溶解纳滤膜、聚芳硫醚砜
山东工业大学[a]	2	耐高温树脂、耐腐蚀树脂、聚苯硫醚酮
山东建筑工程学院[b]	2	耐高温树脂、耐腐蚀树脂、聚苯硫醚酮
山东省电力试验研究所	2	耐高温树脂、耐腐蚀树脂、聚苯硫醚酮
四川中科兴业高新材料有限公司	1	1,2,4-三氯苯、水、聚芳硫醚砜
成都惠恩精细化工有限责任公司	1	4,4-二氯二苯甲酮、共聚物聚苯硫醚-聚苯硫醚酮、溶助剂循环
昆明理工大学	1	力学稳定性、热稳定性、磺化度、磺化聚苯硫醚砜、耐候性
西南交通大学	1	聚苯硫醚酰胺、硫脲法、合成、表征

a. 山东工业大学现为山东大学千佛山校区；b. 山东建筑工程学院现为山东建筑大学。

2) 聚苯硫醚、聚芳硫醚 SCI 期刊论文分析

2020 年 1 月初，北京市科学技术情报研究所以 Web of Science 数据库为来源，“PPS”、“PAS”等作为主题词，检索到 PPS 相关 SCI 期刊论文 1691 篇，PAS 相关 SCI 期刊论文 190 篇。

从图 1-11 中 PPS、PAS 的 SCI 期刊论文发表趋势来看，聚苯硫醚 SCI 期刊论文数量明显高于聚芳硫醚。PPS 的 SCI 期刊论文最早发表于 1959 年，是陶氏化学公司的 Robert W. Lenz 等在 *Journal of Polymer Science* 上发表的题目为“Phenylene sulfide polymers . Ⅰ. Mechanism of the macallum polymerization”的文章。2011 年以后，发表聚苯硫醚 SCI 期刊论文数量持续增长，2018 年发表论文数量最多，达到 91 篇。与其相比，PAS 研究起步较晚且发表相关 SCI 期刊论文数量较少，除 2007 年、2010 年、2013 年外，每年发表相关 SCI 期刊论文数量不足 10 篇。

全球共有 54 个国家和地区发表 PPS 的 SCI 期刊论文，图 1-12 为发文量排名前 15 的国家，其中发文量排名前 5 位的国家和地区分别是：中国、美国、日本、韩国、德国，这 5 国发表 PPS 的 SCI 期刊论文数量占据全球的 60%。

全球共有 20 个国家和地区发表 PAS 的 SCI 期刊论文，图 1-13 为发文量超过 10 篇(含 10 篇)的国家，共有 6 个国家，分别是：中国、美国、日本、韩国、德国、加拿大，这 6 国发表 PAS 的 SCI 期刊论文数量占据全球的 83%。

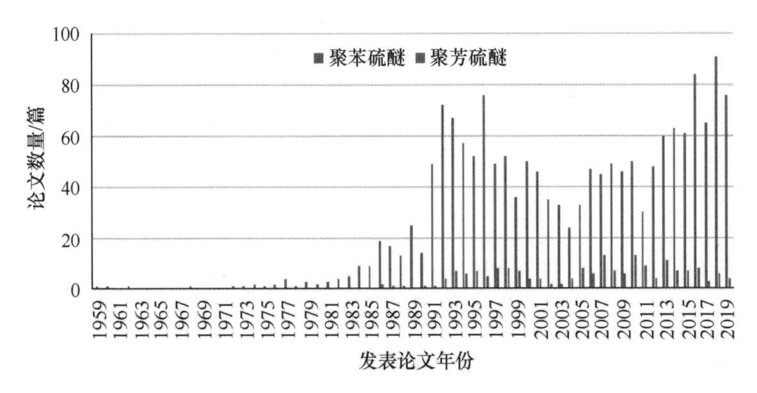

图 1-11 聚苯硫醚、聚芳硫醚 SCI 期刊论文发表趋势

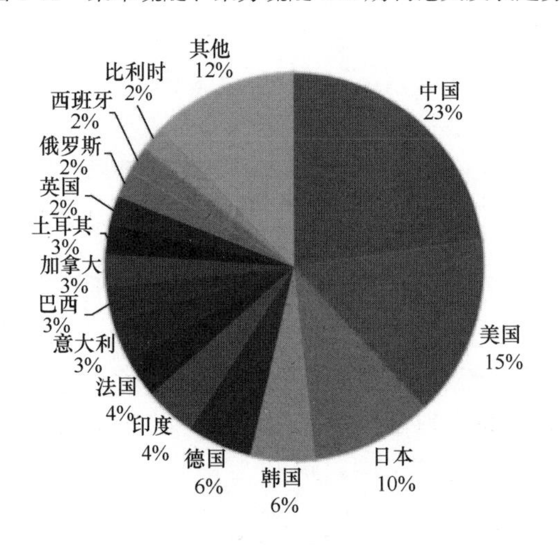

图 1-12 发表聚苯硫醚 SCI 研究论文的国家分布情况

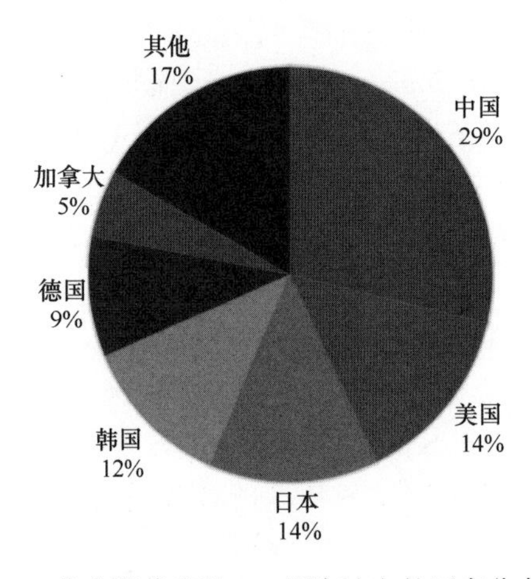

图 1-13 发表聚芳硫醚 SCI 研究论文的国家分布情况

依据发表论文数量统计 PPS 和 PAS 研究机构。发表聚苯硫醚 SCI 期刊论文数量在 20 篇(含 20 篇)以上的研究机构有 8 家，包括 3 家中国机构、2 家日本机构，土耳其、印度和比利时各 1 家。这些机构共发表论文 282 篇，详见表 1-5。四川大学以发表聚苯硫醚 SCI 期刊论文 73 篇排名首位，其主要关注聚苯硫醚复合材料及其性能，中国科学院和科贾埃利大学次之。

表 1-5　发表聚苯硫醚 SCI 期刊研究论文的机构分布

机构名称	国家	论文数量/篇
四川大学	中国	73
中国科学院	中国	54
科贾埃利大学	土耳其	34
早稻田大学	日本	30
国家化学实验室	印度	24
东京工业大学	日本	24
天津工业大学	中国	23
根特大学	比利时	20

发表聚芳硫醚的 SCI 期刊论文数量在 10 篇(含 10 篇)以上的研究机构有 5 家，包括 2 家美国机构，中国、日本、加拿大各 1 家。这些机构共发表论文 82 篇，详见表 1-6。四川大学以发表聚芳硫醚的 SCI 期刊论文 35 篇排名首位，主要关注聚芳硫醚合成与性能研究。

表 1-6　发表聚芳硫醚 SCI 期刊研究论文的机构分布

机构名称	国家	论文数量/篇
四川大学	中国	35
东京工业大学	日本	14
麦吉尔大学	加拿大	12
戴顿大学	美国	11
弗吉尼亚理工大学	美国	10

3) 聚苯硫醚、聚芳硫醚 EI 期刊论文分析

2020 年 1 月初，北京市科学技术情报研究所以 Engineering Village 全文数据库为来源，“PPS”、“PAS” 等作为主题词，检索期刊论文，检索到 PPS 相关 EI 期刊论文 1632 篇，PAS 相关 EI 期刊 162 篇。

PPS 的 EI 期刊论文数量明显高于 PAS，由图 1-14 可见，2011 年以后，发表 PPS 的 EI 期刊论文数量持续增长，2018 年发表论文数量最多，达到 93 篇。与其相比，PAS 研究起步较晚且发表相关 EI 期刊论文数量较少，除 2007 年和 2010 年

外，每年发表相关 EI 期刊论文数量不足 10 篇。

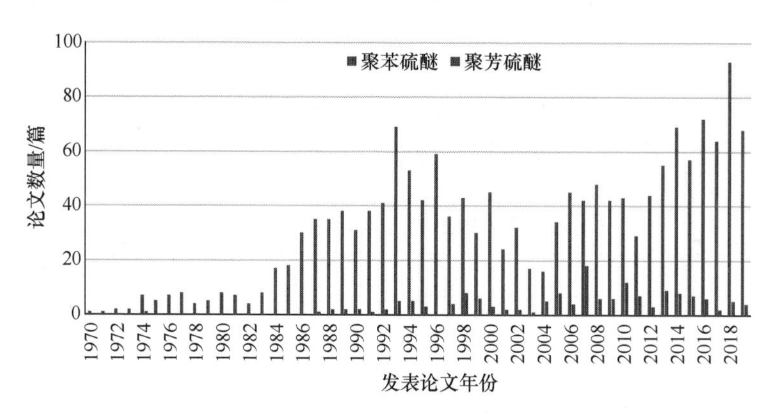

图 1-14 聚苯硫醚、聚芳硫醚 EI 期刊论文发表趋势

图 1-15 为发表 PPS 的 EI 期刊论文数量排名前 15 的国家，其中排名前 5 位的国家和地区分别是：中国、美国、日本、德国、印度，这 5 国发表 PPS 的 EI 期刊论文数量占据全球的 58%。

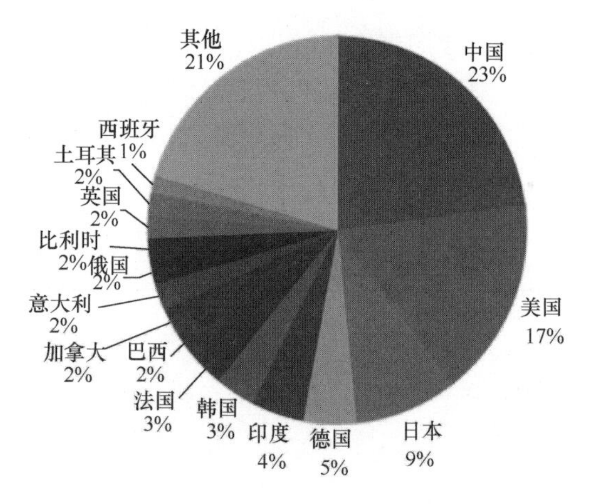

图 1-15 发表 PPS EI 期刊论文的国家分布情况

图 1-16 为发表 PAS 的 EI 期刊论文数量超过 10 篇(含 10 篇)以上的国家，共有 5 个国家，分别是：中国、美国、日本、韩国、德国，这 5 国发表的 PAS 的 EI 期刊论文数量占据全球的 80%。

依据发表论文数量统计 PPS 和 PAS 研究机构。发表 PPS 的 EI 期刊论文数量排名前 10 的研究机构，包括 5 家中国机构，日本、美国、土耳其、印度和比利时各 1 家，详见表 1-7。四川大学以发表 PPS 的 EI 期刊论文 65 篇排名首位，其主要关注 PPS 聚合及其性能、PPS 复合材料、PPS 纤维等，中国科学院和印度国家化学实验室次之。

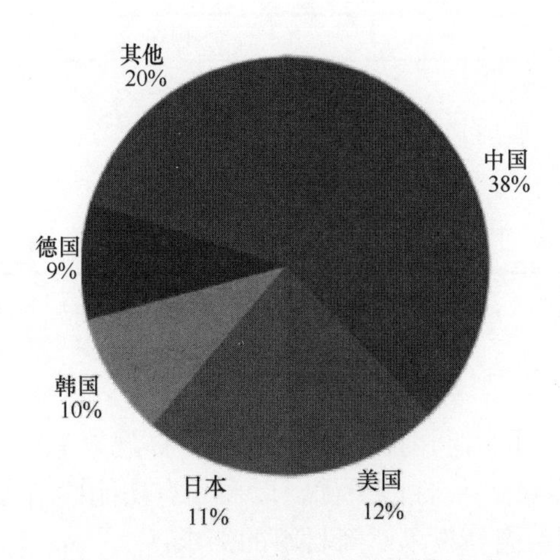

图 1-16　PAS EI 期刊论文的国家分布

表 1-7　发表聚苯硫醚 EI 期刊论文的机构分布(前 10)

机构名称	国家	论文数量/篇
四川大学	中国	65
中国科学院	中国	39
国家化学实验室	印度	31
科贾埃利大学	土耳其	27
早稻田大学	日本	25
天津工业大学	中国	23
根特大学	比利时	22
艾奥瓦州立大学	美国	20
中国工程物理研究院	中国	19
西南科技大学	中国	18

发表 PAS 的 EI 期刊论文数量在 5 篇(含 5 篇)以上的研究机构有 7 家，包括 2 家中国机构，日本、德国、加拿大、美国、瑞典各 1 家，详见表 1-8。四川大学以发表 PAS 的 EI 期刊论文 43 篇排名首位，东京工业大学和马普高分子所次之。

表 1-8　发表聚芳硫醚 EI 期刊论文的机构分布(前 7)

机构名称	国家	论文数量/篇
四川大学	中国	43
东京工业大学	日本	9
马普高分子研究所	德国	6

续表

机构名称	国家	论文数量/篇
麦吉尔大学	加拿大	6
上海交通大学	中国	6
弗吉尼亚理工大学	美国	6
隆德大学	瑞典	5

1.4.2 PAS 未来发展方向

当前及未来相当一段时间内，PAS 的发展将体现以下四个方面的趋势：

(1) 注重耐热等级更高、性能更优，以及具有功能性结构的新型 PAS 类材料的研究与开发，以满足高新技术对新材料的需求。

新结构、新性能聚合物的探索，永远是高分子材料领域追求的目标，也是其发展进步的主要推手。在新型 PAS 类材料的研究与开发中，除了 1.1 节列出的几个主要树脂品种外，四川大学的科技工作者还从分子结构设计的角度，探索了一系列不同结构与性能的 PAS 树脂的合成与制备(表 1-9)，希望通过研究树脂分子结构变化导致的分子间相互作用力、聚集态的改变，探索 PAS 聚合物中不同链结构对材料功能及其宏观性能影响的内在规律，并为未来按照材料性能需求设计 PAS 树脂分子结构及进行生产制备打下坚实的基础。

表 1-9 各种新型结构的聚芳硫醚(PAS)树脂

分子结构	玻璃化转变温度(T_g)/℃	熔点 T_m/℃
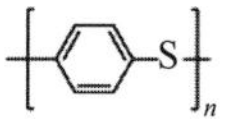 $[-C_6H_4-S-]_n$	90	285
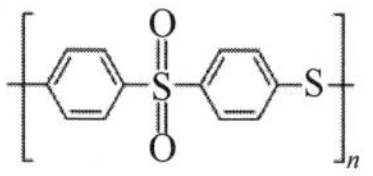 $[-C_6H_4-SO_2-C_6H_4-S-]_n$	220	—
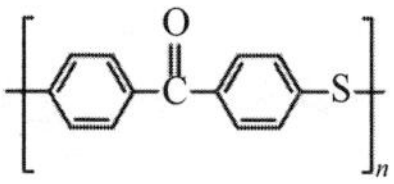 $[-C_6H_4-CO-C_6H_4-S-]_n$	155	360
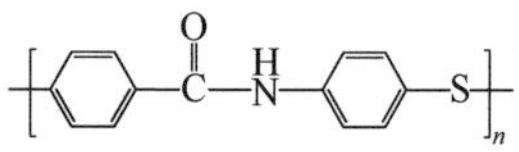 $[-C_6H_4-CO-NH-C_6H_4-S-]_n$	105	360

续表

分子结构	玻璃化转变温度 (T_g)/℃	熔点 T_m/℃
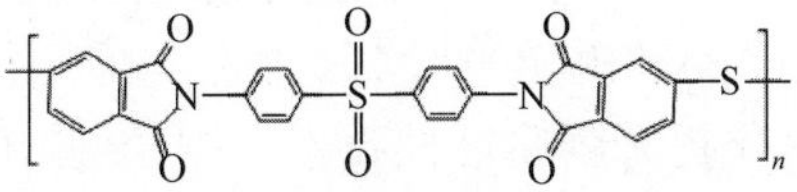	250	—
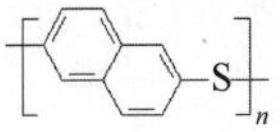	102	397
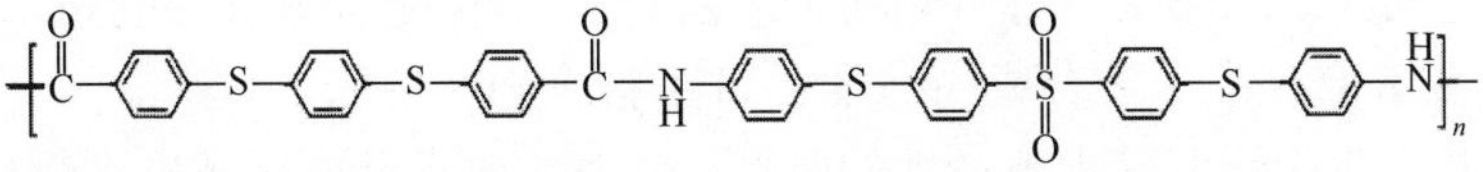	230	—
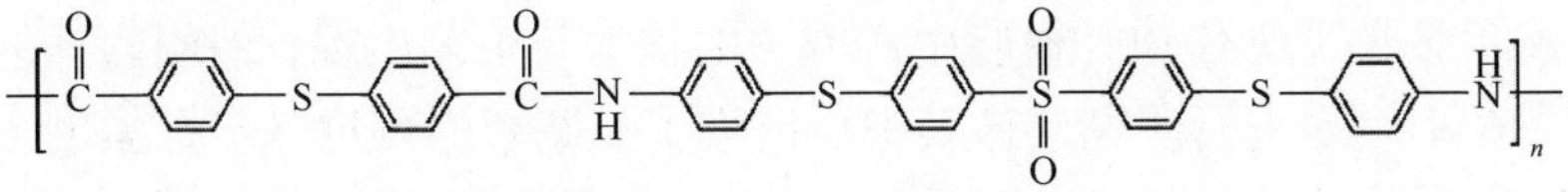	246	—
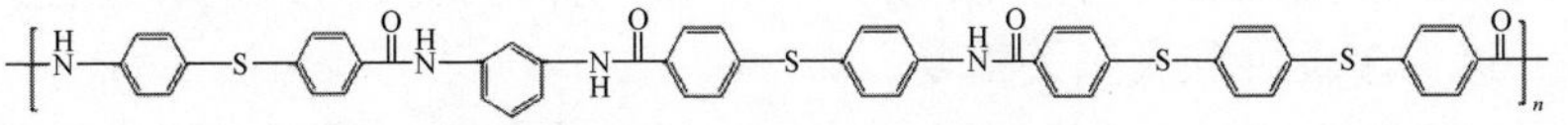	235	—
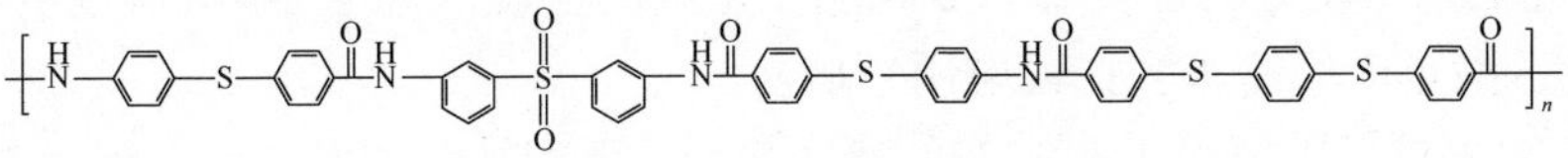	265	—
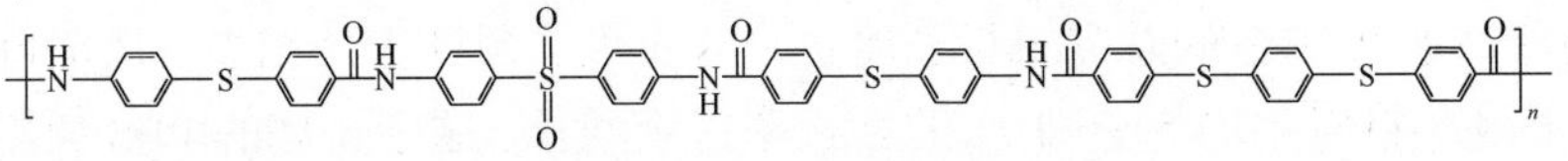	269	—
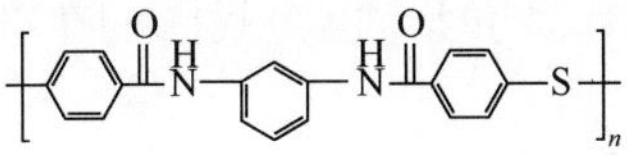	233	375
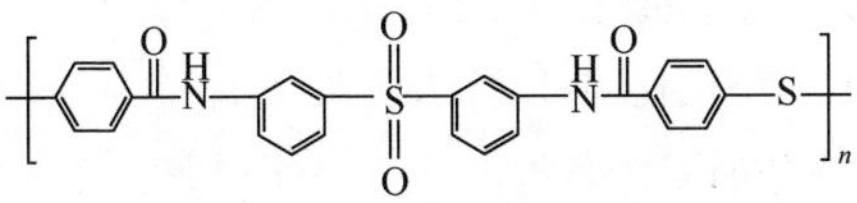	278	—
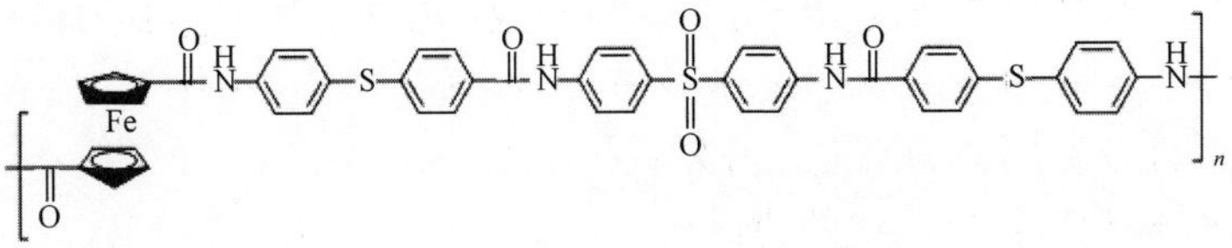	277	—
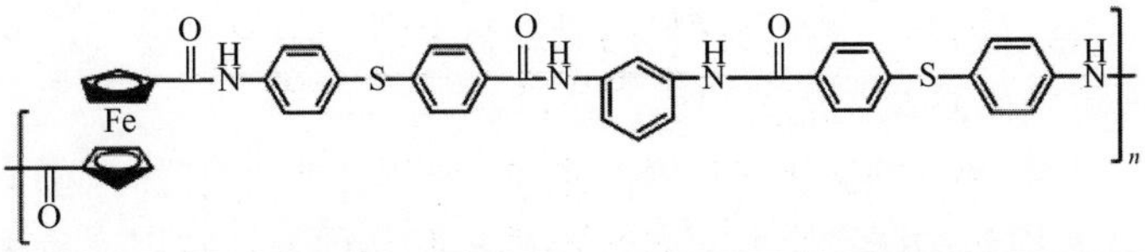	230	—

(2) 新型 PAS 树脂的加工与应用技术研发，为不断研发出来的新型 PAS 树脂

研发适合、配套的加工技术与手段，为新型 PAS 树脂的优良性能及特殊功能探索、开发应用领域。

研发符合新型 PAS 树脂在加工与应用上特殊需求的技术是这些高性能树脂、材料进一步发展壮大的关键。当前及未来相当一段时间就迫切需要重点研究、开发一些已经成熟或者基本成熟的 PAS 树脂的加工、制备与应用技术，如 PASS 渗透膜加工制备技术，PASS 膜氧化提升耐腐蚀性技术，PASS 膜工业化制备与应用技术，PASS、PASK 高性能热塑性复合材料制备、加工与应用技术，新型 PAS 树脂光学膜的制备与应用技术等。

(3) PPS 新合成方法的研发，将可能在未来发起 PPS 树脂合成方法的技术革命，即可能实现在常温、常压下合成高纯度、高性能的 PPS 树脂。

新技术、新工艺往往能够带来革命性的改变，在 PPS 树脂合成领域也不例外，虽然目前尚没有能够取代现有 PPS 树脂生产方法的技术与工艺出现，但国内外的研究工作者一直在不停地进行研究，这其中也出现了一些新的可进一步探索的方向。继续做好这方面的基础研究与应用开发，对于继续保持我国在 PPS 研究与生产方面的优势并进一步发展壮大至关重要。

(4) 更先进工艺与设备的万吨级 PPS 树脂生产线的建设，以进一步降低成本、提升产品性能、满足市场需求、扩大应用领域。

由于 PPS 的需求量以每年 10%左右的速率递增，随着社会的发展，汽车、电子以及新型高新产业对 PPS 的总需求量还将进一步扩大，预计未来相当一段时间内，PPS 的需求量还将以年均 5%～10%的增长率持续增长。这给全球的 PPS 树脂生产商进一步扩大生产提供了机会，同时，也为我国的 PPS 产业带来了发展的机遇。

与国外相比，我国的 PPS 树脂合成技术及通用品级的树脂质量都处于世界先进水平，但在其他许多方面与国外相比还有较大差距。结合国内外 PPS 及新材料的发展动向，我国“十四五”期间以及更长时间的发展目标与发展方向，除发展并完善新型 PAS 类材料品种的研发、开发 PPS 新合成方法外，还应当着力进行以下工作：

(i) PPS 树脂改性及专用料的研究、开发；

(ii) PPS 复合板材及型材生产线的建设；

(iii) PPS 树脂基高性能热塑性复合材料的研发与生产；

(iv) PPS 高性能薄膜研发及先进薄膜生产线的建设；

(v) PPS 万吨级产业化装置的优化与完善，并进一步提升单套装置的生产能力。

PPS 树脂改性及专用料的研究是针对各种高端树脂品种及特殊用途品种进行开发，如高性能复合材料用树脂基、电子封装、高端纤维级、薄膜级、挤出级等专用料；研发高性能的 PPS 薄膜制品，建设先进的 PPS 薄膜生产线，对于满足我国各高新技术领域对 PPS 薄膜的急切需求尤为重要；加快 PPS 树脂基高性能热塑性复合材料的研发与生产，是发展我国高性能结构材料所必需的战略举措，对于打破国外的限制和封锁，满足国民经济以及军工各领域对高性能结构材料的需求等方面具有极为重大的意义；而优化和完善 PPS 万吨级产业化装置，使其更注重 PPS 树脂合成工艺的先进性、稳定性、经济性与环保安全，提升设备的先进性、可靠性与自动化程度，使其成为国际上工艺及设备先进、产品质量稳定、性能优良、成本低的先进生产线，这对于满足国内外的实际需求，并在国际上占有和保持我国在 PPS 树脂生产中的前沿位置尤为重要，这也必将再次把 PPS 树脂的发展树立为我国高性能材料发展的典范。

尽管目前国内 PAS 及 PPS 的研究和生产与国外还有一定差距，PPS 的市场需求仍主要依赖于进口，但我国的相关研究也有众多独创与领先的地方，产业化工作也有我们自己的特色与先进之处，甚至我国还有独有的、走在世界前列的 PASS 产业化技术。加之我们拥有如四川大学聚芳硫醚课题组这样一个在该领域持续不断创新研发的团队，结合我国之前具有的雄厚研究基础、大规模产业化基础，还有众多的企业及研发队伍不断加入这个领域，我国 PAS 及 PPS 的研发与生产，一定会在不远的将来在国际上占据前沿甚至主导的位置，前景极其光明。

参 考 文 献

[1] Genvresse M P. Sur le disulfure de trioxyphenylene $C_6S_2H(OH)_3$. Bulletin de la Societe Chimique de France, 1896, (15): 1038-1047.

[2] 杨杰. 聚苯硫醚树脂及其应用. 北京: 化学工业出版社，2006.

[3] Pike R A. Catalysts for polyphenylene sulfide type resins: USA, US1963322507A. 1963-11-18.

[4] Edmonds J T, Hill H W W. Production of polymers from aromatic compounds: USA, US3354129. 1967-11-21.

[5] Dow Chemical Company. Method for preparing linear polyarylene sulfide: Canada, CA714632(A). 1965-07-27.

[6] Campbell R W. Aromatic sulfide/sulfone polymer production: USA, US4102875. 1978-07-25.

[7] Campbell R W. Aromatic sulfide/sulfone polymer production: USA, US4125525. 1978-11-14.

[8] Campbell R W. Production of aromatic sulfide/sulfone polymers: USA, US4016145. 1977-04-05.

[9] Hayakawa H, Murata K, Ono Y, et al. Resin Composition: Japan, JPH0509386A. 1993-01-19.

[10] Ono Y, Hurata K, Hayakawa H, et al. Slurry Composition: Japan, JPH0509299A. 1993-01-19.

[11] Tamada H , Okita S , Kobayshi K. Physical and mechanical properties and enthalpy relaxation behavior of polyphenylenesulfidesulfone (PPS). Polymer Journal. 1993, 25 (4) :339-341.

[12] 刘向军. 硫磺溶液法合成聚苯硫醚砜. 四川大学硕士学位论文, 1988.

[13] 王华东, 杨杰, 龙盛如, 等. 高性能结构材料聚芳硫醚砜. 高分子材料科学与工程, 2003, 19(3): 54-57.

[14] Yang J, Wang H D, Xu S X, et al. Study on polymerization conditions and structure of poly(phenylene sulfide sulfone). Journal of Polymer Research, 2005, 12: 317-323.

[15] 杨杰. 高分子量聚芳硫醚砜的合成及结构与性能表征. 四川大学博士学位论文, 2005.

[16] 李东升. 聚芳硫醚砜的中试放大及改性研究. 四川大学博士学位论文, 2014.

[17] Cliffton M D, Martinez, Geibel J F. Process for preparing poly(arylene sulfide ketone) with water addition: USA,

US4812552. 1989-03-14.

[18] Gaughan R G. Preparation of a high molecular weight poly(arylene sulfide ketone): USA, US4716212. 1986-09-05.

[19] Satake Y, Kaneko T, Kobayashi Y, et al. Melt-stable poly(arylene thioether ketone) and production process thereof: USA, US4886871. 1988-05-12.

[20] Tomagou S, Kato T, Ogawara K. Process for producing polyphenylene sulfide ketone polymers:USA, US5097003. 1989-06-07.

[21] 伍齐贤, 陈永荣, 周祚万. 聚苯硫醚的结构改性. 高分子材料科学与工程, 1992, 1: 7-15.

[22] 李荣. 硫磺溶液法合成聚芳酮硫醚及其共聚物. 四川大学硕士学位论文, 1990.

[23] 余自力, 杨杰, 伍齐贤，等. 聚苯硫醚酮(PPSK)热转变行为的初步研究. 高分子材料科学与工程, 1997, (1):123-126.

[24] 李志敏. 聚芳硫醚酮的合成及结构与性能研究. 四川大学硕士学位论文, 2015.

[25] 王言伦. 聚芳硫醚酮的合成与改性. 四川大学硕士毕业论文, 2011.

[26] 杨杰, 王言伦, 张刚, 等. 聚芳硫醚酮及其制备方法: 中国, 201010213576.8. 2011-12-07.

[27] 杨杰, 李志敏, 张刚, 等. 一种复合溶剂法制备高分子量聚芳硫醚酮的方法: 中国, 201410588634.3. 2016-07-27.

[28] 李风亭, 王惠忠, 刘浩, 等. 聚硫醚酮单体及树脂的制备. 工程塑料应用, 1994, 22(4): 25-27.

[29] 李风亭. 聚硫醚酮与聚苯硫醚的合成及热性能研究. 山东建筑工程学院学报, 1993, 8(4): 50-54.

[30] Tomohiro I, Yozo K. Aromatic sulfide-amide polymer and its production: Japan, JP63112625 (A), 1988-05-17.

[31] Wu Q X, Chen Y R, Zhou Z W. Synthesis and morphological structure of poly(phenylene sulfide amide). Chinese Journal of Polymer Science, 1995, 13(2): 136-143.

[32] 周祚万. 聚苯硫醚酰胺的合成、表征及热性能研究. 四川大学硕士学位论文, 1989.

[33] 周祚万, 伍齐贤. 硫脲法合成聚苯硫醚酰胺及其表征. 高分子材料科学与工程, 1998, 14: 125-127.

[34] 周祚万, 伍齐贤, 陈永荣, 等. 聚苯硫醚酰胺的合成与表征. 高分子材料科学与工程, 1992, 8: 26-29.

第2章

聚苯硫醚树脂的结构、性能与制备

2.1 聚苯硫醚树脂的结构与基本性能

作为 PAS 中结构最简单的树脂品种，PPS 的结构单元是由苯环在对位上与硫原子相连而构成的线型刚性结构，其结构式如下所示：

$$\left[\!\!-\!\!\left\langle\bigcirc\right\rangle\!\!-\!S\!-\right]_n$$

PPS 树脂呈白色或近白色，结晶度最高可达 60%～80%。PPS 的密度为 1.36 g/cm^3，熔点为 280～290 ℃，其玻璃化转变温度约 85 ℃。在氮气气氛中，PPS 热初始分解温度为 460～480 ℃，而在空气气氛下，在 480 ℃以下加热没有明显的失重，其极限氧指数高达 44～53，阻燃等级为 UL94 V-0 级。

由于 PPS 的结构为苯环和硫醚键交替连接，分子链具有较大的刚性和规整性，因而聚苯硫醚为结晶聚合物。正是其特殊的分子结构和聚集态结构，赋予了 PPS 特殊的优异性能。

2.1.1 PPS 的力学性能

PPS 纯树脂的拉伸强度为 60～80 MPa、弯曲强度为 90～140 MPa，断裂伸长率为 1.5%～8%，无缺口冲击强度为 4～9 kJ/m^2。通常 PPS 纯树脂的应用领域为 PPS 纤维、膜、片材，但其主要应用领域集中在复合增强或合金领域；改性后的 PPS 树脂的综合机械性能均在纯树脂的性能基础上有较大的提升和改善，尤其在拉伸强度、模量及弯曲强度、模量方面几乎能提高 2～4 倍，从而进一步拓宽了 PPS 的应用领域，同时可降低其终端产品成本。

2.1.2 PPS 的耐热性能

PPS 的热稳定性远远超出常规聚酰胺(如尼龙 6、尼龙 66 等)、聚对苯二甲酸乙二醇酯(PBT)、聚碳酸酯(PC)、聚甲醛(POM)等工程塑料，经与玻璃纤维复合增强以后，聚苯硫醚的热变形温度可以达到 260 ℃，长期使用温度最高可达 220～

240 ℃,弯曲强度在200 ℃时仍高于室温ABS,可以作为耐高温结构材料。在480 ℃以下的空气和氮气中加热，PPS 没有明显的质量损失，在 700 ℃空气中才能完全降解。

2.1.3 PPS 的耐化学腐蚀性

PPS 的耐化学腐蚀性仅次于聚四氟乙烯(PTFE)，能抵抗除强氧化性酸，如浓硝酸、王水等以外的酸、碱、盐、烃及卤代物、醇、酯、酮等化学药品的腐蚀，在 200 ℃下几乎不溶于任何溶剂(仅在高温下溶于氯化萘和氯代联苯等极少数有机溶剂)，具有超强耐腐蚀性。

2.1.4 PPS 的电性能

与其他工程塑料相比，PPS 具有优异的绝缘性，是特种工程树脂中介电常数、介电损耗因子较低的树脂品种。其介电常数(3.0～4.0)随温度及频率的变化也很小。介电损耗低，能够承受表面焊接电子元件的热冲击，在很宽的温度和频率范围内都有稳定的介电性能。其非极性的分子结构特性，使得 PPS 在高温、高湿的环境中仍能保持优良的电性能，且体积电阻率、介电性能等波动均较小，从而使得其在苛刻环境下电气材料及电子元器件领域，如 5G 通信等领域具有突出的应用优势。

2.1.5 PPS 的阻燃性能

PPS 由于化学结构本身的特性，分子链中含有硫原子及高含量的苯环结构，这使得其极限氧指数高达 44～53，同时阻燃等级可达到 UL94 V-0/5 V 级，属于高难燃材料，无需在树脂中加入任何阻燃剂即可以达到最高阻燃要求。

2.1.6 PPS 的尺寸稳定性

由于分子链含有大量的刚性苯环结构单元及分子链的高规整性，其具有较好的结晶性能和较高的结晶度，进而 PPS 在潮湿、油及腐蚀性气体的环境中仍然具有优良的尺寸稳定性，其成型收缩率为 0.15%～0.3%，最低可达 0.01%，适用于精密制件成型加工。

2.1.7 PPS 的加工性能

PPS 熔融加工温度为 290～320 ℃，通用树脂熔体指数一般介于 100～400 g/10 min 之间，流动性较好，可以采用传统熔融加工方法，如挤出、注塑成型等方式对其进行加工，尤其适用于薄壁及精密零部件加工。

2.1.8　PPS 的其他性能

PPS 为生理惰性树脂，无毒，可应用于与食品接触制品。

2.2　聚苯硫醚树脂在极端环境下的老化行为

由于 PPS 具有广泛的应用领域[1]，在实际使用过程中可能应用于复杂苛刻的服役环境，因此研究 PPS 及其复合材料在强腐蚀、强辐射等极端条件下的耐受性及其性能变化具有非常重要的理论意义和实际应用价值。

2.2.1　PPS 在火箭燃料——偏二甲肼/四氧化二氮中的老化行为

PPS 作为一种高性能特种工程塑料，将其应用于航天工业中，替代金属零件，减轻发动机质量具有良好的前景。四川大学聚芳硫醚课题组张雨、杨杰等开展了液体火箭燃料——偏二甲肼/四氧化二氮对 PPS 结构与性能影响的研究。该研究在常温条件下进行，将 PPS 浸泡于偏二甲肼/四氧化二氮中，以探索其对 PPS 树脂分子链结构、力学性能和热性能的影响。

通过 X 射线光电子能谱(XPS)分析发现，经偏二甲肼长时间浸泡后，试样的 S 元素的价态没有出现明显的变化，表明 PPS 树脂对偏二甲肼具有良好的耐受性，如图 2-1 所示。但随着试样在四氧化二氮中浸泡时间的增加，PPS 分子结构中的硫醚键会逐渐被氧化成亚砜基、砜基，且随着时间的增加，氧化程度逐渐增大，如图 2-2 所示，表明 PPS 树脂在四氧化二氮中发生了氧化反应，且树脂表面的氧化程度随时间延长逐渐增大。

对浸泡后的试样进行的机械性能分析显示，经偏二甲肼浸泡后的 PPS 试样拉伸强度无明显变化，如图 2-3 所示；而经四氧化二氮浸泡后 PPS 试样力学强度出现明显下降趋势(浸泡两天后，拉伸强度下降了 59%)，表明四氧化二氮的强氧化性对 PPS 试样产生了严重的破坏，使得其力学性能急剧劣化，如图 2-4 所示。其

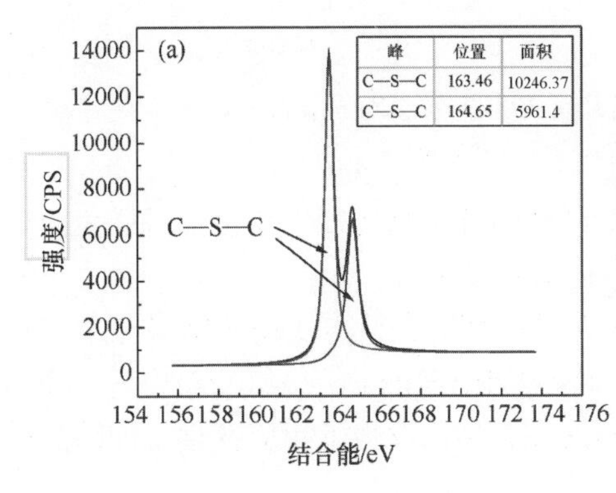

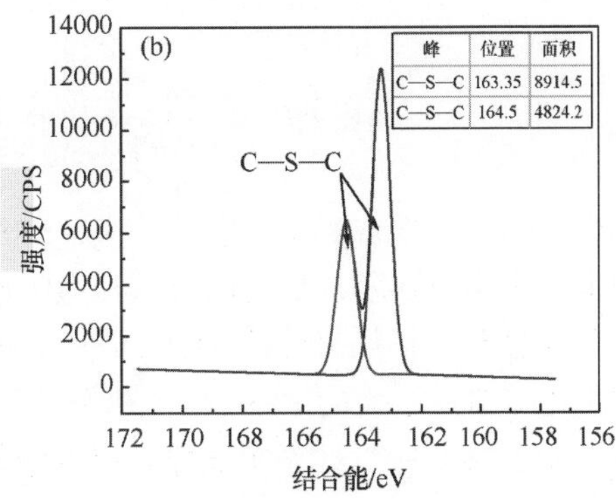

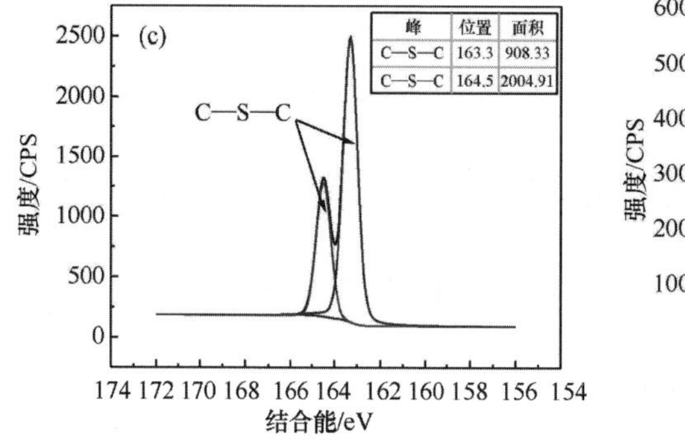

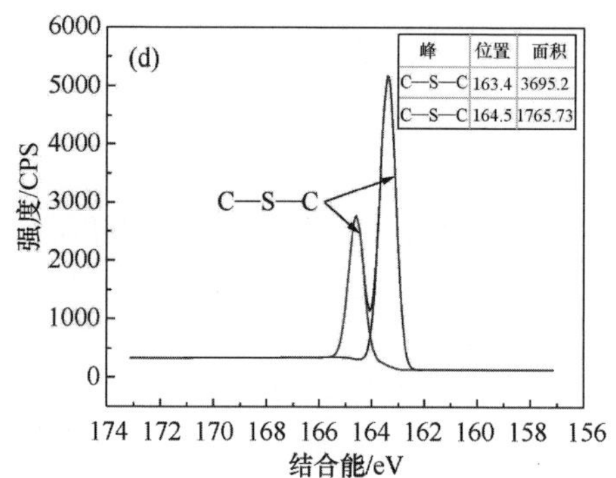

图 2-1 偏二甲肼中不同天数 PPS 试样的 XPS 结果

(a) 0 天；(b) 1 天；(c) 2 天；(d) 8 天

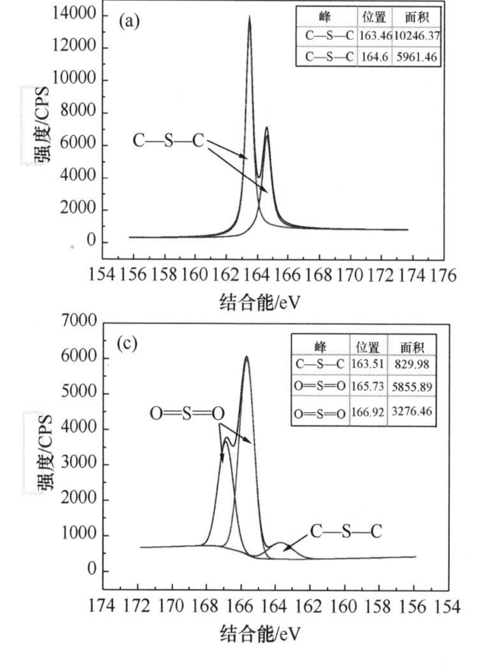

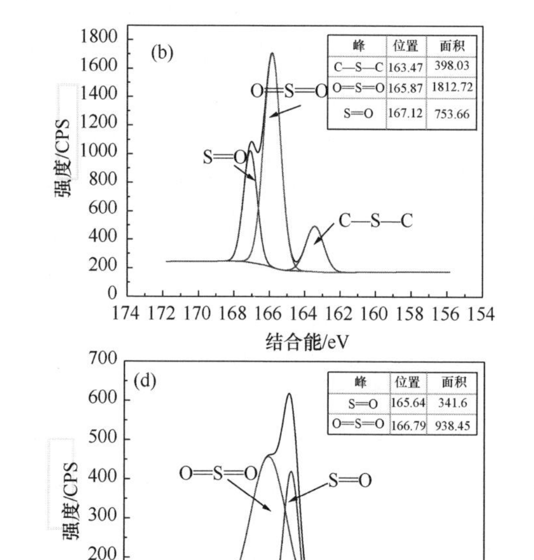

图 2-2 四氧化二氮中不同天数 PPS 试样的 XPS 结果

(a) 0 天；(b) 1 天；(c) 2 天；(d) 8 天

主要原因为，随着氧化反应的发生，PPS 试样的分子结构发生变化，试样表面形貌也产生相应缺陷，最终使得试样力学性能大幅度下降。

通过差示扫描量热法(DSC)研究试样表层的聚集态结构变化，结果显示：经四氧化二氮浸泡后的 PPS 试样表层树脂的熔融焓(ΔH_m)和结晶焓(ΔH_c)均呈下降趋势，如表 2-1 所示，表明试样表层树脂的聚集态结构发生了相应变化，即结晶度下降，其很好地解释了试样经四氧化二氮溶液浸泡后拉伸强度下降的结果。

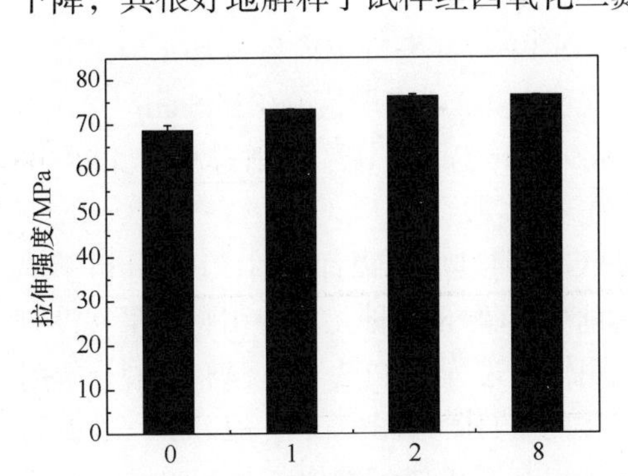

图 2-3　偏二甲肼中不同浸泡天数 PPS 试样的拉伸强度

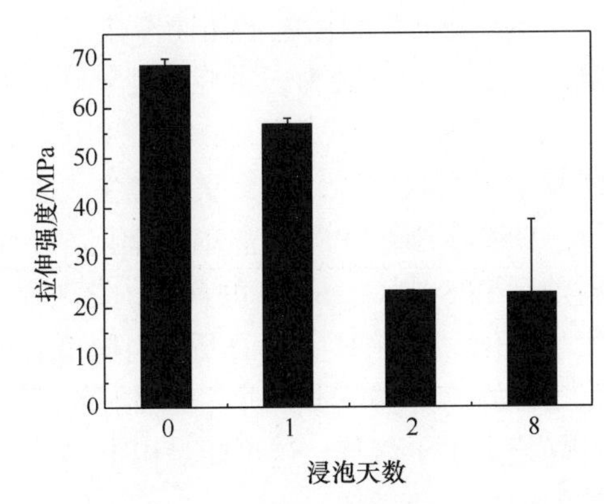

图 2-4　四氧化二氮中不同浸泡天数 PPS 试样的拉伸强度

表 2-1　四氧化二氮中不同天数聚苯硫醚试样表层树脂 DSC 测试结果

天数	ΔH_m /(J/g)	ΔH_c /(J/g)
0	36.61	49.38
1	32.58	45.68
2	31.61	44.87
8	31.19	43.87

2.2.2　PPS 的辐射老化研究

关于 PPS 辐射效应的研究主要集中在 20 世纪 80～90 年代，众多研究指出，PPS 主链上苯环所形成的大π键的共轭效应便于分散能量，从而使得 PPS 具有较好的辐射稳定性[2-5]。聚合物在辐射过程中会产生相应的大分子链活性自由基，进而发生重排、裂解、加成和重新聚合等系列反应。Hill 等[6,7]使用电子自旋共振(ESR)谱研究了 PPS 在γ射线辐射下自由基的形成及变化，在 77 K 的真空中，PPS 经受总剂量为 20 kGy 的γ射线辐射后，其 ESR 谱表明 PPS 的分子链末端失去氢原子，而产生自由基。在温度从 77 K 逐渐升至 350 K 的过程中，ESR 谱中的自由基所对应的峰强度明显衰减，表明较高温度环境不利于自由基的产生和稳定。同时，研究还显示，在此环境下并没有因为主链裂解而产生含硫的自由基。同大多数聚合物一样，PPS 经受γ射线辐射后会产生微量挥发性气体，主要产物是 H_2，也有少量 CH_4 生成。整个辐射过程中，自由基的辐射化学产额 G(自由基)极小，为 0.11～0.16，此辐射剂量(20 kGy)对于 PPS 的影响较小，表明 PPS 树脂具有较好的γ射线辐射耐受性。

黄光琳等[8]利用电子加速器在空气中辐射 PPS，并发现辐射后苯环 1,4-二取代峰(817.4 cm^{-1})分裂为三重峰，且分别对应苯环上 1,2,4-三取代峰(825.5 cm^{-1})、1,4-二取代峰(819.6 cm^{-1})和 1,2,3,4-四取代峰(809.6 cm^{-1})。这说明辐射过程中 PPS 可能发生了交联反应，且交联反应主要发生在苯环上。

Das 等[9]将 PPS 经过γ射线辐射至 540 kGy，通过卢瑟福背散射(RBS)分析了辐射前后 PPS 中 C、S、H 的含量，发现辐射前后，C、S 两种元素的相对含量并没有发生变化，仅有 H 元素含量略有降低，说明辐射过程中 PPS 主链没有断裂，辐射稳定性好。其进一步分析发现辐射前后 PPS 的 FTIR 谱图中仅有 814 cm^{-1} 处的特征峰值发生了偏移，这可能是由 PPS 分子链内交联生成了类似苯并噻吩结构而导致的。

Fondeur 等[10]探究了 PPS/GF(玻璃纤维)在高剂量有氧环境中辐射时的结构变化，结果显示，PPS 在辐射剂量达 3.3×10^3 kGy 时，其红外谱图发生明显变化，如图 2-5 所示，这可能是由于苯环和硫醚键发生了氧化甚至断裂。辐射过程中 PPS 可能的反应过程如图 2-6 所示。

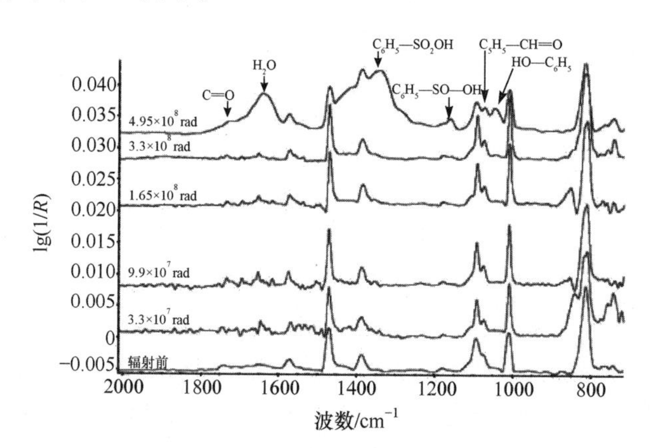

图 2-5 γ射线辐射前后的 PPS/GF 的 FTIR 谱图

1 rad=10^{-2} Gy

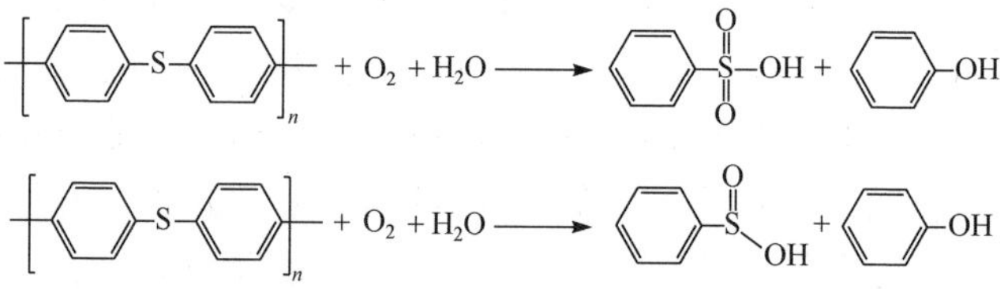

$$\left[-C_6H_4-S-C_6H_4-\right]_n + O_2 + H_2O \longrightarrow C_6H_5-SO_2-OH + C_6H_5-OH$$

$$\left[-C_6H_4-S-C_6H_4-\right]_n + O_2 + H_2O \longrightarrow C_6H_5-S(O)-OH + C_6H_5-OH$$

图 2-6 γ射线辐射过程中 PPS 可能发生的反应

黄光琳等[8,11]使用电子加速器和 Co-60 源γ射线分别在真空和空气中对 PPS 进行了辐射，在测定辐射样品凝胶分数的基础上，通过 Charlesby-Pinner 方程计算了辐射过程中交联和断链的辐射化学产额。在真空室温条件下辐射 PPS，辐射交联化学产额[G(X)]为 0.015、辐射裂解化学产额[G(S)]为 0.030，而在空气室温条件下辐射 PPS，辐射交联化学产额[G(X)]为 0.067，辐射裂解化学产额[G(S)]为 0.15。无论是在真空还是空气中，PPS 都具有较小的 G(X)和 G(S)值，表明 PPS 具有较高的辐射稳定性。由于空气中 PPS 的辐射裂解化学产额约为真空中的 5 倍，说明有氧条件会加速 PPS 的辐射化学反应。黄光琳等[12]进一步研究了不同分子量 PPS 的辐射交联与辐射降解行为，并指出随着分子量的增大，PPS 的辐射稳定性有所提高，且辐射断链反应减弱趋势大于辐射交联反应减弱趋势。

Neelima Bulakh 等[13]研究了经受 2000 kGy 辐射前后 PPS 的等温和非等温结晶过程，并指出辐射过程中，PPS 不存在断链、支化或者交联副反应，其结构的改变可能是由于巯端基的氧化，产生的硫基自由基导致扩链反应的发生。然而，El-Naggar 等[14]通过对辐射前后 PPS 熔融和结晶过程的研究指出，辐射过程中 PPS 可能发生了支化或者轻微交联，与 Neelima Bulakh 的研究不一致，有待进一步深入研究确认。

研究工作者还对辐射前后的 PPS 试样的电性能(包括介电常数、介电损耗、体积电阻率和击穿强度等)进行了相应研究。研究发现[15]，PPS 的介电常数在辐射前后基本保持不变，然而，由于 PPS 在辐射过程中发生交联反应，且随着辐射剂量的增加，产生的交联度增大，PPS 的刚性增加，因此在相同的温度条件下，介电损耗峰移向低频，最终导致低频下测定的材料介电损耗角正切值随辐射剂量的增大上升了约一个数量级，而高频下其变化不明显，只是系数略有下降。此外，PPS 的体积电阻率随辐射剂量的增加而略有下降，即使在高辐射剂量下其仍然保持良好的绝缘性能。PPS 的击穿强度几乎不随辐射剂量的增大而发生变化，进一步表明经受辐射后 PPS 仍然具有良好的绝缘性能。

El-Naggar 等[14]对辐射后的样品形貌变化进行了相关研究，分析发现，受辐射后的样品表面存在着无规微孔状缺陷，如图 2-7 所示，这可能是由 PPS 试样表面经辐射后产生气体所致。

四川大学聚芳硫醚课题组黄翔[16]分别利用γ射线和电子束对 PPS 进行辐射，从宏观性能和微观结构两方面探讨了 PPS 的辐射效应，研究发现，PPS 的表面在有氧环境中经γ射线辐射过程中，分子链结构中的—S—键被氧化，氧化过程中—S—首先被氧化成亚砜基，随着辐射剂量的增大，其被进一步氧化成砜基。

经γ射线辐射后，试样表面的树脂分子链可能发生断链，使结晶温度 T_c 升高，过冷度降低，同时由于在辐射过程中产生了亚砜基和砜基，而亚砜基和砜基的引入会降低 PPS 分子链的规整性，进而使得表面树脂的结晶度降低，熔点 T_m 下降。然而，PPS 样品表层以下树脂的 T_m、T_c、T_m-T_c 和结晶度(X_c)与辐射前树脂相比几乎没有变化，表明γ射线辐射过程中，PPS 表层结构发生变化而内部结构几乎没有发生改变。进一步深入的研究显示，辐射对 PPS 表面的影响深度约为几百纳米。

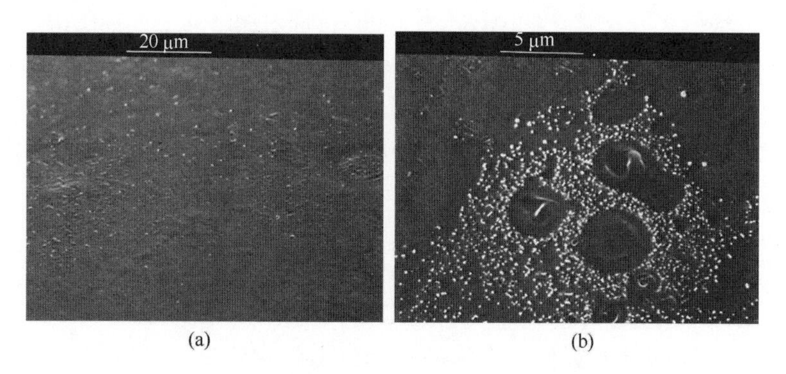

(a) (b)

图 2-7 γ射线辐射前后的 PPS 的表面形貌
(a) 辐射前；(b) 辐射后

同时，通过 PPS 在γ射线辐射前后的 XRD 谱图中主要衍射峰位置和强度对比后发现，其试样表层以下树脂聚集态结构没有发生变化，如图 2-8 所示，进一步说明，由于限制扩散氧化效应，辐射引起的结构变化主要在样品表面，表层以下

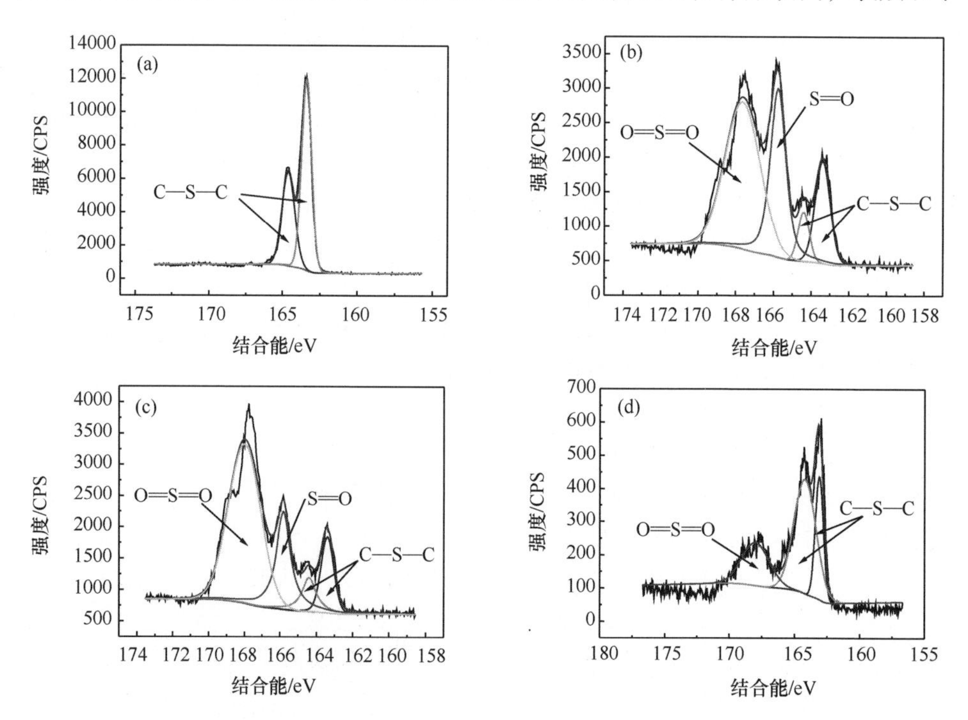

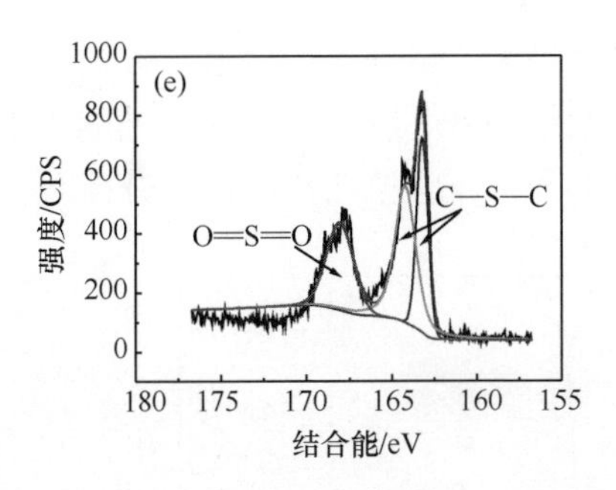

图 2-8　经γ射线辐射后聚苯硫醚 XPS 的 S 2p 分谱图

样品辐射剂量：(a) 0 kGy；(b) 5 kGy；(c) 10 kGy；(d) 30 kGy；(e) 50 kGy

树脂在辐射过程中没有发生明显的化学结晶或是由于晶相表面原子发生反应而产生的非晶化聚集态结构较为稳定。同样地，由于γ射线辐射主要导致 PPS 表面结构发生变化，PPS 的耐热性、动态力学性能、拉伸和弯曲性能等宏观性能几乎不受影响，如图 2-9 所示。

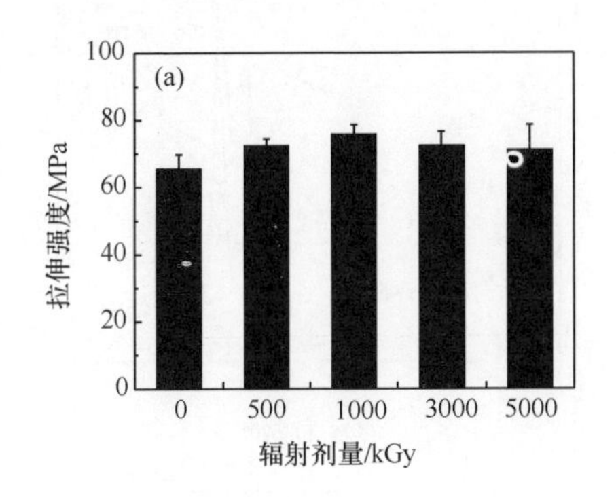

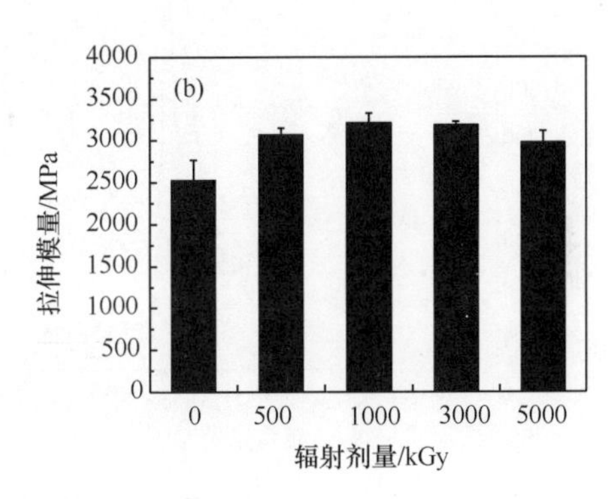

图 2-9　经γ射线辐射后 PPS 的力学性能与辐射剂量的关系

(a) 拉伸强度；(b) 拉伸模量

类似地，黄翔、杨杰等进一步采用工业用低能电子加速器作为辐射源对聚苯硫醚样品进行电子束辐射，探究了辐照前后材料的结构及性能变化。研究发现，在室温空气环境中，PPS 的表面在电子束辐射过程中被氧化，氧含量随着辐射剂量的增加而增大，氧化过程中—S—被氧化为砜基，且砜基含量随着辐射剂量的增加而逐渐增大至 40.26%，如图 2-10 所示。

该研究同时还发现，在电子束辐射过程中，PPS 表面可能存在降解过程，进而导致 PPS 表面树脂的结晶温度 T_c、熔点 T_m 和结晶度 X_c 随着辐射剂量的增大而先增大，但是随着辐射剂量的进一步增大，大量砜基的生成使得 PPS 结晶受阻，结晶能力下降，晶片厚度减小，熔点降低。

在电子束辐射对 PPS 动态力学性能的影响研究中发现，PPS 介电损耗因子的峰随着电子束辐射剂量的增大，呈现峰高降低、峰宽变宽的趋势。这是因为随着辐射剂量的增加，试样的结晶度下降，使得材料的刚性下降，进而使得试样的储能模量降低、耗能模量上升，介电损耗角正切值升高。

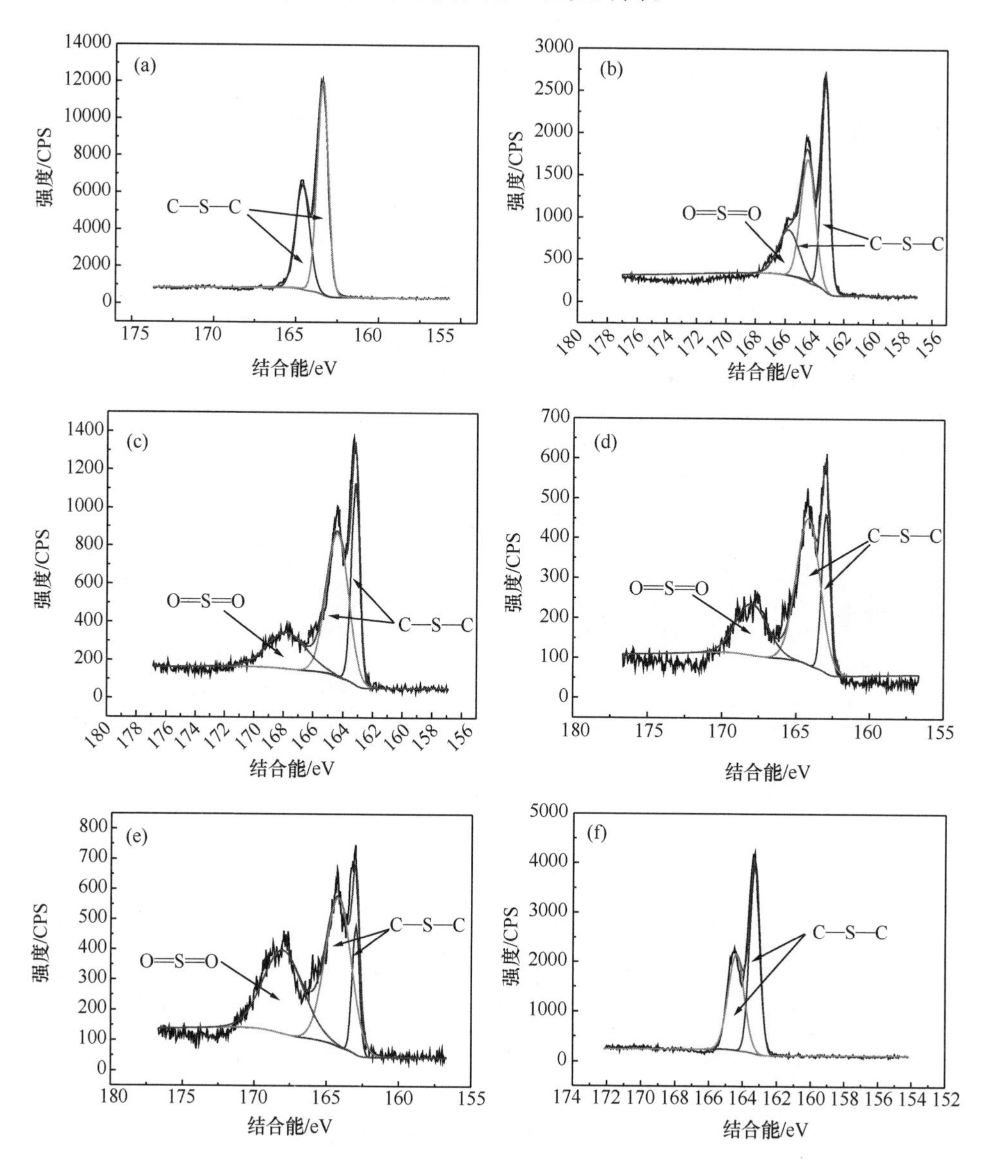

图 2-10 经电子束辐射后聚苯硫醚 XPS 的 S 2p 分谱图

辐射剂量：(a) 0 kGy；(b) 500 kGy；(c) 1000 kGy；(d) 3000 kGy；(e) 5000 kGy；(f) 10000 kGy

在辐照前后力学性能研究中，在辐射剂量不高于 5000 kGy 时，拉伸和弯曲强度几乎保持不变(仅有小幅度波动)。但是当辐射剂量达 10000 kGy 时，拉伸强度出现了较为明显的下降，此时 PPS 的拉伸强度为初始值的 80%，如图 2-11 所示。

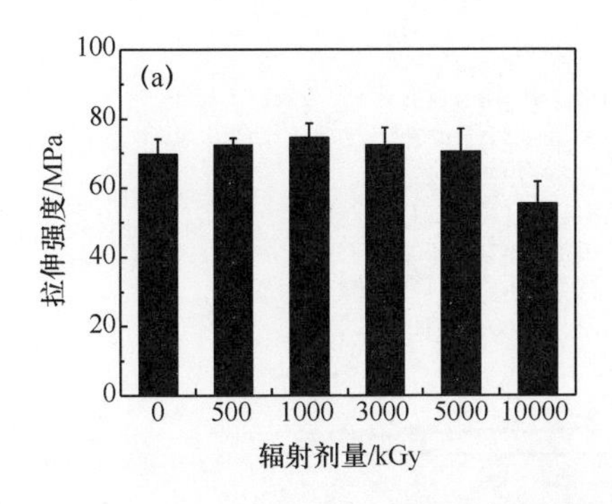

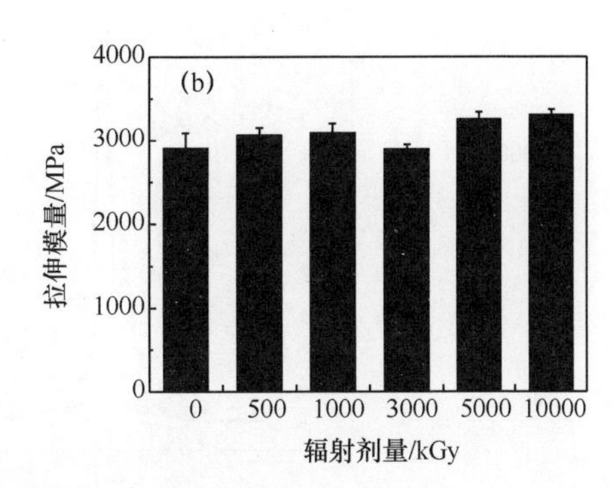

图 2-11　经电子束辐射后 PPS 的力学性能与辐射剂量的关系

(a) 拉伸强度；(b) 拉伸模量

2.3　聚苯硫醚树脂的结晶及其对性能的影响

2.3.1　PPS 晶体结构概述

PPS 的分子链由苯环和硫原子交替排列连接而成，简单的重复链节结构单元赋予分子链较高的对称性和规整性，使得 PPS 树脂具有较强的结晶能力以及较高的结晶度，线型 PPS 结晶度可达 60%以上(以 DSC 测试，100%结晶状态下的熔融焓值 ΔH_f^0 取 80 J/g)，而经拉伸和退火处理后结晶度可进一步提高至 80%。

关于 PPS 的晶体结构，采用 X 射线衍射测得 PPS 衍射图像如图 2-12、图 2-13 所示。早在20世纪70年代初，Tabor等[17]即发现PPS晶体属于正交晶系(a = 8.67 Å，b = 5.61 Å，c = 10.26 Å)，包含四个分子单元，其所属空间群为 $Pbcn\text{-}D_{2h}$，分子链中的 S 原子以锯齿形(zigzag)排列在平面(100)上，相邻两个 S 原子在沿链方向上的距离为 0.627 nm，C—S—C 键间夹角为 110°，相邻的两个苯环与(100)晶面成交替的±45°，如图 2-14 所示，相邻苯环与中间 S 原子周围的π电子存在共轭效应。除此以外，少数研究者对上述晶体结构持有不同看法，例如，Garbarczyk[18]认为 Tabor 等得到的 C—S—C 夹角过大，应该在 103°～107°范围内，苯环之间的面夹角约为 60°。但目前为止，Tabor 所提出的 PPS 的晶体结构仍然是最为广泛接受并且被多种测试条件和测试方法所验证的一种[19,20]。

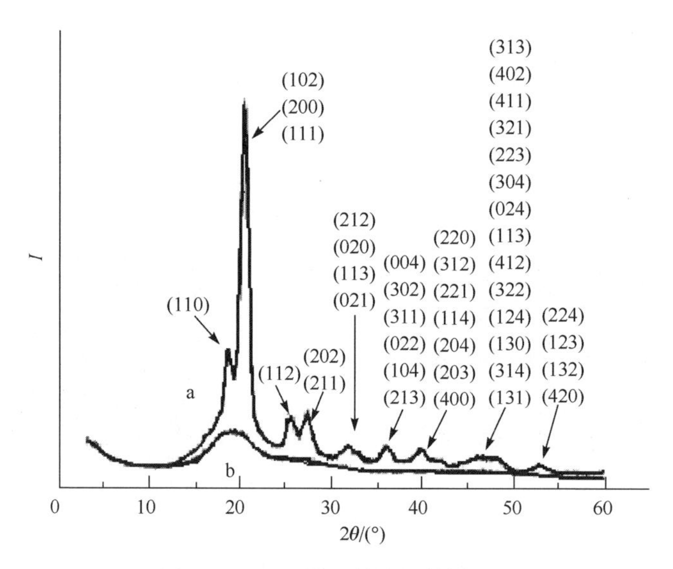

图 2-12 PPS 的 X 射线衍射剖面图

a. PPS 原粉；b. 淬火样

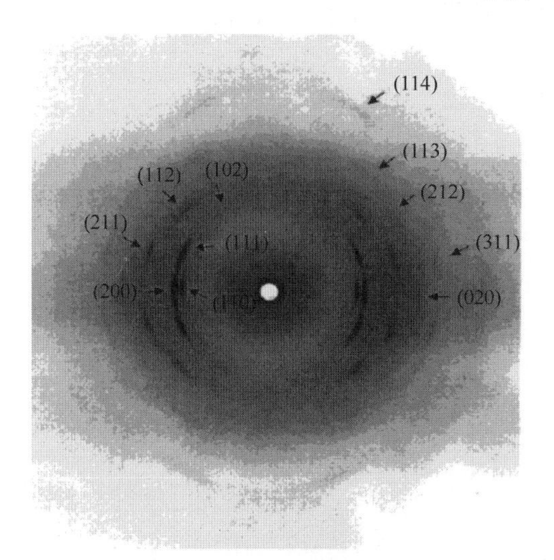

图 2-13 PPS 的 X 射线衍射图(试样经过退火、拉伸处理)

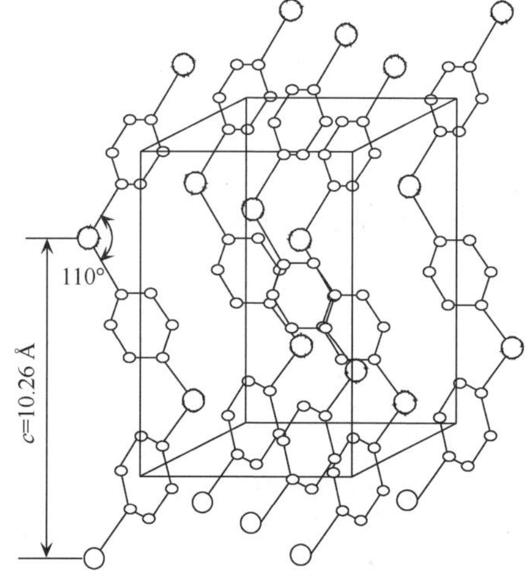

图 2-14 PPS 晶胞示意图

2.3.2 PPS 结晶度测试方法

PPS 结晶度的测定可采用热分析、X 射线衍射、红外光谱分析等方法[21-23]，但几种结晶度测定方法测得的数据各有差异，相互之间没有可比性。即使同一种测定方法仍可能得到不同的测试结果。例如，在采用差示扫描量热法(DSC)测定

PPS 结晶度时，测试样品的熔融焓值ΔH_f与 100%结晶 PPS 的熔融焓值 ΔH_f^0 之比即为结晶度 X_c，见下面公式(如有冷结晶峰需扣除相应结晶焓值)，但完全结晶 PPS 的熔融焓值无法通过实验测得，一般采用外推法获得，相关研究者所选择的数值在 50～150 J/g 之间均有报道，因而采用此种方法测量 PPS 的结晶度时，ΔH_f^0 的选择至关重要。

$$X_c = \frac{\Delta H_f}{\Delta H_f^0}$$

与 DSC 通过测量 PPS 样品熔融焓值的变化类似，红外光谱分析(FITR)测定聚合物时，由于某些特定峰值对于所处的晶区或非晶区状态存在一定敏感性，通过分析这类特征峰强度即可获得相关的结晶信息。在 PPS 的结晶区域内，相邻两个苯环严格按照±45°排列，从而两者形成一个 90°夹角；而在非晶区域内该角度并不严格为 90°，因此会引起相应电子的分子内耦合发生改变，从而在红外光谱图上，某些特定峰值的出现可判定其处于结晶区域还是非晶区域，不同的研究者测定的峰值位置略有差异，表 2-2、表 2-3 为不同学者报道的峰值位置差异。Cole 等[24]发现，波数为 1075 cm^{-1}(也有报道为 1073 cm^{-1})处的特征峰衍射强度可作为 PPS 非晶区所占比重大小的度量参数，他们认为，通过 FTIR 测得的 1075 cm^{-1} 处峰值强度(I_{1075})与 1093 cm^{-1} 处的峰值强度(I_{1093})比值，与 DSC 测得的 PPS 结晶焓值(ΔH_{cryst})存在如下关系(相关系数 R^2 为 0.983)：

$$\frac{I_{1075}}{I_{1093}} = 0.442 + 0.0117\Delta H_{cryst}$$

表 2-2　Yu 等[25]测得的 PPS 中晶区与非晶区的特征峰位置

晶区/cm^{-1}	非晶区/cm^{-1}
1472	1573
1389	1180
1093	1073
820	742
555	707

同时，在选定完全结晶 PPS 的熔融焓值 ΔH_f^0 为 80 J/g 之后，Cole 也拟合出了相应衍射强度比值与结晶度之间的函数关系，但由于 ΔH_f^0 的选定不具唯一性，因而该函数关系不具有普遍规律。

表 2-3 Rahate 等[26]测得的 PPS 中晶区与非晶区的特征峰位置

晶区/cm^{-1}	非晶区/cm^{-1}
1464.02	1558
1369.50	170.83
1013.14	1105
511.15	746

X 射线衍射法(XRD)可直接测定树脂的结晶度，并且 XRD 测试样品状态多样化、测试结果不受样品内部空穴的影响等优势使得其成为测定 PPS 结晶度最为可靠的测试手段。通过 XRD 测得的结晶度通常称为结晶度指数 C_i，计算方法如下：

$$C_i = \frac{A_{\text{cryst}}}{A_{\text{cryst}} + A_{\text{amorph}}} \times 100$$

式中：A 为对应衍射图线下的积分面积。此外，还可以通过动态力学分析(DMA)测定晶区与非晶区储能模量的差异，从而间接获得测试样品的结晶度。

2.3.3 影响 PPS 结晶行为的因素

PPS 的玻璃化转变温度约为 85 ℃，但熔点高达 280～290 ℃，在中间较宽的温度范围内，晶区形态对其性能尤其是高温性能起着决定性的作用，而晶区形态又取决于其结晶过程，因而掌握并控制 PPS 的结晶行为对制备性能优良的 PPS 具有极其重要的意义[20]。PPS 晶体形态一般为球晶，如图 2-15 所示，但在外场如剪切应力、温度、杂质等作用下，PPS 也会形成如纤维晶、串晶等晶型。结晶区域分子链排列规整，相比于非晶区而言，其密度更小，Tabor 等测得晶区密度约为 1.43 g/cm^3，而非晶区密度为 1.32 g/cm^3。再者，树脂本身的分子量大小、主链结构差异等也会对结晶行为造成影响，例如，线型 PPS 由于分子主链运动能力更强、分子间作用力较小、排列堆砌速率更快，从而拥有比支化型 PPS 更快的结晶速率和更高的结晶度。除此之外，成核剂的作用、PPS 共混复合材料的相结构等均会对其结晶行为产生影响。

PPS 树脂结晶度的高低将直接影响制品的物理力学性能，其成型收缩率、冲击强度、热变形温度、表面硬度、耐蠕变性、耐热水性及耐候性等特性均受结晶度的影响，因此在 PPS 制品成型时，都应有适当的结晶度，但制品的结晶度也未必是越高越好，结晶度高的 PPS 质脆，冲击韧性不高，使得 PPS 应用受到一定限制。因而应当根据制品的要求来控制结晶度，这也是使用 PPS 的优点之一。通过控制 PPS 的结晶度、结晶形态、晶区取向以及晶粒尺寸等超分子结构特性可达到控制 PPS 力学性能和高温稳定性的效果，也可使制品尺寸的再现性变好，消除凹陷翘曲现象，提高冲击强度和超声波焊接性。

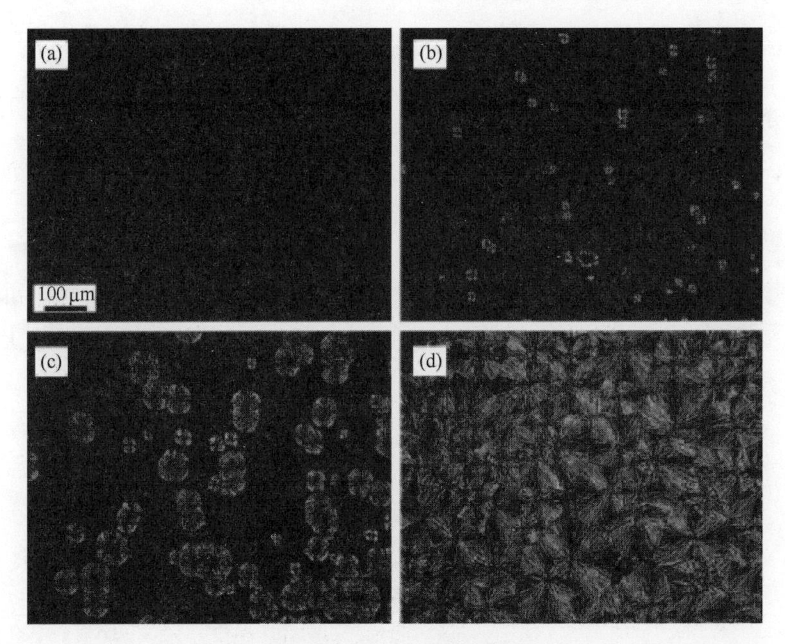

图 2-15　PPS 结晶形态[27]

340 ℃熔融 5 min，淬火至 260 ℃等温结晶 6 min(a)、14 min(b)、30 min(c)、86 min(d)

PPS 按结构划分，可分为通用型 PPS、支化型 PPS、高分子量线型 PPS 和高分子量线型改性 PPS。不同类型的 PPS 的熔点和结晶性能有很大差别，热历程对各种类型 PPS 结晶行为的影响也有所不同。通用型 PPS 分子量较低，分子链排列不是十分规整，支化型 PPS 由于支链的存在而影响分子链排列的规整性，结晶度较低。

通过改变合成条件，制备成主链上含间位结构的高分子量线型 PPS，也会影响其结晶行为。高分子量线型改性 PPS 主链中引入间位结构制备成聚间-对苯硫醚共聚物时，间位结构可以在某种程度上提升分子链的柔顺性，但其破坏了分子链的对称性和规整性，从而导致结晶速率和结晶度均会降低，如表 2-4 所示；研究表明，间位结构单元甚至无法排列进对位单元的晶体结构中[28]。

表 2-4　PPS 的热性能和结晶性能比较

类型	通用型			支化型			高分子量线型		
	原料	淬火	热处理	原料	淬火	热处理	原料	淬火	热处理
T_m/℃	277	277	277	281	/*	/*	292	277	291
ΔH_m/(J/g)	31.8	41.6	36.5	28.4	/*	/*	38.6	24.0	36.5
X_c/%	39.4	51.5	45.2	35.1	/*	/**	47.8	29.7	45.3

注：热处理条件为 310 ℃，处理 30 min；/*代表 DSC 曲线上无显著变化；/**代表无法计算。

以下分别对影响 PPS 结晶行为的因素进行阐述。

1. 分子量

分子量对于 PPS 结晶性能的影响主要通过影响其在结晶过程中的排列堆砌的速率来实现。随着分子量的增大，分子链变长，排列堆砌和重组的速率减慢，晶体线性生长速率降低，如图 2-16 所示[29]。同时，在熔融不充分的条件下，分子量大的 PPS 内部保留的有序结构更多，这部分有序结构在冷却结晶过程中可充当成核位点，因而成核密度增大，晶粒尺寸减小，如图 2-17 所示。分子量较大的 PPS 由于规整排列速率降低，因而形成的晶体数量减少，导致在玻璃化转变温度以上

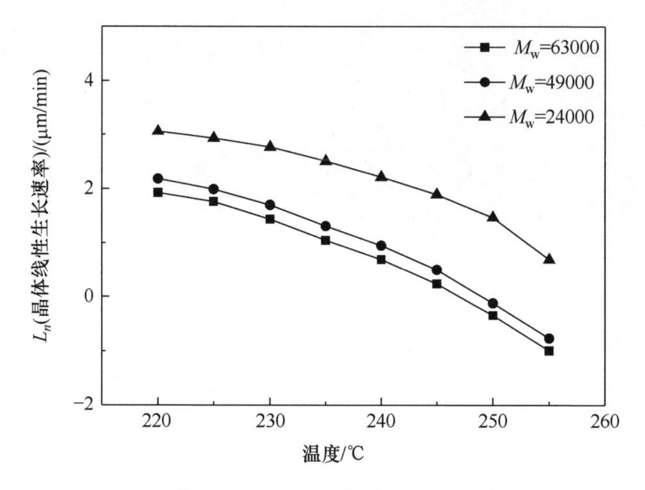

图 2-16　分子量对 PPS 晶体线性生长速率的影响

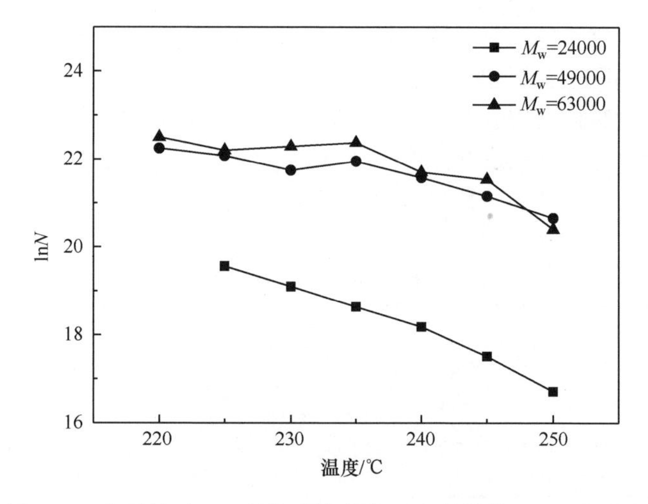

图 2-17　分子量对 PPS 晶体成核密度[N 为晶核数(cm^{-3})]的影响

时其杨氏模量降低。值得注意的是，分子量的大小并不会对 PPS 的结晶度造成影响[30-32]。此外，如果在结晶过程中施加剪切应力，分子量大的 PPS 主链更长，因而更易沿着剪切应力方向定向排列并诱导成核，从而形成串晶或纤维晶等特殊晶体，如 shish-kebab 结构，如图 2-18 所示。

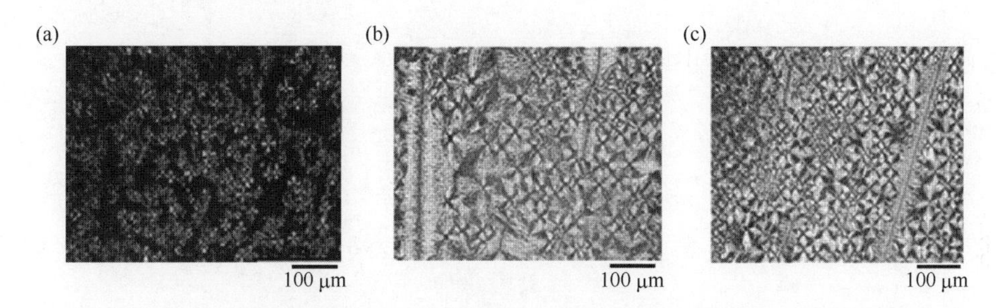

图 2-18　剪切应力下不同分子量 PPS 的晶体形态[33]

剪切速率 60 s^{-1}，剪切时间 150 s；结晶温度 250 ℃；M_w 依次为 22600(a)、48000(b)、52000(c)

2. 温度

对于聚合物的等温结晶过程而言，结晶温度同时控制着成核速率和晶体生长速率，温度过高不利于晶核形成，温度过低则影响晶体的生长速率。PPS 的结晶通常为球晶，而球晶是由精细的辐射状纤丝组成的。同等条件下，一定范围内，结晶温度升高，分子链运动能力强且不利于晶核的稳定存在，因而成核位点减少，晶体尺寸越大、越完善；结晶温度降低，分子链运动能力下降且成核位点增加，从而晶体变得细小而不完善。PPS 在结晶温度 235～275 ℃范围内等温结晶时，晶体会经历由细小而具有部分束状结构到大而完善的球晶的晶型演变，如图 2-19 所示[34]。

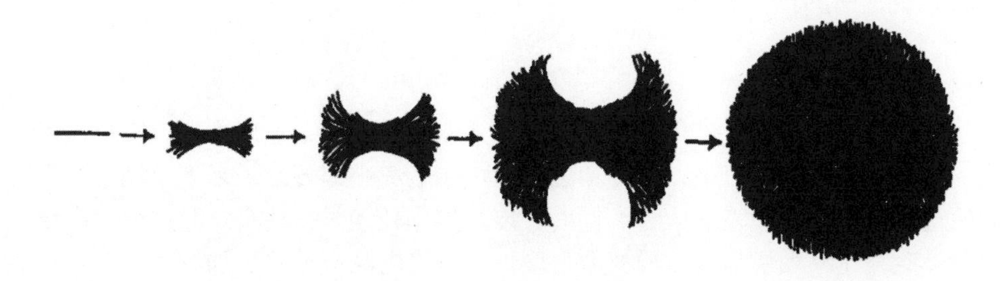

图 2-19　PPS 晶型演变

极度对称且规整的主链结构所赋予 PPS 较强的结晶能力，使得其在 200 ℃以下等温结晶也能形成球晶，但其结晶速率随温度的增加会呈现出先增加后降低的“下凹型”规律，如图 2-20 所示。

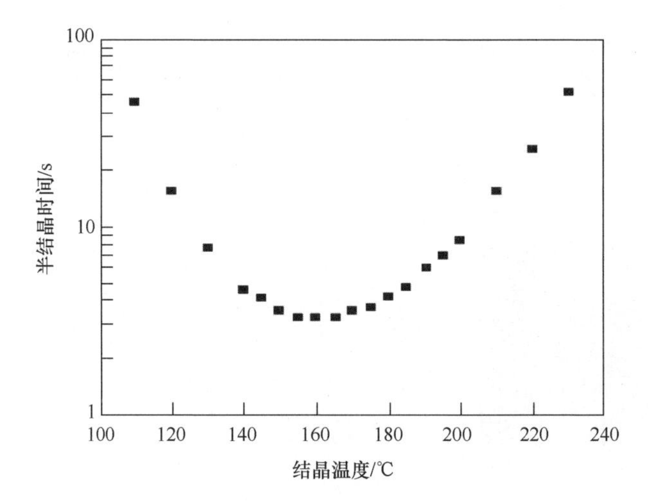

图 2-20 PPS 半结晶时间与结晶温度的关系[35]

将 PPS 由熔融状态冷却结晶，熔融温度及熔融停留时间也会对晶型结构造成影响。在较高熔融温度下冷却或熔融停留时间更长时，熔融过程更充分，熔体中残留的晶核(或有序结构)较少，易形成较大的球晶；相反地，在较低熔融温度下冷却或熔融停留时间更短，熔融不够充分，熔体中残留的晶核较多，易形成较多的小球晶，晶粒细化。如果将 PPS 熔体急剧冷却，将会形成精细的不完全球晶。

在 PPS 熔融纺丝过程中，后处理温度对纤维的结晶度和晶体结构也会造成较大的影响[36]。通常最佳温度宜在玻璃化转变温度和冷结晶温度之间(85～105 ℃)，温度太低会导致拉力增加，毛丝和断头增多，温度太高会存在拉伸介质的热以及应力取向诱导结晶，增大了拉伸难度，因而有效控制结晶温度是生产具有良好性能的 PPS 产品的重要手段。

3. 冷却速率

冷却速率会对 PPS 非等温结晶过程产生很大的影响。一般而言，冷却速率适当加快，可提高结晶速率，但冷却速率过快会造成小部分分子来不及规整排列，会使得 PPS 的结晶度变小[37,38]。同时，冷却速率较慢时，整个结晶过程在高温区出现；冷却速率加快会导致成核数目增加，最终的晶粒尺寸更加细小，并且结晶过程在低温区出现，如图 2-21 所示[39]。

研究聚合物的非等温结晶过程一般有如下三种方法。

1) 修正后的 Avrami 方程[40]

经典的 Avrami 结晶动力学理论是针对等温结晶过程建立的，等温结晶过程中，Avrami 方程可表示为

$$\ln\{-\ln[1-X(t)]\}=\ln K+n\ln t$$

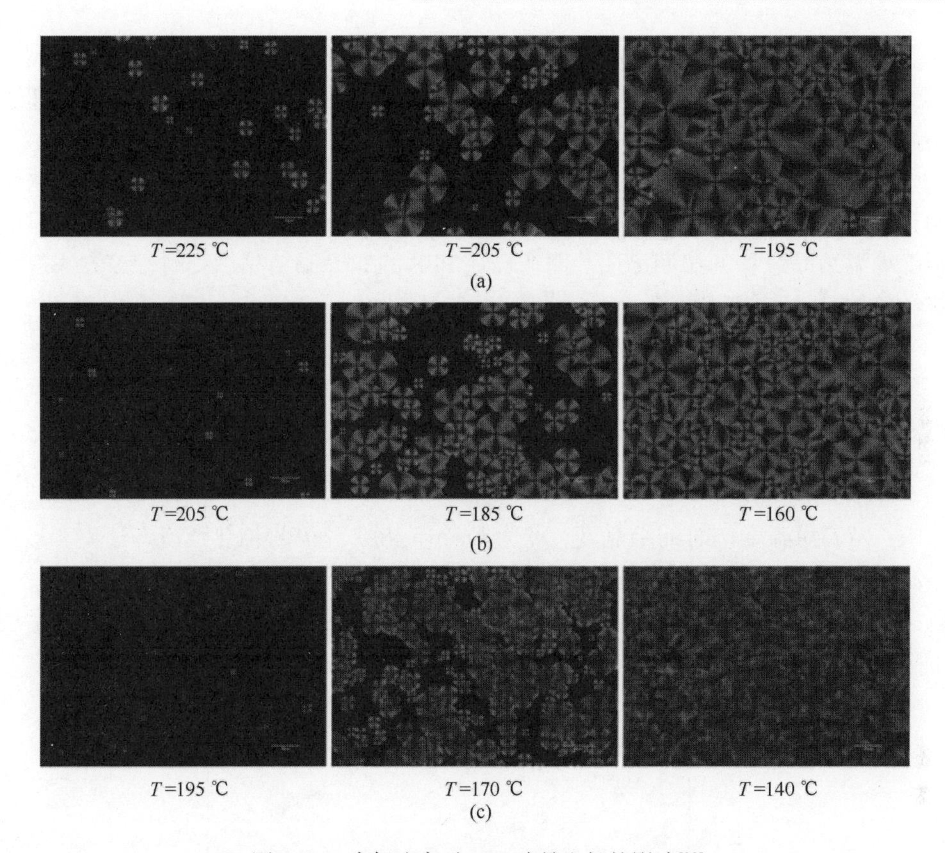

图 2-21　冷却速率对 PPS 球晶生长的影响[39]
(a) 5 ℃/min；(b) 20 ℃/min；(c) 30 ℃/min；标尺为 100 μm

式中：$X(t)$为 t 时刻的结晶度；K 为结晶速率常数(包含成核和生长)；n 为 Avrami 指数，与结晶过程的成核机理和生长维数有关。为了将 Avrami 方程推及非等温结晶过程，可将 Avrami 结晶速率常数用冷却速率(Φ)校正：

$$\ln K_c = \frac{\ln K}{\Phi}$$

式中：K_c为经冷却速率校正后的 Jeziomy 结晶速率常数，此时获得的 Avrami 指数 n 被称为表观 Avrami 指数。表 2-5 列出了采用 Jeziomy 改进的 Avrami 方程描述 PPS 非等温结晶过程得到的结晶动力学参数。

表 2-5　PPS 非等温结晶参数

冷却速率/(K/min)	表观 Avrami 指数(n)	结晶速率常数(K)	动力学结晶能力(G_e)
10	1.84	1.02	0.9
20	1.95	1.05	1.38
40	2.1	1.05	1.07

可以看出，适当提高冷却速率对加快 PPS 结晶有一定帮助，动力学结晶能力(表示聚合物非等温结晶过程中结晶能力的大小，无量纲)也相应增大。但冷却速率过快，分子链来不及规整排列，动力学结晶能下降，结晶度相应降低。

Avrami 方程是最早被用来描述聚合物结晶过程的公式，然而，由于聚合物结晶过程的复杂性，Avrami 直线在结晶后期常常与实验数据发生偏离，因此其只能用于等温结晶过程的初期描述。而在描述 PPS 的非等温结晶过程时，该方法逐渐被经典的 Ozawa 方程替代。

2) 经典的 Ozawa 方程

Ozawa 基于 Evans 理论，考虑到冷却速率的影响，从聚合物结晶成核和生长出发将 Avrami 理论推广到非等温过程，方程可表示为

$$\ln\{-\ln[1-X(T)]\}=\ln K(T)-m\ln\Phi$$

式中：$X(T)$为温度 T 时的结晶度；m 为 Ozawa 指数；Φ 为加热或冷却速率；$K(T)$是温度函数，与成核方式、成核速率、晶核生长速率等因素有关。对于 PPS 而言，以 $M_w=24000$ 为例，相关研究表明，随着冷却速率的加快，PPS 结晶度整体呈现下降趋势，如图 2-22 所示。

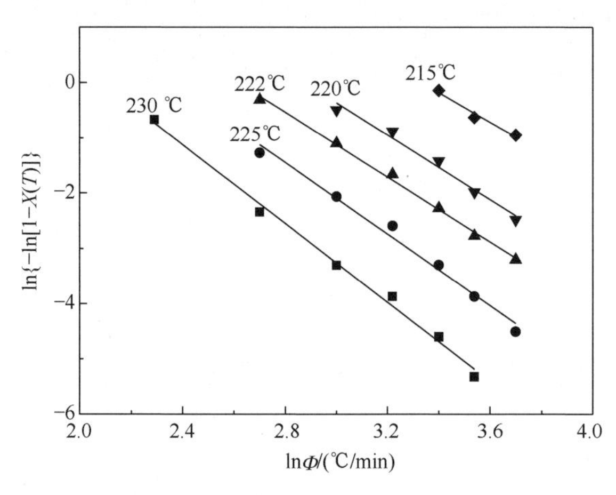

图 2-22 冷却速率对 PPS($M_w=24000$)结晶度的影响[41]

3) 莫志深等的新方法——Avrami-Ozawa 联合方程

事实上对于任何研究体系，结晶过程与时间 t 和温度 T 密切相关。在冷却(或加热)速率为 Φ 时，某时刻 t 和温度 T 的关系如下：

$$t=\frac{|T-T_0|}{\Phi}$$

由此，经典的 Avrami 方程与 Ozawa 方程可联合整理为

$$\ln\Phi = \ln\left[\frac{K(T)}{K}\right]^{1/m} - \frac{n}{m}\ln t$$

通常令 $F(T) = \left[\frac{K(T)}{K}\right]^{1/m}$，$a = \frac{n}{m}$，则有

$$\ln\Phi = \ln F(T) - a\ln t$$

此时，$F(T)$表示单位结晶时间内该体系达到一定的结晶度所需要的冷却(或加热)速率，也表示体系在规定时间内达到某结晶度的难易程度，具有明确的实际应用意义和物理意义。相关研究表明，见图 2-23，$\ln\Phi$ 与 $\ln t$ 具有良好的线性关系，说明该方法能比较准确地描述 PPS 的非等温结晶过程[41]。

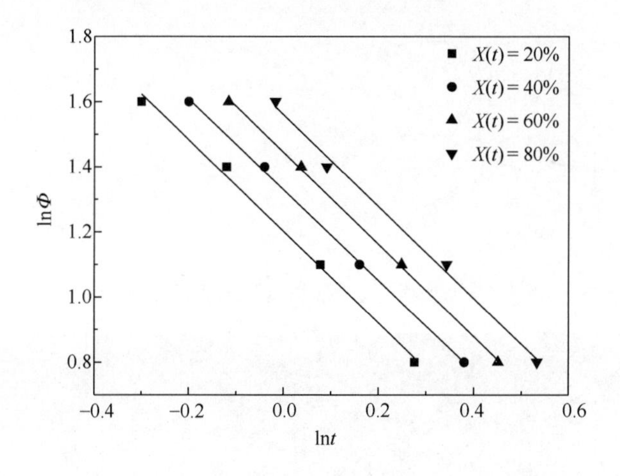

图 2-23 不同结晶度 $X(t)$下 $\ln\Phi$ 与 $\ln t$ 关系图

然而，倘若结晶速率过慢，PPS 熔体在高温下停留时间变长，其热氧交联将使 PPS 结晶度下降。故而在实际成型制件过程中，冷却速率既不能过快，也不能过慢。对于成型 PPS 厚壁制件时，通常为提高结晶度，必须延长冷却时间，一般为 60～90 s。

4. 热处理

对 PPS 的不同加工处理条件将引起结晶度的变化，并直接影响 PPS 的性能。因此，可通过适当的处理方法，如通过控制模具温度、热处理和退火的时间与温度等条件来控制适宜的结晶度，以使材料和制品获得较理想的机械性能及物理性能[42,43]。

从量子化学计算角度分析，由于 PPS 分子主链上的 C—S 键键级最小，成键强度最弱，在高温下最易断裂形成自由基，同时氧气的存在使得自由基极易被氧化，如硫醚基在热氧环境下很容易被氧化成亚砜基或砜基。再者，由于分子主链上各碳原子电荷密度自由价与相应的苯和苯胺相比均较大，如图 2-24 所示，反应活性相应也很大，因而交联反应很容易在这些位点发生，使得 PPS 带有典型的可交联属性。氧气氛围中，一定温度下(T_g～T_m)热处理一段时间，PPS 即可发生热氧交联，适度的交联可使交联点起到成核作用，促进 PPS 结晶并提高结晶度，完善晶粒；但热处理时间过长会使得 PPS 发生扩链、支化以及过度交联反应，分子量变大，分子运动被极大地限制，从而结晶速率降低、结晶度减小且晶体发育极不完善(图 2-25)[44-46]。此外，对 PPS 进行退火处理还会使得晶体结构发生改变，延长退火时间将使得晶胞参数中 a 轴和 b 轴数值减小，晶格密度增大。

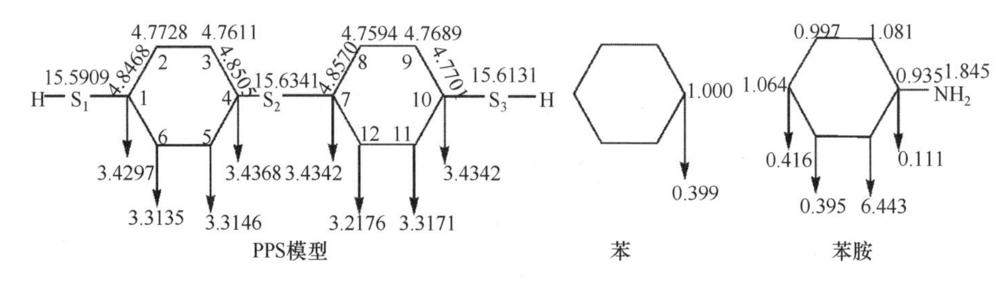

图 2-24 PPS、苯、苯胺分子图

图 2-25 250 ℃条件下热氧交联时间对 PPS 球晶结构的影响

(a) 0 min；(b) 20 min；(c) 40 min；(d) 60 min

不同的气体氛围中热处理的影响也存在一定差异[47,48]，在氮气氛围中、255 ℃条件下对 PPS 进行热处理 8 h 以上并不会对 PPS 的结晶速率产生较大的影响；但随着温度升高至 320 ℃，PPS 同样会出现氧气(或空气)氛围下热氧交联对结晶行为产生的影响，说明只要温度足够高(>T_m)，氧气是否存在与热处理对 PPS 结晶行为的影响并无直接关联。在 CO_2 气氛下对 PPS 热处理同样可以使其结晶速率加快。

热处理对 PPS 结晶行为的影响同样与热处理温度紧密相关。图 2-26 显示了热处理温度与 PPS 结晶度的关系，在 T_g～T_m 之间，结晶度随热处理温度的增加缓慢增加至最高点后下降。

此外，退火可以消除 PPS 制品的内部残余应力，提高尺寸稳定性。但是在对 PPS 制品退火的同时，由于结晶正在进行，所以制品尺寸会随着结晶而发生变化，有时间依赖性，因此 PPS 制品的退火条件需依制品的厚度而定(图 2-27)。

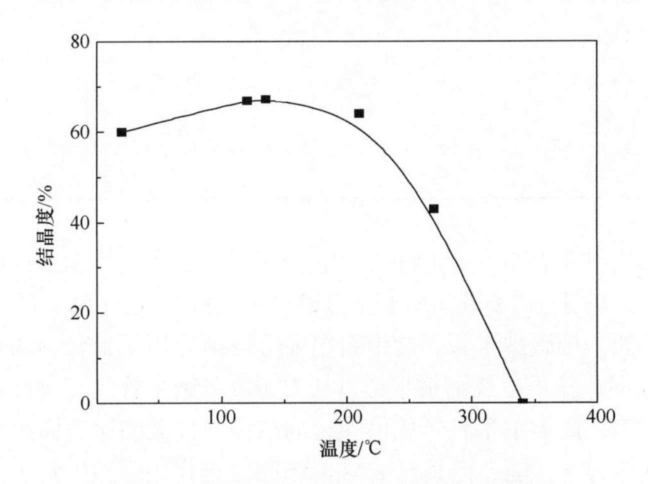

图 2-26　PPS 结晶度与热处理温度关系曲线

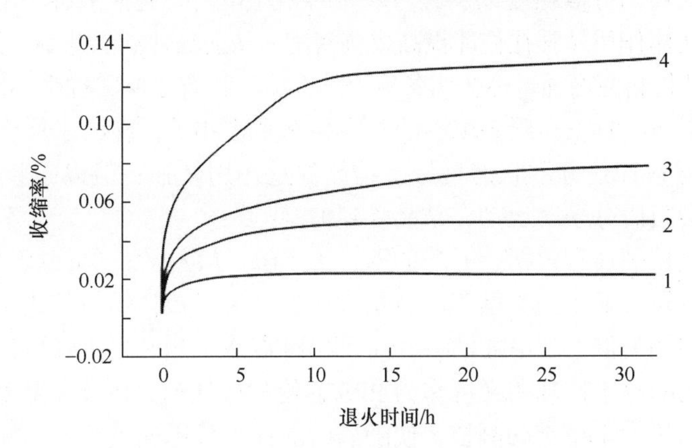

图 2-27　退火导致制品流动方向的尺寸变化

1. 120 ℃；2. 150 ℃；3. 180 ℃；4. 230 ℃

5. 成核剂和结晶促进剂

成核剂能降低 PPS 的结晶成核界面自由能，起到促进 PPS 结晶成核的作用，从而加快 PPS 的结晶速率。PPS 的结晶成核剂的种类繁多，大体上可分为无机类、有机类和高分子类三大类[49,50]。

无机类成核剂基本上都是聚合物常用的填料，如表 2-6 所示。

表 2-6 PPS 结晶无机类成核剂

种类	成核剂
无机单质	石墨、炭黑、锌粉等
金属氧化物	ZnO、MgO、Al_2O_3 等
黏土类	滑石粉、黏土、叶蜡石等
无机盐	碳酸盐、硅酸盐等
陶瓷	碳化硅等

这些无机填料使 PPS 的半结晶时间($t_{1/2}$)缩短，起到成核剂的作用。其加速结晶的效果为：高岭土>滑石粉> Al_2O_3 > TiO_2 > CaO[51]。近年来，随着不同形式碳单质纳米粒子如一维碳纳米管、二维石墨烯等逐渐应用于聚合物的共混改性，其对 PPS 的结晶促进作用也逐渐被报道，其中尤以碳纳米管及其改性物作为添加剂的研究居多[52-56]。此类纳米粒子凭借独特的结构与极大的比表面积而具有较高的强度、韧性及热力学性能，但其对 PPS 的结晶促进作用强烈依赖于其用量、在聚合物基体中的均匀分散程度以及其与基体的相互作用。通常来讲，用量越多、分散越好、与基体作用越强往往能提高成核密度，从而加快结晶速率、提高结晶度，并且此类碳基材料在增强基体树脂各项力学性能上具有“少量高效”的作用。其对结晶行为的影响同时也与碳基填料的复合状态紧密相关，在纳米尺度下共混制备的纳米复合材料往往分散状态良好，结晶促进作用较强；但以碳膜(buckypaper)形式复合却会阻碍分子链运动，结晶受到抑制[57-59]。

有机类成核剂通常包括一元酸的 Na、K、Ba、Mg、Ca、Zn 盐，如苯甲酸钠、钾、钙盐，以及二亚苄山梨酸等。有机类成核剂的成核作用与其化学结构有关，以加入苯甲酸钠为例，苯甲酸钠一方面要与树脂基体 PPS 发生反应，另一方面分子链末端生成的离子性基团又可作为 PPS 的均相成核剂，在较高温度下易迅速成为一定大小的热力学稳定的晶核，使随后的晶核生长迅速进行，大幅度地缩短了结晶诱导期。部分端基阳离子对 PPS 晶体生长速率和成核速率影响的排序分别为：Ca^{2+}> H^+>Zn^{2+}>Na^+；H^+>Na^+>Zn^{2+}>Ca^{2+}[60]。

高分子类成核剂包括离子聚合物、液晶聚合物等。通过与高分子类成核剂共混可以降低 PPS 的玻璃化转变温度，加快结晶速率，并提高其抗冲击性能。对于高分子类成核剂，应特别注意分子量不能太大，否则和树脂的相容性会下降，而且分子链的活动性下降，促进结晶效果的能力也将下降。

结晶促进剂(如共聚醚酯等)对 PPS 的结晶速率影响很小，不能促进 PPS 的成核结晶，但能使 PPS 结晶更完善，使 PPS 的结晶度提高。

成核剂和结晶促进剂两者并用时，PPS 由熔体降温时的结晶行为主要由成核剂控制，而结晶促进剂的作用不明显。

6. 共混改性

研究发现，采用适当的共混或复合的方法，不仅可以降低 PPS 的成本，而且可以有效地改善其脆性，与此同时，PPS 的结晶程度与形态也会发生明显的变化。PPS 中第二组分存在会改变其在熔融时的化学与物理环境，因而 PPS 结晶组分的结晶行为不仅取决于两组分在熔融时的相容性，而且与第二组分是否起到异相晶核作用和或两组分间界面是否诱导成核作用有关。PPS 复合材料目前主要有 PPS/纤维增强材料、PPS 与通用或工程材料共混、PPS 与高性能工程塑料共混等。

1) PPS/纤维增强体系

采用大长径比纤维与 PPS 共混是制备高性能 PPS 复合材料最为有效的方法，目前已广泛应用到汽车、船舶以及航空航天等领域。PPS/纤维增强体系中常用的纤维包括玻璃纤维(GF)、碳纤维(CF)、芳纶纤维(AF)等，其与 PPS 基体树脂进行复合以提高其强度、刚度和耐热性。当这些纤维加入 PPS 基体中，若其与基体结合良好，纤维通常可作成核剂，使 PPS 分子链围绕纤维周围结晶从而可形成较强的界面黏附。当基体受力时，通过界面将应力传递到纤维，使其作为结构支撑，改善复合材料的力学性能，这种现象称为横穿结晶现象(图 2-28、图 2-29)[61-63]。缓慢降温同时给纤维-树脂界面施加一定剪切应力有助于界面横晶的生成，界面横晶的产生进一步增强了纤维与树脂之间的应力传递效率，GF、CF、AF 三种纤维中，AF 与 PPS 形成界面横晶的能力强于 GF 和 CF，并且 PPS/AF 体系半结晶时间也更短。纤维对于 PPS 结晶行为的影响不仅取决于纤维的特性，而且强烈依赖于纤维的表面处理(上浆、化学改性、等离子体改性等)，当纤维与基体界面结合

图 2-28　PPS/CF 界面横穿结晶现象

较差且含量较大时(纤维增强 PPS 预浸料或层合板复合材料)，纤维反而会阻碍分子链的规整排列从而降低 PPS 的结晶度，无定形区域占比增加，在 X 射线衍射测试结果中表现为衍射峰变钝、变宽(图 2-30)，此时 PPS 的韧性通常会得到改善。

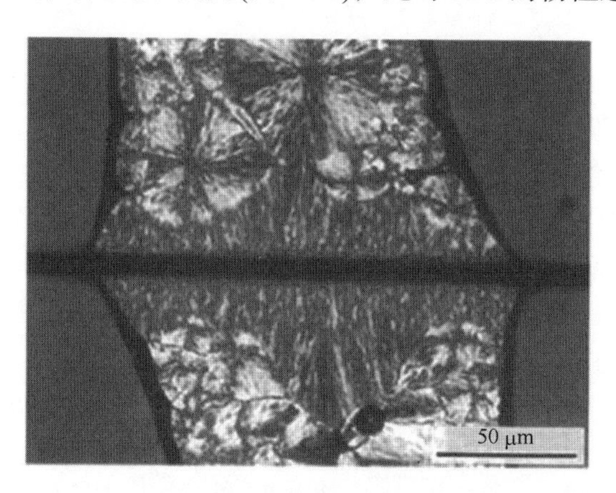

图 2-29　PPS/CF 纤维拔出实验[64]

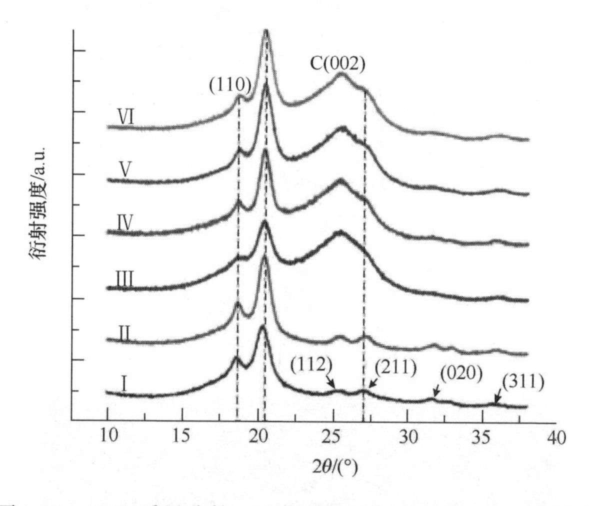

图 2-30　50%(质量分数)CF 增强 PPS 复合材料 XRD 谱图[65]

Ⅰ. PPS 树脂；Ⅱ. PPS 树脂(250 ℃退火 3 h)；Ⅲ～Ⅵ. PPS/CF(250 ℃退火时间依次为 0 h、3 h、9 h、18 h)

2) PPS 合金体系

a. PPS/聚碳酸酯体系

PPS/聚碳酸酯(PC)共混物具有优良的抗冲击性能、电气性能及加工性能。对于 PPS/PC 共混体系来说，PPS 与 PC 组分间较小的界面张力使得两相界面对 PPS 成核作用并不明显。若共混物的两组分都为结晶的体系，先结晶的组分往往对在较低温度结晶的组分具有异相成核作用，而对于 PPS/PC 共混体系，PC 组分处于无定形的形态，与结晶性的 PPS 相容性并不好，因而两者只能部分互溶(图 2-31)，PC 对该体系的异相成核作用也并不明显。相反，随着 PC 的加入，PPS 结晶温度变得更低，结晶速率降低，PC 对 PPS 结晶起抑制作用。

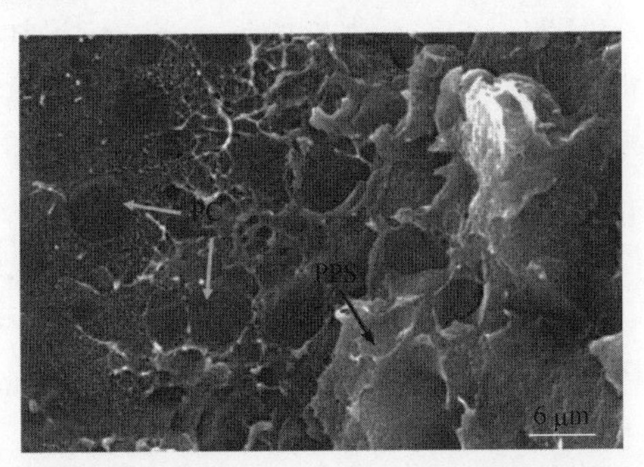

图 2-31　PPS/PC(80/20，质量比)共混物相形态[66]

然而，也有部分研究表明，由于 PC 在加工过程中容易发生降解，共混体系黏度下降，PPS 分子链的运动变得更加容易，体系结晶能力在此情况下会略微提高。

b. PPS/聚酰胺(PA)体系

在 PPS/PA6 的共混体系中，由于两者结晶温度和熔融温度的差异(PPS 均高于 PA6)，因而在降温过程中，PPS 在 PA6 仍是熔体状态下开始结晶，而 PA6 在 PPS 晶体存在下开始结晶。研究认为，由于 PPS 与 PA6 溶解度参数相近(PA6 为 12.7～13.6，PPS 为 12.5)，在熔融状态下两者良好的界面相容性导致的界面诱导结晶作用使得 PPS 结晶温度升高[67]。不同比例 PPS/PA6 体系中 PPS 的结晶参数见表 2-7。

表 2-7　不同比例 PPS/PA6 体系中 PPS 的结晶参数[68]

PPS/PA6 质量比	T_{co}/℃	T_c/℃	ΔH_c/(J/g)	T_{mo}/℃	T_m/℃	ΔH_m/(J/g)	ΔT/℃
100/0	232.4	228	49.4	264.5	280.6	44.9	52.6
90/10	248.2	240.6	50	270.2	279.8	44.9	39.2
80/20	252.1	245.7	50.1	271.5	280.5	44.1	34.8
60/40	250.3	244.8	45	272.1	280.3	41.9	35.5
50/50	255.4	249.4	43	273.3	281.1	39.4	31.7
40/60	257.9	251.8	42.8	273.1	281.9	41	30.1
20/80	259.9	244.8	32.9	272.9	281.3	24.5	36.5

注：T_{co}为初始结晶温度；T_c为结晶峰值温度；T_{mo}为初始熔融温度；T_m为熔点；$\Delta T = T_m - T_c$。

在 PPS/PA66 体系中，PA66 的存在同样会对 PPS 的结晶过程产生较大的影响。PA66 可明显加快 PPS 的成核和结晶速率。此时，如果在两相体系中加入一定量增容剂 EMG，可进一步改善 PA66/PPS 共混物的相容性，加快共混物中 PPS 相的非等温结晶速率，增强改性效果[69,70]。

c. PPS/PEEK 体系

在 PPS/PEEK 共混物合金降温过程中，PEEK 先结晶，晶粒在 PPS 熔体结晶过程中起到异相成核作用，加速了 PPS 组分的成核结晶过程，从而提高 PPS 的结晶速率，使 PPS 结晶峰宽明显变窄、强度增强。当继续增加 PEEK 时，PEEK 异相成核密度提高，使得合金中 PPS 熔体会在更高温度下结晶，导致初始结晶温度提高，但由于 PEEK 晶区的扩大及相互作用的增强，体系中 PPS 链段自由运动体积变小，运动会受阻，造成结晶速率减慢，晶体生长受限，结晶峰变宽[71]。

再者，PEEK 粒径对共混物中 PPS 的结晶性能也有较大的影响，粒径越小，比表面积将越大，使得两相界面的面积增大，从而合金中两组分之间的相互作用增强，结晶加速作用随之增强，PPS 结晶峰继续变窄，结晶温度升高。

d. PPS/聚对苯二甲酸丁二醇酯体系

聚对苯二甲酸丁二醇酯(PBT)是一种结晶聚合物，它与 PPS 共混可以在保持 PPS 的优良综合性能的基础上对 PPS 进行增韧。不同比例的 PBT/PPS 共混体系在 DSC 曲线上均出现双熔融峰和双结晶峰，其熔融峰与各自单组分的基本相同，表明在共混体系中 PBT 和 PPS 是两相分离的，且各自在自己的微区内结晶。在以 PPS 为基体的 PPS/PBT 共混体系中，随着 PBT 的含量增大，熔体黏度变大，加工性能变差。反之，在以 PBT 为基体的共混体系中，PPS 含量增加会降低体系黏度，改善加工性能。

e. PPS/热致性液晶聚合物体系

热致性液晶聚合物(TLCP)具有熔体黏度低、易于加工、力学性能优异、化学稳定性和热稳定性较高等特点。TLCP 和 PPS 是不相容的，但由于共混物中 PPS 在 TLCP 纤维表面的异相成核作用使 PPS 的结晶速率提高，两组分的结晶温度均上升。进一步的研究表明：加入少量全芳或半芳族 TLCP 可以显著提高 PPS 的最大结晶温度和结晶速率；全芳族 TLCP 的加入起到成核剂的作用，而半芳族 TLCP 主要起结晶促进剂的作用；同时加入两种 TLCP，高温时两种 TLCP 间可能存在酯交换反应，在 PPS 结晶过程表现为协同作用，有助于提高 PPS 的最大结晶温度[72,73]。TLCP 对 PPS/TLCP 体系等温结晶参数的影响见表 2-8。

表 2-8 TLCP 对 PPS/TLCP 体系等温结晶参数的影响[74]

PPS/TLCP 质量比	T_c/K	n	$K(t)$	$K(t)_{0.5}$	$-\Delta E\times10^{-3}$/(kJ/mol)
100/0	523	2.1	4.5	4.75	108
	525	2.52	7.96	7.77	
	528	3.11	1.5	1.3	
	531	2.61	0.66	0.66	
	533	2.73	0.13	0.13	

续表

PPS/TLCP 质量比	T_c/K	n	$K(t)$	$K(t)_{0.5}$	$-\Delta E\times10^{-3}$/(kJ/mol)
90/10	523	2.3	8.83	11.05	76
	525	2.5	6.98	6.85	
	528	3.01	1.59	1.65	
	531	2.8	0.47	0.45	
	533	2.4	0.29	0.31	
80/20	523	2.59	4.02	4.17	10
	525	3.37	9.89	11.61	
	528	2.92	2.74	2.63	
	531	2.62	0.71	0.76	
	533	2.64	0.08	0.08	
70/30	523	2.06	3.94	4.21	75
	525	3.3	9.7	10.95	
	528	3.01	2.71	2.53	
	531	2.44	0.52	0.69	
	533	2.38	0.09	0.09	
60/40	523	2.21	4.79	4.8	61
	525	2.55	3.97	3.73	
	528	2.35	1.76	1.7	
	531	2.61	0.94	0.83	
	533	2.44	0.1	0.1	
50/50	523	2.2	4.02	4.36	40
	525	2.52	8.67	8.69	
	528	2.33	0.69	0.93	
	531	2.51	1.09	0.72	
	533	2.69	0.08	0.07	

注：T_c为结晶温度；n为 Avrami 指数；$K(t)$为结晶速率常数；$K(t)_{0.5}$为半结晶速率常数；ΔE为结晶活化能。

2.4　聚苯硫醚树脂的合成

2.4.1　概况

PPS 具有优异的耐高温性、耐腐蚀性、阻燃性及绝缘性，被广泛地应用于航空航天、汽车制造、电子器件等领域，是特种工程塑料中的第一大品种，也是性价比最高的特种工程塑料。

1968 年，美国菲利普斯石油公司开发了 PPS 树脂的工业化合成路线及产品[75,76]，其以硫化钠与对二氯苯为原料，以 N-甲基吡咯烷酮(NMP)为溶剂，在高压釜中通过亲核取代反应制得了 PPS 树脂。采用此工艺，菲利普斯石油公司成功实现了 PPS 树脂的千吨级产业化生产，其产品的商标名为“Ryton PPS”。

1985 年美国菲利普斯石油公司专利保护期满后，PPS 迎来了一个发展高峰：在多年的菲利普斯石油公司 PPS 合成工艺路线研究与开发的基础上，日本的一些公司开始了 PPS 树脂生产线的建设与树脂的生产。特别值得一提的是，日本吴羽化学工业株式会社以对二氯苯与硫化钠为原料，通过改善合成催化剂种类，在 NMP 中通过高压聚合合成出了高韧性、高分子量的线型 PPS 产品，此产品也被称为第二代 PPS 线型产品。该产品分子量较高、性能优异、色泽较白，成功地克服了菲利普斯石油公司先前 PPS 韧性较差的缺陷。

我国自 20 世纪 70 年代也开始了 PPS 树脂的合成研究[77,78]，其研究工作主要集中在四川大学及其合作伙伴身上，在国家“863”计划项目及原国家计划委员会各种项目及工程的支持下，在经历了三代人几十年持续不断的研究与产业化奋斗后，2002 年底，由四川华拓实业发展股份有限公司与四川大学合作的千吨级 PPS 产业化装置在四川德阳建成开车，成功实现了我国 PPS 树脂的工业化规模生产。

在 1990 年前后，由于受到金融危机的影响，全球对 PPS 的需求受到了很大限制，美国菲利普斯石油公司与日本 PPS 厂家的销售额度持续减小。直到 1995 年前后，全球经济回暖，PPS 的生产才进入良好发展阶段[79]。在 2000 年及以后，由于汽车工业、航天航空、电子电气等领域的快速发展，PPS 树脂成为工程塑料中最为畅销的品种，直至现今仍供不应求。

2018 年，世界 PPS 树脂的年生产量大约为 12 万吨，其中，日本为 PPS 树脂第一大生产国，包括东丽工业株式会社 2.76 万吨，吴羽化学工业株式会社 1.2 万吨，大日本油墨化学工业株式会社 1.9 万吨，东曹株式会社 0.5 万吨等，约占世界总产量的 53%；美国居第二位，包括索尔维公司 2 万吨，泰科纳公司 1.5 万吨，约占世界总产量的 29%；中国列第三位，其特点是产能大、开工不足，还有几条新生产线正在建设或试车之中，如新疆中泰新鑫化工科技股份有限公司的万吨级生产线正在试生产期。2018 年中国的实际生产量为：浙江新和成约 0.9 万吨，重庆聚狮约 0.3 万吨，约占世界总产量的 10%；此外，还有韩国 INITZ 的 1.2 万吨生产线部分开车，实际生产量为 0.2～0.3 万吨。以上这些产品当中，尤以日本吴羽化学工业株式会社第二代 PPS 树脂性能最为突出，受到广大用户的一致好评。

国内众多的 PPS 树脂生产企业中，以早期的四川华拓实业发展股份有限公司为代表，基本都采用四川大学开发的锂盐催化剂这一工艺路线，但因 2014 年，国家新能源汽车发展达到了高峰期，锂盐作为新能源汽车电池的重要原料，价格出现暴涨，由原来的 4 万～5 万元/t 一路涨到 15 万元/t，甚至一度达到 17 万元/t，使得国内 PPS 生产企业产品成本急剧上涨，出现产品售价与成本倒挂的窘境，大部分企业陷入停产或半停产状态，唯有采用日本无锂工艺加国内技术改进后工艺路线的浙江新和成一枝独秀，继续扩大生产，并于 2018 年投产了采用新工艺路线的万吨级生产装置。与此同时，又有一些新的企业加入进来，相对早期的企业特点，这些企业设计的产能均较大，如重庆聚狮、铜陵瑞嘉特种材料有限公司、山西长治市霍家工业有限公司、广安致源新材料有限公司、新疆中泰新鑫化工科技股份有限公司等，其年产能均为 1 万～2 万吨，目前国内 PPS 企业总设计产能已超过 10 万吨。

目前，以浙江新和成及新疆中泰新鑫化工科技股份有限公司现有的万吨级聚苯硫醚生产线为代表，均采用最新的硫氢化钠聚合路线及优化后的产品纯化洗涤、溶助剂回收系统，进一步优化升级了产品性能、降低了 PPS 生产成本，大幅度强化了其市场竞争力。

2.4.2　PPS 树脂的合成方法

自 1888 年，PPS 以 Friedel-Crafts 反应副产物的身份被人们发现以来，其合成方法就层出不穷。其中，许多合成方法都具有重要的基础意义、实用意义或启发意义。

1. Genvresse 路线

1896 年，Genvresse 以硫和苯为原料，在 Friedel-Crafts 反应催化剂[80]$AlCl_3$ 作用下，共热制得了不易溶解的无定形 PPS 树脂，该树脂熔点高达 295 ℃。这是 PPS 树脂最早被报道的合成路线，其反应方程式可粗略写为

$$S + C_6H_6 \xrightarrow[\text{加热}]{AlCl_3} \left[C_6H_4 - S \right]_n$$

1909 年，Deuss 用苯硫酚在 $AlCl_3$ 作用下获得了类似结构的产物。1928 年，Glass 和 Reid 用苯和硫在 350 ℃下，无需催化剂也反应得到类似结构的产物。

该类方法合成步骤简单，原料易得，但因这类方法合成的 PPS 树脂分子量不高，且具有交联结构，不利于成型加工，不符合应用要求，未能引起更多的关注。

2. Macallum 反应法[81-83]

1948 年，Macallum 用硫黄、对二氯苯和碳酸钠在 275～360 ℃熔融状态下反应制得 PPS 树脂，证明了聚苯硫醚类树脂可以通过二氯代和三氯代芳香化合物制备。反应方程式如下：

$$Cl-C_6H_4-Cl+S+Na_2CO_3 \xrightarrow{275\sim360\ ℃} \left[C_6H_4 - S_x \right]_n + NaCl + Na_2SO_4 + Na_2S_2O_3 + CO_2$$

x=1.2～2.3

式中：x=1.2～2.3，说明分子主链中存在多硫键结构。

此聚合反应分两步进行。首先由碳酸钠与硫黄发生反应，生成硫化钠和多硫化钠。然后，硫化钠、多硫化钠再与对二氯苯反应生成 PPS 树脂。基于此，Macallum 等发现只需添加金属硫化物和硫黄，无需助剂也可以使反应顺利进行。该法原料简单易得，能够得到微溶、高熔点、分子量中等的 PPS 树脂；但由于反应放热量大，聚合过程难以控制，产物结构不稳定，同时，多硫键的存在使得聚合物在高温下容易断链，产品热稳定性较差，该路线未能实现工业化。

3. 对卤代苯硫酚盐自缩聚法

1959 年，美国陶氏化学公司的 Lenz 与 Handlovits 报道成功采用对卤代苯硫酚盐自缩聚合成线型 PPS 树脂[84,85]，并应用本体聚合与溶液聚合两种方法进行了探究。这是线型 PPS 树脂最早的合成路线，其反应方程式如下：

$$X-C_6H_4-SM \xrightarrow[\text{吡啶}]{\text{加热}} \left[C_6H_4-S\right]_n + MX$$

M=Cu，Li，Na，K

X = F，Cl，Br，I

在本体聚合中，反应温度一般要比对卤代苯硫酚盐的熔点低 10～20 ℃，温度越高越不利于获得高分子量 PPS。当反应温度超过对卤代苯硫酚盐的熔点时，反应得到的产品是不溶、不熔物。在溶液聚合中，一般选用吡啶作为溶剂，在高温下反应制备高分子量的 PPS 树脂。研究还表明，卤素的反应活性为 I > Br > F > Cl，金属阳离子反应活性为 $Cu^+ > Li^+ > Na^+ > K^+$。

此法可得到线型 PPS 树脂。但是由于单体原料昂贵、毒性大、反应易产生环状低聚物等问题，一直未实现工业化。

4. 硫化钠法

1967 年，美国菲利普斯石油公司的 Edmonds 和 Hill 通过专利首次报道了使用碱金属硫化钠和对二氯苯为原料，在极性有机溶剂中直接缩聚合成线型 PPS 树脂的加压溶液聚合法[75]。这种方法是最早实现 PPS 合成树脂工业化生产的方法，也是目前最主要的工业化方法。此反应是由等摩尔量的硫化钠和对二氯苯在极性有机溶剂中，170～350 ℃、6.87 MPa 下，通氮气保护进行的。反应方程式如下：

$$Na_2S + Cl-C_6H_4-Cl \xrightarrow[\text{极性有机溶剂}]{\text{加热，加压，}N_2} \left[C_6H_4-S\right]_n + NaCl$$

其中，以六甲基磷酰三胺或 *N*-甲基吡咯烷酮作为反应溶剂的效果最好。同时，由于工业品硫化钠都含有结晶水，在参与聚合反应前，硫化钠必须经过一定的处理，使其脱去结晶水。一般有两种脱水方式，一种是在投料前采用减压加热、逐步加温的方法脱去其结晶水，以无水硫化钠形式投入反应釜中直接进行反应，该方式称为釜外脱水法；另一种方式是将含结晶水的硫化钠直接加入反应釜中，通过在溶剂中的加热回流，逐步蒸馏，脱去其结晶水，该方式称为釜内脱水法。虽然，采用釜外脱水法的反应周期较短，但其单独脱水耗时、耗能、工艺条件要求高，且由于得到的无水硫化钠易吸水、不易储存，釜外脱水法只在早期的研究和生产中有部分使用，釜内脱水法是目前普遍采用的脱水方式。

1973 年，Edmonds 又发现商业硫化钠中存在的杂质会对所得聚合物的物理化学性能产生很大的影响，于是采用碱金属氢氧化物对商业硫化钠进行预处理以降低杂质带来的不利影响[86]。在此研究基础上，Scoggin 等[87]采用等摩尔量的硫氢化钠和氢氧化钠混合物代替硫化钠作为硫源，并获得相对较高分子量的 PPS 合成树脂。

1998 年，罗吉星等以硫化氢和氢氧化钠代替硫化钠作为硫源，合成出了 PPS 树脂，进一步扩大了硫源范围[88,89]。但由于硫化氢毒性大、处理困难、难以定量，该方法也未能进一步放大。

5. 硫氢化钠法

目前，工业上除了采用硫化钠法外，另外一条工艺路线就是硫氢化钠法，是继最初硫化钠法后经技术改进的更为先进的工艺路线，最早由吴羽化学工业株式会社采用；当前我国大部分生产厂家主要采用的工艺路线为硫化钠法，只有新疆中泰新鑫化工科技股份有限公司及浙江新和成特种材料有限公司采用硫氢化钠法，其反应方程式如下：

NaHS $\xrightarrow[\text{NMP}]{\text{催化剂/助剂}}$ 脱水后合格溶液 $\xrightarrow[\text{预聚/高温聚合}]{\text{Cl—C}_6\text{H}_4\text{—Cl}}$ $\left[\!\!-\!\text{C}_6\text{H}_4\!-\!\text{S}\!-\!\right]_n$

该方法采用 NMP 为溶剂，硫氢化钠为原料，于 180～202 ℃进行常压脱水，待脱水合格后，将脱水后的浆液输送至缩聚工序，并加入对二氯苯，密闭反应釜，分别进行预聚、高温聚合后，再将聚合浆料进行固液分离，固体粗品树脂送至产品纯化洗涤、干燥、成品包装工序，液体及物料洗液送至溶助剂回收系统进行溶助剂回收后循环使用。硫氢化钠法相对于硫化钠法在生产中操作更方便，计量更准确，更有利于工艺指标的稳定控制，同时，相对而言生产成本更低，产品质量更好控制。

6. 硫黄溶液法

硫黄溶液法是以硫黄、对二氯苯和碳酸钠为原料，极性有机溶剂为溶剂，在 170～250 ℃下进行常压缩聚制备 PPS 树脂的方法。反应采用的极性有机溶剂主要是六甲基磷酰三胺和 *N*-甲基吡咯烷酮。此法最早由四川大学陈永荣、伍齐贤等提出[78]。其反应方程式如下：

$$\mathrm{S} \xrightarrow{\text{还原剂}} \mathrm{S^{2-}}$$

$$\mathrm{S^{2-}} + \mathrm{Cl}-\mathrm{C_6H_4}-\mathrm{Cl} + \mathrm{Na_2CO_3} \xrightarrow[\text{加热}]{\text{HMPA/NMP}} \left[\mathrm{C_6H_4}-\mathrm{S}\right]_n + \mathrm{NaCl} + \mathrm{CO_2} + \mathrm{H_2O}$$

在反应过程中，硫黄首先在还原剂作用下被还原成硫负离子，然后硫负离子再与对二氯苯进行缩聚，生成 PPS 树脂。该法所制得的 PPS 树脂的结构与 Phillips Ryton V-1 型产品相似，但其分子量仅在 20000～40000 之间。为了提高分子量，杨杰等[90,91]通过添加多官能团的第三单体共聚，合成出了高分子量的支化 PPS 树脂，其特性黏数高达 0.45 dL/g 及以上。虽然该法避免了硫化钠法中的脱水过程，但还原剂的引入，导致副产物增多，产品纯化困难。因此，该法仍不能取代硫化钠法在工业化生产中的地位。不可否认的是，该法是我国在探索 PPS 合成树脂工业化过程中非常新颖的合成方法。

7. 氧化聚合法

氧化聚合法主要是指以二苯基二硫醚为原料，在路易斯酸、电解、氧钒化合物或氧化剂(醌类化合物)作用下，常温常压氧化聚合制备 PPS 树脂的方法。其反应方程式可归纳如下：

$$\mathrm{C_6H_5}-\mathrm{S}-\mathrm{S}-\mathrm{C_6H_5} + \mathrm{SbCl_5}\,(\text{路易斯酸}) \longrightarrow \left[\mathrm{C_6H_4}-\mathrm{S}\right]_n + \mathrm{HSbCl_6} + \mathrm{SbCl_3}$$

$$\mathrm{C_6H_5}-\mathrm{S}-\mathrm{S}-\mathrm{C_6H_5} \xrightarrow{\text{电解}} \left[\mathrm{C_6H_4}-\mathrm{S}\right]_n + \mathrm{H_2}$$

$$\mathrm{C_6H_5}-\mathrm{S}-\mathrm{S}-\mathrm{C_6H_5} + \mathrm{O_2} \xrightarrow{\mathrm{VO^{2-}}} \left[\mathrm{C_6H_4}-\mathrm{S}\right]_n + \mathrm{H_2O}$$

$$\mathrm{C_6H_5}-\mathrm{S}-\mathrm{S}-\mathrm{C_6H_5} + \mathrm{O{=}C_6(CH_3)_4{=}O}\,(\text{氧化剂}) \longrightarrow \left[\mathrm{C_6H_4}-\mathrm{S}\right]_n + \mathrm{HO}-\mathrm{C_6(CH_3)_4}-\mathrm{OH}$$

这类反应一般需要在酸性环境下进行。其中，路易斯酸催化法和氧钒化合物催化法还需要氧气或其他氧化剂的参与[92,93]。如果采用苯硫酚代替二苯基二硫醚作为起始原料，则必须添加氧化剂，以便将苯硫酚氧化为二苯基二硫醚。通过路易斯酸催化法和电氧化法制备的 PPS 树脂具有二硫键和环状结构。而通过氧钒化合物催化法和氧化剂氧化法制备的 PPS 树脂具有很好的线型结构，并且不存在二硫键。由于该类方法反应条件温和、溶剂价格低廉、产品纯度高，而且后两种方法还具有产率高、无环状结构、无支化交联、无二硫键等优点，因此被称为划时代的合成方法。但受限于聚苯硫醚的难溶解性，目前该类方法所制备的 PPS 树脂分子量不高，熔点低，反应周期长，实用价值低，不适用于制备高分子量 PPS 树脂。

8. 可溶前驱体法[94-104]

1993 年，Tsuchida 和 Yamamoto 等意识到传统氧化聚合法受限于聚苯硫醚在二氯甲烷等溶剂中的不溶性，开发出了一种通过制备可溶锍离子聚合物作为前驱体，从而制备高分子量 PPS 树脂的方法。其反应方程式如下：

CH_3 $+H^+$ $-nH_2O$ CH_3 n

前驱体

CH_3 吡啶 $-nCH_3$ $2n$

聚合物

前驱体聚合反应需要在质子酸中进行，并且该质子酸需要满足 $pK_a < -2.3$。研究表明，三氟甲基磺酸对亚砜基团有很好的质子化作用，可有效促进聚合反应进行。同时，由于聚合过程中会产生副产物水，降低体系酸性，抑制反应，因此往体系加入脱水剂 P_2O_5 可进一步促使聚合反应进行。之后，前驱体聚合物在亲核试剂吡啶的作用下脱甲基转化为 PPS 树脂。

1994 年，Tsuchida 和 Yamamoto 等发现采用氧气作为氧化剂，在硝酸铈铵催化下，在酸性较弱的甲基磺酸中就可以使 4-苯硫基苯甲硫醚和 4-苯硫基苯甲亚砜单体聚合制备 PPS 树脂，并且采用 $Ce(NH_4)_2(NO_3)_6$-O_2 体系能以茴香硫醚为起始原料一步制备聚合所需单体，大大简化了单体制备工艺。

该法反应条件温和，产率高，制得的 PPS 树脂具有很高的分子量，但产品熔点仅有 260 ℃，低于市售的 PPS 树脂(T_m=280 ℃)。这可能是因为聚合物中存在少量的锍离子单元或邻位取代结构，但均未被红外、核磁等手段检测出来。除此之外，反应周期较长，单体制备复杂，距离工业化生产仍有较大差距。

9. 重氮盐引发聚合法

这一方法由 Novi 等于 1986 年发现，他们采用催化剂量的芳香四氟硼酸重氮盐作为引发剂，在二甲基亚砜(DMSO)中，氩气气氛下，引发 4-溴代苯硫酚钠常温聚合生成 PPS 树脂[105]。反应方程式如下：

X—C₆H₄—$\overset{+}{N}\equiv N$ + Br—C₆H₄—S^- —DMSO, 室温→ X—C₆H₄—[S—C₆H₄]$_n$—Br

(催化剂量)

X=H，Br

该反应被认为按照单电子转移机理进行，用该方法制得的 PPS 与商品 PPS 有非常相似的性质，但结晶度不如后者高，并且分子量与商品 PPS 相比仍有不小差距。

10. 热引发聚合法

该合成方法的雏形见于 1990 年 Lovell 和 Still 发表的文献中[106]。他们采用二(4-溴苯基)二硫醚为原料，吡啶和喹啉为复合溶剂，在 200～220 ℃下成功合成出中等分子量的线型 PPS 树脂，但受到所用溶剂沸点的限制，反应温度难以提高，所以该反应需要在铜的协助下才能有效进行。

在 Hay 等的发展下，该合成方法逐渐变得成熟。1991 年，Wang 和 Hay 以二(4-卤代苯基)二硫醚为原料，二苯醚为溶剂，在 230～270 ℃下热引发单体自聚制备 PPS 树脂[107]。1996 年，Ding 和 Hay[108]采用同样的合成条件，以环状二硫醚低聚物和对二卤苯作为起始原料，也成功制得 PPS 树脂。它们的反应方程式如下：

X—C6H4—S—S—C6H4—X —(PhOPh，(KI)；230～270 ℃)→ ⁅C6H4—S⁆$_n$ + X_2

环状二硫醚低聚物（S—C6H4—S—C6H4—S）$_n$ + X—C6H4—X —(PhOPh，(KI)；230～270 ℃)→ ⁅C6H4—S⁆$_n$ + X_2

X=I，Br，Cl

值得注意的是，当 X 为 Br 和 Cl 时，需要有等摩尔量的碘离子存在才能使反应有效进行，此时一般使用碘化钾作为催化剂。由于采用了含卤素单体，限制了硫负离子的取代位置，提高了其选择性，因此，采用该法制备的 PPS 树脂具有很好的线型结构。后来，Chen 和 Hay 发现二(4-溴苯基)二硫醚在金属镁、碳酸钠或金属锌的催化下也可以成功制备出 PPS 树脂，但其熔点均偏低[109]。

在前几年的研究基础上，Ding 和 Hay 在 1997 年创新性地采用自由基引发剂，在间三联苯中，270 ℃下引发 4-溴代苯硫酚聚合制备 PPS 树脂[110]。同年，Ding 和 Hay[111]采用自由基引发剂，高温引发了对二溴苯和 4, 4′-二巯基二苯硫醚反应，也成功制备出 PPS 树脂。它们的反应方程式如下：

Br—C6H4—SH —(自由基引发剂；间三联苯，270 ℃)→ ⁅C6H4—S⁆$_n$ + HBr

HS—C6H4—S—C6H4—SH + Br—C6H4—Br —(自由基引发剂；间三联苯，270 ℃)→ ⁅C6H4—S⁆$_n$ + HBr

引发剂：

Br—C6H4—S—S—C6H4—Br　　Cl—C6H4—S—S—C6H4—Cl

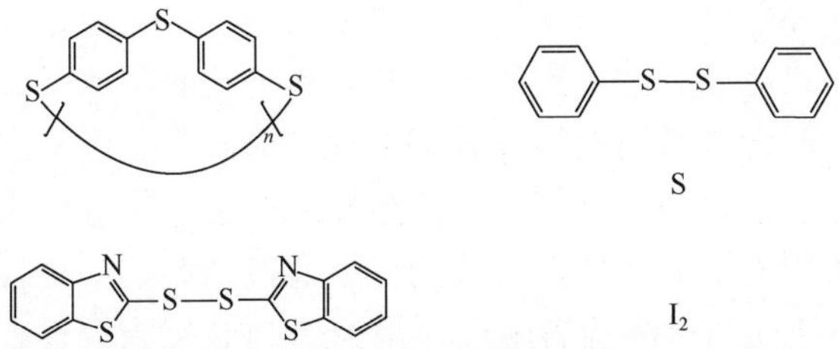

S

I_2

采用该法制备的PPS树脂具有良好的线型结构，无二硫键存在，分子量可达3万左右。但是由于原料较昂贵、制备的PPS树脂分子量还不够高，因此目前还停留在实验室研究阶段。

11. 熔融缩聚法

该合成路线最早由Rule等[112]在1991年发表。他们以对二碘苯、硫黄为原料，以2, 4-二碘-1-硝基苯为催化剂，通过熔融缩聚制备PPS树脂。反应方程式如下：

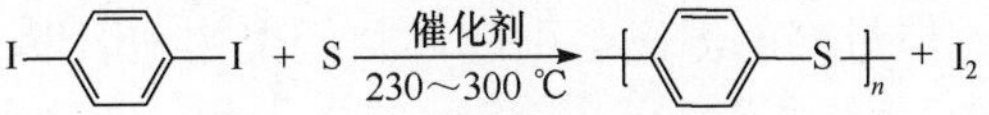

$$I-C_6H_4-I + S \xrightarrow[230\sim300\ ℃]{\text{催化剂}} [C_6H_4-S]_n + I_2$$

据文献报道，此方法合成的PPS树脂具有熔体黏度高、熔点高、纯度好的特点，但存在少量的二硫键。相比于Macallum反应法，此反应得到的产物具有更好的线型结构和更少量的二硫键。这可能是由苯环上的碘取代基提高了硫的进攻选择性，同时副产物碘单质进一步引发多硫键裂解聚合造成的。奇怪的是，该法制得的PPS的产率高达103%，这可能是因为催化剂2,4-二碘-1-硝基苯参与了聚合反应。近几年，韩国SK公司[113-117]基于此合成路线申请了许多专利，并尝试进行工业化生产，但其产品就目前市场反馈信息而言，分子量不高、颜色较深、性能较差，需与其他高品质牌号PPS树脂掺混后才能达到应用要求。

12. 开环聚合法

开环聚合法是指以环状苯硫醚(一般为5～6个苯硫醚单元)为单体，通过高温熔融或溶液制备PPS树脂的方法[118-124]。根据是否使用引发剂以及引发剂的种类，可分为三类，分别是自由基开环聚合法、离子型开环聚合法和硫交换反应法。它们的反应方程式如下：

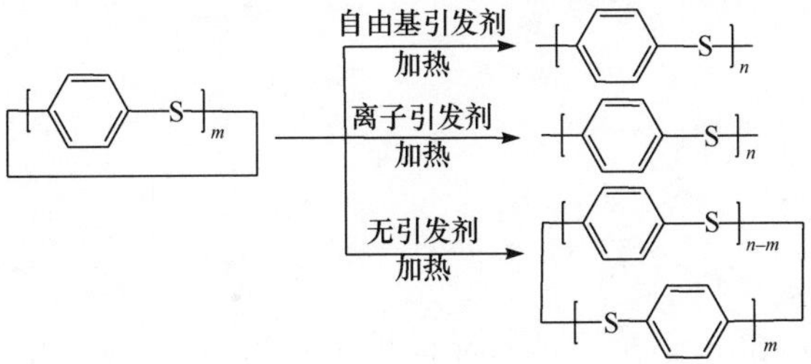

自由基引发剂，加热 → $[C_6H_4-S]_n$

离子引发剂，加热 → $[C_6H_4-S]_n$

无引发剂，加热 → 环状 $[C_6H_4-S]_{n-m}$ / $[S-C_6H_4]_m$

在上述反应中，自由基开环聚合法一般采用硫单质或二芳基二硫醚化合物作为自由基引发剂。离子型开环聚合法又分为阴离子型开环聚合法和阳离子型开环聚合法，其中，阴离子型开环聚合法采用酚盐或者硫酚盐作为阴离子引发剂，而阳离子型开环聚合法则采用芳基重氮盐、三氟甲烷磺酸酯或路易斯酸等作为阳离子引发剂。自由基开环聚合法和离子型开环聚合法均可以通过高温熔融聚合和溶液聚合制备线型 PPS 树脂，但往往通过高温熔融聚合得到的 PPS 树脂会具有更高的分子量和产率。同时，产物的分子量、产率以及环状低聚物的残留量与引发剂的用量有很大关系。一般来说，引发剂的用量越大，产物的分子量和产率越高，环状低聚物的残留量越低。硫交换反应法不需要使用任何引发剂，但一般只能通过高温熔融进行。通过硫交换反应得到的 PPS 树脂并不是线型结构，而是一种大环状结构，需要在反应体系中添加二(4-取代苯)硫醚化合物作为封端改性剂才能得到线型 PPS 树脂，但封端改性剂的引入会导致产物的分子量下降。显然，开环聚合法更适合在高温熔融状态下进行，一般温度需要控制在 300～340 ℃之间(可短时间维持在 400 ℃)，但过高的温度会引起环状低聚物和引发剂的分解，还会导致产物支化交联。

此法合成的 PPS 树脂纯度好、产率高、分子量分布窄、反应周期短，但产物的分子量仍有待提高。同时，由于环状苯硫醚单体生产工艺仍未成熟，因此该合成方法仍未应用于工业化生产。

13. *光引发法*

光引发法是指采用含碘苯硫酚为原料，极性二甲基亚砜(DMSO)为溶剂，在室温、光照条件下(254 nm)发生 $S_{RN}1$ 反应而制备苯环上含取代基(一般为烷基取代基)的结构改性聚苯硫醚[125]。通过研究发现，此反应只对 254 nm 处的光引发敏感，而其他波长如 365 nm 等均不发生反应，且最终所得产物树脂重均分子量介于 1000～4000，分子量分布较窄，M_w/M_n 为 1.2～2.0，其反应历程如下：

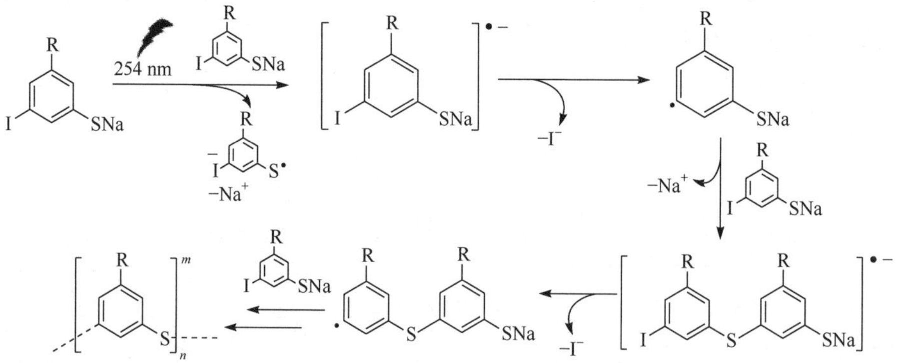

此方法与传统 PPS 制备工艺类似(除无需高温加热外)，均需采用溶剂作为传

导介质，副产物为无机钠盐，但其所采用原料制备工艺复杂，成本高，且所得产品分子量低，无法满足产品应用指标要求。

14. 有机金属钒盐氧化聚合法

有机金属钒盐氧化聚合法主要是指以有机钒金属化合物与含硼化合物为氧化催化体系，采用二硫化合物为原料，以氧气为氧化剂，在 100～160 ℃条件下聚合不同时间，得到不同分子量 PPS 树脂的方法[126-128]。该法所得树脂重均分子量随着催化剂用量从 5 mol%(摩尔分数)降至 0.25 mol%而逐渐由 1000 增大到 5000，同时还发现所得树脂分子量和产率随反应时间延长而增大；所得树脂熔点介于 100～240 ℃，其反应方程式如下：

$$n\mathrm{PhSSPh} + n/2\ \mathrm{O_2} \longrightarrow \left[\!\!-\mathrm{C_6H_4}-\mathrm{S}-\!\!\right]_{2n} + n\ \mathrm{H_2O}$$

$$\mathrm{O_2} + 4\mathrm{H^+} + 4\mathrm{e^-} \rightleftharpoons \mathrm{H_2O}\uparrow$$

Ph—S—S—Ph

↓ 氧化

Ph—S—S—Ph ——(Ph—S⊕(Ph)—S—Ph)——→ PhS—C₆H₄—SSPh ——(Ph—S⊕(Ph)—S—Ph)——→ PhS—[C₆H₄—S]$_n$—SPh

此方法制备 PPS 树脂聚合过程中无需使用溶剂，产品中没有副产物盐，有利于产品的洗涤、纯化；但其制备过程中所采用的催化剂制备工艺复杂、成本高，同时所得树脂分子量较低，达不到产品应用指标要求，产率也较低，不利于实现工业化生产与应用。

2.4.3　聚苯硫醚的几种工业化聚合工艺

目前聚苯硫醚聚合路线中具有工业化前景的主要有以下三种。

1. 硫黄溶液法

如图 2-32 所示，将溶剂 NMP、氢氧化钠、助剂及硫黄加入反应釜，升温反应，待脱水合格后降温，加入对二氯苯进行缩聚反应，待产品合格后终止反应，回收溶剂，反应过程中产生的尾气经处理合格后排空。

回收溶剂后，固相物用水洗涤以除去未反应物、副产物氯化钠以及其他无机物，这—过程在洗涤釜中进行。洗涤过程中的分离过程采用离心机完成，分离后的液体输送至洗涤储槽，洗涤过程采用逆流洗涤，将最后经去离子水洗涤合格后的树脂干燥、包装，或送造粒工序，与增强填充类材料相混，进行挤出造粒，制得 PPS 复合改性材料。

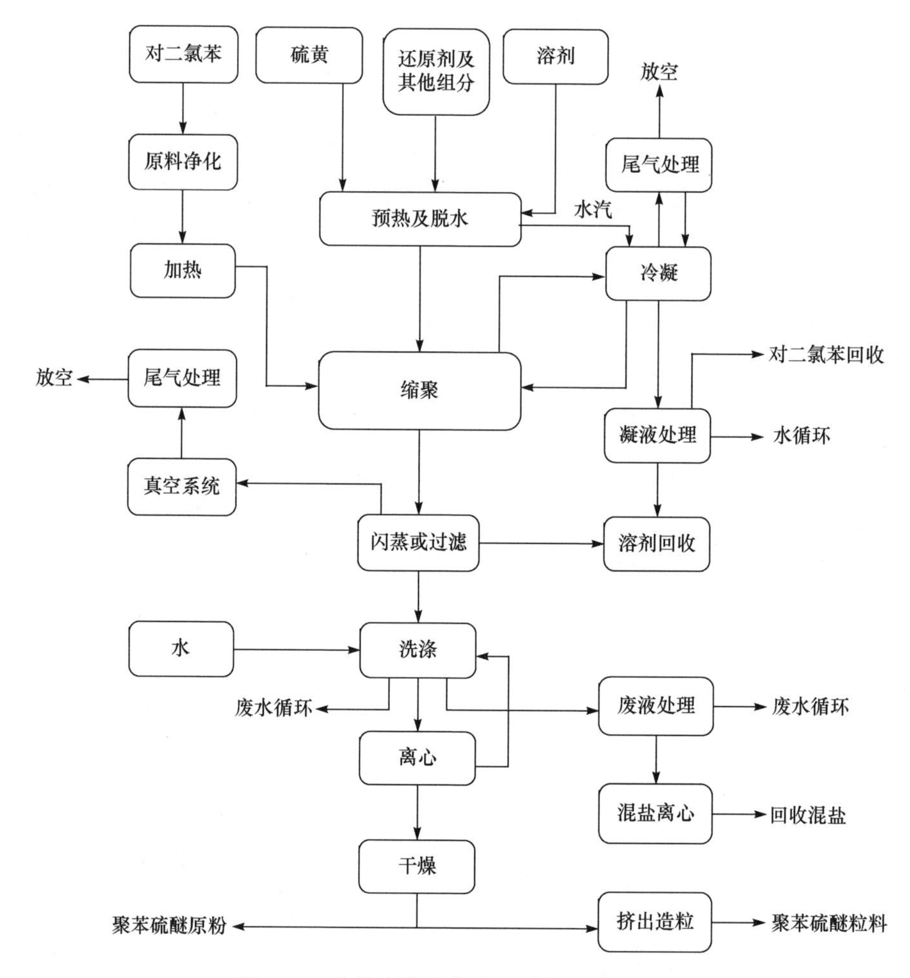

图 2-32　硫黄溶液法合成 PPS 的工艺流程图

洗液经回收溶剂后进入污水池，回收的溶剂经精馏后重复使用。洗水槽中的水用于逆流循环洗涤产品，富集盐后的洗液进入溶剂回收系统，进行水分脱除及副产盐的结晶分离。

2. 含水硫化钠法

1) 工艺原理

以 *N*-甲吡咯烷酮为溶剂，对二氯苯、含水硫化钠为原料，在助剂的作用下，经脱水、熔融、缩聚合成、过滤、洗涤、纯化、干燥得到聚苯硫醚产品。工艺流程除树脂生产线外，还需要建立溶剂、助剂及盐的回收装置。

2) 反应、洗涤、过滤、干燥工艺

以含水硫化钠、对二氯苯(*p*-DCB)为原料，在 *N*-甲基吡咯烷酮(NMP)溶剂中，加温加压合成聚苯硫醚，合成反应分三步。

根据生产线设置，将溶剂 NMP、含水硫化钠、氢氧化钠及助剂加入集脱水与反应功能于一体的反应釜中，或加入脱水釜与反应釜分开设置的脱水釜中(之后工艺按此设置描述)，含水硫化钠在 NMP 溶剂中、氮气保护下，逐步升温脱水：

$$Na_2S \cdot xH_2O \longrightarrow Na_2S + xH_2O$$

$$Na_2S + H_2O \rightleftharpoons NaHS + NaOH$$

$$NaHS + H_2O \rightleftharpoons NaOH + H_2S \uparrow$$

$$Na_2S + NMP + H_2O \longrightarrow \text{活化络合物}$$

(1) 将上述脱水后的硫化钠-NMP 混合液通过脱水釜底阀放入经氮气置换过的缩聚釜中，并用新鲜的热 NMP 冲洗脱水釜及相应管道，将冲洗液也一并放入缩聚釜中。

(2) 控制放入缩聚釜中的硫化钠-NMP 混合液温度为 180～190 ℃，同时开始放入已经计量好的熔融对二氯苯(*p*-DCB)，待 *p*-DCB 放尽后，用新鲜的热 NMP 冲洗溶解釜及相应管道，将冲洗液也一并放入缩聚釜中，缩聚釜开始升温[待剧烈放热后再将温度设定为(220±5) ℃]，在高温下，*p*-DCB 和 Na_2S 进行缩聚反应，控制反应时间为 3 h。

(3) 待上述物料反应 3 h 后，将缩聚釜继续升温[设置温度为(260±5) ℃]，使得釜内物料在更高温度下再反应 3 h，制得高分子量聚苯硫醚树脂。

$$n\,Cl-C_6H_4-Cl + n\,Na_2S \xrightarrow[\text{加热加压}]{\text{NMP/助剂}} \left[C_6H_4-S \right]_n + 2n\,NaCl$$

p-DCB：ΔH_{298K}=−73 kcal/mol(1 cal=4.184 J)

反应后的物料经(闪蒸)过滤、萃取、水洗涤、纯化、离心脱水、干燥等过程，得到聚苯硫醚粗产品；产品采用去离子水逆流洗涤，以去除产品中残存的 NaCl，使得产品中的 Cl^-浓度≤150 ppm(1 ppm=1×10^{-6})。纯化后的聚苯硫醚树脂，经离心脱水、干燥和真空干燥(部分产品需经进一步后处理)即得成品。纤维级树脂在反应完成，经过常规的萃取、洗涤及离心脱水后，还需经过一个纯化过程，进行更严格的溶剂萃取、水洗涤等工序，进一步降低产品中的有机杂质和无机离子含量，以获得高纯度的纤维级聚苯硫醚树脂。

3) 溶剂、助剂、盐回收

合成反应过程中分离的各种液体和萃取液及洗涤所排出的各类含溶剂和助剂的洗涤液均排至溶剂、助剂等回收系统。

硫化钠(含结晶水)在脱水釜中脱出的脱水液、经过过滤的反应液、萃取液等进入溶剂回收系统，再根据生产线的设置，待回收液经过两塔串联(脱水塔、精馏塔)或三塔串联(脱水塔、脱轻塔、精馏塔)进行分离、精馏，分别回收水、溶剂、未反应的对二氯苯及低聚物。

溶剂回收系统的精馏塔釜残液，经水浸取后，在其他助剂的作用下，回收反应助剂，母液返回混合溶剂槽重新回收其中的NMP。通过以上生产方法，得到合格产品聚苯硫醚树脂和副产品氯化钠，同时溶剂 NMP 和助剂均得以回收，实现循环使用。其主要工艺流程简图如图 2-33～图 2-35 所示。

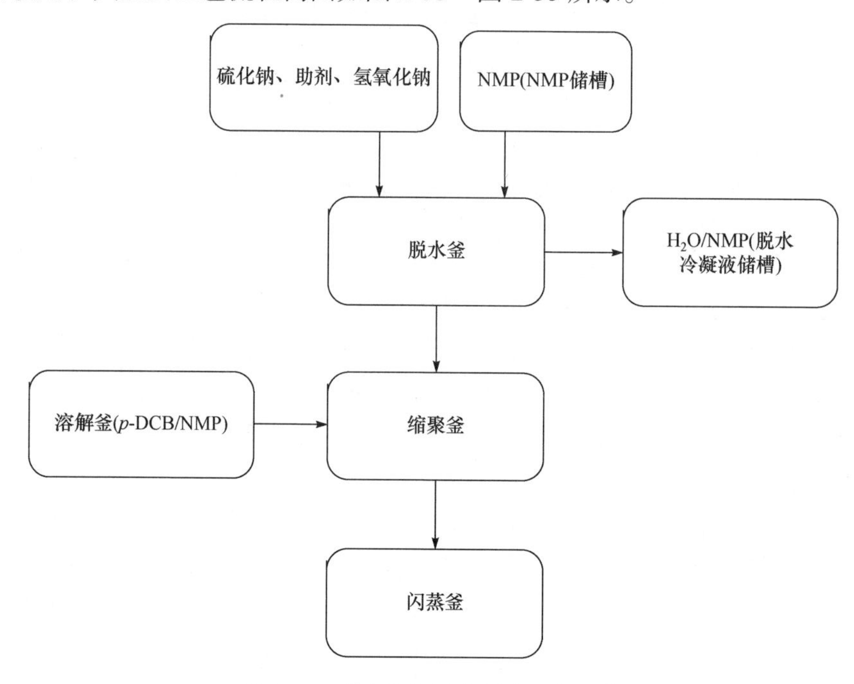

图 2-33 脱水缩聚反应岗位工艺流程

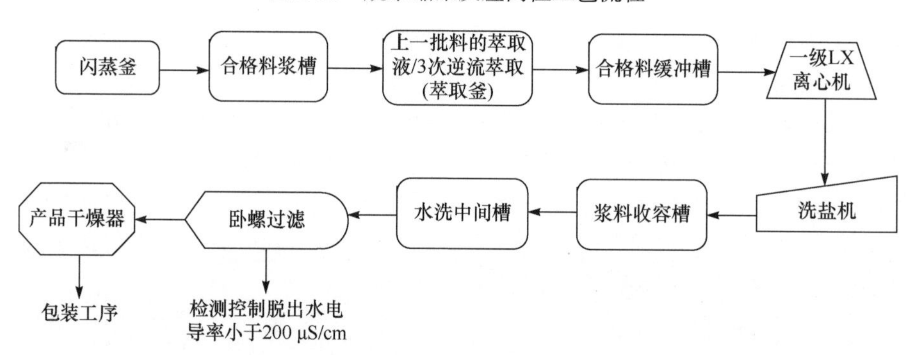

图 2-34 水洗干燥岗位工艺流程

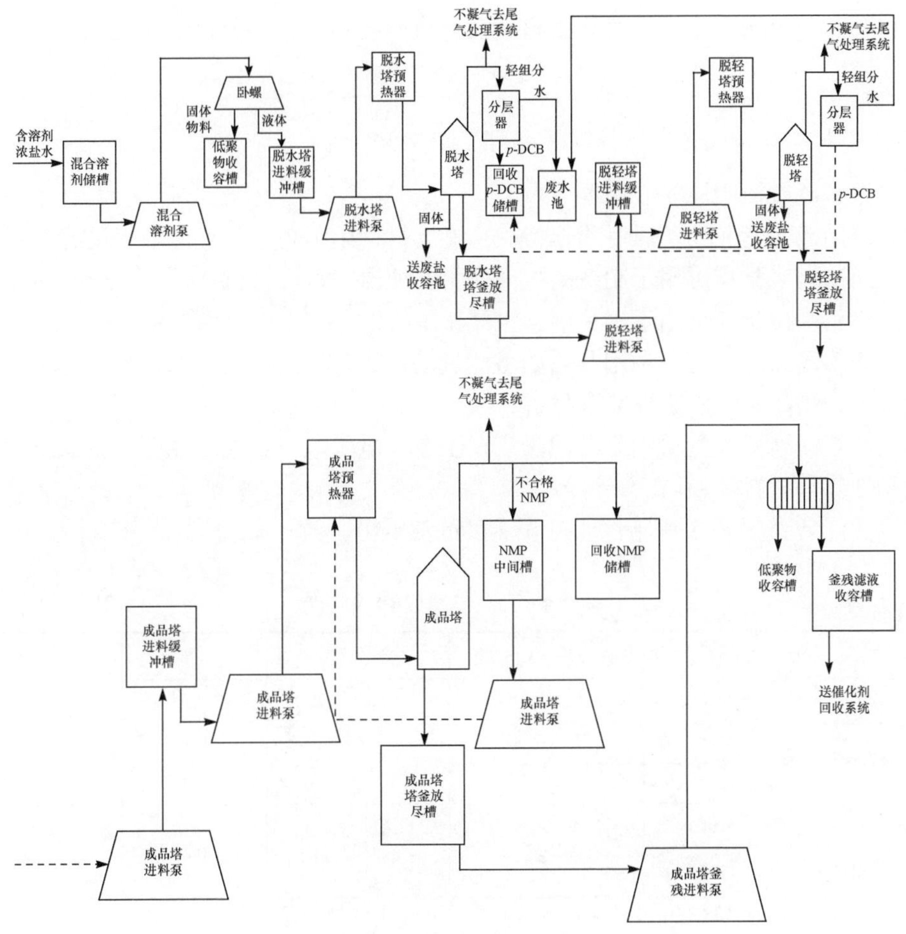

图 2-35　溶助剂回收工艺流程

3. 硫氢化钠法

以 *N*-甲基吡咯烷酮为溶剂，硫氢化钠、对二氯苯为原料，在助剂的作用下，经脱水、缩聚、过滤、洗涤、纯化、干燥后得到聚苯硫醚产品。其主体反应工艺流程与硫化钠法相似，但其相对于硫化钠法成本更低，生产工艺更简单、劳动强度相对更低，产品质量可控性更好。相对而言，硫氢化钠法是目前几种工业化路线中最好的工艺路线。

2.5　聚苯硫醚主要生产厂家与产品牌号

2.5.1　国内主要厂家

目前，国内 PPS 主要生产商有浙江新和成特种材料有限公司、重庆聚狮新材料科技有限公司、中泰新鑫化工科技股份有限公司，这些公司的主要产品及牌号如下。

1. 浙江新和成特种材料有限公司(NHU-PPS)

聚苯硫醚树脂原粉规格划分：

纤维级树脂：纺丝后可用作特种功能滤材，用于粉尘和高温烟气过滤；

挤出级树脂：可用于制备高强高模耐腐蚀棒、管、板材等；

涂料级树脂：可用于不粘锅、机械化工管道及其他防腐涂层；

磁粉级树脂：主要利用其高的熔体流动性，与稀土材料、磁性粉末等进行共混填充，制作高性能磁性复合材料；

注塑级聚苯硫醚树脂：可用于汽车工业、电子电气、纳米注塑、机械泵阀及热塑性复合材料等领域。

浙江新和成 PPS 树脂性能见表 2-9 和表 2-10。

表 2-9　浙江新和成 PPS 性能

种类	规格	熔体指数[a]/(g/10 min)	灰分[b]/%	失重率/%	挥发分/%
纤维级	3220	160	0.3	0.1	0.4
挤出级	3508	80			
	3514	140			
涂料级	10100S	2500	0.35	0.2	0.45
磁粉级	11200F				

a. 测试方法为 ISO 1133(316 ℃，5 kg)；b. 测试方法为 ISO 3451(750 ℃)。

表 2-10　浙江新和成 PPS 性能(注塑级)

种类	规格	熔体指数[a]/(g/10 min)	灰分/%	失重率[b]/%	挥发分/%	氯含量[c]/ppm	结晶温度[d]/℃
常规级	3110	150	0.35	0.1	0.4		
	1130C	250	0.35	0.1	0.4		
	1150C	450	0.35	0.1	0.4		
	1170C	750	0.35	0.1	0.4		
	1190C	1050	0.35	0.1	0.4		
	11100C	1800	0.35	0.1	0.4		
低氯	1350C	450	0.25	0.1	0.4	≤1200	
	1370C	600	0.25	0.1	0.4	≤1300	

续表

种类	规格	熔体指数 a/(g/10 min)	灰分/%	失重率 b/%	挥发分/%	氯含量 c/ppm	结晶温度 d/℃
合金级	3418	180	0.15	0.1	0.4		240
	3450	500	0.15	0.1	0.4		240
	3490	1100	0.15	0.1	0.4		240
交联品	21150C/F	450	0.3	0.1	0.35		
	21330C/F	250	0.3	0.1	0.35		

注：首位数字 1,3 代表为线型树脂，工艺路线不同；2 代表为交联型；C 为挤压产品；F 为粉末。

a. 测试方法为 ISO 1133(316 ℃, 5 kg)；b. 测试方法为 ISO 3451(750 ℃)；c. 测试方法为 BS EN 14582—2007；d. 测试方法为 ISO 11357。

2. 重庆聚狮新材料科技有限公司(GLION)

1) 粉料

a. 牌号：GF00

适用于挤出级 PPS 产品，具有高强度、高黏度、高刚性、低流动性等机械性能，在耐冲击、耐高温、耐化学腐蚀、电绝缘方面性能突出。

应用领域：用于生产 PPS 板材、棒材，也可制成 PPS 管材，适用于高温、绝缘、化学腐蚀严重等特殊环境。

b. 牌号：GF01、GF02

适用于纤维级 PPS 产品，具有高韧性、高延展性、耐磨、耐高温、耐化学腐蚀等性能，分子量高、断裂伸长率大，使得拉丝更容易，应用面更广。

应用领域：制成高性能特种纤维，用于高温烟道气和特殊热介质的过滤滤材、造纸工业的干燥带以及电缆包胶层和防火织物等。

c. 牌号：GF03～GF14

适用于注塑级 PPS 产品，具有耐热性高、耐化学性能强、电性能优异、尺寸稳定性好、加工性能好、耐磨性突出、阻燃性好、密度小等特点。

应用领域：①电子方面：电子元器件，如连接器、IC 插座、表面实装部件等；②电气方面：绝缘底座、线圈架、接触开关、发动机部件等；③机器方面：各种压缩机部件、阀门、流量计、计算机部件、复印机部件等；④军事领域：用于制作导弹外壳的燃烧部件及导弹垂直尾翼部件。

d. 牌号：GF15、GF16

适用于涂料级 PPS 产品，具有好的流动性、黏结性、耐磨性、阻燃性、耐热性、绝缘性、耐化学性，是一款性能优异的涂层产品。

应用领域：由于 PPS 对玻璃、铝、不锈钢等有非常高的黏结强度，极宜作化工设备衬里，耐磨涂层，金属模具、不粘锅、蒸汽电熨斗、不粘油烟机的防粘涂层。

重庆聚狮PPS已通过由第三方认证机构SGS出具的ROSH和REACH检测报告，其基本产品列于表2-11和表2-12中。其中粉料牌号及熔体指数列于表2-11中。

表2-11 重庆聚狮PPS粉料牌号及熔体指数

牌号	熔体指数/(g/10 min)	牌号	熔体指数/(g/10 min)	牌号	熔体指数/(g/10 min)
GF00	<120	GF06	300～350	GF12	700～800
GF01	120～150	GF07	350～400	GF13	800～900
GF02	150～180	GF08	400～450	GF14	900～1000
GF03	180～220	GF09	450～500	GF15	1000～1100
GF04	220～260	GF10	500～600	GF16	1100～1200
GF05	260～300	GF11	600～700		

2) 粒料

重庆聚狮PPS粒料牌号及熔体指数见表2-12。

表2-12 重庆聚狮PPS粒料牌号及熔体指数

牌号	熔体指数/(g/10 min)	牌号	熔体指数/(g/10 min)	牌号	熔体指数/(g/10 min)
GL00	<120	GL06	300～350	GL12	700～800
GL01	120～150	GL07	350～400	GL13	800～900
GL02	150～180	GL08	400～450	GL14	900～1000
GL03	180～220	GL09	450～500	GL15	1000～1100
GL04	220～260	GL10	500～600	GL16	1100～1200
GL05	260～300	GL11	600～700		

2.5.2 国外主要厂家

国外PPS主要供应商有Solvay(索尔维)、Celanese(塞拉尼斯)、Toray(东丽)、DIC(大日本油墨)、Polyplastic(宝理)等，其主要产品及牌号如下。

1. Solvay(索尔维)

纯树脂(Ryton)：QC160P，QC160N，QA200P，QA200N，QC220P，QC220N，QC200P，QC200N；

玻璃纤维增强(Ryton)：R-4-02，R-4-230NA，R-4-02XT，R-7-120BL，R-4-230BL，

R-7-220BL，BR111，BR111BL，R-4-220BL，R-4-200BL，R-4-XT，R-7-121BL，R-7-120NA，R-7-121NA，R-4，R-4-232NA，BR42B，R-4-220NA，R-4-200NA，R-4-240NA，R-4-240BL；

合金(Ryton)：XF5515BL，XE5030BL，XK2340。

2. Celanese(塞拉尼斯)

纯树脂(Fortron)：FX75T1，FX32T4，FX4382T1，FX72T6，FX55T1，FX32T1；

增强(Fortron)：1115E7，6450A6，FX515T1，4685B6，CES51，6162A7，1120L4，1115L0，9115L0，6850L6，6165A4，6165A6，ICE716A，6160B4，FX530T4，6245L4，4332L6，ICE716L，1131L4，1342L4，4184L4，4184L6，6341L4，1130L4，1132L4，1140L0，MT9140L4，MT9140L6，1140L4，1140L6，1141L4，9141L4，ICE504L，ICE506L；

Collpoly：E5101，E5120；

Celstran：SF6-01，AF35-01，GF50-01，CFR-TP GF60-01，CFR-TP CF60-01。

3. Toray(东丽)

纯树脂(Torelina)：A670X01，A670MT1，A670T05，A900，A670R63；

玻璃纤维增强(Torelina)：A310E310MX04，A390M65，A310M，A310MX04，AR10M，A503-X05，A610M-X03，A674M2，A673M，A575W20，A495M-A2，A673M-T，A400MX01，A504FG1，AR04，A604…；

碳纤维增强(Torelina)：A512-X02N3，A630T-10V，A630T-30V；

其他(Torelina)：A610MX46，11501，A680M，A756MX02，A660EX，A602LX01，A515。

4. DIC(大日本油墨)

纯树脂(DIC)：Z-200-J1，Z-200-E5，FZ-2100；

玻璃纤维增强(DIC)：FZ-8600，Z-215-G1，FZ3805-A1，FZ-6600，FZ-3600-L4，FZ-820-DE，WL-30，FZ-3600，Z-230，Z-650-S1，Z-240，FZ-2140，FZ-1140，Z-650，FZL-4033…；

碳纤维增强(DIC)：CZ-2065-H1，CZ-1030，CZL-4033，CZ-1130，CLZ-2000。

5. Polyplastic(宝理)

增强型(Durafide)：3130A1，6165A4，6565A6，6465A6，6465A78，6165A7，6150T6，1130A64，1130A1，1140A7，7140A4，1140A66，7140A4，1140A1，1140A64，1140A6，2130A1。

参考文献

[1] 杨杰. 聚苯硫醚树脂及其应用. 北京: 化学工业出版社, 2006.

[2] 黄光琳, 韩银仙, 陈泽芳, 等. 聚苯硫醚材料的耐辐射性研究. 绝缘材料, 1985, (6): 15-18.

[3] Hegazy E S A, Sasuga T, Nishii M, et al. Irradiation effects on aromatic polymers: 1. Gas evolution by gamma irradiation. Polymer, 1992, 33(14): 2897-2903.

[4] Hegazy E S A, Sasuga T, Nishii M, et al. Irradiation effects on aromatic polymers: 2. Gas evolution during electron-beam irradiation. Polymer, 1992, 33(14): 2904-2910.

[5] Hegazy E S A, Sasuga T, Seguchi T. Irradiation effects on aromatic polymers: 3. Changes in thermal properties by gamma irradiation. Polymer, 1992, 33(14): 2911-2914.

[6] Heiland K, Hill D J T, Hopewell J L, et al. Measurement of radical yields to assess radiation resistance in engineering thermoplastics. Advances in Chemistry Series, 1996, 249: 635-636.

[7] Hill D J T, Hunter D S, Lewis D A, et al. Degradation of poly(2,6-dimethylphenylene oxide) and poly(phenylene sulfide) by gamma irradiation. International Journal of Radiation Applications and Instrumentation, Part C. Radiation Physics and Chemistry, 1990, 36(4): 559-563.

[8] 黄光琳, 陈泽芳, 韩银仙. 聚苯硫醚的辐射效应. 四川大学学报 (自然科学版), 1982, 2: 79-87.

[9] Das A, Patnaik A. The response of pristine and doped poly(*p*-phenylene sulfide) towards MeV gamma photons. Radiation Physics and Chemistry, 1999, 54(2): 109-112.

[10] Fondeur F, Herman D, Poirier M, et al. The chemical and radiation resistance of polyphenylene sulfide as encountered in the modular caustic side solvent extraction processes. Savannah River Site, 2011, DOI: 10. 2172/1018682.

[11] 周建略, 冯文, 黄光琳, 等. 辐照聚甲苯硫醚的研究. 高分子学报, 1995, 1(1): 35-40.

[12] 黄光琳, 陈泽芳, 冯文. 分子量对聚苯硫醚辐射效应的影响. 四川大学学报(自然科学版), 1989, (1):78-84.

[13] Bulakh N, Jog J P. Gamma irradiation of poly(phenylene sulfide): effects on crystallization behavior. Journal of Macromolecular Science, Part B: Physics, 1995, 34(1-2): 15-27.

[14] El-Naggar A M, Kim H C, Lopez L C, et al. Electron beam effects on polymers. Ⅲ. Mechanical and thermal properties of electron beam-irradiated poly(phenylene sulfide). Journal of Applied Polymer Science, 1989, 37(6): 1655-1668.

[15] 黄光琳, 韩银仙, 陈泽芳, 等. 聚苯硫醚材料的耐辐射性研究. 绝缘材料, 1985, (6): 15-18.

[16] 黄翔. 聚苯硫醚的辐射效应及其辐射防护复合材料的研究. 四川大学硕士学位论文, 2018.

[17] Tabor B J, Magre E P, Boon J. The crystal structure of poly-*p*-phenylene sulphide. European Polymer Journal, 1971, 7(8): 1127-1133.

[18] Garbarczyk J. Study of the structure of poly(1,4-phenylenesulphide). Polymer Communication, 1986, 27(11): 335-338.

[19] Rahate A S, Nemade K R, Waghuley S A. Polyphenylene sulfide (PPS): state of the art and applications. Reviews in Chemical Engineering, 2013, 29(6): 471-489.

[20] 宋李平, 董知之, 张志英, 等. 聚苯硫醚结晶的研究现状. 材料导报, 2010, 24(15): 81-84.

[21] Zuo P, Tcharkhtchi A, Shirinbayan M, et al. Overall investigation of poly(phenylene sulfide) from synthesis and process to applications—a review. Macromolecular Materials and Engineering, 2019, 304(5): 1800686.

[22] 陈德本, 陈南怡, 莫友彬. 聚苯硫醚的结晶形态及其与聚酯的共混. 四川大学学报(自然科学版), 1991, 28(3): 337-344.

[23] Spruiell J E. A review of the measurement and development of crystallinity and its relation to properties in neat poly (phenylene sulfide) and its fiber reinforced composites. Oak Ridge, TN (United States): Oak Ridge National Lab(ORNL), 2005.

[24] Cole K C, Noel D, Hechler J J, et al. Crystallinity in PPS-carbon composites: a study using diffuse reflection FT-IR spectroscopy and differential scanning calorimetry. Journal of applied polymer science, 1990, 39(9): 1887-1902.

[25] Yu J, Asai S, Sumita M. Time-resolved FTIR study of crystallization behavior of melt-crystallized poly (phenylene sulfide). Journal of Macromolecular Science, Part B: Physics, 2000, 39(2): 279-296.

[26] Rahate A S, Nemade K R, Waghuley S A. Synthesis of poly(phenylene sulfide) through chemical route. International Journal of Basic and Applied Research, 2012, special issue: 45-47.

[27] Zhang R C, Xu Y, Lu A, et al. Shear-induced crystallization of poly(phenylene sulfide). Polymer, 2008, 49(10): 2604-2613.

[28] Wu S S, Kalika D S, Lamonte R R, et al. Crystallization, melting, and relaxation of modified poly (phenylene sulfide). I. Calorimetric studies. Journal of Macromolecular Science, Part B: Physics, 1996, 35(2): 157-178.

[29] Lopez L C, Wilkes G L. Crystallization kinetics of poly(*p*-phenylene sulphide): effect of molecular weight. Polymer, 1988, 29(1): 106-113.

[30] Lu S X, Cebe P, Capel M. Effects of molecular weight on the structure of poly(phenylene sulfide) crystallized at low temperatures. Macromolecules, 1997, 30(20): 6243-6250.

[31] Risch B G, Srinivas S, Wilkes G L, et al. Crystallization behaviour of poly(*p*-phenylene sulfide): effects of molecular weight fractionation and endgroup counter-ion. Polymer, 1996, 37(16): 3623-3636.

[32] Silvestre C, Di Pace E, Napolitano R, et al. Crystallization, morphology, and thermal behavior of poly(*p*-phenylene sulfide). Journal of Polymer Science Part B: Polymer Physics, 2001, 39(4): 415-424.

[33] Min M, Zhang R, Gao Y, et al. Crystallization of poly(phenylene sulphide) with different molecular weights under shear condition. Iranian Polymer Journal, 2008, 17 (3):199-207.

[34] Furushima Y, Nakada M, Yoshida Y, et al. Crystallization/melting kinetics and morphological analysis of polyphenylene sulfide. Macromolecular Chemistry and Physics, 2018, 219(2): 1700481.

[35] Lee K H, Park M, Kim Y C, et al. Crystallization behavior of polyphenylene sulfide (PPS) and PPS/carbon fiber composites: effect of cure. Polymer Bulletin, 1993, 30(4): 469-475.

[36] 刘鹏清, 吴炜誉, 李守群, 等. 拉伸与热定型对聚苯硫醚长丝结构性能的影响. 合成纤维工业, 2008, 31(2): 8-11+15.

[37] 李文刚, 王有富, 袁雯, 等. 纤维级聚苯硫醚的非等温结晶及热降解性能. 合成纤维, 2011, 40(9): 7-12.

[38] Taketa I, Kalinka G, Gorbatikh L, et al. Influence of cooling rate on the properties of carbon fiber unidirectional composites with polypropylene, polyamide 6, and polyphenylene sulfide matrices. Advanced Composite Materials, 2019: 1-13.

[39] Collins G L, Menczel J D. Thermal analysis of poly(phenylene sulfide). Ⅱ: non-isothermal crystallization. Polymer Engineering & Science, 1992, 32(17): 1270-1277.

[40] Lόpez L C, Wilkes G L. Non-isothermal crystallization kinetics of poly(*p*-phenylene sulphide). Polymer, 1989, 30(5): 882-887.

[41] Lian D, Dai J, Zhang R, et al. Effect of Ti-SiO_2 nanoparticles on non-isothermal crystallization of polyphenylene sulfide fibers. Journal of Thermal Analysis and Calorimetry, 2017, 129(1): 377-390.

[42] Kishore V, Chen X, Hassen A, et al. Effect of post-processing annealing on crystallinity development and mechanical properties of polyphenylene sulfide composites printed on large-format extrusion deposition system. Oak Ridge, TN (United States): Oak Ridge National Lab(ORNL), 2019.

[43] Lu D, Mai Y W, Li R K Y, et al. Impact strength and crystallization behavior of nano-SiO_x/poly (phenylene

sulfide)(PPS) composites with heat-treated PPS. Macromolecular Materials and Engineering, 2003, 288(9): 693-698.

[44] 刘艳伟, 芦艾, 杨海波. 聚苯硫醚热交联特性研究进展. 高分子通报, 2012, (8): 74-79.

[45] 段涛, 唐永建. 热交联处理对聚苯硫醚结晶行为的影响. 材料科学与工艺, 2010, 18(3): 434-437.

[46] 王新华, 张清, 韩冬林, 等. 热历程对聚苯硫醚树脂结晶度和性能的影响. 高分子材料科学与工程, 1996, (4): 101-105.

[47] Lee S, Kim D H, Park J H, et al. Effect of curing poly(*p*-phenylene sulfide) on thermal properties and crystalline morphologies. Advances in Chemical Engineering and Science, 2013, 3(2): 145-149.

[48] Dai K H, Scobbo J J. The effect of curing on the crystallization of poly(phenylene sulfide). Polymer Bulletin, 1996, 36(4): 489-493.

[49] Deng S, Lin Z, Xu B, et al. Effects of carbon fillers on crystallization properties and thermal conductivity of poly (phenylene sulfide). Polymer-Plastics Technology and Engineering, 2015, 54(10): 1017-1024.

[50] Lu C, Yuan Q, Simons R, et al. Influence of SiC and VGCF nano-fillers on crystallization behaviour of PPS composites. Journal of Nanoscience and Nanotechnology, 2016, 16(8): 8366-8373.

[51] Song S S, White J L, Cakmak M. Crystallization kinetics and nucleating agents for enhancing the crystallization of poly (*p*-phenylene sulfide). Polymer Engineering & Science, 1990, 30(16): 944-949.

[52] Sheng L J, Xiao Y G, Zhi Y Z. Nucleation effect of hydroxyl-purified multiwalled carbon nanotubes in poly (*p*-phenylene sulfide) composites. Journal of Applied Polymer Science, 2013, 127(1): 224-229.

[53] Chen J M, Woo E M. Sequential crystallization kinetics of poly(*p*-phenylene sulfide) doped with carbon or graphite particles. Journal of applied polymer science, 1995, 57(7): 877-886.

[54] Nohara L B, Nohara E L, Moura A, et al. Study of crystallization behavior of poly(phenylene sulfide). Polímeros, 2006, 16(2): 104-110.

[55] 江盛玲, 张志远, 谷晓昱. 聚苯硫醚/羟基改性多壁碳纳米管复合材料等温结晶动力学的研究. 塑料工业, 2011, 39(S1): 79-82.

[56] Yang R, Su Z, Wang S, et al. Crystallization and mechanical properties of polyphenylene sulfide/multiwalled carbon nanotube composites. Journal of Thermoplastic Composite Materials, 2018, 31(11): 1545-1560.

[57] Xing J, Xu Z, Ruan F, et al. Nonisothermal crystallization kinetics, morphology, and tensile properties of polyphenylene sulfide/functionalized graphite nanoplatelets composites. High Performance Polymers, 2019, 31(3): 282-293.

[58] Díez-Pascual A M, Naffakh M. Enhancing the thermomechanical behaviour of poly(phenylene sulphide) based composites via incorporation of covalently grafted carbon nanotubes. Composites Part A: Applied Science and Manufacturing, 2013, 54: 10-19.

[59] Díez-Pascual A M, Guan J, Simard B, et al. Poly(phenylene sulphide) and poly(ether ether ketone) composites reinforced with single-walled carbon nanotube buckypaper: Ⅰ—Structure, thermal stability and crystallization behaviour. Composites Part A: Applied Science and Manufacturing, 2012, 43(6): 997-1006.

[60] López L C, Wilkes G L, Geibel J F. Crystallization kinetics of poly(*p*-phenylene sulphide): the effect of branching agent content and endgroup counter-atom. Polymer, 1989, 30(1): 147-155.

[61] Auer C, Kalinka G, Krause T, et al. Crystallization kinetics of pure and fiber-reinforced poly(phenylene sulfide). Journal of Applied Polymer Science, 1994, 51(3): 407-413.

[62] Desio G P, Rebenfeld L. Crystallization of fiber-reinforced poly(phenylene sulfide) composites. I. Experimental studies of crystallization rates and morphology. Journal of Applied Polymer Science, 1992, 44(11): 1989-2001.

[63] Desio G P, Rebenfeld L. Crystallization of fiber-reinforced poly(phenylene sulfide) composites. Ⅱ. Modeling the crystallization kinetics. Journal of Applied Polymer Science, 1992, 45(11): 2005-2020.

[64] Ye L, Scheuring T, Friedrich K. Matrix morphology and fibre pull-out strength of T700/PPS and T700/PET thermoplastic composites. Journal of Materials Science, 1995, 30(19): 4761-4769.

[65] Liu P, Dinwiddie R B, Keum J K, et al. Rheology, crystal structure, and nanomechanical properties in large-scale additive manufacturing of polyphenylene sulfide/carbon fiber composites. Composites Science and Technology, 2018, 168: 263-271.

[66] Wu D, Zhang Y, Zhang M, et al. Morphology, nonisothermal crystallization behavior, and kinetics of poly (phenylene sulfide)/polycarbonate blend. Journal of Applied Polymer Science, 2007, 105(2): 739-748.

[67] 张声春. 聚苯硫醚/尼龙6非等温结晶动力学的研究. 现代塑料加工应用, 2007, (2): 37-39.

[68] Mai K, Zhang S, Zeng H. Nonisothermal crystallization of poly(phenylene sulfide) in presence of molten state of crystalline polyamide 6. Journal of Applied Polymer Science, 1999, 74(13): 3033-3039.

[69] 吴波, 魏磊, 陈弦, 等. EMG增容PPS/PA66体系的结晶、熔融及热降解行为的研究. 塑料科技, 2011, 39(3): 50-52.

[70] Zhang R C, Huang Y G, Min M, et al. Nonisothermal crystallization of polyamide 66/poly(phenylene sulfide) blends. Journal of Applied Polymer Science, 2008, 107(4): 2600-2606.

[71] Zhang R C, Xu Y, Lu Z, et al. Investigation on the crystallization behavior of poly(ether ether ketone)/poly (phenylene sulfide) blends. Journal of Applied Polymer Science, 2008, 108(3): 1829-1836.

[72] 张冠星, 刘春丽, 王孝军, 等. PPS/TLCP 共混体系的结晶行为. 四川大学学报(自然科学版), 2007, (6): 1285-1288.

[73] 张冠星, 刘春丽, 王孝军, 等. PPS/TLCP共混体系非等温结晶行为及性能研究. 塑料工业, 2007, (4): 52-55.

[74] Kalkar A K, Deshpande V D, Kulkarni M J. Isothermal crystallization kinetics of poly(phenylene sulfide)/TLCP composites. Polymer Engineering & Science, 2009, 49(2): 397-417.

[75] Edmonds J T, Hill H W. Production of polymers from aromatic compounds: USA, US3354129. 1967-11-21.

[76] Edmonds J T, Hill H W. Heat treatment of poly(arylene sulfide) resins: USA, US3524835. 1970-08-18.

[77] 陈永荣, 熊元修, 罗吉星, 等. 合成聚苯硫醚树脂的新方法. 四川大学学报(自然科学版), 1981, (1): 109-110.

[78] 陈永荣, 伍齐贤, 杨杰, 等. 硫磺溶液法合成聚苯硫醚的结构研究. 四川大学学报(自然科学版), 1988, 25(1): 96-104.

[79] 徐俊怡, 刘钊, 洪瑞, 等. 聚苯硫醚的产业发展概况与复合改性进. 中国材料进展, 2015, 34(12): 883-888.

[80] Friedel C, Crafts J M. XIX.—On some decompositions produced by the action of chloride of aluminium. Journal of the Chemical Society, Transactions, 1882, 41: 115-116.

[81] Macallum A D. A dry synthesis of aromatic sulfides: phenylene sulfide resins. Journal of Polymer Organic Chemistry, 1948, 13(1): 154-159.

[82] Macallum A D. Mixed phenylene sufide resins: USA, US2513188. 1950-06-27.

[83] Macallum A D. Process for producing aromatic sulfide and the resultant products: USA, US2538941. 1951-01-23.

[84] Lenz R W, Handlovits C E, Smith H A. Phenylene sulfide polymers. Ⅲ. The synthesis of linear polyphenylene sulfide. Journal of Polymer Science, 1962, 58: 351-367.

[85] Lenz R W, Handlovits C E, Carrington W K. Method for preparing linear polyarylene sulfide: USA, US3274165. 1966-09-20.

[86] Edmonds J T. Treatment of the alkali metal sufide reactant to reduce impurities and its reaction with a polyhalo-substituted aromatic compound: USA, US3763124. 1973-10-02.

[87] Scoggin J S. Alkali metal sulfide-arylene sulfide polymer process: USA, US3786035. 1974-01-15.

[88] 罗吉星, 熊元修. 一种高分子量线型硫醚的合成方法: 中国, 85109096. 1988-09-21.

[89] 罗吉星, 杨云松. 线型高分子量聚苯硫醚树脂的合成. 四川大学学报(自然科学版), 1998, 35(3): 488-490.

[90] 杨杰, 罗美明, 余自力, 等. 支化反应型高分子量聚苯硫醚合成研究. 化学研究与应用, 1995, 7(3): 271-276.

[91] 杨杰, 陈永荣, 余自力, 等. 微支化型高分子量 PPS 树脂的合成及表征. 高分子材料科学与工程, 1996, 12(3): 52-56.

[92] Wejchan-Judek M, Rogal E, Zuk A. Synthesis of poly-*p*-phenylene sulphide by oxidation of thiophenol with thionyl chloride in the presence of aluminium chloride. Polymer, 1981, 22: 845-847.

[93] Wejchan-Judek M. The synthesis of poly-(*p*-phenylene sulphide) from thiophenol in the presence of various acidic catalysts. Polymer Bulletin, 1986, 15: 141-145.

[94] Tsuchida E, Yamamoto K, Nishide H, et al. Poly(*p*-phenylene sulfide)-yielding polymerization of diphenyl disulfide by S—S bond cleavage with a Lewis acid. Macromolecules, 1987, 20: 2030-2031.

[95] Yamamoto K, Yoshida S, Nishide H, et al. Preparation of poly(phenylene sulfide)s: polymerization of aromatic disulfides with Lewis acids. Bulletin of the Chemical Society of Japan, 1989, 62(11): 3655-3660.

[96] Tsuchida E, Yamamoto K, Nishide H, et al. Polymerization of diphenyl disulfide by the S—S bond cleavage with a Lewis acid: a novel preparation route to poly(*p*-phenylene sulfide). Macromolecules, 1990, 23(8): 2101-2106.

[97] Tsuchida E, Nishide H, Yamamoto K, et al. Electrooxidative polymerization of thiophenol to yield poly(*p*-phenylene sulfide). Macromolecules, 1987, 20: 2315-2316.

[98] Tsuchida E, Yamamoto K, Jikei M, et al. New synthesis of poly(phenylene sulfide)s through O_2 oxidative polymerization of diphenyl disulfide with VO catalyst. Macromolecules, 1989, 22: 4138-4140.

[99] Yamamoto K. Oxovanadium-catalyzed oxidative polymerization of diphenyl disulfides with oxygen. Macromolecules, 1993, 26: 3432-3437.

[100] Tsuchda E, Yamamoto K, Jikei M, et al. Oxidative polymerization of diphenyl disulfides with quinones: formation of ultrapure poly(*p*-phenylene sulfide)s. Macromolecules, 1990, 23: 930-934.

[101] Yamamoto K, Jikei M, Katoh J, et al. Sulfide bond formation for the synthesis of poly(thioarylene) through oxidation of sulfur chloride with aromatics. Macromolecules, 1994, 27: 4312-4317.

[102] Yamamoto K, Shouji E, Nishide H, et al. Aryl sulfide bond formation using the sulfoxide-acid system for synthesis of poly (*p*-phenylene sulfide) via poly (sulfonium cation) as a precursor. Journal of the American Chemical Society, 1993, 115(13): 5819-5820.

[103] Tsuchida E, Shouji E, Yamamoto K. Synthesis of high molecular weight poly(phenylene sulfide) by oxidative polymerization via poly(sulfonium cation) from methyl phenyl sulfoxide. Macromolecules, 1993, 26: 7144-7148.

[104] Tsuchida E, Suzuki F, Shouji E, et al. Synthesis of poly(phenylene sulfide) by O_2 oxidative polymerization of methyl phenyl sulfide. Macromolecules, 1994, 27: 1057-1060.

[105] Novi M, Petrillo G, Sartirana M L. Arenediazonium tetrafluoroborates as initiators in the polymerization of haloarenethiolates. A simple and mild access to poly(arylene sulfide)s. Tetrahedron Letters, 1986, 27(50): 6129-6132.

[106] Lovell P A, Still R H. Synthesis and characterization of poly(arylene sulphides): Part Ⅱ. Preparation of poly(1,4-phenylene sulphide) directly from bis(4-bromophenyl) disulphide. British Polymer Journal, 1990, 22: 27-37.

[107] Wang Z Y, Hay A S. Synthesis of poly(*p*-phenylene sulfide) by thermolysis of bis(4-halophenyl) disulfides. Macromolecules, 1991, 24: 333-335.

[108] Ding Y, Hay A S. Novel synthesis of poly(*p*-phenylene sulfide) from cyclic disulfide oligomers. Macromolecules, 1996, 29:4811-4812.

[109] Chen K, Hay A S. Synthesis of poly(*p*-phenylene sulfide) from bis(4-bromophenyl) disulfide. Journal of Polymer Science Part A: Polymer Chemistry, 2006, 44: 900-904.

[110] Ding Y, Hay A S. Polymerization of 4-bromobenzenethiol to poly(1,4-phenylene sulfide) with a free radical

initiator. Macromolecules, 1997, 30: 1849-1850.

[111] Ding Y, Hay A S. Novel synthesis of poly(thioarylene)s via reaction between arenethiols and bromo compounds with a free radical initiator. Macromolecules, 1997, 30: 5612-5615.

[112] Rule M, Fagerburg D R, Watkins J J, et al. A new melt preparation method for poly (phenylene sulfide). Die Makromolekulare Chemie Rapid Communications, 1991, 12(4): 221-226.

[113] Lee Y R, Cha I H, Cho J S. Method for production of polyarylene sulfide resin with excellent luminosity and the polyarylene sulfide resin: USA, US20100105845. 2010-04-29.

[114] 慎镛埈, 林在凤, 赵俊相, 等. 用于制备聚亚芳基硫醚的方法: 中国, 200980157302. 2013-12-25.

[115] 金圣基, 车一勋. 可重复利用的聚亚芳基硫醚及其制备方法: 中国, 201180013093. 2015-09-16.

[116] Lee Y R, Cha I H, Shin Y J, et al. Polyarylene sulfide resin with excellent luminosity and preparation method thereof: USA, US20140194592A1. 2014-07-10.

[117] Shin Y J, Kim S G, Lim J B, et al. Method for preparing polyarylene sulfide with reduced free iodine content: USA, US20150353687A1. 2015-12-10.

[118] Wang Y F, Chan K P, Hay A S. Synthesis and novel free-radical ring-opening polymerization of macrocyclic oligomers containing an aromatic sulfide linkage. Macromolecules, 1995, 28: 6371-6374.

[119] Zimmerman D A, Koening J L, Ishida H. Polymerization of poly(*p*-phenylene sulfide) from a cyclic precursor. Polymer, 1996, 37(14): 3111-3116.

[120] Tsuchida E, Miyatake K, Yamamoto K. Cyclic arylene sulfides: a novel synthesis and ring-opening polymerization. Macromolecules, 1998, 31: 6469-6475.

[121] Hay A S, Wang Y F. Free radical ring opening for polymerization of cyclic oligomers containing an aromatic sulfide linkage: USA, US5869599. 1999-02-09.

[122] Miyata H, Inoue H, Akimoto A. Polyarylene sulfide and preparation thereof: USA, US5384391. 1995-01-24.

[123] Horiuchi S, Yamamoto D, Kaiho S, et al. Well-controlled synthesis of poly(phenylene sulfide)(PPS) starting from cyclic oligomers. Macromolecular Symposia, 2015, 349(1): 9-20.

[124] Vidaurri, F C. Process for making poly(phenylene sulfide) polymers of increased molecular weight: USA, US3607843. 1971-09-21.

[125] Heine N B, Studer A. Poly(paraphenylene sulfide) and poly(metaphenylene sulfide) via light-initiated SRN1-type polymerization of halogenated thiophenols. Macromolecular Rapid Communications, 2016, 37(18): 1494-1498.

[126] Fuyuki A, Souske Y, Yohei T, et al. Vanadyl-$TrBR_4$-catalyzed oxidative polymerization of diphenyl disulfide. Macromolecular Chemistry and Physics, 2015, 216, 1850-1855.

[127] Fuyuki A, Yohei T, Daichi K, et al. Enhanced catalytic activity of oxovanadium complexes in oxidative polymerization of diphenyl disulfide. Polymer Chemistry, 2016, 7: 2087-2091.

[128] Aida F, Takasu N, Takatori Y, et al. Synthesis of highly crystallized poly(1,4-phenylene sulfide) via oxygen-oxidative polymerization of diphenyl disulfide. Bulletin of the Chemical Society of Japan, 2017, 90(7): 843-846.

第3章

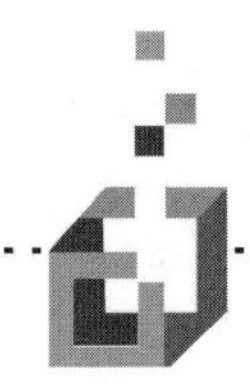

聚芳硫醚砜树脂——聚苯硫醚树脂的分子结构设计与改性品种

3.1 聚芳硫醚砜树脂的合成、结构与性能

作为聚苯硫醚分子主链结构的改性产物，聚芳硫醚砜(PASS)树脂是聚芳硫醚类树脂中除聚苯硫醚树脂之外，研究最广泛与深入、技术成熟度最高、产品应用领域最明确、市场前景最被看好的 PAS 树脂品种，也被列入了国家《重点新材料首批次应用示范指导目录(2017 年版)》。

PASS 最早是由美国菲利普斯石油公司于 1988 年开发的一种新型热塑性无定形耐高温树脂。从 20 世纪 80 年代开始，四川大学以杨杰教授为首的研发团队对 PASS 进行了深入、系统与全面的研究与开发工作，开创了 PASS 树脂分子结构设计、合成、放大以及树脂性能研究、产品加工、应用开发等从理论到技术在全球的全面领跑地位，其 PASS 树脂合成研究及其中试工作被列入了国家“十五”“863”计划中[1-4]，目前，四川大学正与内蒙古晋通高新材料有限责任公司合作进行全球唯一的 PASS 树脂千吨级产业化工作。

PASS 作为 PPS 的改性品种，具备了 PPS 的很多优异性能，如优异的阻燃性能、机械性能、电性能、耐化学腐蚀性以及耐辐射性等，因此得到了国内外的广泛关注。相较于 PPS，PASS 具有更优异的韧性、耐热性能及高温稳定性，其玻璃化转变温度(T_g)为 215～226 ℃，远高于 PPS 的 85 ℃。此外，由于 PPS 具有较高的结晶度，其在 200 ℃下基本无法溶解，这是 PPS 的显著优点，同时也限制了其采用溶液法加工的可能性。由于 PASS 分子结构中引入了强极性的砜基，在通常状况下不易形成规整的结晶结构而处于无定形态，因此相对于 PPS，PASS 的溶解性得到一定改善，使其可溶于几种特殊溶剂，但却不溶于一般常用溶剂，这又使得 PASS 在保持了较好的耐溶剂性的同时又兼顾了其溶液加工性能。

除了与 PPS 一样作为高性能的特种工程塑料使用外，四川大学开创性的工作，使得 PASS 可以制成高性能的热塑性树脂基复合材料，应用于对耐热性、耐腐蚀性、阻燃性以及轻量化方面有很高要求的航空航天、汽车等领域；此外，由四川大学独树一帜开发的 PASS 耐高温、耐腐蚀高性能分离膜可应用于苛刻环境的污水处理，这将在膜材料及制备与应用技术方面改变现有高端耐腐蚀分离膜完全依赖进口，且还不能完全满足需求的局面，在环保及资源再生与利用领域发挥积极的推动作用。

3.1.1 PASS 的合成方法研究现状

从 20 世纪 80 年代开始，菲利普斯石油公司一直致力于 PASS 树脂的合成方法研究，他们专注于合成中各种因素对 PASS 树脂分子量影响的研究并获得了一系列专利成果[5-8]，其研究内容主要有：反应温度和反应时间对分子量的影响，反应体系中各原料组分含量配比对树脂分子量的影响，反应体系中水分对最终树脂分子量的影响，催化剂种类及用量对树脂分子量的影响，封端剂及后处理对 PASS 性能的影响。进入 90 年代后，随着大日本油墨化学工业株式会社的加入，又出现了一些新的合成反应体系，同时，PASS 的应用研究也得到重视。Y. Liu 等[9]研究了反应温度、反应时间、H_2O/NaSH 比值、H_2O/NMP 比值等因素对于 PASS 分子量的影响，通过优化各种条件得到数均分子量(M_n)为 39000 的 PASS 树脂。但以上这些早期的工作都没有继续深入下去。

目前，PASS 的合成方法主要有以下几种：无水硫化钠(Na_2S)法、硫黄溶液法、含水硫化钠法($Na_2S \cdot xH_2O$)、硫氢化钠(NaHS)法、硫酚类砜苯单体聚合法及聚苯硫醚氧化法等，同时，PASS 的合成工艺路线还有高压法和常压法之分。下面分别对这些工艺路线进行介绍。

1. 无水硫化钠法

无水硫化钠(Na_2S)法通常分为常压法和高压法，其反应方程式为

$$\text{Cl}-\text{C}_6\text{H}_4-\overset{\overset{\text{O}}{\|}}{\underset{\underset{\text{O}}{\|}}{\text{S}}}-\text{C}_6\text{H}_4-\text{Cl} + \text{Na}_2\text{S} \xrightarrow{200\ ^\circ\text{C}} \left[\text{C}_6\text{H}_4-\overset{\overset{\text{O}}{\|}}{\underset{\underset{\text{O}}{\|}}{\text{S}}}-\text{C}_6\text{H}_4-\text{S} \right]_n$$

1) 常压法

在常压下，以 4,4′-二氯二苯砜(4,4′-dichlorodiphenyl sulfone，DCDPS)及无水硫化钠(Na_2S)为单体，以混合溶剂 DMF∶HMPA(体积比 1∶1)作为反应溶剂，以苯甲酸钠等作为催化剂，在 200 ℃下进行聚合反应 5～6 h，制备 PASS 树脂。但该方法得到的 PASS 分子量比较低，其可能原因如下：①反应单体 Na_2S 纯度较低，使物料很难达到精确的配比；②催化剂效果较差，反应体系配合欠佳，不能有效地发挥作用；③反应温度较低，不利于链增长。

2) 高压法

该方法以 Na_2S 和 DCDPS 为反应单体，以 NMP 为溶剂，以羧酸盐为催化剂，

在高压反应釜中进行聚合反应，在 200 ℃下反应 5～6 h，得到的 PASS 树脂分子量较低，但较常压法得到的 PASS 产品分子量高。究其原因可能是：①无水 Na_2S 的纯度不够理想；②催化体系单一。

2. 硫黄溶液法

以混合溶剂 HMPA：DMF(1：1)或者 NMP 作为反应溶剂，以硫黄和 DCDPS 作为反应单体加压进行逐步聚合。反应中，硫单质在碱性条件下转化为硫离子，硫离子再与 DCDPS 发生亲核取代反应，具体反应如下：

$$S \longrightarrow S^{2-}$$

$$Cl-C_6H_4-SO_2-C_6H_4-Cl + S^{2-} \xrightarrow[NMP]{160\sim210\ ^\circ C} \left[C_6H_4-SO_2-C_6H_4-S \right]_n$$

此方法选择乙酸钠(NaOAc)为催化剂，在 160～210 ℃反应 5 h，获得了较无水硫化钠法理想的效果，与硫化钠相比，硫黄具有更高的纯度，含量稳定，更易控制反应中所加入的单体的配比。其缺点是，由于反应中加入了还原硫黄为硫离子的还原剂，增加了反应的副产物，使反应产物的后续处理变得更加困难。此外，该方法获得的产物分子量不够高。

3. $Na_2S \cdot xH_2O$ 法

1) 高压 $Na_2S \cdot xH_2O$ 法

在高压反应釜内加入 DCDPS 和 $Na_2S \cdot xH_2O$ 为反应单体，以 NMP 为溶剂，以羧酸盐为催化剂，进行逐步聚合反应，在 200 ℃条件下反应 3～5 h，得到高分子量的 PASS 树脂。该方法具有以下优点：以 $Na_2S \cdot xH_2O$ 作为反应单体，可以保证反应单体的纯度，以准确地计量 Na_2S 的用量；同时 $Na_2S \cdot xH_2O$ 所含有的结晶水可能对反应有一定的催化作用，Na_2S 能与溶剂 NMP 形成络合物，从而提高 S^{2-} 的活性，促进分子链的增长，最终能够得到分子量较高的 PASS 树脂。

$$Cl-C_6H_4-SO_2-C_6H_4-Cl + Na_2S \cdot xH_2O \xrightarrow[1\ MPa]{200\ ^\circ C} \left[C_6H_4-SO_2-C_6H_4-S \right]_n$$

2) 常压 $Na_2S \cdot xH_2O$ 法

四川大学聚芳硫醚课题组采用常压 $Na_2S \cdot xH_2O$ 法得到分子量较高的 PASS 树脂，特性黏数高达 0.615 dL/g，其性能与国外所制得 PASS 相当。相对于高压 $Na_2S \cdot xH_2O$ 法，该方法最显著的优点是降低了合成反应对于反应釜的苛刻要求，在降低成本的同时工艺稳定性也较好，同时也克服了高压合成方法的种种弊端，具有很好的发展前景。

$$\text{Cl}-\text{C}_6\text{H}_4-\text{SO}_2-\text{C}_6\text{H}_4-\text{Cl} + \text{Na}_2\text{S}\cdot x\text{H}_2\text{O} \xrightarrow[180\sim200\ ℃]{\text{催化剂}} \left[\text{C}_6\text{H}_4-\text{SO}_2-\text{C}_6\text{H}_4-\text{S}\right]_n$$

4. NaHS 法

1) NaHS 高压法

以 NMP 为溶剂、DCDPS 和 NaHS 为反应单体、NaOAc 为催化剂，在 200 ℃、1 MPa 高压条件下反应 3 h，得到 PASS 树脂。此方法强调单体配比，NaHS 比 $Na_2S\cdot xH_2O$ 更容易脱水，且原料纯度较高，硫离子更加活泼，但是反应流程长，对反应设备防腐要求高。根据 Y. Liu 的报道，合成的 PASS 的最高分子量高达 M_n=39000，特性黏数 $\eta_{int}=0.61$ dL/g，但是采用高温高压的方法对设备提出了较高的要求，同时合成中能耗高也是亟待解决的问题，因此从成本和安全的角度来讲并不是最优化的方案，还有待改进。

$$\text{Cl}-\text{C}_6\text{H}_4-\text{SO}_2-\text{C}_6\text{H}_4-\text{Cl} + \text{NaHS} \xrightarrow[\text{NMP}]{200\ ℃} \left[\text{C}_6\text{H}_4-\text{SO}_2-\text{C}_6\text{H}_4-\text{S}\right]_n$$

2) NaHS 常压法

四川大学张刚、杨杰等通过近 15 年的不断探索研究，开发出了全新的 NaHS 常压催化聚合法，先将 NaHS 与助剂、溶剂加入反应釜中，并进行升温共沸脱水，待脱水完成后加入 DCDPS 单体分别进行预聚、升温聚合，最后得到高分子量 PASS 树脂，其特性黏数高达 0.67 dL/g(为目前国际报道最高)，玻璃化转变温度 222 ℃，纯树脂拉伸强度高达 100 MPa；相对于 NaHS 高压法设备要求简易，流程短，产品颜色浅，质量稳定。后续通过中试放大，所得产品质量好，工艺稳定，且操作安全、可靠，非常适宜大规模工业化生产。目前，四川大学与内蒙古晋通高新材料有限责任公司正采用该工艺技术进行 PASS 树脂千吨级产业化工作。

$$\text{Cl}-\text{C}_6\text{H}_4-\text{SO}_2-\text{C}_6\text{H}_4-\text{Cl} \xrightarrow[180\sim200\ ℃/\text{NMP}]{\text{NaHS/催化剂}} \left[\text{C}_6\text{H}_4-\text{SO}_2-\text{C}_6\text{H}_4-\text{S}\right]_n$$

5. 硫酚类砜苯单体聚合法

1) A-A 型二硫代单体聚合法

该法选用 DCDPS 和 4,4′-二巯基二苯砜(DMDPS)为反应单体，以二甲基乙酰胺(DMAC)为反应溶剂、K_2CO_3 为催化剂、甲苯为脱水剂，在 135 ℃下反应脱水 4 h，160 ℃反应 16 h 得到产品。该法可得到高分子量的 PASS 树脂，但是原料容易氧化及价格昂贵、反应周期长等劣势限制了其工业化发展。

Cl—C₆H₄—SO₂—C₆H₄—Cl + HS—C₆H₄—SO₂—C₆H₄—SH $\xrightarrow[\text{DMAC, } K_2CO_3]{135\sim160\ ℃}$ [—C₆H₄—SO₂—C₆H₄—S—]$_n$

2) A-B 型自缩聚法

该方法以 4-氯-4′-巯基二苯砜为反应单体，以 DMAC 为反应溶剂，催化剂选用 K_2CO_3，甲苯作为脱水剂，在 135 ℃下反应脱水 4 h，然后再 160 ℃聚合反应 16 h。该方法可以精确控制反应单体的摩尔配比，且得到的产品副产物少、易提纯；但反应单体易氧化、不易获得、成本高，反应时间长、能耗大，同时反应中使用的甲苯会对空气造成严重的污染。

Cl—C₆H₄—SO₂—C₆H₄—SH $\xrightarrow[\text{DMAC, } K_2CO_3]{135\sim160\ ℃}$ [—C₆H₄—SO₂—C₆H₄—S—]$_n$

6. 聚苯硫醚氧化法

以 PPS 为原料，以乙酸酐及质量分数为 70%的硝酸为氧化剂，在 0～5 ℃氧化反应 24 h，得到含聚芳硫醚砜嵌段聚合物的树脂。也可以采用其他氧化剂，如二氧化氮(NO_2)/四氧化二氮(N_2O_4)、臭氧(O_3)、浓 H_2SO_4 及 H_2O_2 等。此方法的主要优点是产率高，反应中无 NaCl 副产物生成。但该法主要是通过氧化剂将 PPS 主链中的硫醚键氧化成砜基(—SO_2—)或者亚砜基(—SO—)，氧化程度不能定量控制，这将直接影响到最终反应产物的分子结构，同时，在氧化过程中，还可能导致树脂分子链的断裂，进而影响产品的性能，不能获得性能优良的 PASS 树脂。

[—C₆H₄—S—]$_n$ $\xrightarrow[0\sim5\ ℃]{\text{氧化剂}}$ [—C₆H₄—SO₂—]$_{n_1}$[—C₆H₄—S—]$_{n_2}$

$n=n_1+n_2$

3.1.2 PASS 的性能

1. PASS 的机械性能

PASS 是一种具有较高玻璃化转变温度(T_g=215～226 ℃)的非晶聚合物(图 1-1)，同时也是一种机械性能优异的特种工程塑料。PASS 的拉伸强度和断裂伸长率均较 PPS 有一定的提高。Tamada 等[10]研究了 PASS 成型模具温度以及样条退火时间对 PASS 断裂伸长率的影响。研究表明，保持其他条件不变的情况下，采用冰水混合物的低温环境对 PASS 样条进行淬火处理时，其断裂伸长率为 30%～

66%，而直接在室温下冷却时的断裂伸长率仅为 18%～20%。同时，Tamada 等还保持其他条件不变，对退火温度与断裂伸长率的相互关系进行了研究，保持退火温度 120 ℃，退火 1 h 之后，PASS 的断裂伸长率从 40%以上急剧下降到 10%左右。作者认为这是由 PASS 的快速松弛焓造成的。PASS 与其他非晶聚合物，如 PSF 和 PES 相比，其韧性稍差，这也是由 PASS 的松弛焓较其他同类聚砜聚合物大造成的。王华东[11]采用 X 射线衍射(XRD)和小角激光光散射法(SALS)对 PASS 的聚集态结构与温度的关系进行分析，结果发现，经过一定温度退火处理后的 PASS 树脂聚集态结构中出现了一些局部有序结构，正是由于 PASS 具有这些次级有序结构，其耐腐蚀性远远优于大多数无定形树脂，如聚醚砜(PES)、聚砜(PSF)、聚碳酸酯(PC)等，因而 PASS 获得了比 PPS 更独特的性能和更广泛的用途。表 3-1 比较了 PASS 与其他常见的特种工程塑料的基本性能[12]。

表 3-1　PASS 与其他常见的特种工程塑料的基本性能对比

性能	PASS	PPS	PES	PEEK
玻璃化转变温度/℃	215	85	230	143
熔点/℃	—	285	—	343
极限氧指数	46	44	33	35
拉伸强度/MPa	93.9	82.8	84	100
断裂伸长率/%	22.3	3～5	40	40
弯曲强度/MPa	145	96	130	110
弯曲模量/GPa	3.03	3.8	2.8	—
吸水率/%	1.28	0.4～0.5	1.24	0.5

2. PASS 的热性能

从表 3-1 可以看到 PASS 的玻璃化转变温度明显高于 PPS 和 PEEK，与 PES 相近，PASS 的极限氧指数高达 46，比 PPS 还要优异，说明 PASS 是优良的自阻燃材料。图 3-1 为 PASS 的 DSC 曲线。

图 3-2 为 PASS 在氮气及空气气氛中的热失重(TGA)曲线，由两曲线相比较可知，PASS 在氮气气氛与空气气氛中的起始分解温度均在 450～460 ℃之间。PASS 在氮气气氛中的热失重曲线只有一个失重台阶，在残炭率 50%以下时失重趋于平衡，而空气气氛中的热分解反应有两个明显的失重台阶，这是树脂热氧化交联和热降解两种反应相互竞争的结果。

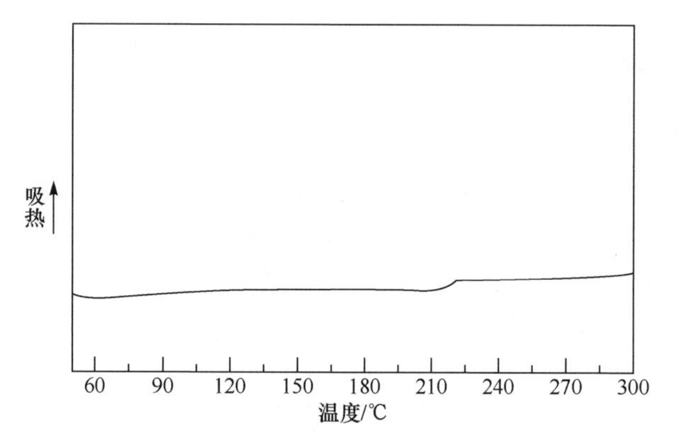

图 3-1 PASS 的 DSC 曲线(10 ℃/min，N_2气氛)

杨杰、王华东等[13,14]采用不同的方法对 PASS 的热降解活化能进行计算，求得其值为 210 kJ/mol 左右，通过求得热分解活化能对 PASS 在不同气氛下的热老化寿命进行估算，得出 PASS 在氮气气氛下使用 10 年的上限温度为 254 ℃，而在空气气氛下使用 10 年的上限温度可能会更高。分析认为这可能是由于 PASS 树脂表层在空气中发生了热氧化交联反应，形成了一层致密的保护层，从而阻止了内部被进一步氧化分解，使得 PASS 在空气气氛中热稳定性要比在氮气气氛中更好，同时也表明了 PASS 具有较高的耐热性能。

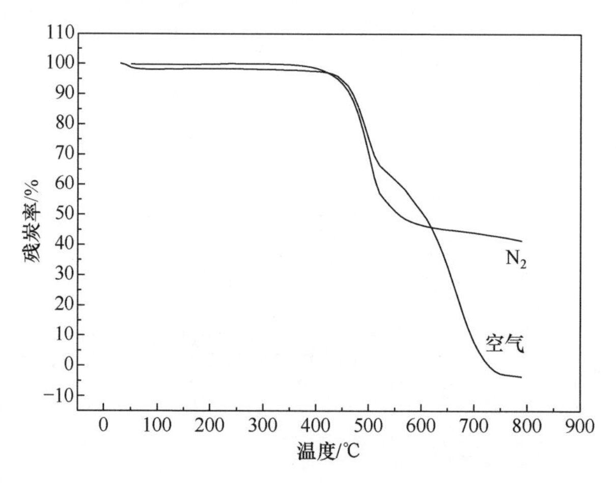

图 3-2 PASS 的 TGA 曲线(10 ℃/min，N_2和空气气氛)

3. PASS 的耐化学腐蚀性

PASS 在室温下可溶于一些特定的溶剂，相对于 PPS 在 200 ℃以下无任何溶剂可溶的情况而言，PASS 的溶解性较 PPS 有所改善，进而使得 PASS 的加工方式实现了多样化，这对扩展 PASS 的应用领域是极为有利的。

将 0.1 g PASS 树脂分别浸泡于 10 mL 酸、碱和有机溶剂中，观察其溶解性与耐腐蚀性，结果列于表 3-2 中。由表 3-2 可知，PASS 不溶于大多数的酸、碱、卤代烃类等，只溶于少量的胺类及含氧烃类溶剂，如二甲基乙酰胺、六甲基磷酰三胺和 *N*-甲基吡咯烷酮等。相对而言，将非晶的聚砜(PSF)、聚碳酸酯(PC)置于大部分溶剂中很快就会龟裂、溶解，而 PASS 对有机溶剂和酸碱均有较强的抗腐蚀能力，其耐腐蚀性能优于传统的非晶聚合物，这与 PASS 分子链中的次级有序结构有关。

表 3-2　PASS 树脂在不同溶剂中的溶解性

溶剂	常温溶解性	高温溶解性
盐酸	不溶	不溶
氢氧化钠溶液	不溶	不溶
二氯苯	不溶	不溶
四氢呋喃	不溶	不溶
甲苯	不溶	不溶
苯	不溶	不溶
正丁胺	不溶	不溶
乙酸	不溶	不溶
氯苯	溶胀	部分溶
二甲基亚砜	微溶	部分溶
氯仿	不溶	微溶
苯酚/四氯乙烷	可溶	可溶
二甲基乙酰胺	可溶	可溶
N-甲基吡咯烷酮	可溶	可溶
六甲基磷酰三胺	可溶	可溶

表 3-3 为 PASS、PC 和 PSF 在溶剂中的抗张强度保持率(浸泡条件为 93 ℃，24 h)[15]，由表 3-3 可见，PASS 的耐腐蚀性能远优于 PSF 和 PC。

表 3-3　PASS、PC 和 PSF 在不同溶剂中的抗张强度保持率(%)

溶剂	PASS	PC	PSF
浓盐酸	90	0	100
30%氢氧化钠溶液	102	7	100
2-乙氧基丁醇	123	78	0
10%三氯化铁	100	100	100

续表

溶剂	PASS	PC	PSF
水	97	100	100
乙酸	102	67	91
吡啶	19	0	0
乙酸乙酯	116	0	0
正丁胺	96	0	0
甲乙酮	45	0	0
甲苯	101	0	0
环己烷	112	75	99
四氢呋喃	38	0	0
间甲酚	0	0	0

4. PASS 的溶剂结晶行为

PASS 通常被认为是一种典型的非晶聚合物，其在常温下可以溶于 *N*-甲基吡咯烷酮(NMP)、二甲基乙酰胺(DMF)、苯酚/四氯乙烷等极性有机溶剂。但一个有趣的现象是，当 PASS 溶于 NMP、DMF 并在常温下放置一段时间后，澄清的溶液中会逐渐出现沉淀，整个溶液体系也会随之转变为一种类似于凝胶的沉淀状态，如图 3-3 所示。经研究发现，这主要是因为 PASS 与溶剂分子形成了溶剂结晶化物。

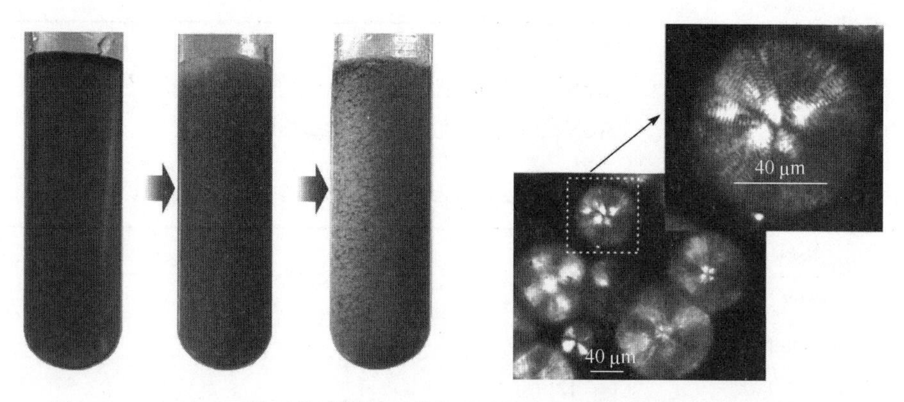

图 3-3 PASS-NMP 体系的溶剂结晶化物形成过程及其中球晶的偏光显微镜照片

与小分子共晶体系不同，由于聚合物与溶剂共同形成的溶剂结晶化物是在凝胶状态形成的，组分分相、结晶十分缓慢，且结晶度较低，因此研究聚合物所形成的溶剂结晶化物往往比较困难，但这些对于研究 PASS 的溶液行为及 PASS 溶液体系的加工是十分必要的。

王孝军、龚跃武、李素英、邬汇鑫[16-19]系统研究了 PASS-NMP 体系的溶液行为，得到 PASS 与 NMP 共同组成的溶剂结晶化物，此种结构并不稳定，其熔点不超过 130 ℃，如图 3-4 所示。而且当利用抽提或蒸发方法去除混合物中溶剂后，这种结晶结构将被破坏。在晶胞结构中，PASS 与 NMP 所组成的晶体中 PASS 分子链段与 NMP 分子的摩尔比约为 7∶3。通过计算可以得到 PASS-NMP 溶剂结晶化物的溶解热 $\Delta H = 4.59$ cal/g。

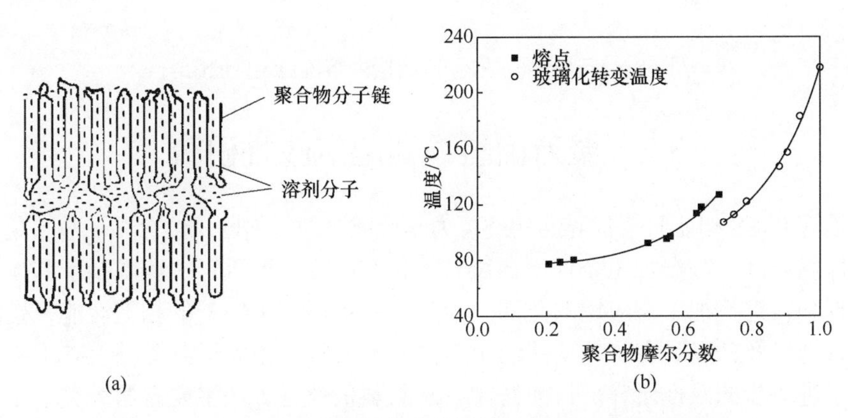

图 3-4　PASS-NMP 溶剂结晶化物结构示意图(a)及体系相图(b)

对 PASS-NMP 溶剂结晶化物体系结晶动力学的研究结果表明，PASS-NMP 溶剂结晶化物的结晶过程初期满足 Avrami 方程，且此结晶过程的 Avrami 指数 $n=1.1$，20 ℃及 40 ℃下所对应的结晶速率常数分别为 $K_{20}=2.77\times10^{-4}$，$K_{40}=1.06\times10^{-2}$。

5. PASS 的流变行为

PASS 的熔体黏度高，高温加工条件下树脂易氧化交联。四川大学黄光顺、孔雨等[20-22]采用高压毛细管流变方法研究 PASS 的流变行为时发现：纯的 PASS 在 295～325 ℃均在不同程度上发生熔体破裂现象。通过向体系中引入锌盐稳定剂可以改善 PASS 的熔体稳定性(图 3-5)，有效控制 PASS 的交联，并且可以显著提高 PASS 的加工温度。此外，抗氧剂 S9228 和 6260 都可以有效降低 PASS 的熔体黏度、提高 PASS 的熔体稳定性。对于抗氧剂 S9228，其用量在 0.5%的时候可以起到良好的效果；而对于抗氧剂 6260，其用量在 0.2%的时候即可以起到良好的效果。

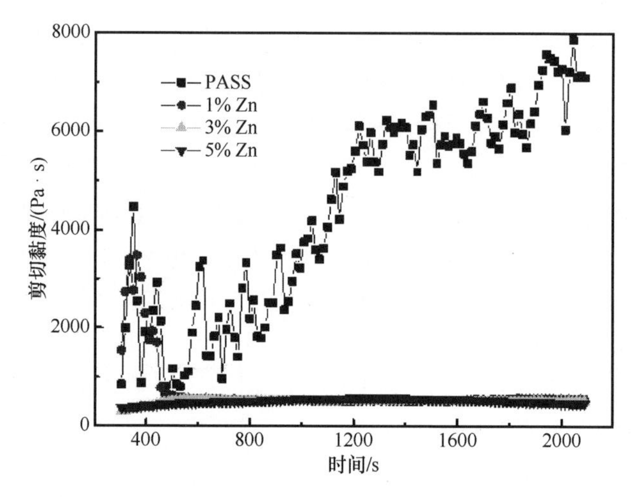

图 3-5 Zn 盐含量对 PASS 树脂的熔体稳定性的影响

3.2 聚芳硫醚砜树脂的改性研究

尽管 PASS 树脂具有优异的物理及力学性能，但该树脂仍然存在一些不足，如其熔体黏度高、高温加工条件下树脂易氧化交联等，严重影响和限制了其作为特种工程塑料进行加工与应用的范围。为了进一步提升 PASS 的相关性能，拓展其应用领域以及开发具有特殊功能的耐热高分子材料，相关研究者对 PASS 树脂又开展了进一步的改性研究。目前对 PASS 材料的改性方法主要有两大类：化学改性和物理改性。其中，化学改性实际上就是对聚合物进行分子设计，采用共聚的方法制备 PASS 共聚物，而物理改性则采用合适的其他聚合物与 PASS 树脂共混制备 PASS 合金，或采用无机填料及增强纤维与 PASS 树脂复合，制备 PASS 复合材料。

3.2.1 PASS 的化学改性

1. 聚芳硫醚砜/腈共聚

1) 高压聚合法

聚芳硫醚腈(PASN)是主链上含有苯腈，硫醚交替连接的结晶聚合物，有关聚芳硫醚腈的研究国内外相对较少，仅仅有几篇专利报道。主要是日本 Tosoh 公司的 Asahi(1988 年)、Kondo(1989 年)、Tamai(1990 年)等先后进行了相关的报道[23-26]。

Tamai 等报道在高温高压条件下进行了聚芳硫醚砜与腈的共聚，并探讨了它们的热性能，其反应式如下：

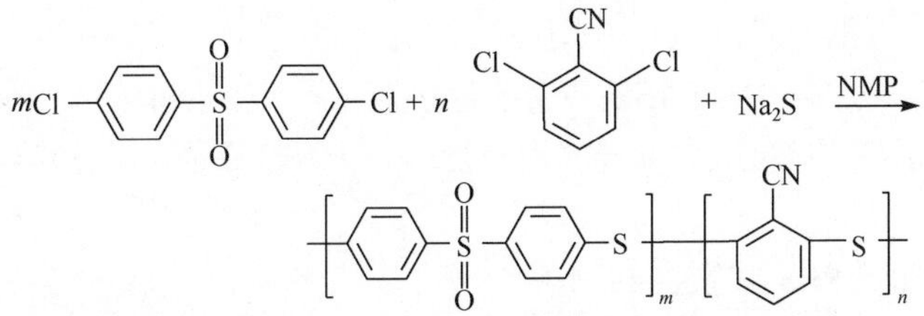

该共聚物的特性黏数达到 0.43 dL/g，玻璃化转变温度(T_g)为 205 ℃，初始热分解温度(T_d)为 478 ℃，具有较好的热性能。

Tamai 等继续讨论了采用不同硫源制备的共聚物，以及不同砜/腈比条件下制备的共聚物的性能，其获得的产物最高特性黏数为 0.62 dL/g，T_g 达到 209 ℃，T_d 为 476 ℃；与此同时，他们还讨论了聚合物交联前后力学性能的变化，将共聚物从室温以 10 ℃/min 升温至 300 ℃，保持 1 h 后，用热机械分析(TMA)测试其软化点发现，聚合物软化点由交联前的 170 ℃升高至交联后的 193 ℃，交联后的共聚物耐腐蚀性能明显提升，室温下不溶于 DMF、DMAC、NMP 及 DMSO 等极性非质子溶剂。

2) 常压聚合法

四川大学范宇[27]以 DCDPS、二氯代苯腈(DCN)和含水硫化钠为原料，采用常压共缩聚的方法制备了高分子量聚芳硫醚砜/腈(PASS/N)共聚物，其特性黏数达 0.59 dL/g，研究发现，当 DCN 含量为 20%时，共聚单体摩尔比(DCN/Na_2S)为 2.01∶10 时，PASS/N 共聚物的特性黏数达到最大值，共聚物相比于均聚物的特性黏数有所增加，但随着 DCN 加入量的增加，聚合物的特性黏数又逐渐降低。其玻璃化转变温度随氰基共聚含量的增加先增大，当含量超过 10%后，其玻璃化转变温度随氰基共聚含量的增加呈下降趋势；其热分解温度始终随氰基含量的增加而增大，其主要原因为氰基在高温条件下发生交联反应。合成工艺路线如下：

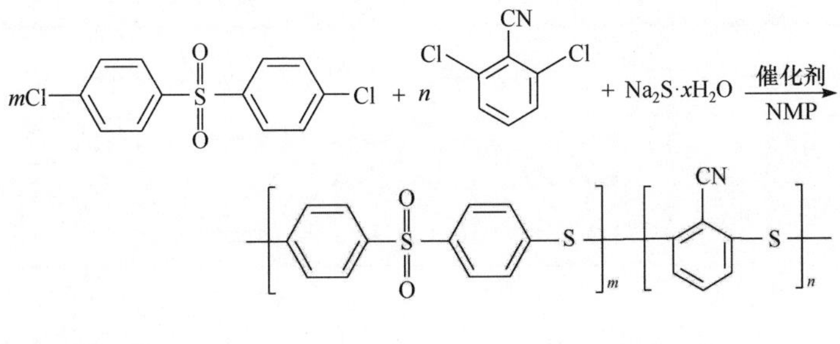

2. PASS/PPS 共聚

菲利普斯石油公司最早于 1981 年在专利中报道采用硫化钠方法制备 PASS 与 PPS 的共聚物[28]，PASS 分子链结构中引入 PPS 可以提高其熔体稳定性及降低 PASS 的加工熔体黏度，使其适用于注塑成型；日本的三菱化学株式会社也进行了

PASS与PPS共聚的改性研究，并用烯类酸及酰氯进行了封端处理[29]。国内20世纪90年代，侯灿淑等也对PASS共聚改性进行了研究，同时还对PPS和PASS的裂解机理展开了探讨。四川大学杨杰[2]进行了在PASS中引入多种第三单体进行共聚改性的初步研究。

1) 线型PASS/PPS共聚物的制备

由于PPS与PASS在结构和性能上有一定的相似性，且PPS与其他耐温的高性能树脂相比，具有相当优良的熔融加工流动性，因此杨杰[2]选择对二氯苯(DCB)作为第三单体合成线型的聚芳硫醚砜-聚苯硫醚(L-PASS/PPS)，来改善PASS的熔融流动性。由于DCB的沸点相对较低，因此合适的DCB的加入方式、加入温度和加入时间对于获得好的共聚物非常重要。虽然这只是一个初步的探索工作，但发现的一些现象值得进一步深入研究。L-PASS/PPS共聚物的合成工艺路线如下：

$$m\,Cl-C_6H_4-SO_2-C_6H_4-Cl + n\,Cl-C_6H_4-Cl + Na_2S \xrightarrow{NMP} \left[-C_6H_4-SO_2-C_6H_4-S-\right]_m\left[-C_6H_4-S-\right]_n$$

四川大学任浩浩[30]将PASS和PPS共聚，使PPS主链上引入强极性的砜基，在获得了高分子量聚合物的同时，赋予PPS共聚物更高的热性能。首先将硫化钠在溶剂*N*-甲基吡咯烷酮(NMP)中脱水，再加入一定配比的对二氯苯、4,4′-二氯二苯砜在200～220 ℃下反应6 h。产物经乙醇抽提干燥后得到带有砜基片段的PASS/PPS共聚物。这些含有不同砜基摩尔比的PASS/PPS共聚物热力学性能如表3-4所示。

表3-4 不同砜基摩尔比的PASS/PPS共聚物综合性能

编号	η_{int}/(dL/g)	熔融指数/(g/10 min)	T_m/℃	T_d/℃	残炭率/%	拉伸强度/MPa	断裂伸长率/%
PPS	0.359	120	283.1	484.4	43.9	87.2±1.2	18.2
PPS-SO_2(1%)	0.260	514	285.1	509.8	47.9	67.4±8.4	13.0
PPS-SO_2(3%)	0.182	976	286.5	508.8	52.3	—	—

由于在这个共聚体系中，4,4′-二氯二苯砜的活性远高于对二氯苯，整个反应活性不匹配，使合成产物的分子量大幅下降，故在合成过程中，为了维持产物具有一定的分子量，将砜基的摩尔分数控制在3%以下。少量极性砜基的引入增强了PPS的极性，在提高了熔体黏度的同时，使PPS共聚物的熔点、降解温度都小幅上升，但PASS/PPS共聚物的力学性能下降较为明显，这是未来PASS/PPS共聚研

究中急需解决的问题。此外，由于共聚物中砜基含量较少，共聚物仍然在 17°～22.5°出现了尖锐的衍射峰，说明该共聚 PPS 仍具有优异的结晶性。

2) 支化共聚物的制备

杨杰等选择 1,2,4-三氯苯(TCB)作为第三单体，在 PASS 缩聚反应进行到一定程度时，将一定量的 TCB 加入反应体系进行共缩聚，从而制得了微支化型的 B-PASS 树脂，既可获得高分子量的产品，又能提高产品的热稳定性能。经过一系列的合成实验，确定了 TCB 的加入量为 0.5%～1.0%，加入温度为 150～180 ℃，加入时间为反应进行 1～4 h 后。通过对 TCB 的加入量、加入时间和加入温度，以及反应时间的控制，制得了具有良好溶解性能、特性黏数为 0.323 dL/g、无凝胶的微支化型 B-PASS，并为进一步探索制备功能性的 PASS 树脂打下了基础。B-PASS 的合成工艺路线如下：

m Cl—C₆H₄—SO₂—C₆H₄—Cl + n Cl—C₆H₃(Cl)—Cl + Na_2S —NMP→

[—C₆H₄—SO₂—C₆H₄—S—]$_m$[—C₆H₃(Cl)—S—]$_n$ —NMP→

[—C₆H₄—SO₂—C₆H₄—S—]$_m$[—C₆H₃(～)—S—]$_n$

3. *聚芳硫醚砜/酰胺共聚*

聚苯硫醚酰胺(PPSA)是 PPS 结构改性家族中的重要一员，日本 Tosoh 公司的石川明宏于 1988 年首先采用 4,4′-二卤代二苯基酰胺与 $Na_2S \cdot xH_2O$ 为原料，合成了一种具有特殊功能的新型耐高温热塑性树脂，其结构相当于在 PPS 分子主链结构中引入了一个强极性的酰胺结构单元，从而在保持 PPS 优良性能的基础上改善其热稳定性和溶解性，这是一种具有广泛应用价值和发展前途的新型材料。在国内，四川大学的周祚万、伍齐贤等[31-35]分别采用 $Na_2S \cdot xH_2O$、硫脲和硫黄为硫源与 4,4′-二卤代二苯基酰胺缩聚，成功合成了 PPSA，并对其结构与性能进行了初步的研究。

聚芳硫醚砜酰胺(PASSA)在聚芳硫醚酰胺中占有重要的地位，其结构相当于在 PASS 分子主链结构中引入了强极性的酰胺结构单元。四川大学陈成坤、张刚等分别采用常压 $Na_2S \cdot xH_2O$ 法、低温法成功合成了聚芳硫醚砜酰胺，并对其结构与性能进行了研究，制备了分子量较高的聚芳硫醚砜酰胺，发现该树脂具有较好的力学性能与耐热性，且无定形的结构决定了其具有良好的溶解性，可通过溶液法制备具有优异性能的聚合物薄膜制品。

1) 常压法制备 PASSA

陈成坤、杨杰等[36-39]通过常压法合成了聚芳硫醚砜酰胺，该共聚物的合成弥补了 PPSA 分子量不高的缺点，提高了 PASS 常温下在普通有机溶剂中的溶解度。PASSA 树脂的耐热性在一定范围内随着酰胺基团的增加虽有少许下降，但其溶解性的改善，使其更加便于进行溶液加工。其反应式如下：

$$n\,\mathrm{F{-}C_6H_4{-}CONH{-}C_6H_4{-}F} + m\,\mathrm{Cl{-}C_6H_4{-}SO_2{-}C_6H_4{-}Cl} + (n+m)\,\mathrm{Na_2S\cdot}x\mathrm{H_2O} \longrightarrow \mathrm{{-}[C_6H_4{-}CONH{-}C_6H_4{-}S]_n{-}[C_6H_4{-}SO_2{-}C_6H_4{-}S]_m{-}}$$

2) 常压法制备聚芳硫醚砜酰胺酰胺(PASSAA)

张刚等采用先在室温下通过一步法合成对称的二卤代砜二酰胺单体，再将其与硫化钠进行常压聚合的方法，分别制备了对位和间位的 PASSAA 树脂[40,41]，其特性黏数为 0.28～0.46 dL/g，相对于采用非对称酰胺单体制备的树脂的分子量有了一定的提高，其 T_g 为 263～277.8 ℃，T_d 为 428～456 ℃，在极性溶剂中具有较好的溶液加工性能，可制备出性能优异的聚合物 H 级绝缘薄膜。其合成工艺路线如下：

$$n\,\mathrm{F{-}C_6H_4{-}C(O){-}NH{-}Ar{-}NH{-}C(O){-}C_6H_4{-}F} \xrightarrow{n\mathrm{Na_2S\cdot}x\mathrm{H_2O}} \mathrm{{-}[S{-}C_6H_4{-}C(O){-}NH{-}Ar{-}NH{-}C(O){-}C_6H_4]_n{-}}$$

Ar = $m\text{-}\mathrm{C_6H_4{-}SO_2{-}C_6H_4}\text{-}m$ ，$p\text{-}\mathrm{C_6H_4{-}SO_2{-}C_6H_4}\text{-}p$

(1)

δ^- F—δ^+C$_6$H$_4$—C(O)—NH—Ar—NH—C(O)—C$_6$H$_4$—F + $\ddot{S}^{2-}$ ⇌ [I ↔ II ↔ III]

$\xrightarrow{-F^-}$ $S^{\ominus}$—C$_6$H$_4$—C(O)—NH—Ar—NH—C(O)—C$_6$H$_4$—F + δ^-F—δ^+C$_6$H$_4$—C(O)—NH—Ar—NH—C(O)—C$_6$H$_4$—F

$\xrightarrow{-F^-}$ F—C$_6$H$_4$—C(O)—NH—Ar—NH—C(O)—C$_6$H$_4$—S—C$_6$H$_4$—C(O)—NH—Ar—NH—C(O)—C$_6$H$_4$—F

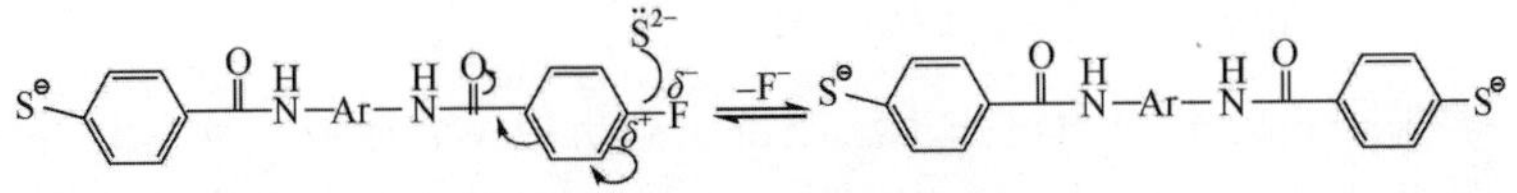

(2)

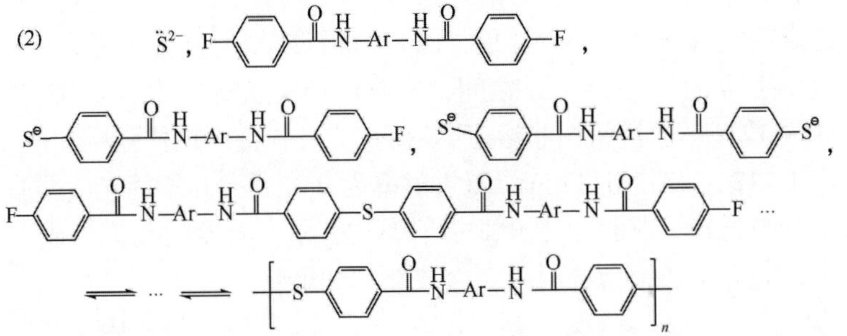

3) 低温法制备 PASSA[40,42-44]

张刚、杨杰等通过低温溶液缩聚的方法合成了四种高含硫量无定形的聚芳硫醚砜酰胺(**P1**～**P4**)，其特性黏数为 0.7～0.93dL/g，通过 DSC、TGA 等手段分别测得其玻璃化转变温度(T_g)为 226.6～278.4 ℃，初始热分解温度(T_d)为 427.2～446.9 ℃。上述表明这些树脂都具有优良的热性能，同时还可溶解于多种极性非质子溶剂中，如 NMP、DMF、DMSO 等，制得的薄膜材料具有优良的力学性能，且薄膜在 450 nm 处的透光率为 80.48%～85.82%，具有较好的透明性，薄膜 **P1**～**P4** 的平均折射率(n_{av})介于 1.691～1.701 之间，均接近 1.7，双折射率(Δn)也较小，为 0.006～0.008，有望通过进一步的研究，将其应用于制作微透镜材料。其合成路线如下：

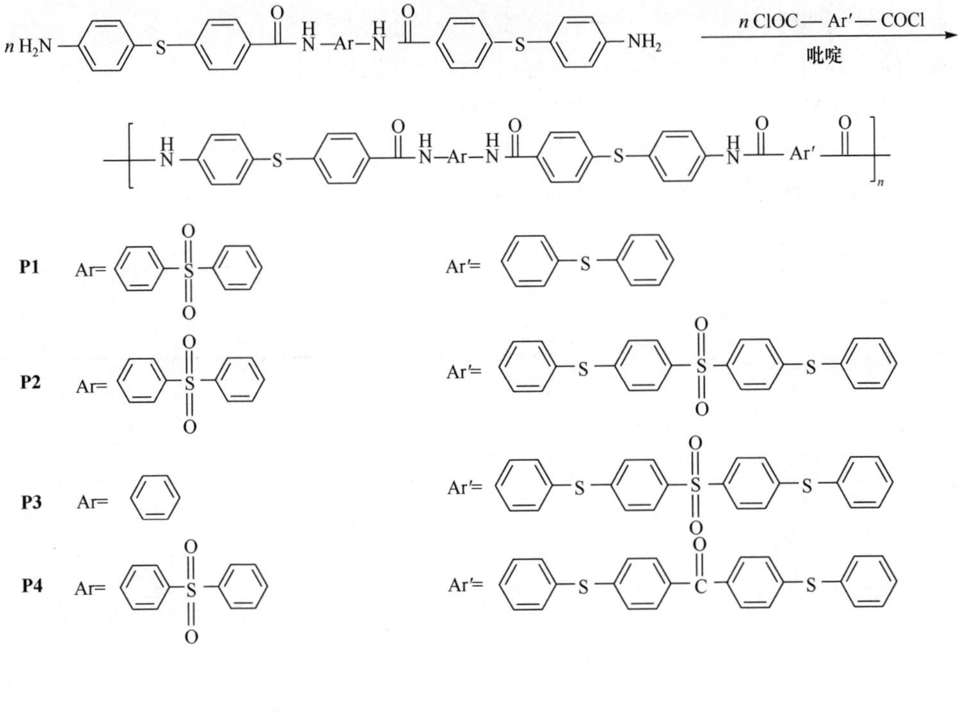

n ClOC — Ar′ — COCl

吡啶

P1　Ar=　　Ar′=

P2　Ar=　　Ar′=

P3　Ar=　　Ar′=

P4　Ar=　　Ar′=

4. 含嘧啶、哒嗪杂环聚芳硫醚砜的制备

四川大学张刚、杨杰等通过两步法制备了高折射率含嘧啶、哒嗪环聚芳硫醚砜树脂[45]：首先采用 DCDPS、硫氢化钠为原料制备出 4,4′-二巯基二苯砜单体，再将其与二氯嘧啶或二氯哒嗪在 120～180 ℃进行缩聚，制备出了高分子量树脂，其特性黏数介于 0.64～0.82 dL/g 之间，玻璃化转变温度为 193～202 ℃，热分解温度为 370～372 ℃，通过将树脂溶于 NMP 中，可制备出拉伸强度 88～104 MPa、折射率高达 1.737～1.743(633 nm)、双折射率为 0.003～0.004 的光学薄膜，相较于传统高分子薄膜材料，其折射率及双折射率均有了大幅度的改善，成本可控，可望应用于高性能光学透镜薄膜材料。合成路线如下：

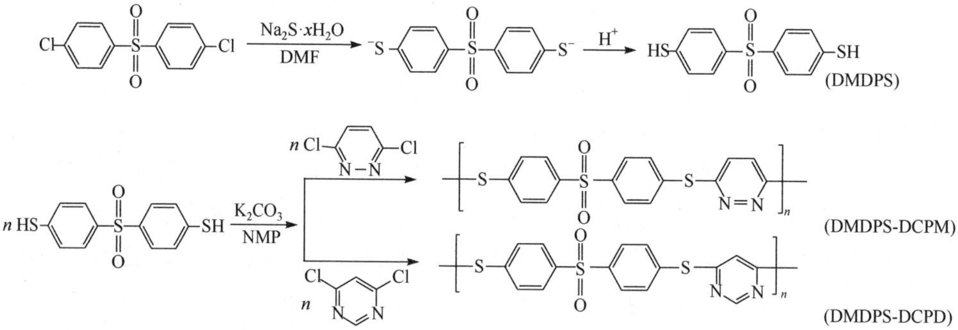
Cl
Cl
$Na_2S \cdot xH_2O$
DMF
H+
HS
SH
(DMDPS)
n HS
K_2CO_3
NMP
n Cl
N−N
N=N
n
(DMDPS-DCPM)
(DMDPS-DCPD)

M. Kurihara 等以及四川大学王娟等分别报道将 PASS 薄膜进行氧化处理(反应过程如下)，可以使薄膜的耐热耐溶剂性和高压蒸汽处理膜性能保留率进一步增强 [46-49]。根据其研究结果，经过高温氧化处理的 PASS 薄膜具有十分优异的耐腐蚀性能，其可以承受几乎所有有机溶剂的侵蚀并保持膜性能基本不变。图 3-6 为 PASS-O、PASS 及 PSF 在 121 ℃经高压蒸汽处理后，膜性能保留率的测试结果，发现经过 8h 的高压蒸汽处理后，PASS-O 的膜性能保留率仍在 97%以上。这说明 PASS 薄膜经氧化处理之后性能有明显的提升。

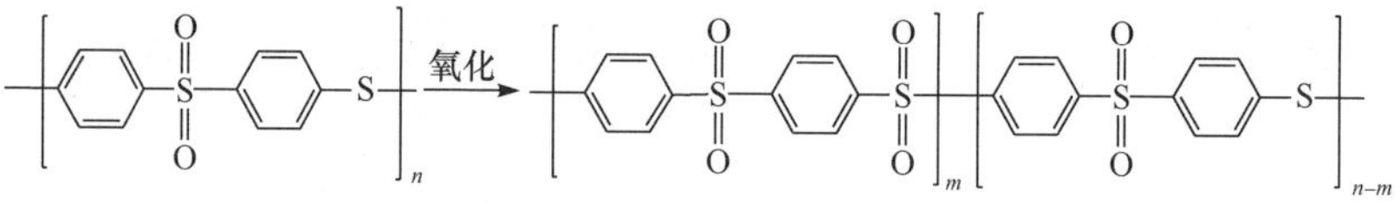
氧化
n
m
n−m

5. 聚芳硫醚砜/聚砜嵌段共聚

Hwang 等[50-52]开展了 PASS-PSF 嵌段共聚产品作为离子交换膜(反应式如下)的研究，发现该离子交换膜具有很好的耐化学腐蚀性、优异的耐高温性能；同时，作者对 PASS-PSF 阴离子交换膜的选择活性进行了测量：在 2 mol/L KCl 溶液中，膜的表面电阻为 3.3～4.5 Ω · cm^2，阴离子交换容量可以达到 0.92 meq/g 干树脂，氯离子的交换容量可以达到 0.6～0.7 meq/g 干树脂。对制备的 PASS-PSF 阳离子交换膜的选择活性进行测试：在 2 mol/L KCl 溶液中，膜的表面电阻为 2.5 Ω · cm^2，阳离子交换容量可以达到 1.9 meq/g 干树脂，钾离子的交换容量可以达到 0.77～0.87 meq/g 干树脂。

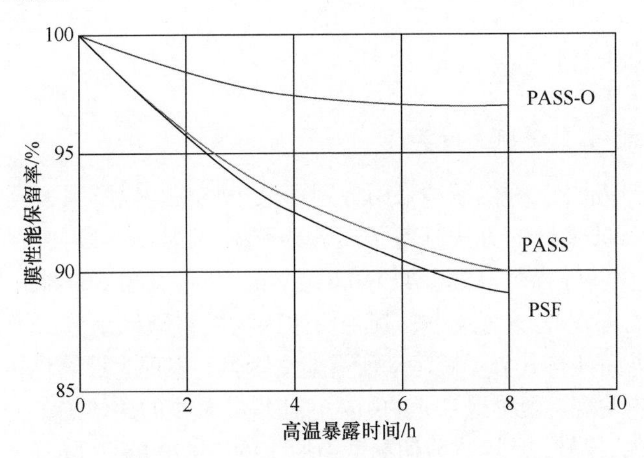

图 3-6　PASS-O、PASS 及 PSF 在 121 ℃膜的耐热性

HO—C(CH_3)$_2$—OH + 2 NaOH $\xrightarrow{-H_2O}$ NaO—C(CH_3)$_2$—ONa

Cl—SO_2—Cl $\longrightarrow$ [—C(CH_3)$_2$—O—SO_2—O—]$_m$ + 2m NaCl

[—C(CH_3)$_2$—O—SO_2—O—]$_m$ + Na_2S + Cl—SO_2—Cl

$\xrightarrow{2n\ NaCl}$ [—C(CH_3)$_2$—O—SO_2—O—]$_m$[—SO_2—S—]$_n$　m/n=1

$\xrightarrow[CHCl_2CHCl_2]{SnCl_4/CH_2ClOCH_3}$ $\xrightarrow{(CH_3)_3N/DMF}$ [—C(CH_3)$_2$—O—SO_2—O—]$_m$[—SO_2—S]$_n$ CH_2 $Cl^{\ominus}$ $N^{\oplus}(CH_3)_3$ CH_2 $Cl^{\ominus}$ $N^{\oplus}(CH_3)_3$

$\xrightarrow[CHCl_2CHCl_2]{SnCl_4/CH_2ClOCH_3}$ $\xrightarrow[CHCl_2CHCl_2]{磷酸三乙酯/硫酸}$

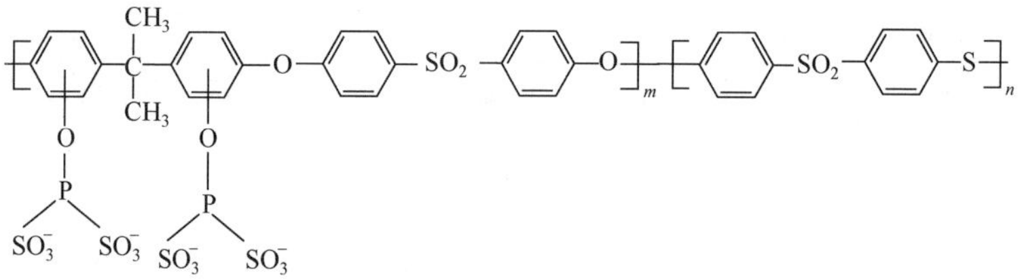

6. 聚芳硫醚砜/聚醚砜嵌段共聚

四川大学严光明、杨杰等[53]采用分别预聚 PASS 与聚醚砜，再将两种预聚物混合，在高温下共聚合的方法制备了聚芳硫醚砜/聚醚砜嵌段共聚物(合成路线如下)，所得聚合物特性黏数高达 0.41～0.61 dL/g，所得共聚物玻璃化转变温度随聚醚砜共聚组分含量的增加而减小，其主要原因为随聚醚砜组分的增多，分子链柔性逐渐增强，进而使得其分子链运动所需能垒降低，表现为玻璃化转变温度随之下降。同时作者还发现，聚醚砜基元的引入，使得共聚物的熔体加工流动性相对于纯 PASS 有了极大的提升，其熔体剪切黏度由原来的 25470 Pa · s 降到了 355 Pa · s，此外，纯 PASS 树脂在高温下的熔体稳定性也相应得到了很大的改善。

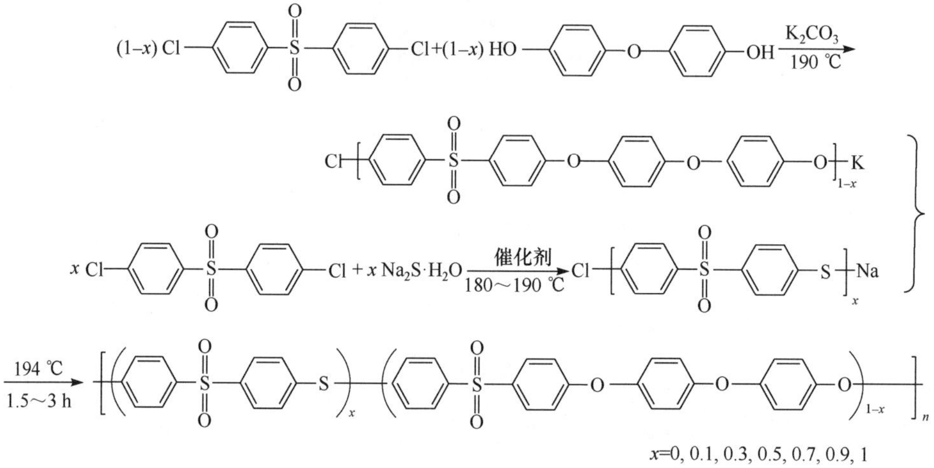

x=0, 0.1, 0.3, 0.5, 0.7, 0.9, 1

7. 磺化聚芳硫醚砜的合成

将活泼性的质子传导基团，如磺酸基等，引入聚芳硫醚砜材料中制备磺化聚芳硫醚砜材料，可采用两种方法：一种是对聚芳硫醚砜树脂进行磺化得到磺化聚芳硫醚砜树脂，另一种是先磺化单体，再合成磺化聚芳硫醚砜树脂。

1) 后磺化制备磺化聚芳硫醚砜材料

芳香性聚合物作为质子交换膜材料使用，最常用的修饰方法是利用亲电的磺化反应将磺酸基团引入聚合物中。芳香族聚合物很容易通过浓硫酸、发烟硫酸、氯磺酸等磺化剂的磺化来引入磺酸基。因此后磺化的方法可以更多地直接应用于商品化的各类性质都比较优异的特种材料。但是，这种方法缺乏对反应程度的精确控制，磺化可能会导致聚合物主链的降解以及对磺酸基团可能的位置缺乏控制，另外一个制约后磺化反应的因素是，在较低的温度下、较短的反应时间内很难保证拥有较高的磺化度，而高温等强烈的磺化条件又势必会导致聚合物主链的降解，从而影响材料其他的性质，所有这些都导致了后磺化反应通常受到很多的限制。

李瑞海等[54]以浓硫酸为溶剂、发烟硫酸为磺化剂制备了后磺化的磺化聚芳硫醚砜。测试结果表明，采用磺化时间为 2 h、反应温度 15 ℃、发烟硫酸与聚芳硫醚砜的质量比为 9.5 时，可得到磺化度为 62.2%、比浓黏度为 0.964 mL/g、热稳定性良好的磺化聚芳硫醚砜。合成路线如下：

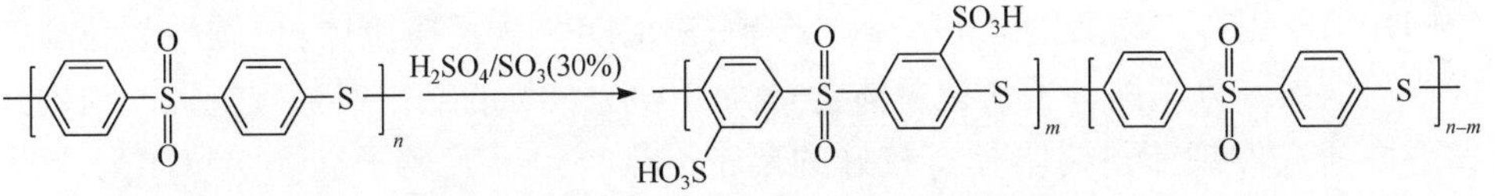

$H_2SO_4/SO_3(30\%)$　SO_3H　HO_3S　n　m　$n-m$

2) 磺化单体合成磺化聚芳硫醚砜

刘静[55]在制备磺化单体的基础上，采用与 PASS 常压合成方法相似的方法成功地合成了不同—SO_3Na 含量的磺化聚芳硫醚砜树脂。所合成的磺化聚芳硫醚砜树脂没有出现交联现象，其溶解性有明显提高。磺化聚芳硫醚砜树脂的热性能随—SO_3Na 含量增加略微降低，但引入—SO_3Na 能有效地提高树脂的玻璃化转变温度。合成路线如下：

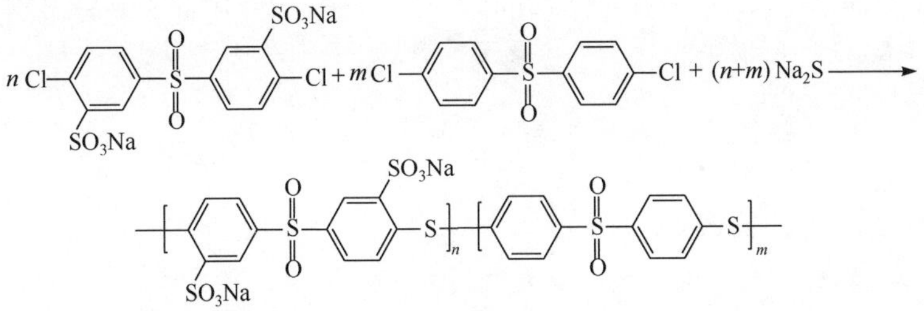

n Cl　SO_3Na　Cl + m Cl　Cl + $(n+m)$ Na_2S　SO_3Na

SO_3Na　SO_3Na　n　m

Michael Schuster 等[56,57]报道，通过磺化 4,4′-二氯二苯砜(DCDPS)制备 3,3′-二磺酸钠-4,4′-二氯二苯砜(SDCDPS)单体，再通过调整 DCDPS 与 SDCDPS 的比例与 $Na_2S \cdot xH_2O$ 在 185 ℃下反应 15～20 h，制备了高磺化度的磺化聚芳硫醚砜。将磺化聚芳硫醚砜加入双氧水的冰醋酸溶液中在 70～80 ℃下反应 6 h，在室温下反应 24 h 后得到耐腐蚀性更好的磺化聚苯砜材料。合成路线如下：

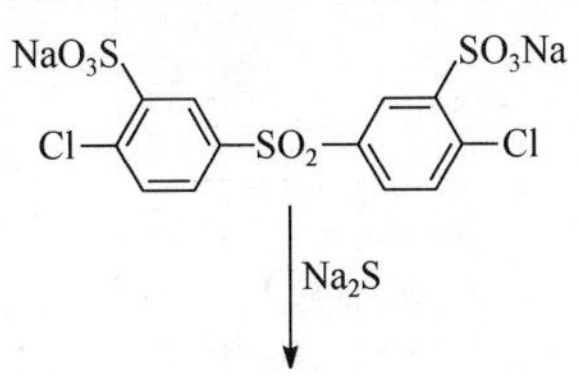

NaO_3S　SO_3Na

Cl—　—SO_2—　—Cl

Na_2S

NaO$_3$S SO$_3$Na
sPSS-204 SO$_2$ S n
H$_2$O$_2$
HO$_3$S SO$_3$H
sPSO$_2$-220 SO$_2$ SO$_2$ n

3) 二巯基硫源单体法

Mette Birch Kristensen 等[58]采用 4,4′-二巯基二苯硫醚、4,4′-二氯二苯砜(DCDPS)及 3,3′-二磺酸钠-4,4′-二氯二苯砜(SDCDPS)为反应单体，以碳酸为缚酸剂进行共缩聚，分别制备了磺化单体含量为 30%～60%的磺化聚芳硫醚砜，结构式如下。研究发现所得树脂具有较好的离子交换容量，其离子交换容量(IEC)值为 1.16～2.02，相对于 Nafion117 的 IEC 值 0.91 有了较大的提高，与此同时，作者通过对膜进行氧化处理后发现，膜的溶胀率得到了较好的控制。

SO$_3$H O O
S S S S y S S S S $1-y$
HO$_3$S O O

Young Moo Lee 等[59]通过共聚含氰基单体、控制磺化膜的成膜过程和聚集态结构，制得了具有较好次级有序结构的磺化质子交换膜，其质子电导率高达 0.16～0.2 S/cm，同时，其吸水率较低，为 39%～56%。

NaO$_3$S O Cl S Cl + HS S SH O SO$_3$Na
CN Cl Cl + HS S SH
甲苯/K$_2$CO$_3$, NMP
甲苯/K$_2$CO$_3$, NMP
KO$_3$S O
KS S S S S S SK n O SO$_3$K
SPAS
CN
KS S S S m S SK
F F F F F F F F F F
甲苯/K$_2$CO$_3$, NMP
F F F F F F CN F F F F
F S S S S m S S S F
F F F F F F F F
PASN
甲苯/K$_2$CO$_3$, NMP
KO$_3$S O F F F F CN
S S S n S S S 2 S S S m l
O SO$_3$K F F F F
B-SPSN

Chenyi Wang 等[60]采用含磷磺化二卤代单体与 4,4′-二巯基二苯硫醚及 4,4′-二氟二苯砜(DFDPS)为单体，所制得聚合物磺化膜的离子交换容量为 1.19～1.62，80 ℃时其溶胀率为 4.1～15.8，相较于 Nafion117 有较大的提升。

NMP | 甲苯/K_2CO_3

TS-PASS-*xx*

n=0.21, 0.24, 0.27, 0.30

3.2.2　PASS 合金及其应用

1. PASS/PPS 合金

由于 PASS 兼具部分有序结构和无定形树脂的共同优点，其成为某些结晶性树脂和无定形树脂的相容剂。杨杰[2]制备了 PASS/PPS 合金，发现随着合金材料中 PPS 含量的增加，对应的 PPS 的玻璃化转变温度增大，PASS/PPS 共混物的两个玻璃化转变温度有相互靠拢的现象，这说明两种组分间产生了一定程度上的相容性，这与 PASS 和 PPS 在分子结构上的相似是有关的。与此同时，由图 3-7 和表 3-5 还可以看出，随着 PPS 含量的增加，合金的熔点和熔融焓在增加，熔融峰变尖，逐渐体现出结晶聚合物的特征。

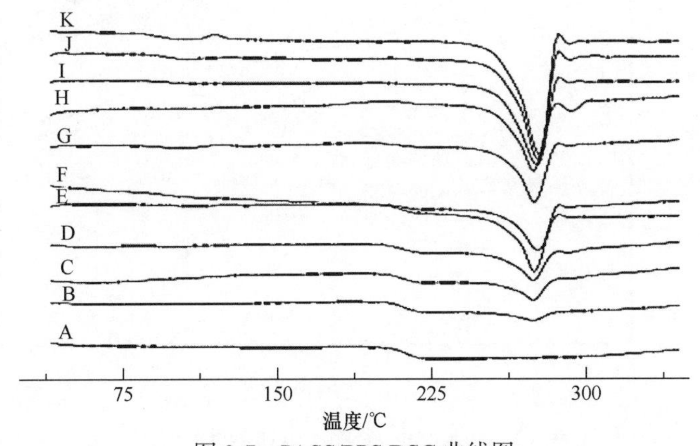

图 3-7　PASS/PPS DSC 曲线图

A～K 对应 PASS/PPS 质量比为 100/0、90/10、80/20、70/30、60/40、50/50、40/60、30/70、20/80、10/90、0/100

表 3-5 PASS/PPS 合金的 DSC 数值统计表

编号	PASS/PPS 质量比	T_{g_1}/℃	T_{g_2}/℃	T_m/℃	ΔH_m/(J/g)
A	100/0	—	214.34	—	—
B	90/10	—	211.79	274.52	1.972
C	80/20	—	213.06	274.98	5.751
D	70/30	—	215.59	275.65	7.817
E	60/40	—	209.88	277.12	12.63
F	50/50	—	211.98	276.33	15.48
G	40/60	103.45	210.47	276.42	15.87
H	30/70	99.79	212.84	275.71	19.53
I	20/80	101.10	210.24	277.13	25.69
J	10/90	97.52	—	277.42	29.32
K	0/100	93.38	—	277.86	32.29

同时，随着 PPS 加入量的增加，PASS/PPS 的剪切黏度降低[61]，说明 PPS 可以显著降低 PASS 的熔体黏度，如图 3-8 所示，改善 PASS 的加工性。另外，储能模量代表流体的弹性分量，反映应变作用下能量在熔体中的储存状况，在同一频率下，储能模量随着 PPS 含量的增加而降低(图 3-9)，流动阻力下降，说明共混物在相应温度下的黏度降低，呈现良好的可加工性。M. R. Lindstrom 等[62]同时制备了 PASS/PPS 共混物以及 PASS 与 PPS 的共聚物。研究表明，共混物中 PASS 与 PPS 两相部分相容，并且 PASS/PPS 共混物具有很好的耐热性能。PASS 与 PPS 形

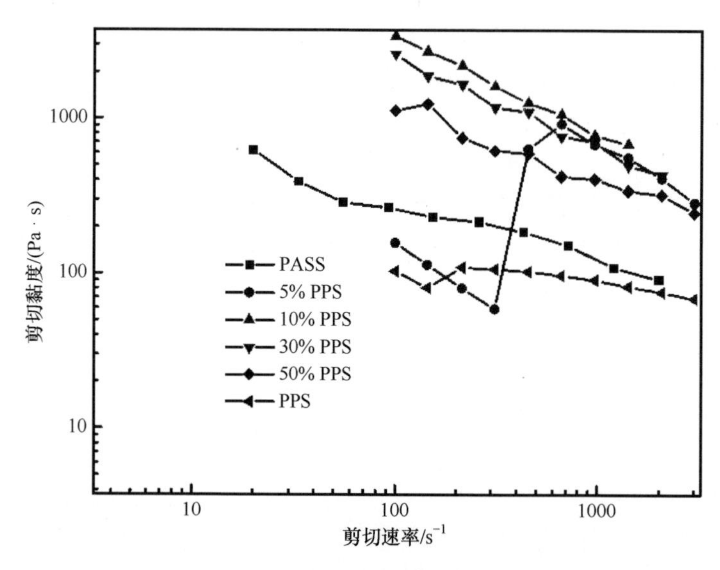

图 3-8 PASS/PPS 合金的剪切黏度曲线图

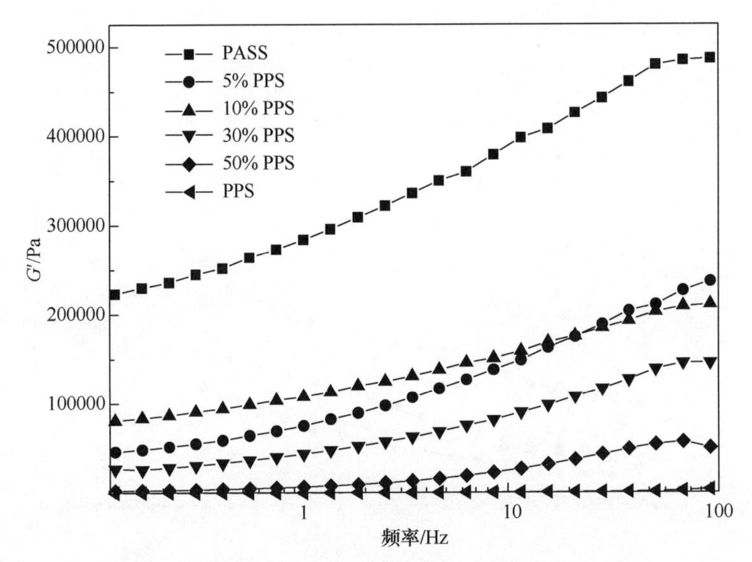

图 3-9 PASS/PPS 合金的储能模量(G′)随频率的变化

成的共聚物中 PASS 和 PPS 具有良好的相容性，并且共聚物与纯的 PASS 和 PPS 相比具有更高的冲击强度：共聚物的缺口冲击强度达到 140 J/m，而 PPS 的缺口冲击强度仅为 14 J/m。

黄光顺、孔雨[20,21]研究了 PASS/PPS 合金体系的性能，发现将少量 PPS (≤10 wt%)加入 PASS 基体中，所得到的 PASS/PPS 合金较纯聚合物力学性能有所提升，而更高含量 PPS 的加入则会降低材料的力学性能。从 DMA 的数据可以得出，PASS 具有比 PPS 更高的储能模量和耐热温度，所制备的 PASS/PPS 合金的耐热温度较 PPS 具有明显提升，当 PPS 含量较少(≤30wt%)时，材料在 220 ℃时还可以表现出良好的力学强度。随着 PPS 所含比例的增加，材料在高温下的模量不断降低。流变性能分析表明(图 3-10)，PASS 具有比 PPS 更高的储能模量和熔体黏度，因此 PPS 的加入可以比较有效地降低 PASS 的黏度，提高 PASS 的可加工性能。少量 SiO_2 的加入可有效提升 PASS 与 PPS 的相容性，减小分散相尺寸，并提升材料的整体综合性能。

2. PASS/聚酯和 PASS/聚酰胺合金

Atsushi 等研究了 PASS/PA 和 PASS/PET 合金的性能，当 PASS 与 PA66 制备合金时，PA66 含量为 50%时得到的合金力学性能相较 PA66 含量为 30%的合金优异[63]。在 PASS/PA66 合金体系中加入 GF 时，复合材料体系性能随 PA66 含量变化不大。在 PASS/PET、PASS/PBT 合金中加入弹性体之后，能够使合金的抗冲击性能、断裂伸长率等力学性能得到提升。

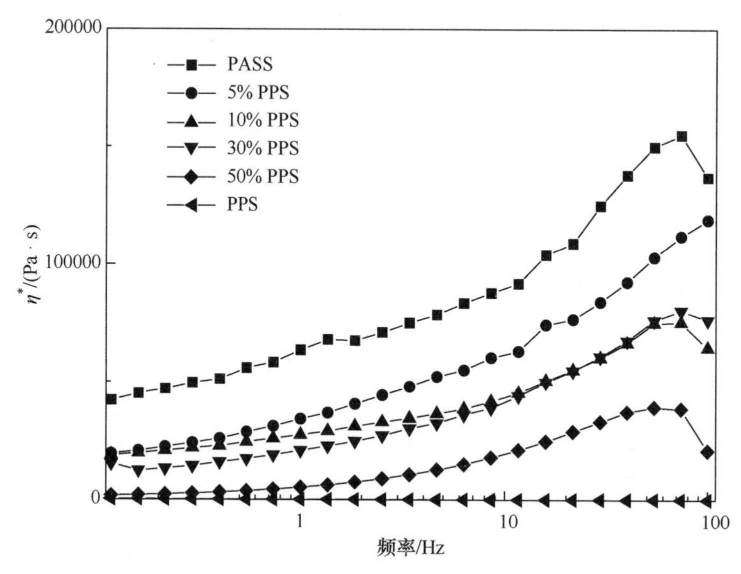

图 3-10 不同共混比例下 PASS/PPS 合金的流变行为

3.3 PASS 分离膜的制备、性能及其应用

3.3.1 PASS 分离膜概述

目前，耐溶剂分离膜并不适用于所有的溶剂体系分离过程，即使已经商品化的耐溶剂有机分离膜，在一些强极性非质子溶剂，如 NMP、DMAC、DMSO、DMF 等中使用时，也会发生严重的溶胀甚至溶解，丧失完整的孔结构和特有的分离性能。而在实际的工业分离过程中，特别是在化工领域，要求分离膜在一些强腐蚀性溶剂或溶液，如高浓度的强酸、强碱以及极性溶剂中保持一定的分离性能。

至今，膜分离技术依然主要应用在水溶液体系，主要原因除了膜的耐溶剂性(这主要取决于膜材料本身的化学性能)没有得到很好的解决外，高昂的价格也极大地限制了商品化的耐溶剂分离膜在工业中的应用。膜分离技术在化工领域替代传统分离过程的进程中，将带来巨大的利益，这迫切需要开发出具有良好的选择性及机械强度，并且性价比合理的耐溶剂膜材料和分离膜。

PASS 是一种新的性能优异且价格合理的 PAS 树脂，具有优异的耐化学腐蚀性、机械性能和较高的热变形温度。由 PASS 制成的分离膜具有优异的耐腐蚀性与耐温性。再将其经过特殊氧化处理后，就成为目前已知的耐腐蚀性能最优的耐腐蚀分离膜，可耐受王水、浓硫酸、*N*-甲基吡咯烷酮在内的所有已知溶剂的侵蚀[64-66]。此外，与目前市场上普遍采用的耐溶剂分离膜相比，PASS 分离膜在相同的截留效率下过滤生产效率可提升 3～10 倍。PASS 耐腐蚀分离膜在化工、冶金、电力、石油等行业的废水处理回用和原油加工、石化产品生产等行业的有机溶剂回用处理领域有着重要的应用前景。

针对 PASS 分离膜，四川大学杨杰、王孝军、袁书珊、王娟、刘佳、王越、熊晨、曹素娇等[16, 49, 67-74]进行了大量创新性研发工作，他们在 PASS 膜制备基础研究工作的基础上，通过对工艺条件、添加剂的调整、铸膜液浓度、氧化后处理的研究，控制分离膜的结构与性能，制备了 PASS 平板分离膜、中空纤维分离膜，初步开发了相应的制膜中试设备，制得了性能较好的中试分离膜产品，如图 3-11 所示，并探索出了进一步提高膜耐腐蚀性的方法，制备出了性价比合理的、性能优良的、耐腐蚀的 PASS 分离膜。目前，他们正在探索、开发 PASS 平板分离膜和中空纤维分离膜的工业化制备技术以及制品在环保及资源回收领域的应用，这对于促进 PASS 树脂开发及其产业化工作、高性能分离膜的研制，以及拓宽耐溶剂分离膜的应用等方面，都有重要的理论与实际意义。

图 3-11　四川大学 PASS 分离膜中试生产线

3.3.2　PASS 平板分离膜

在制备 PASS 分离膜的基础上，四川大学袁书珊[68]考察了亲水性添加剂，如磺化聚芳硫醚砜(SPASS)、聚乙烯吡咯烷酮(PVP)、聚乙二醇(PEG)，表面活性剂，如十二烷基苯磺酸钠(SDBS)、吐温 80(T80)和无机盐氯化钙对 PASS 分离膜结构与性能的影响[62]。结果发现，在膜性能方面，亲水性添加剂和表面活性剂都普遍可以提高 PASS 分离膜的通量、亲水性，其中十二烷基苯磺酸钠和 T80 的添加使得分离膜的通量分别提高了 98%和 102%，而无机盐的添加使得 PASS 分离膜的通量降低了 54%；在分离膜结构方面，亲水性添加剂和 T80 的添加使得分离膜的分离层厚度增大，支撑层中的指状孔结构数量减少，并逐渐转为大孔结构，十二烷基苯磺酸钠的添加使得分离膜皮层厚度降低，无机盐氯化钠的添加可形成对称的PASS 分离膜。

通过引入成膜性和成孔性优异的聚偏氟乙烯(PVDF)，袁书珊[68]制备出了性能优良的 PASS/PVDF 复合膜，其孔径在 500～1100 nm 之间，属于微滤膜。当 PVDF 的加入量为 3%时，获得的微滤膜的水通量最大，达到 1312 L/(m^2 · h)，性能也最优[63]。进一步增加 PVDF 的含量，膜的亲水性降低，且由于孔径的增大，分离膜截留率下降，力学强度下降，如图 3-12 所示。

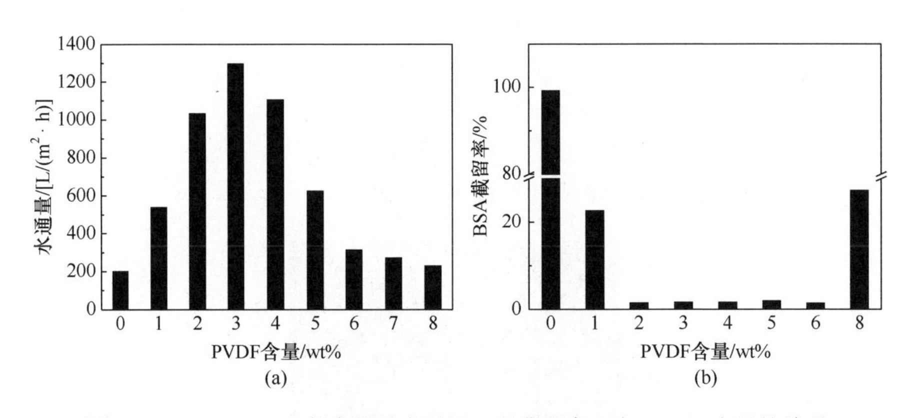

图 3-12　PASS/PVDF 复合膜的水通量(a)及截留率(b)与 PVDF 含量的关系

为了控制分离膜的孔径，他们进一步探究了复合凝固浴中溶剂 NMP、DMF、DMSO 的浓度对 PASS 分离膜结构与性能的影响。如图 3-13 所示，随着复合凝固浴中有机溶剂含量的增加，成膜时间缓慢增加，当达到一定量时，成膜时间呈现指数增加趋势。同时纤维结构也发生变化，如图 3-14～图 3-16 所示为分离膜的表面和断面的形貌结构图，从图中可以明显发现，通过改变凝固浴的组分可以改变分离膜表面和截面结构，随着溶剂组分浓度的提高，分离膜表面孔径逐渐增大，同时分离膜整体结构更趋近于对称性，截面膜孔的贯穿性下降。分离膜孔径虽然增大，但通量并未提高。

PASS 分离膜是一种疏水性的聚合物分离膜，应用过程中容易形成膜污染，为此，提升 PASS 分离膜的抗污染性就显得非常急迫。袁书珊等首次探索了制备抗污染 PASS 分离膜的方法与手段，通过添加聚丙烯酸(PAA)改性的二氧化钛纳米粒子，成功地制备出抗污染性能优良的 PASS 分离膜，并对该膜的性能进行检测，如图 3-17 和图 3-18 所示。通过牛血清清蛋白(BSA)过滤、循环过滤和蛋白质吸附实验发现，该膜可以防止纯 PASS 分离膜在 BSA 过滤过程中发生膜的污染，抑制蛋白质的吸附，与此同时，相对于纯 PASS 分离膜，该膜具有更高的亲水性，纯水通量提高了 81%，通量恢复率提高了 67.5%，膜性能更为优异。

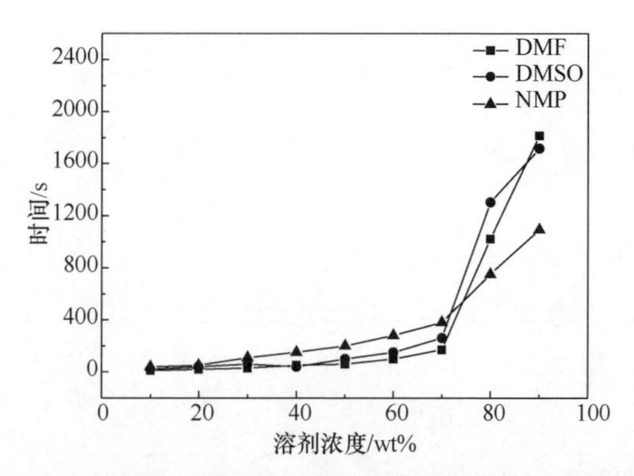

图 3-13　复合凝固浴中溶剂浓度对分离膜成膜时间的影响

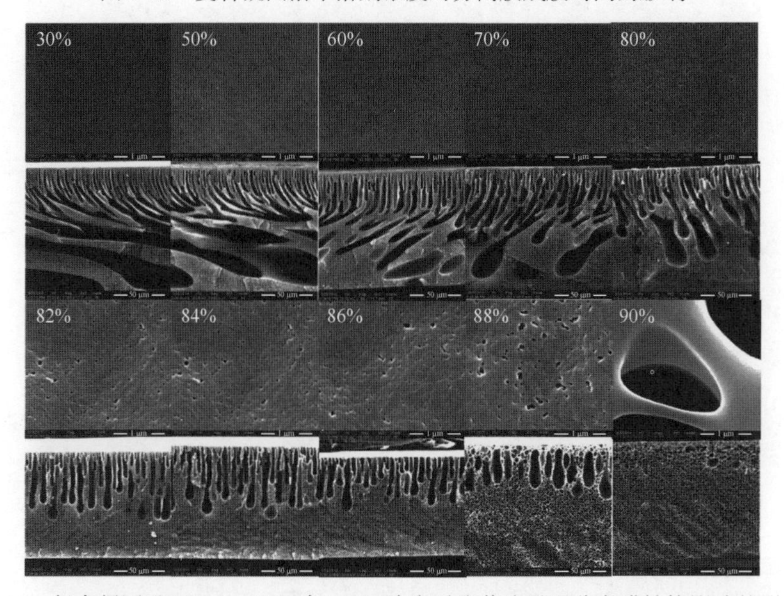

图 3-14　复合凝固浴(DMF：H_2O)中 DMF 浓度对聚芳硫醚砜分离膜结构影响的形貌图

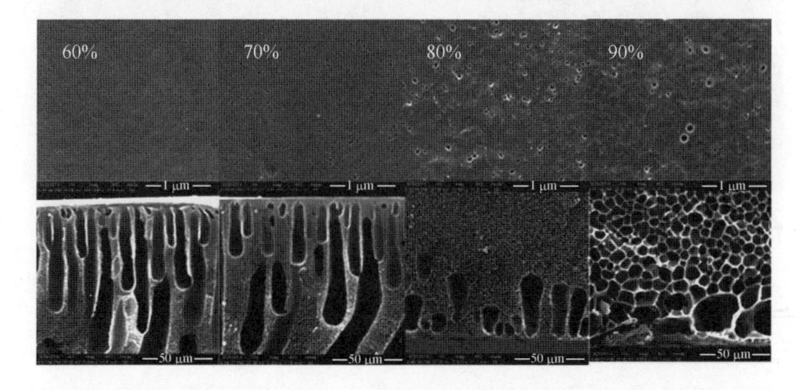

图 3-15　复合凝固浴(NMP：H_2O)中 NMP 浓度对聚芳硫醚砜分离膜结构影响的形貌图

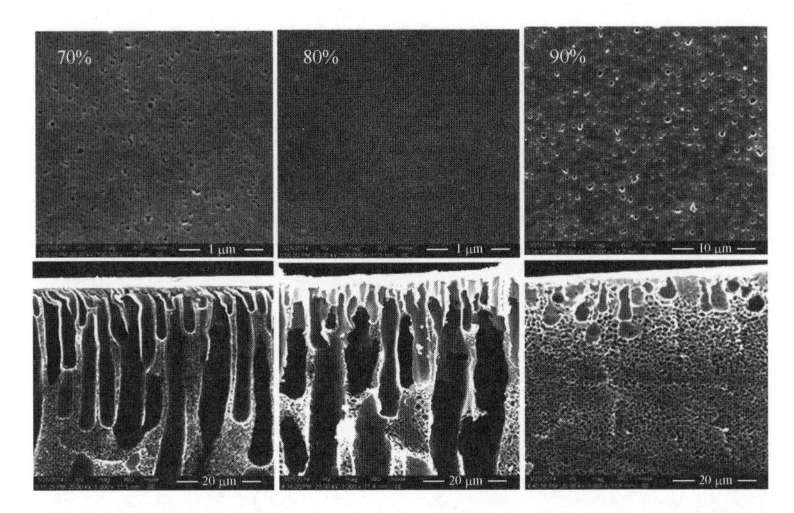

图 3-16　浓度为 70%～100%的 DMSO 作为复合凝固浴下聚芳硫醚砜分离膜的结构

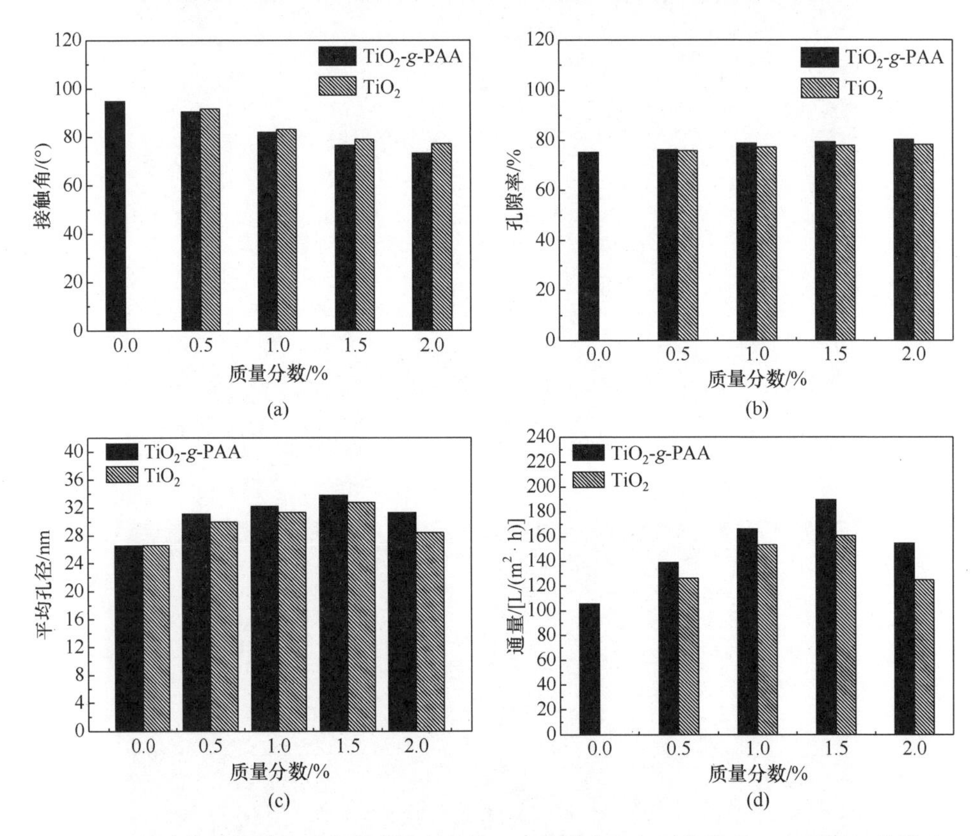

图 3-17　纳米粒子的添加对分离膜的亲水性(a)、孔隙率(b)、平均孔径(c)、通量(d)的影响

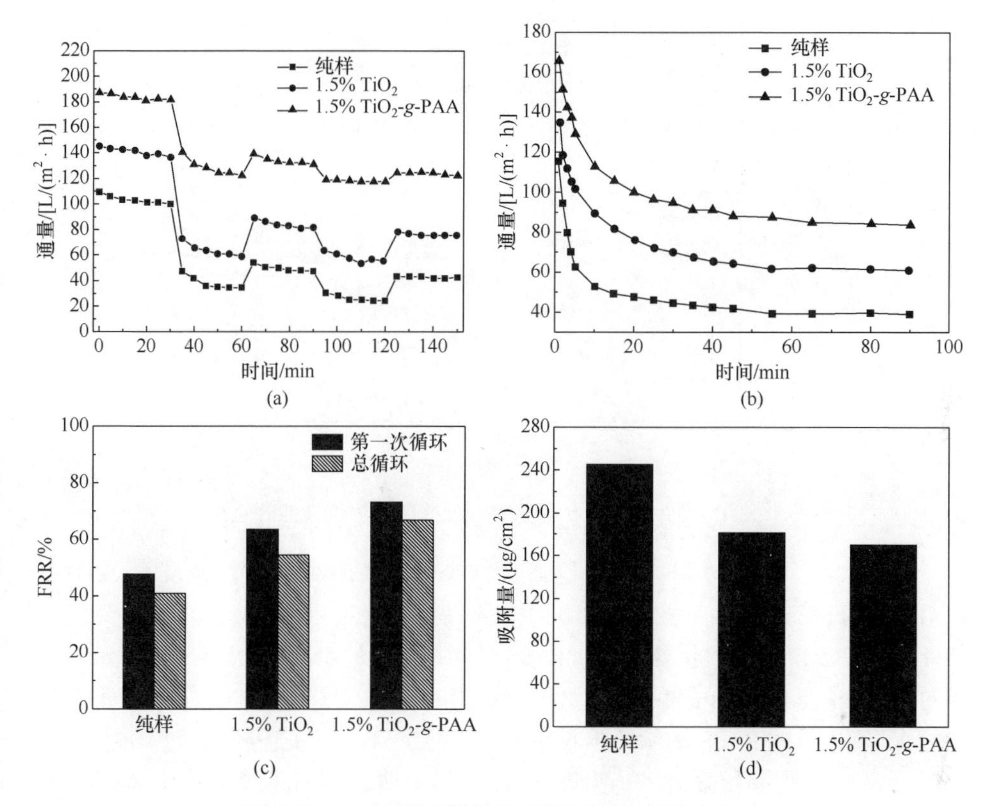

图 3-18 PASS 分离膜纯样及添加了 1.5% TiO_2 及 1.5% TiO_2-*g*-PAA 的 PASS 分离膜的抗污染性能

(a) BSA 通量随时间的变化；(b) 循环过滤中分离膜通量的变化；(c) 分离膜通量恢复率；(d) 分离膜的蛋白质吸附量

四川大学曹素娇重点研究了氯化处理对 PASS 超滤膜结构及性能的影响，发现 HClO 和 ClO^-均可使 PASS 分子链上的硫醚结构单元发生氧化生成砜基，使得 PASS 转化为不熔不溶的聚苯砜结构，但 HClO 的氧化作用更强；在氯化过程中，硫醚结构单元的氧化可保护分子链上的砜基结构不被氯化降解，同时，氧化可产生性能相对稳定的砜基结构，因而可以有效提高膜的耐氯性能。与氯化处理过程中 PES 及 PSF 超滤膜通量不断上升、截留率逐渐下降的表现不同，PASS 超滤膜的通量随氯化处理强度增加而逐渐下降，当氯化处理强度不超过 70000 ppm/d 时，截留率不发生明显变化[72,73]，如图 3-19 所示。

袁书珊等[74]制备了氧化后的 PASS 纳滤膜，并考察了该纳滤膜在 DMF 介质下的分离性能，通过其对不同分子量染料的截留效果发现，氧化的 PASS 分离膜性能远远优于其他膜材料[66]，呈现出水通量大，高达 2.67 L/(m^2 · h)，截留分子量小(M_w=598)，截留率高(98%)的优势。并且在长期使用过程(30 h)中，仍保持高的水通量和大的截留率，如图 3-20 所示，表明这是一种非常有前途的纳滤膜。

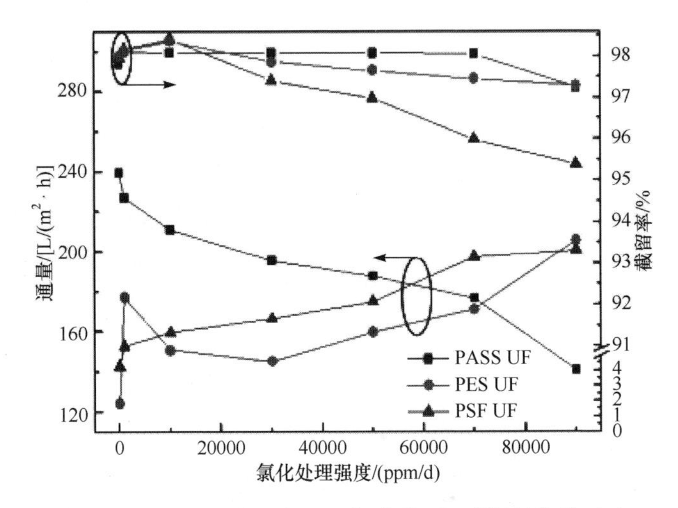

图 3-19　PASS、PES 和 PSF 超滤膜(UF)耐氯性能的对比

四川大学卫志美等制备了氧化处理后的 PASS 纳米纤维膜，发现其在 DMI、DMF、THF(四氢呋喃)等强极性溶剂中仍保持结构稳定、纳米纤维直径不变的形貌特征，如图 3-21 所示。氧化处理后的 PASS 纳米纤维膜的水通量大[753.34 L/(m^2 · h)]，且对 0.5 μm 和 0.2 μm 的颗粒有高的截留率(99.9%)[75-78]。卫志美进一步研究的结果显示，氧化后的 PASS 纳米纤维膜在 DMI、DMF、THF 等强极性溶剂中浸泡 7 天，仍保持高的水通量和截留率，见图 3-22。利用纳米纤维膜的亲油疏水的特性，将氧化后的 PASS 纳米纤维膜应用于恶劣环境中油水分离，结果显示：该纳米纤

(a)

膜类型	水通量/[L/(m^2 · h)]	标定物	标定物分子量	截留率/%
O-PASS	2.67	苏丹黑	598	98
PAH/PAA	0.55	玫瑰红	1017	97
交联PAI	0.9	玫瑰红	1017	98.6
PM-C	0.7	苯乙烯低聚物	600	90
AEMA-10 μm	0.3	玫瑰红	1017	97
TFC-MPD-NP	1.54	苯乙烯低聚物	300	99
MMM膜	0.20	苯乙烯低聚物	236	90

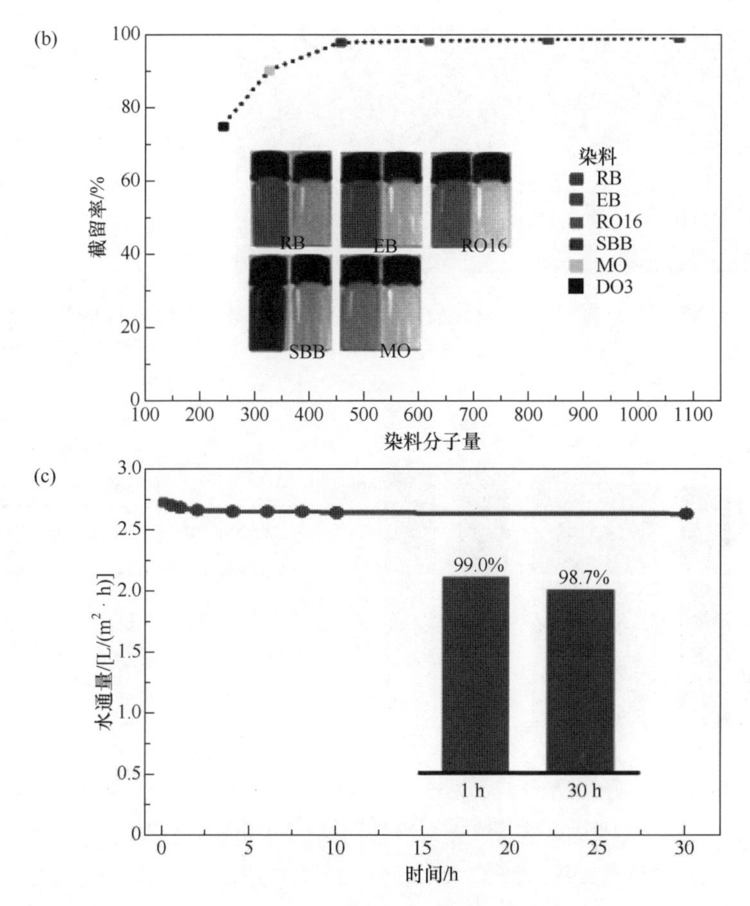

图 3-20　(a) 氧化后的 PASS 纳滤膜和其他纳滤膜在 DMF 介质下的分离性能对比表；(b) 氧化后的 PASS 纳滤膜对不同分子量染料的截留效果图；(c) 氧化后的 PASS 纳滤膜在不同时间处理后的水通量和截留率

维膜可高效地完成油水分离，分离效率达 99%；且氧化后的 PASS 纤维膜在强酸、强碱和有机溶剂中处理 90 天或 120 ℃的环境 12 h 后仍保持优异的油水分离效率(99%以上)，且分离压力稳定(图 3-23)。

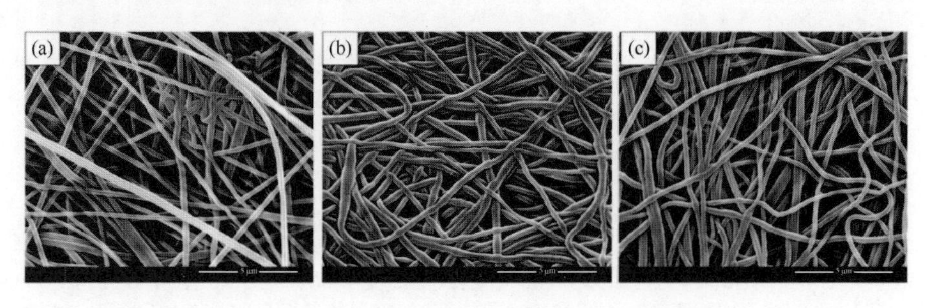

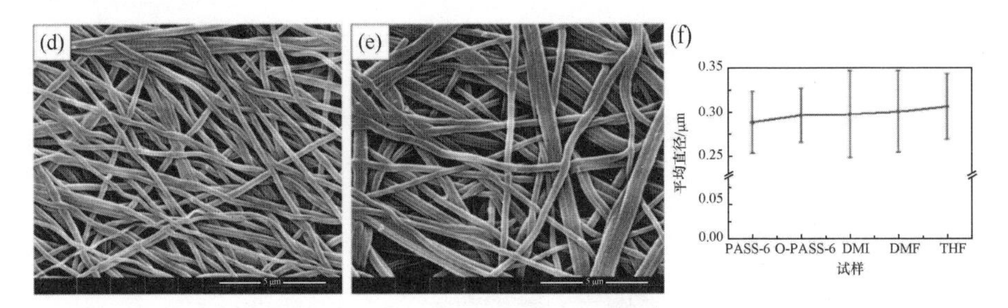

图 3-21 (a) PASS 纳米纤维膜；(b) 氧化后的 PASS 纳米纤维膜；氧化后的 PASS 纳米纤维膜在 DMI(c)、DMF(d)、THF(e)中的 SEM 图片和各纳米纤维膜中纳米纤维的平均直径统计图(f)

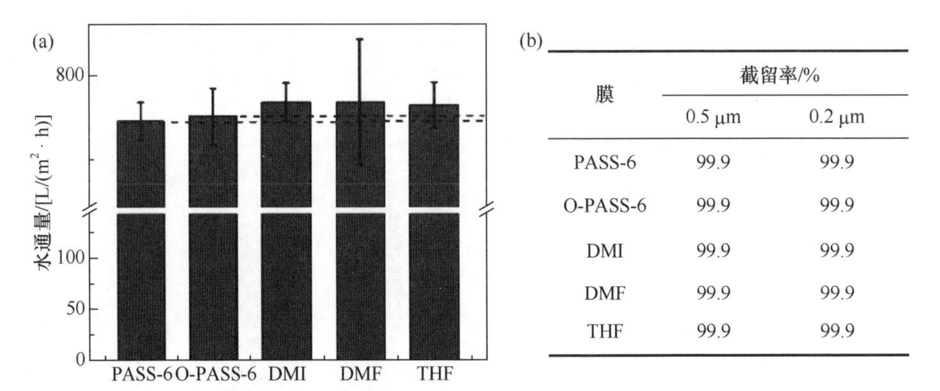

膜	截留率/%	
	0.5 μm	0.2 μm
PASS-6	99.9	99.9
O-PASS-6	99.9	99.9
DMI	99.9	99.9
DMF	99.9	99.9
THF	99.9	99.9

图 3-22 PASS 纳米纤维膜，氧化后的 PASS 纳米纤维膜及氧化后的 PASS 纳米纤维膜在 DMI、DMF、THF 处理 7 天后的水通量(a)和截留率(b)

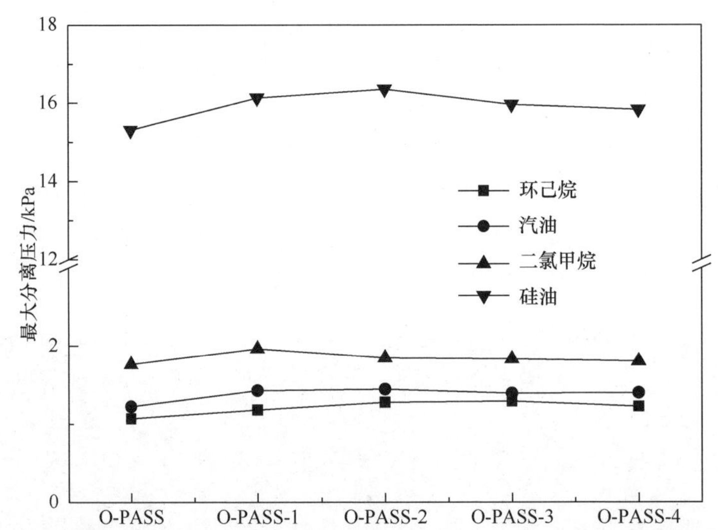

图 3-23 氧化后的 PASS 纳米纤维膜及在恶劣环境中处理后油水分离的最大分离压力

O-PASS-1 代表 O-PASS 在 DMI 中处理 90 天；O-PASS-2 代表 O-PASS 在 H_2SO_4 中处理 90 天；O-PASS-3 代表 O-PASS 在 NaOH 中处理 90 天；O-PASS-4 代表 O-PASS 在 120 ℃的环境中处理 12 h

3.3.3 PASS 中空纤维分离膜

四川大学王娟[49]以聚芳硫醚砜(PASS)为膜材料、NMP 为溶剂，通过干湿法纺丝制备了 PASS 中空纤维膜。中空纤维膜中试制备装置如图 3-24 所示。通过对聚合物溶液浓度、芯液流速以及空气间隙等加工条件对制备中空纤维膜结构和性能的影响研究发现，当 PASS 溶液浓度为 20%、22%，芯液流速为 10 mL/min，空气间隙为 5 cm 时，制得的 PASS 中空纤维膜综合性能较好，如图 3-25 和图 3-26 所示。在 80 ℃高温下，PASS 中空纤维膜仍然保持较高的截留率。

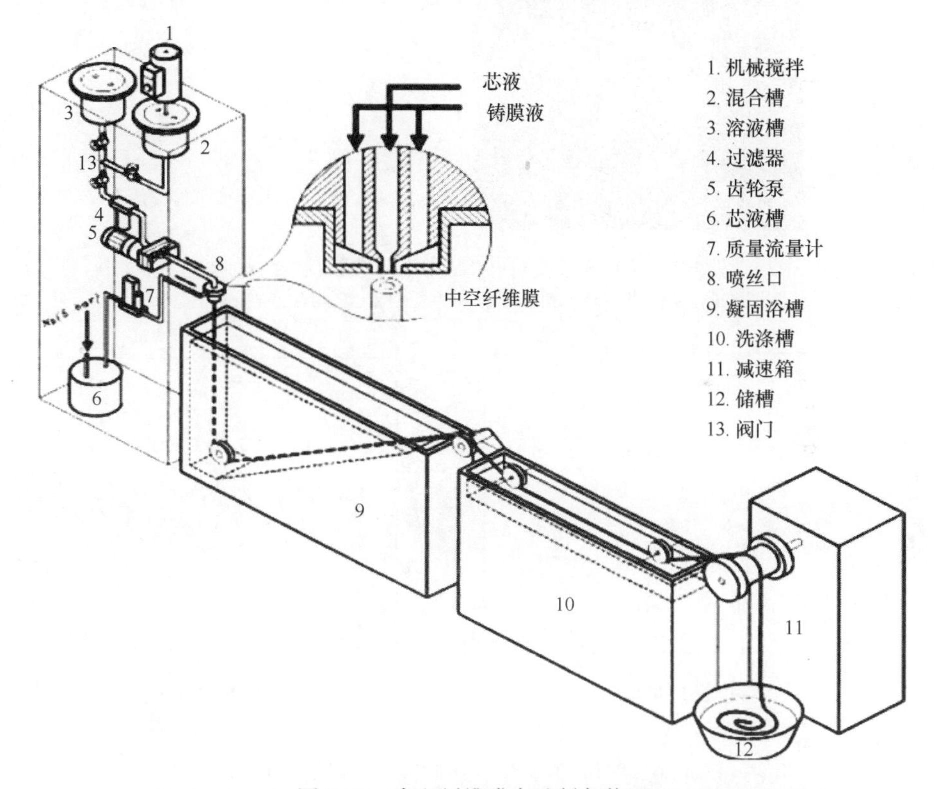

图 3-24 中空纤维膜中试制备装置

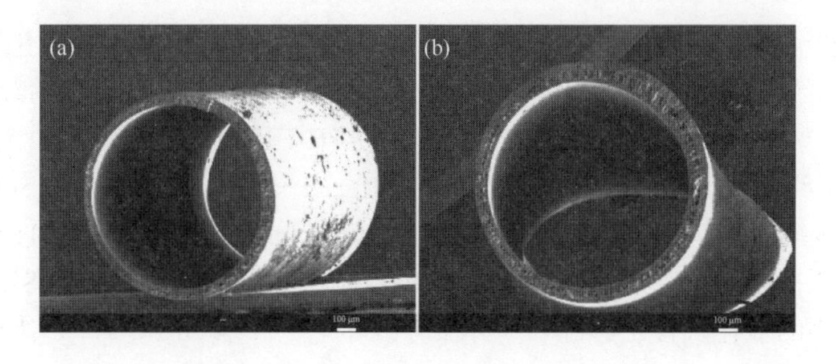

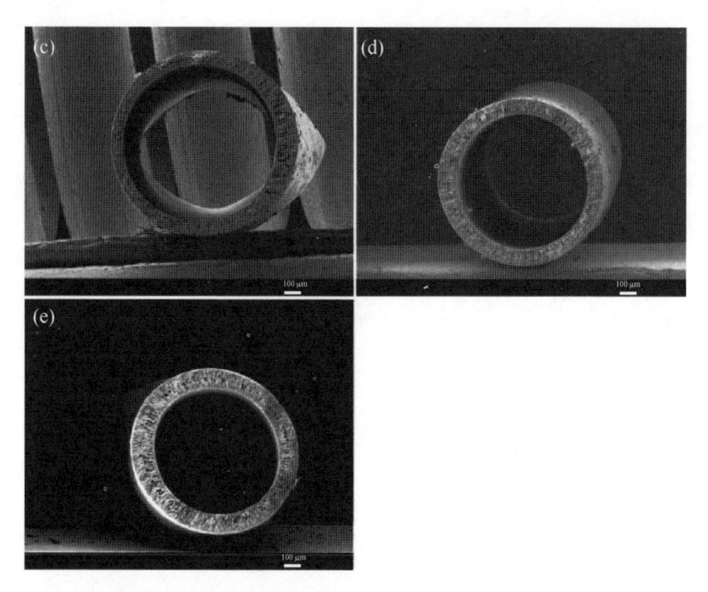

图 3-25 PASS 浓度对 PASS 中空纤维膜结构的影响

PASS 溶液浓度分别为(a) 16%；(b) 18%；(c) 20%；(d) 22%；(e) 24%

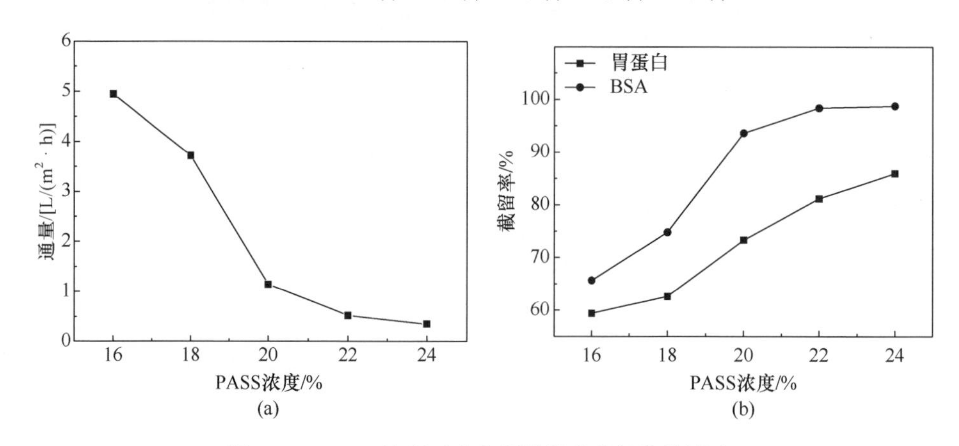

图 3-26 PASS 浓度对中空纤维膜分离性能的影响

(a) 通量；(b) 截留率

为了进一步提升 PASS 中空纤维膜的耐腐蚀性，通过氧化处理，氧化后的 PASS 中空纤维膜耐腐蚀性显著提升，不再溶于浓硫酸、NMP 等强腐蚀性溶剂，如图 3-27 所示。通过衰减全反射傅里叶变换红外光谱(ATR-FTIR)和 X 射线光电子能谱(XPS)分析(图 3-28)表明，氧化处理使 PASS 主链上的—S—大部分转化成了—SO_2—。强极性—SO_2—密度的增加，增强了聚合物基体分子链间的相互作用，同时使分子链结构规整度提高，从而导致膜的耐腐蚀性显著提高。扫描电子显微镜(SEM)测试表明，所采用的氧化过程足够温和，并没有破坏中空纤维膜的非对称结构。

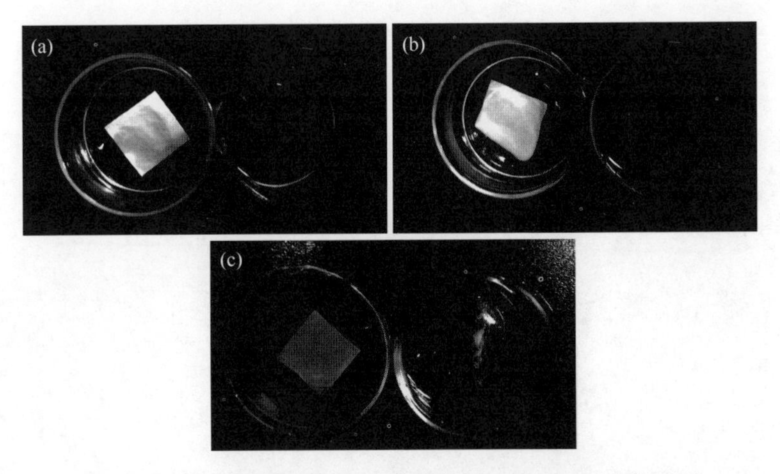

图 3-27　氧化(左)和未氧化(右)处理的 PASS 分离膜分别浸泡在 NMP(a)、98% H_2SO_4(b)、$CHCl_3$(c)中

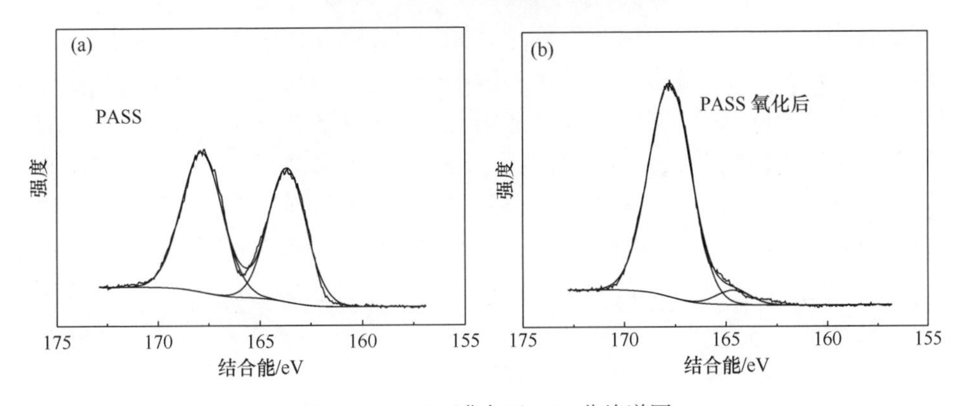

图 3-28　PASS 膜表面 S 2p 分峰谱图

与此同时，王娟还考察了氧化 PASS 中空纤维膜的短期和长期耐溶剂腐蚀性能[49]。在几种强腐蚀性的溶剂或溶液中浸泡后，氧化后的 PASS 中空纤维膜没有出现明显的孔洞和刻蚀现象。分别在 NMP、NaOH 溶液、THF、三氯甲烷中浸泡后，膜的水通量出现不同程度的降低。在浓硫酸中浸泡 30 天后，膜的水通量增加了 50%。长时间的浸泡，对氧化 PASS 中空纤维膜的截留率并没有太大的影响，在这些强腐蚀性溶剂或溶液体系中仍可发挥较好的分离效果。在浓硫酸中浸泡 30 天后，氧化 PASS 中空纤维膜的拉伸强度降低最多，但仍然达到 5.44 MPa。通过对比氧化前后中空纤维膜的性能，表明 PASS 中空纤维膜在一些苛刻的环境条件下有着极好的应用前景。此外，为进一步提高 PASS 中空纤维膜的强度与耐腐蚀性，杨杰、袁书珊等还创新性地开发了 PAS 家族增强中空纤维，即以 PPS 纤维编织管代替聚酯纤维编织物作为增强支撑材料，再在 PPS 纤维编织管上制备 PASS

分离膜，如图 3-29 所示，有效地提升了中空纤维膜的性能，使其能够应用于需要高强度、高耐温和高耐腐蚀的环境及领域。

图 3-29 PPS 增强 PASS 中空纤维膜

目前，我国渗透膜产业的产值超过 1000 亿元，占全球膜市场的 25%左右，已初步建立了较完整的高性能膜材料创新链和产业链。但在耐溶剂分离膜开发与应用领域，相关的分离膜工业化制备及应用研究较国外还有较大的差距。近年来，经过十余年的前期积累，PASS 分离膜的制备技术方面在实验室小试、中试规模上已经比较成熟，目前已可以根据分离过程的实际需求，通过工艺控制，制备微滤膜、超滤膜、纳滤膜、反渗透膜等，并可在一定程度上调控分离膜的表面及膜孔结构，并最终实现产品性能的调节。但在其规模化制备及应用开发方面还需要解决一些重要的问题。

1) PASS 微滤、超滤膜规模化制备技术

采用溶胶凝胶法，制备 PASS 微滤、超滤膜，系统考察规模化制膜过程中铸膜液组成、凝固浴组成、滞空时间、卷绕线速度等工艺参数对膜孔径的影响规律。根据工艺需求，设计并放大最终的微滤、超滤膜产业化生产设备，并实现最终的规模化制备目标。

2) PASS 纳滤膜、反渗透膜表面结构控制及规模化制备技术

采用 PASS 超滤膜或微滤膜为基膜，通过二次涂覆或界面聚合等工艺实现对膜表面孔径的有效控制，制备 PASS 纳滤膜或反渗透膜，开展烘干、清洗、涂覆保护液等工序工艺优化工作，理解并建立工艺参数变化对膜表面孔径及综合性能影响的质控文件，根据工艺需求设计订制相应的涂膜设备，并实现最终的规模化制备目标。

3) PASS 耐溶剂分离膜耐腐蚀性调节处理技术

在连续化生产装置中建立 PASS 分离膜的氧化处理工艺路线，实现分离膜制备后期的氧化处理，通过对溶液浓度及氧化时间的控制，实现分离膜表面氧化层

厚度的调节，建立 PASS 耐腐蚀分离膜后处理工艺-结构-耐腐蚀性能间的对应影响关系，并最终实现薄膜耐腐蚀性能的连续化调节。

4) 耐腐蚀分离膜膜组件制备及应用开发技术

通过卷绕、封装或焊接等技术，将 PASS 耐腐蚀分离膜制备成卷式或平板膜组件，总结封装、焊接工艺对膜分离及耐腐蚀性能的影响规律；完成不同分离介质特性下，分离膜材料、封装材料、支撑材料使用耐久性的考察，建立可选材料及工艺数据库；最终根据实际分离过程需求，开发出相应的耐腐蚀性介质分离技术。

3.4 PASS 纳米纤维的制备、性能及其应用

纳米纤维是指直径为纳米尺度而长度较大的具有一定长径比的线状材料。PASS 纳米纤维，作为一种新型聚合物纳米材料，主要是由四川大学聚芳硫醚课题组研究和开发。除了拥有尺寸小、比表面积大、柔韧性好等普通聚合物纳米纤维的特性外，PASS 纳米纤维还具有独特的耐溶剂性、耐热性、尺寸稳定性等特性，可以拓宽聚合物纳米纤维的应用领域，特别是在恶劣环境(高温、强腐蚀性等)中的应用。

3.4.1 PASS 纳米纤维的性质

1. 外观

PASS 纳米纤维一般为白色连续型纤维，截面形状会因制备工艺不同而呈现出圆形、环形、多孔形等，纤维一般会搭接形成纤维膜。

2. 密度

PASS 纳米纤维的直径随着制备工艺的不同，尺寸可在 100 nm～5 μm 之间；也可以根据工艺的差异制备 PASS 多孔纳米纤维、PASS 中空纳米纤维、PASS 取向纤维、PASS 串珠纤维等不同结构的纳米纤维；根据纤维搭接方式的不同，制备致密或者蓬松的纤维膜结构。因此 PASS 纳米纤维膜的密度也有所不同，但其密度均很小。

3. 耐热性

PASS 纳米纤维具有出色的耐高温性，在氮气气氛下，在 450 ℃以下时基本无失重。将 PASS 纳米纤维置于 180 ℃的高温炉中 5 h 后，或者 120 ℃的环境中 12 h，PASS 纤维形貌结构和力学性能均保持不变。

4. 耐化学腐蚀性

PASS 纳米纤维具有优异的耐化学腐蚀性，特别是经氧化处理后，PASS 纳米纤维的耐化学腐蚀性进一步提高，在极其恶劣的条件下仍能保持其原有的性能；耐酸碱性优异，在强氧化剂，如浓硝酸、浓硫酸、王水、反王水、部分碱和盐中浸泡三个月后仍能保持原有的形貌；同时，耐有机溶剂的性能也卓越，在四氯化碳、氯仿、二氯甲烷等有机溶剂中，放置三个月后其性能仍不会发生变化。表 3-6 列举了 PASS 纳米纤维的耐化学腐蚀性。

表 3-6 PASS 纳米纤维的耐化学腐蚀性

<table>
<tr><th colspan="2">酸碱类型</th><th>保持率/%</th><th colspan="2">溶剂种类</th><th>保持率/%</th></tr>
<tr><td rowspan="5">酸</td><td>浓硫酸</td><td>100</td><td rowspan="7">有机溶剂</td><td>丙酮</td><td>100</td></tr>
<tr><td>盐酸</td><td>100</td><td>四氯化碳</td><td>100</td></tr>
<tr><td>硝酸</td><td>100</td><td>氯仿</td><td>100</td></tr>
<tr><td>王水</td><td>100</td><td>正丁烷</td><td>100</td></tr>
<tr><td>反王水</td><td>100</td><td>N-甲基吡咯烷酮</td><td>100</td></tr>
<tr><td rowspan="2">碱</td><td>10%氢氧化钠</td><td>99</td><td>二氯甲烷</td><td>100</td></tr>
<tr><td>10%氢氧化钾</td><td>100</td><td>1,3-二甲基-2-咪唑啉酮</td><td>100</td></tr>
</table>

注：实验条件为置于各种化学物质三个月后测量纤维形状保持率。

3.4.2 PASS 纳米纤维的制备

纳米纤维的制备方法有很多，如拉伸法、模板聚合法、相转化法、分子自组装法、微相分离和静电纺丝法等。其中，静电纺丝法以操作简单、适用范围广、生产效率相对较高等优点而被广泛应用。静电纺丝法分为溶液静电纺丝法和熔体静电纺丝法。溶液静电纺丝法是将聚合物溶解于特定的溶剂中形成均相纺丝液，在高压电的作用下，聚合物溶液被拉伸，伴随着溶剂的挥发，形成聚合物纳米纤维，纤维直径可由 1 nm 到几十微米，纤维结构可控且丰富，如多孔、中空、取向、螺旋等。熔体静电纺丝法是将聚合物加热形成熔体，在高压电的拉伸作用下，形成聚合纳米纤维，纤维直径为几十纳米到几十微米，纤维结构相对单一。对于高性能树脂，如 PPS、聚醚醚酮(PEEK)等，由于没有适合的溶剂溶解，无法形成均相纺丝液，因此不能通过溶液静电纺丝法制备成纳米纤维，只能通过熔体静电纺丝法制备。但是高性能树脂的熔融加工温度较高，会在熔体静电纺丝过程中出现对熔体纺丝设备要求高、喷丝头易堵塞、操作困难等问题，且所制备得到的纤维直径尺寸较大。静电纺丝纳米纤维的应用领域主要有水过滤、空气过滤的材料，或用于生物医学工程的组织修复、组织培养的伤口敷料、支架材料以及药物控释等，还可用于制作感应器，用作复合材料增强物等。

PASS，作为 PPS 的结构改性产物，除了具备 PPS 优良的机械性能、热稳定性能和低成本特点外，还能溶于少数沸点较高的强极性有机溶剂，为 PASS 通过溶液静电纺丝法制备 PASS 纳米纤维提供了所必需的条件。通过溶液静电纺丝制备得到的 PASS 静电纺丝纳米纤维，将在发挥纳米纤维直径小、比表面积大、结构多样化优势的同时，也会赋予纳米纤维热稳定性和化学稳定性等新的特性。

采用静电纺丝技术制备 PASS 纳米纤维膜的过程如下：

1. PASS 树脂的要求

静电纺丝对 PASS 树脂的要求较高，主要集中在 PASS 树脂分子量、分子量分布和杂质含量等方面，一般要求 PASS 树脂的特性黏数为 0.5 dL/g 以上、分子量分布窄、杂质含量少、含水量低(H_2O 含量 $< 0.1\%$)。

2. 静电纺丝设备装置要求

静电纺丝装置主要由高压供电装置、溶液供给装置、喷丝装置和纤维接收装置组成。对于 PASS 纳米纤维所需的静电纺丝设备无特殊的要求。静电纺丝装置示意图见图 3-30。

3. PASS 纺丝液

纺丝液的组成和性能是决定 PASS 可纺性以及 PASS 纳米纤维形貌的关键因素。其中，纺丝液的组成决定着纺丝液的黏度和导电性，会影响纺丝射流在高压电场中的运动，直接影响纤维形貌结构。

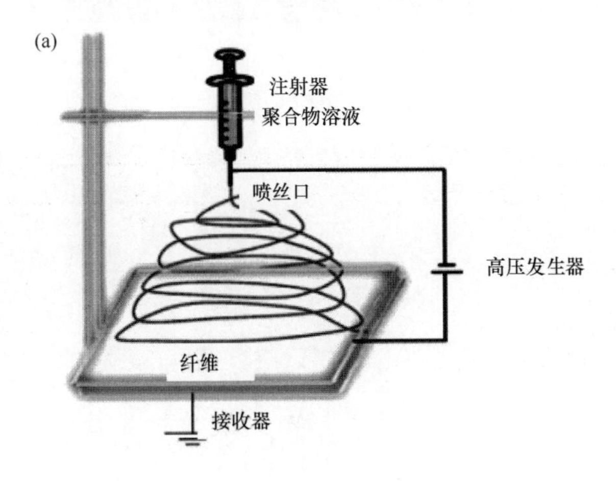

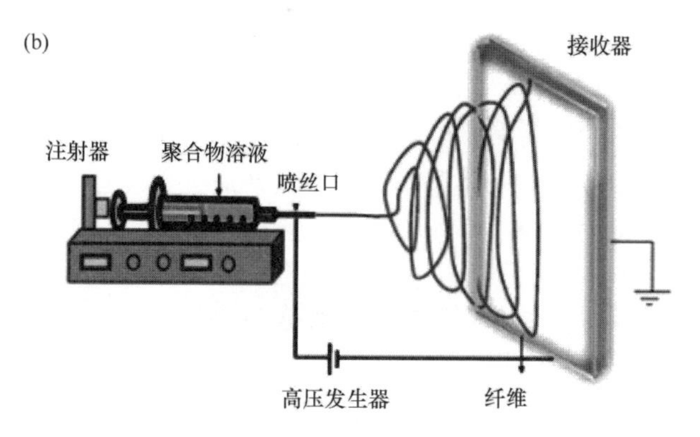

图 3-30　静电纺丝装置示意图

四川大学王孝军、黄恒梅等[16,79,80]以 NMP 作为溶剂，采用溶液静电纺丝技术制备 PASS 纳米纤维。图 3-31 和图 3-32 为 PASS/NMP 纺丝液制备所得到的 PASS 纳米纤维形貌图。王孝军等发现，在 PASS/NMP 体系中，环境温度对纤维的形貌起决定作用。纺丝液浓度对纤维的形貌结构也有一定的影响，其影响规律是随着纺丝液浓度的提高，纤维的串珠缺陷减少，形貌规则度提高，所得 PASS 纳米纤维的平均直径为 419 nm。

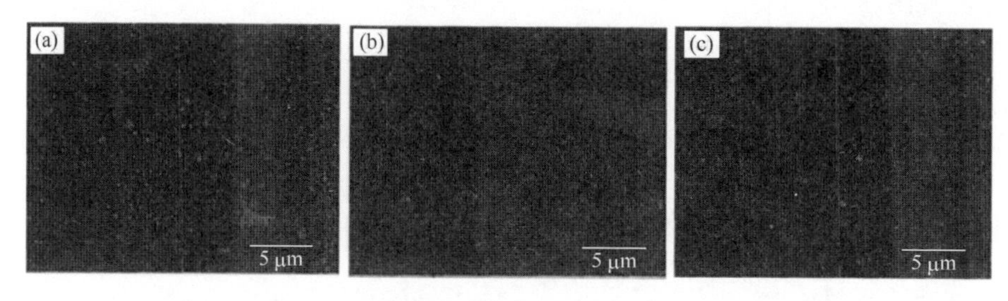

图 3-31　不同纺丝液浓度[21 wt%(a)、25 wt%(b)、29 wt%(c)]下 PASS 静电纺丝纤维的 SEM 图(纺丝温度 15 ℃)

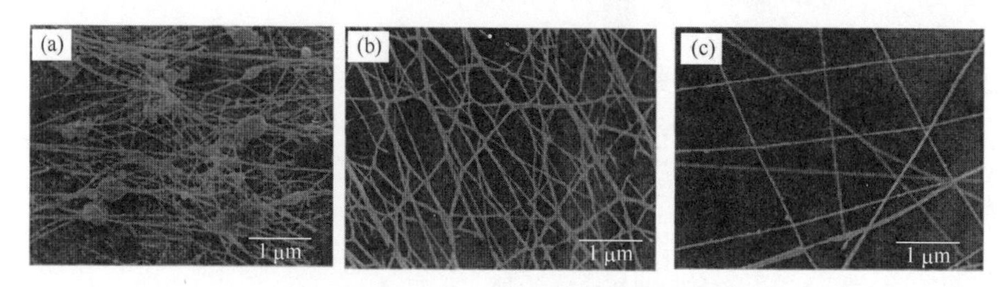

图 3-32　不同纺丝液浓度[21 wt%(a)、25 wt%(b)、29 wt%(c)]下 PASS 静电纺丝纤维的 SEM 图(纺丝温度 100 ℃)

刘振艳等以 1,3-二甲基-2-咪唑啉酮(DMI)为溶剂，制备 PASS 纳米纤维[76]。在以 PASS/DMI 为纺丝液的体系中，PASS 在室温条件下可纺制连续的 PASS 纳米纤维，且随着纺丝液浓度的增加，纤维形貌的缺陷减少，如图 3-33 所示。刘振艳等也系统地研究了纺丝液性质，如表面张力、电导率、黏度等对 PASS/DMI 体系中 PASS 纳米纤维可纺性及形貌的影响，发现在该体系中，黏度是影响 PASS 纳米纤维制备的关键因素。

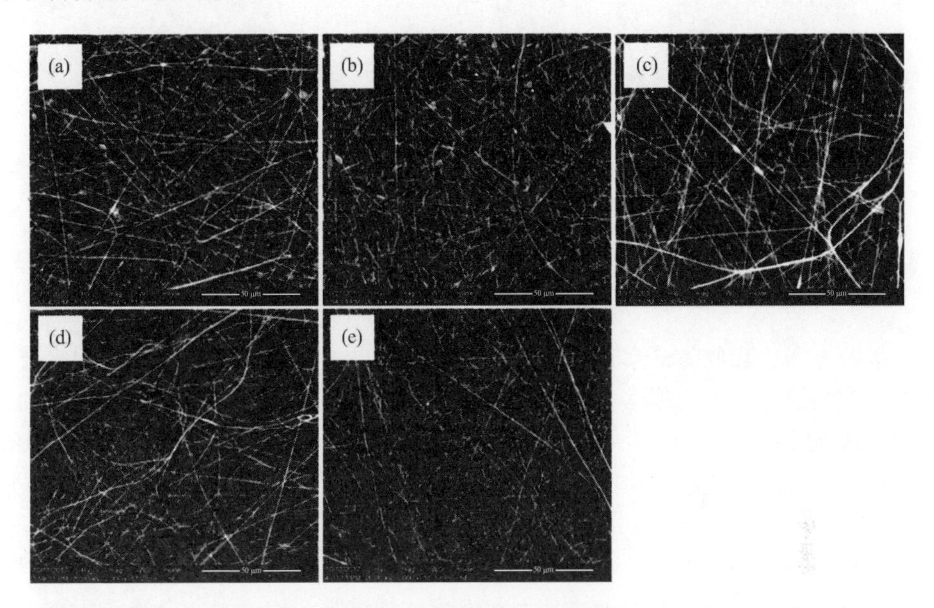

图 3-33　不同纺丝液浓度[0.20 g/mL(a)、0.21 g/mL(b)、0.25 g/mL(c)、0.26 g/mL(d)、0.27 g/mL(e)]下 PASS 静电纺丝纤维的 SEM 图

4. 制备工艺条件

采用静电纺丝技术制备纳米纤维的纺丝工艺参数主要包括纺丝电压、接收距离、接收方式和环境条件等。

纺丝电压：是制备纳米纤维的关键工艺参数，若纺丝电压过低，喷丝头的聚合物溶液射流无法得到拉伸，会以液滴的形式滴落，不能正常纺制；纺丝电压适当时，随着纺丝电压的增加，电场力对射流的拉伸作用增强，所得纳米纤维直径变小；纺丝电压过大，对射流的拉伸过大造成纤维断裂，无法正常纺制。图 3-34 显示了 PASS/DMI 体系在不同纺丝电压下 PASS 纳米纤维的形貌结构图。当施加电压为 15 kV 时，PASS 纤维膜由纤维和很多不规则的珠粒组成；当电压增加到 20 kV 时，获得了无珠粒缺陷且直径均匀的光滑纤维；当施加电压继续增大到 25 kV 时，获得的纤维膜则由串珠结构的纤维组成，因此在 PASS/DMI 体系中，制备 PASS 纳米纤维的最佳电压是 20 kV。

接收距离：接收距离的改变会直接影响到纤维的飞行时间和电场强度。当接收距离太小时，未充分挥发而残留到纤维中的溶剂会使得纤维互相粘连而劣化纤维网的性能。另外，一定电压下，接收距离太小会使得电场强度过高，从而使射流不稳定性显著增加，最终使得纤维上珠状体形成的趋势增加。PASS/DMI 体系中，制备 PASS 纳米纤维时采用的接收距离是 20 cm。

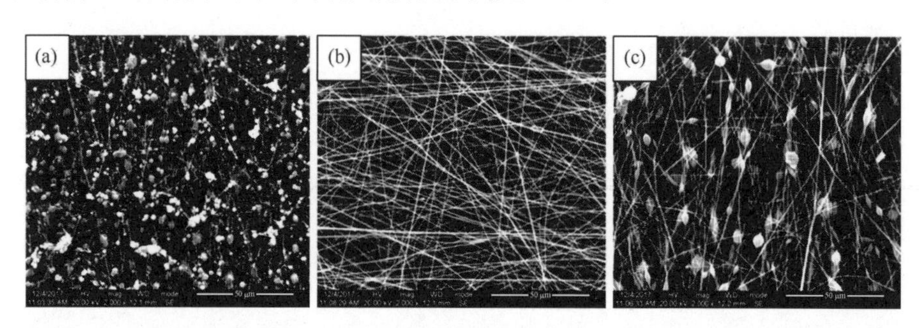

图 3-34 不同纺丝电压[15 kV(a)、20 kV(b)、25 kV(c)]获得的 PASS 纳米纤维的 SEM 图

接收方式：接收方式多采用导电性材料制成的滚筒接收方式，也有用水或有机溶剂收集纳米纤维，但多为实验室使用。目前 PASS 纳米纤维的接收使用的是铝箔滚筒接收法。图 3-35 为不同接收滚筒转速对 PASS 纳米纤维结构形貌的影响。由图可以发现，当接收速度为 100 r/min 和 200 r/min 时，纤维膜存在些许珠粒；而当接收速度增加至 300 r/min 后可获得形貌均一的纳米纤维。主要是由于 DMI 是高沸点溶剂，在室温下不易挥发。当接收速度较小时，可以在静电纺丝过程中观察到溶剂挥发不完全的状况，从而对形成的纤维膜结构产生一定的破坏。

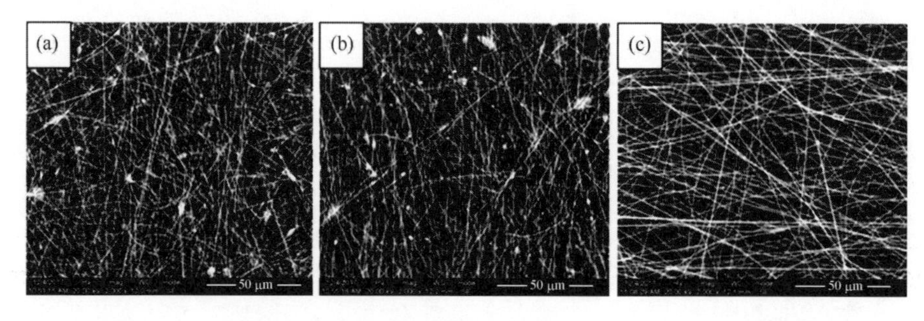

图 3-35 不同接收速度[100 r/min(a)、200 r/min(b)、300 r/min(c)]获得的 PASS 纳米纤维的 SEM 图

环境条件：环境因素，如温度、湿度、气氛类型和压力等，以及聚合物射流之间的相互作用会对静电纺丝纤维的形态产生一定的影响。射流所处的环境温度会影响溶剂的挥发速度，较高的温度有利于溶剂的挥发，从而可以防止到达接收屏的纤维发生互相粘连，有利于纤维网从接收屏上顺利揭取；高湿环境下进行静电纺丝，易于在纤维表面形成微孔，而且当使用有机溶剂时，有机溶剂容易被空

气中的湿气萃取而使针头尖端液滴发生凝固，造成针头堵塞，从而使静电纺丝过程终止。

目前，PASS 纳米纤维成熟的纺丝工艺条件是：纺丝液浓度 0.27 g/mL；纺丝电压 20 kV；滚筒接收速度 300 r/min，接收距离 20 cm，喷丝头直径 0.7 μm，环境温度是室温，相对湿度为 67%。所得 PASS 纳米纤维均匀光滑，直径为(296±19) nm。

3.4.3　静电纺丝 PASS 纳米纤维的应用

1. 吸附

随着人类环境污染问题的加重，环境激素、重金属离子等污染物的含量剧增，对于污染物的去除迫在眉睫。PASS 纳米纤维直径小，比表面积大，表面功能位点多，特别是巨大的比表面积，相当于人类头发丝的 1500 倍，使得 PASS 纳米纤维在吸附应用中凸显出来。同时可通过调控 PASS 纳米纤维结构进一步增加比表面积或者对纳米纤维进行化学修饰，增大吸附效率并实现针对性、特异性吸附功能。

2. 水体处理

随着工业化进程的不断加快，水体中固体颗粒物污染问题日益严重，特别是饮用水污染、印染废水、超细粉体悬浮液及工业粉尘等已经严重威胁到人类的身体健康，因此高效去除水体中有害颗粒的需求迫在眉睫。静电纺丝纳米纤维堆积形成的纳米纤维膜，由于堆积的孔径范围可以从微米级到纳米级，并且有很高的孔隙率，膜通量高，可在有效去除水体中颗粒的同时延长膜的使用寿命。纤维膜的孔径越大，可拦截的污染物尺寸越大。纤维过滤材料的孔径大小与纤维自身的表面形态及直径大小有直接关系，纤维的直径是影响过滤性能的最关键因素。PASS 纳米纤维膜可形成 0.43 μm 的平均孔径，拉伸强度为 10.59 MPa，在有效除去污水中直径为 0.2 μm 的污染物时，截留率为 99.5%，并保持高的水通量[747.76 L/(m^2 · h)]，重复使用次数可达 5 次以上，在污水处理方面有优异的应用前景。特别值得一提的是，氧化处理后的 PASS 纳米纤维膜，在保持原 PASS 纳米纤维膜的基本性质[如孔径 0.44 μm，对直径 0.2 μm 的颗粒的截留率为 99.99%，水通量仍高达 753.34 L/(m^2 · h)]的前提下，拉伸强度进一步提升为 14.12 MPa，且在有机溶剂(DMI、DMF 和 THF)中仍保持稳定的结构和良好的分离性能，这说明，氧化 PASS 纳米纤维膜在恶劣的污水环境中仍能有效分离去除污染物颗粒。表 3-7 是 PASS 纳米纤维膜与目前市场以及文献中报道的纤维膜性能的对比[75]。

表 3-7 PASS 纳米纤维膜与目前市场以及文献中报道的纤维膜性能的对比

纤维材料	孔径/μm	纤维尺寸/nm	水通量/[L/(m² · h)]	过滤压力/MPa	截留率/%
氧化后的 PASS 纳米纤维膜	0.44	295	753.34	0.1	99.99(0.2 μm)
聚偏氟乙烯纳米纤维膜	3.30	163	—	0.05	91(1.0 μm)
含有碳纳米管的聚丙烯/聚丙烯腈纳米纤维膜	0.68	50～350	3891.85	0.1	98.73(0.25 μm)
聚丙烯腈/聚对苯二甲酸乙二醇酯纳米纤维膜	0.22	100	—	—	93(0.2 μm)
聚丙烯腈纳米纤维膜	0.41	150	2185	0.015	13.7(0.2 μm)
尼龙 6 纳米纤维膜	—	30～110	405.89	0.069	89.76(0.5 μm)

工业废水和生活污水的大量排放、原油泄漏的频繁发生，造成水体环境的破坏，威胁着人类健康和生态环境，因此油水分离技术成为研究者的关注热点。其中，膜分离技术因其分离效率高、简单易行等优点而备受瞩目。油水分离膜要求膜具有亲水疏油或亲油疏水特性，纳米纤维膜因为其独特的微纳米“仿荷叶”结构，赋予了亲油疏水的特性。又因 PASS 纳米纤维膜及被氧化后的 PASS 纳米纤维膜具有强的耐化学腐蚀性，可应用于各种恶劣环境中，四川大学卫志美，杨杰等[75]研究、制备了针对油水分离的氧化 PASS 纳米纤维膜。其基本性质如下：纤维直径为 378 nm，平均孔径为 1.81 μm，水接触角为 139.6°(疏水)，二氯甲烷接触角为 0°(亲油)，吸油指数 150，拉伸强度 5.51 MPa，油通量高达 623.1 L/(m² · h)，利用该膜可有效完成油水分离，其分离效率高达 99%。将该氧化后的 PASS 纳米纤维膜置于强酸、强碱和有机溶剂中 90 天或 120 ℃的环境 12 h 后仍保持高的油水分离效率(99%以上)。以上工作说明，PASS 纳米纤维膜具有高的稳定性和耐久性，可直接且长期应用于恶劣环境中的油水分离工作，是一种非常优良的油水分离膜。

3. 烟气过滤

20 世纪 80 年代，研究人员已经开始将静电纺丝纳米纤维应用于空气过滤领域，与传统的微纤维相比，静电纺丝纳米纤维直径一般小于 500 nm，具有显著的滑移效应，压降会更低，过滤效率更高。目前 PA6、PVA 和 PAN 静电纺丝纳米纤维已成为空气过滤材料领域的主流，应用领域主要集中在一次性口罩、室内净化器等较温和的使用环境。然而，在工业气体净化系统关于静电纺丝纳米纤维的报道较少，主要是由于工业气体所处的环境温度高(120 ℃以上)、条件恶劣(存在 NO_x、SO_y、H_2O 等介质)，传统树脂无法正常使用。PASS 纳米纤维具有较高的热稳定性和良好的耐腐蚀性能，可望作为新型材料应用于工业气体净化领域。赵伟[81]制备了 PASS/SiO_2 复合纤维膜，不仅具有优异的烟气过滤效果，同时还具有自清洁作用。图 3-36 示出了 PASS/SiO_2 复合纤维膜过滤效率、压降和影响因子。由图 3-36 可见，随着 SiO_2 含量的增加，PASS/SiO_2 复合纤维膜的过滤效率都超过了 90%，最高达到了 96.68%；同时加入无机纳米二氧化硅复合膜的压降明显升高，都在 100 Pa 左右；结合过滤效率和压降的结果，SiO_2 含量为 4%时，PASS/SiO_2 复合纤维膜的影响因子最高，为 0.03436 Pa^{-1}。并且所得到的 PASS/SiO_2 复合纤维膜具有优异的自清洁作用，在工业烟气过滤方面具有极大的应用前景。

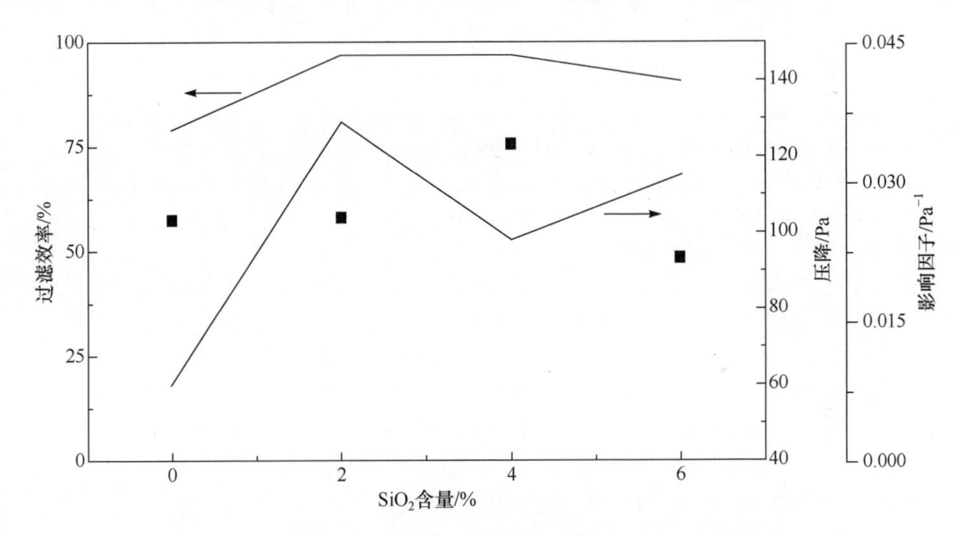

图 3-36　不同 SiO_2 含量的 PASS/SiO_2 复合纤维膜的过滤效率、压降和影响因子(图中数据点对应影响因子)

4. 生物医学工程

由于 PASS 纳米纤维的直径为微米或者纳米级，接近于天然细胞外基质中的纤维，且用 PASS 纳米纤维搭接制备的纳米纤维膜有一定的孔隙率和孔径，有利于细胞的植入和培养、组织的生长以及营养物质和代谢产物的流通，因此 PASS 纳米纤维有望在生物组织的修复和重建上发挥作用。此外，PASS 纳米纤维具有高的比表面积、高载药量和药物缓释可控等优点，使其在药物传输中也具有良好的应用前景。

参 考 文 献

[1] Campbell R W. Aromatic sulfide/sulfone polymer production: USA, US4102875. 1978-07-25.
[2] 杨杰. 聚芳硫醚树脂及其应用. 北京: 化学工业出版社, 2006.
[3] 杨杰. 高分子量聚芳硫醚砜的合成及结构与性能表征. 四川大学博士学位论文, 2005.

[4] 李东升. 聚芳硫醚砜的中试放大及改性研究. 四川大学博士学位论文, 2014.

[5] Bobsein R L, Clark E, Jr. Production of aromatic sulfide/sulfone polymers: USA, US4808698. 1989-02-28.

[6] Campbell R W. Aromatic sulfide/sulfone polymer production: USA, US4125525. 1978-11-14.

[7] Campbell R W. Production of aromatic sulfide/sulfone polymers: USA, US4016145. 1977-04-05.

[8] Campbell R W. Aromatic sulfide/sulfone polymer production: USA, US4301274. 1981-11-17.

[9] Liu Y, Bhatnagar A, Ji Q, et al. Influence of polymerization conditions on the molecular structure stability and physical behavior of poly(phenylene sulfide sulfone) homopolymers. Polymer, 2000, 41: 5137-5146.

[10] Tamada H, Okita S, Kobayashi K. Physical and mechanical properties and enthalpy relaxation behavior of polyphenylenesulfidesulfone (PPSS). Polymer Journal, 1993, 25(4): 339-346.

[11] 王华东. 聚苯硫醚砜的合成、表征及性能研究. 四川大学硕士学位论文, 2003.

[12] 陈祥宝. 高性能树脂基体. 北京: 化学工业出版社, 1999.

[13] 王华东, 杨杰, 邹萍, 等. 聚苯硫醚砜的热老化. 高分子材料科学与工程, 2004, 20(1): 153-156.

[14] Wang H D, Yang J, Long S R, et al. Studies on the thermal degradation of poly(phenylene sulfide sulfone). Polymer Degradation & Stability, 2004, 83(2): 229-235.

[15] Lee D M, Register D F, Lindstrom M R, et al. Advances in PAS-2tm thermoplastic prepregs and composites. Journal of Thermoplastic Composite Materials, 1988, 1(2): 161-172.

[16] 王孝军. 聚芳硫醚砜溶液行为及应用研究. 四川大学博士学位论文, 2007.

[17] 龚跃武. 聚芳硫醚砜在 *N*-甲基吡咯烷酮中的溶液行为研究. 四川大学硕士学位论文, 2014.

[18] 李素英. 聚芳硫醚砜的溶液行为及其聚集态结构研究. 四川大学硕士学位论文, 2016.

[19] 邬汇鑫. 基于 Materials Studio 的聚芳硫醚砜溶液行为研究. 四川大学硕士学位论文, 2016.

[20] 黄光顺. 聚芳硫醚砜(PASS)制备与加工改性研究. 四川大学硕士学位论文, 2013.

[21] 孔雨. 聚芳硫醚砜熔融加工改性及复合材料制备. 四川大学硕士学位论文, 2015.

[22] Kong Y, Huang G S, Zhang G, et al. The influence of processing aids on the properties of poly(arylene sulfide sulfone). High Performance Polymers, 2014, 26(8): 914-921.

[23] Asahi T, Kondo Y. Polycyanoaryl thioether and preparation thereof: EP0292279A1. 1988-05-19.

[24] Tamai T, Asahi T, Kondo Y. Poly(arylene thioether) copolymer and preparation thereof: EP0337811A1. 1989-10-18.

[25] Tamai T, Asahi T, Kondo Y. Poly(arylene thioether) copolymer and preparation thereof: EP0337810A1. 1989-10-18.

[26] Tamai T, Asahi T, Kondo Y. Poly(aeylene thioether) copolymers and process for production thereof: EP0351136. 1990-01-17.

[27] 范宇. 聚芳硫醚砜及聚芳硫醚砜/腈的制备与性能研究. 四川大学硕士学位论文, 2011.

[28] Campbell R W. Processs for the production of aromatic sulfide/sulfone polymers: EP0033906. 1981-08-19.

[29] Otsu T, Ueno N, Watanabe A. Polymerizable composition and cured material thereof: Japan, JP2009102550A. 2007-10-24.

[30] 任浩浩. 聚苯硫醚结构改性树脂设计、合成及性能研究. 四川大学博士学位论文, 2017.

[31] Wu Q X, Chen Y R, Zhou Z W, et al. Synthesis and morphological structure of poly(phenylene sulfide amide). Chinese Journal of Polymer Science, 1995, 13(2): 136-143.

[32] 周祚万. 聚苯硫醚酰胺的合成、表征及热性能研究. 四川大学硕士学位论文, 1989.

[33] Zhou Z W, Wu Q X. Studies on the thermal properties of poly(phenylene sulfide amide). Journal of Applied Polymer Science, 1997, 66(7): 1227-1230.

[34] 周祚万, 伍齐贤. 硫脲法合成聚苯硫醚酰胺及其表征. 高分子材料科学与工程, 1998, (4): 125-127.

[35] 周祚万, 伍齐贤, 陈永荣, 等. 聚苯硫醚酰胺的合成与表征. 高分子材料科学与工程, 1992, (5): 26-29.

[36] 杨杰. 聚芳硫醚类聚合物及其制备方法: 中国, CN1935874. 2007-03-28.

[37] 陈成坤, 刘春丽, 张刚, 等. 聚芳硫醚砜酰胺的合成及表征. 武汉理工大学学报, 2007, (12): 32-35.

[38] 陈成坤, 刘春丽, 张刚. 聚芳硫醚砜酰胺共聚物的常压合成与表征. 高分子材料科学与工程, 2007, (6): 53-56.

[39] Chen C K, Liu C L, Zhang G, et al. Synthesis and characterization of polyarylene sulfide sulfone/ketone amide. Frontiers of Chemistry in China, 2009, 4(1): 114-119.

[40] 张刚. 聚芳硫醚酰胺类树脂的合成及性能研究. 四川大学博士学位论文, 2010.

[41] 张刚, 张美林, 龙盛如. 常压法间位聚芳硫醚酰胺酰胺的合成及表征. 功能材料, 2009, (8): 84-86.

[42] Zhang G, Liu J, Zhang M L, et al. Synthesis and characterization of poly(meta-aryl sulfide amide amide). Journal of Mocromolecular Science, Part A: Pure and Applied Chemistry, 2009, 46: 1015-1023.

[43] Zhang G, Wang Y, Long S R, et al. Bis [4-(4-aminophenylsulfanyl) phenyl]ketone. Acta Crystallographica Section E: Structure Reports Online, 2009, 65(6): o1251.

[44] Zhang G, Zhao T R, Wang Y L, et al. Synthesis and characterization of novel polyamide containing ferrocene and thio-ether units. Journal of Mocromolecular Science, Part A: Pure and Applied Chemistry, 2010, 47: 291-301.

[45] Zhang G , Ren H H , Li D S , et al. Synthesis of highly refractive and transparent poly(arylene sulfide sulfone) based on 4,6-dichloropyrimidine and 3,6-dichloropyridazine. Polymer, 2013, 54(2): 601-606.

[46] Robello D R, Ulman A, Urankar E J. Poly(*p*-phenylene sulfone). Macromolecules, 1993, 26(25): 6718-6721.

[47] Colquhoun H M, Aldred P L, Kohnke F H, et al. Crystal and molecular structures of poly(1,4-phenylenesulfone) and its trisulfone and tetrasulfone oligomers. Macromolecules, 2002, 35(5): 1685-1690.

[48] Kurihara M, Himeshima Y. The major developments of the evolving reverse osmosis membranes and ultrafiltration membranes. Polymer Journal, 1991, 23(5): 513-520.

[49] 王娟. 耐腐蚀 PASS 中空纤维的制备与性能研究. 四川大学硕士学位论文, 2014.

[50] Hwang G J, Ohya H. Preparation of anion-exchange membrane based on block copolymers. Part 1. Amination of the chloromethylated copolymers. Journal of Membrane Science, 1998, 140(2): 195-203.

[51] Hwang G J, Ohya H, Nagai T. Ion exchange membrane based on block copolymers. Part Ⅲ. Preparation of cation exchange membrane. Journal of Membrane Science, 1999, 156(1): 61-65.

[52] Hwang G J, Ohya H. Preparation of anion exchange membrane based on block copolymers. Part Ⅱ. The effect of the formation of macroreticular structure on the membrane properties. Journal of Membrane Science, 1998, 149: 163-169.

[53] Yan G M, Hu Q, Zhang G, et al. Copolymers of poly(arylene sulfide sulfone)/poly(ether sulfone): synthesis, structure, and rheology properties. Journal of Applied Polymer Science, 2018, 135(29): 46534.

[54] 肖慧, 李涛, 李瑞海. 磺化聚苯硫醚砜的制备和性能表征. 塑料工业, 2011, 10: 32-35.

[55] 刘静. 聚芳硫醚砜的极性侧基改性研究. 四川大学硕士学位论文, 2008.

[56] Schuster M, de Araujo C C, Atanasov V, et al. Highly sulfonated poly(phenylene sulfone): preparation and stability issues. Macromolecules, 2009, 42(8): 3129-3137.

[57] Atanasov V, Buerger M, Wohlfarth A, et al. Highly sulfonated poly(phenylene sulfones): optimization of the polymerization conditions. Polymer Bulletin, 2012, 68(2): 317-326.

[58] Kristensen M B, Haldrup S, Christensen J R, et al. Sulfonated poly(arylene thioether sulfone) cation exchange membranes with improved permselectivity/ion conductivity trade-off. Journal of Membrane Science, 2016, 520: 731-739.

[59] Shin D W, Lee S Y, Lee C H, et al. Sulfonated poly(arylene sulfide sulfone nitrile) multiblock copolymers with ordered morphology for proton exchange membranes. Macromolecules, 2013, 46(19): 7797-7804.

[60] Wang C Y, Shen B, Dong H B, et al. Sulfonated poly(aryl sulfide sulfone)s containing trisulfonated triphenylphosphine oxide moieties for proton exchange membrane. Electrochimica Acta, 2015, 177: 145-150.

[61] 王孝军, 张坤, 黄光顺, 等. 聚芳硫醚砜/聚苯硫醚合金的流变行为. 高分子材料科学与工程, 2013, 29(2): 87-89.

[62] Lindstrom M R, Campbell R W. PAS-2 High Performance Prepreg and Composites, Applications of Polymers. Boston, MA: Springer. 1988: 47-51.

[63] Atsusti I, Kazuhlko K. Resin composition: EP0463738A2. 1991-05-29.

[64] Radhakrishnan S, Rajan C R, Nadkarni V M. Structure, growth and morphology of polyphenylene sulphide. Journal of Material Science, 1986, 21: 597-603.

[65] Rajan C R, Ponrathnam S, Nadkarni V M. Poly(phenylene sulfide): polymerization kinetics and characterization. Journal of Materials Science, 1986, 21: 597-603.

[66] Fahey D R, Ash C E. Mechanism of poly(phenylene sulfide) growth from *p*-dichlorobenzene and sodium sulfide. Macromolecules, 1991, 24: 4242-4249.

[67] 刘佳. 聚芳硫醚砜平板分离膜的结构控制及改性研究. 四川大学硕士学位论文, 2014.

[68] 袁书珊. 聚芳硫醚砜分离膜的制备与性能研究. 四川大学硕士学位论文, 2015.

[69] 袁书珊, 王越, 王孝军, 等. 聚芳硫醚砜/聚偏氟乙烯复合微滤膜的制备与性能. 高分子材料科学与工程, 2015.

[70] 王越. 聚芳硫醚砜分离膜改性结构与性能探究. 四川大学硕士学位论文, 2017.

[71] 熊晨. 多巴胺改性聚芳硫醚砜分离膜及其乳液分离性能研究. 四川大学硕士学位论文, 2018.

[72] 曹素娇. 含硫醚结构耐氯性水处理分离膜的制备与性能研究. 四川大学博士学位论文, 2019.

[73] Cao S, Zhang G, Xiong C, et al. Preparation and characterization of thin-film-composite reverse-osmosis polyamide membrane with enhanced chlorine resistance by introducing thioether units into polyamide layer. Journal of Membrane Science, 2018, 564: 473-482.

[74] Yuan S S, Wang J, Li X, et al. New promising polymer for organic solvent nanofiltration: oxidized poly(arylene sulfide sulfone). Journal of Membrane Science, 2018, 549: 438-445.

[75] Wei Z M, Lian Y F, Wang X J, et al. A novel high-durability oxidized poly(arylene sulfide sulfone) electrospun nanofibrous membrane for direct water-oil separation. Separation and Purification Technology, 2020, 234: 116012.

[76] 刘振艳. 高效过滤静电纺丝纳米纤维微滤膜的制备及其性能研究. 四川大学硕士学位论文, 2019.

[77] Liu Z, Wei Z, Long S, et al. Solvent-resistant polymeric microfiltration membranes based on oxidized electrospun poly(arylene sulfide sulfone) nanofibers. Journal of Applied Polymer Science, 2019: 48506.

[78] Liu Z Y, Wei Z M, Wang X J, et al. Preparation and characterization of multi-layer poly(arylene sulfide sulfone) nanofibers membranes for liquid filtration. Chinese Journal of Polymer Science, 2019, 37(12): 1248-1256.

[79] 黄恒梅. 静电纺丝法制备聚芳硫醚纳米纤维. 四川大学硕士学位论文, 2007.

[80] 黄恒梅, 王孝军, 张刚, 等. 聚芳硫醚砜纳米纤维直径的影响因素及其控制. 高分子材料科学与工程, 2008, 10: 171-174.

[81] 赵伟. 高效空气过滤纳米纤维膜的制备及其性能研究. 天津科技大学硕士学位论文, 2019.

第4章

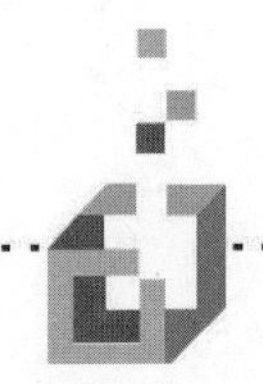

其他新型聚芳硫醚树脂——聚苯硫醚树脂的分子结构设计与改性品种

在PAS树脂家族里，除聚苯硫醚外，第3章的聚芳硫醚砜是研究工作开展得最深入与广泛的品种了，相对于聚芳硫醚砜，本章将要阐述的这些新型聚芳硫醚树脂品种目前多数处于研究、开发阶段，正是研究工作者对这些新型树脂结构的不断研究与探索，才有了聚芳硫醚类树脂这一概念，才使得聚芳硫醚树脂家族不断得到发展壮大，也必将为丰富高性能高分子材料品种做出新的贡献。

目前，这类新型聚芳硫醚树脂的研发主要集中在日本、美国、欧洲、韩国与中国，我国的研究工作则几乎全部集中在四川大学。

4.1 聚芳硫醚酮树脂

4.1.1 聚芳硫醚酮树脂合成

聚芳硫醚酮(PASK)是在聚苯硫醚分子主链中引入强极性酮羰基而得到的一种新型的耐高温、耐腐蚀的热塑性半结晶聚合物。PASK具有优异的热稳定性，其玻璃化转变温度在160 ℃左右，熔点高达360 ℃左右，以及优良的机械性能、良好的加工性能和优良的耐腐蚀性，该树脂在常温下仅溶于浓硫酸。相较于聚醚醚酮(PEEK)树脂，两者热性能接近，甚至PASK稍优，但PASK的成本却远低于PEEK。

PASK的研究始于20世纪70年代的美国菲利普斯石油公司，1989年，日本的吴羽化学工业株式会社在PASK研究上取得突破性进展。1990年，美国和日本都实现了PASK的小规模放大。20世纪80年代，四川大学陈永荣、伍齐贤、陈新、余自力、侯灿淑等开创了我国PASK的研究工作，分别进行了树脂合成及树脂结构与性能等方面的研究工作。之后，1995年，山东工业大学也针对PASK树脂开展了一些合成研究，但是由于种种原因，这些工作目前都未实现进一步的放大。

PASK 树脂的合成方法根据反应单体的不同，可以分为以下几种。

1. 碱金属硫化物法

碱金属硫化物法是以 4,4′-二卤代二苯甲酮和碱金属硫化物为原料，以极性有机溶剂为反应溶剂，在一定温度、压力下缩聚而得到 PASK 树脂，反应路线如下[1]。其中，X=F、Cl、Br，M=Na、Li，出于成本考虑，大部分专利及文献报道都是以硫化钠作为亲核试剂。反应溶剂包括 *N*-甲基吡咯烷酮(NMP)、二苯砜(DPS)、*N*-环己基吡咯烷酮(CHP)、*N,N*-二甲基甲酰胺(DMF)，六甲基磷酰三胺(HMPA)，其中最为常见的反应溶剂为 NMP。

$$n\,X-C_6H_4-C(=O)-C_6H_4-X + n\,M_2S \xrightarrow[\triangle]{NaOH,\ N_2} \left[C_6H_4-C(=O)-C_6H_4-S \right]_n + 2n\,MX$$

1989 年 Durvasula 等以 CHP 作溶剂[2]，以 4,4′-二氟二苯甲酮和脱水硫化钠为原料，在 290 ℃下反应 1 h 得到特性黏数高达 0.95 dL/g 的 PASK，作者指出，单体配比和硫化钠纯度会显著影响其分子量。2000 年，Kim 等以 NMP 为溶剂探究了水、聚合温度、聚合时间、原料配比等对 PASK 分子量的影响，制得了特性黏数在 0.04～0.18 dL/g 之间的 PASK 树脂[3]。1989 年，日本吴羽化学工业株式会社以 NMP 为溶剂，结晶硫化钠和 4,4′-二氯二苯甲酮为单体，在高温高压下反应，制得了特性黏数在 0.25～0.83 dL/g 之间、熔融稳定性好、结晶能力强的 PASK 树脂[4,5]。此外，1985 年，德国巴斯夫公司以三水硫化钠、二氟二苯甲酮为原料制备了特性黏数高达 0.78 dL/g 的 PASK 树脂[6]。

20 世纪 80 年代四川大学开创了我国 PASK 的合成研究[7,8]，所使用的方法为碱金属硫化物法。继四川大学之后，1995 年，山东建筑工程学院李风亭等以氯苯和四氯化碳为原料自制了 4,4′-二氯二苯甲酮(DCBP)，并用其和硫化钠在高压反应釜中反应得到了 PASK[9,10]。研究者指出，聚合体系应该保持适宜的含水量，含水量过低容易发生降解反应，含水量过高不易生成高分子量聚合物。报道的 PASK 特性黏数在 0.19～0.43 dL/g 之间。四川大学李志敏、杨杰等以 DMI、DPS 为复合溶剂，以 4,4′-二氟二苯甲酮(DFBP)和三水硫化钠为原料在常压下制备了特性黏数高达 0.837 dL/g 的 PASK[11,12]。复合溶剂法既有效地实现了硫化钠颗粒在有机极性溶剂中的分散，又保证了聚合物在反应体系中有一定的溶解度，从而使常压法制备的 PASK 分子量显著提高。DMI/DPS 复合溶剂体系下单体摩尔比和反应时间对 PASK 特性黏数的影响分别见表 4-1 和表 4-2。

表 4-1　DMI/DPS 复合溶剂体系下单体摩尔比对 PASK 特性黏数的影响

编号	Na_2S：DFBP 摩尔比	η_{int}/(dL/g)
1	0.98：1	0.498
2	0.99：1	0.550
3	1.00：1	0.695
4	1.01：1	0.661
5	1.02：1	0.680
6	1.03：1	0.650
7	1.04：1	0.586

表 4-2　DMI/DPS 复合溶剂体系下反应时间对 PASK 特性黏数的影响

编号	反应时间/h	反应温度/℃	η_{int}/(dL/g)
1	1.5		0.409
2	2		0.472
3	2.5		0.566
4	3	250～256	0.680
5	3.5		0.702
6	4		0.560
7	4.5		0.524

2. 碱金属硫氢化物法

碱金属硫氢化物法是以 4,4′-二氯二苯甲酮、硫氢化钠、氢氧化钠为原料，通过在密闭体系下酸式盐和碱的反应生成硫源，进而和卤代单体在有机极性溶剂下发生亲核取代反应完成聚合，反应路线如下方所示。美国菲利普斯石油公司在这一路线上进行了深入的研究，发现硫氢化钠和氢氧化钠的配比、水的用量都会显著地影响 PASK 的分子量和熔融稳定性[13,14]。研究发现，当硫氢化钠和氢氧化钠摩尔比在 1.01～1.03 之间，反应体系中水和硫氢化钠摩尔比为 5.14：1 时，PASK 分子量较高，熔融稳定性好，见表 4-3 和表 4-4。四川大学杨杰、吴喆夫等也以硫氢化钠、氢氧化钠，4,4′-二氟二苯甲酮为原料，NMP 为有机溶剂，在适宜条件下制备出特性黏数高达 0.76 dL/g 的 PASK。

$$\begin{matrix} NaHS \\ NaOH \end{matrix} + Cl-C_6H_4-\overset{O}{\overset{\|}{C}}-C_6H_4-Cl \xrightarrow{NMP,\ H_2O} \left[C_6H_4-\overset{O}{\overset{\|}{C}}-C_6H_4-S \right]_n$$

表 4-3 NaHS/NaOH 摩尔比对 PASK 特性黏数的影响

编号	n_{NaHS}/moL	n_{NaOH}/moL	NaHS：NaOH 摩尔比	η_{int}/(dL/g)
1	0.432	0.432	1：1	0.45
2	0.500	0.500	1：1	0.28
3	0.434	0.432	1.005：1	0.49
4	0.432	0.426	1.014：1	0.64
5	0.441	0.432	1.020：1	0.73
6	0.443	0.432	1.025：1	0.68
7	0.445	0.432	1.030：1	0.77
8	0.449	0.432	1.039：1	0.45
9	0.445	0.432	1.051：1	0.33

表 4-4 水的投入量对 PASK 特性黏数的影响

编号	NaHS：NaOH：DFBP：H_2O：NMP 摩尔比	H_2O：NaHS 摩尔比	η_{int}/(dL/g)	熔融稳定性
1	1.005：1：1：0：12	2.14：1	0.42	一般
2	1.005：1：1：1：12	3.14：1	0.42	一般
3	1.005：1：1：2：12	4.14：1	0.42～0.43	一般
4	1.005：1：1：3：12	5.14：1	0.51～0.64	好
5	1.005：1：1：4：12	6.14：1	0.40	一般
6	1.005：1：1：4.5：12	6.63：1	0.46	一般

3. 二硫酚与双卤代芳酮缩聚法

1970 年，德国专利报道了二硫酚与双卤代芳酮缩聚法[15]，其以 4,4′-二巯基二苯甲酮和 4,4′-二卤代二苯甲酮为原料，反应溶剂为二苯甲酮、二苯砜或 *N,N*-二甲基甲酰胺。反应路线如下所示。该法制备的聚芳硫醚酮分子量较高，但是，由于 4,4′-二巯基二苯甲酮产率受限且易于氧化，故难以实现工业化生产。

$$n\,HS-C_6H_4-\overset{O}{\overset{\|}{C}}-C_6H_4-SH + n\,X-C_6H_4-\overset{O}{\overset{\|}{C}}-C_6H_4-X \xrightarrow[N_2]{NaOH} \left[C_6H_4-\overset{O}{\overset{\|}{C}}-C_6H_4-S \right]_n$$

4. 4-(4-卤苯甲酰)硫酚自缩聚法

德国、美国以及日本专利都先后报道过以 4-(4-卤苯甲酰)硫酚为原料自缩聚制备 PASK[16]，其中，X=F、Cl、Br，反应溶剂多为二苯砜、环丁砜、二苯醚等，反应路线如下所示。这种方法规避了缩聚反应中单体比例配比失衡的问题，易于制备高分子量的 PASK。据报道，特性黏数达 0.73 dL/g。然而，单体合成困难使之难以工业化。

n HS—C$_6$H$_4$—C(=O)—C$_6$H$_4$—X $\xrightarrow[\triangle]{NaOH,\ N_2}$ [—C$_6$H$_4$—C(=O)—C$_6$H$_4$—S—]$_n$ + nHX

5. *硫黄溶液法*

四川大学李荣用硫黄溶液法展开了 PASK 树脂的合成工作[7]，常压下在 200 ℃反应 6 h 合成了特性黏数在 0.1 dL/g 左右的 PASK，反应路线如下。该法成本低廉，然而树脂分子量有待进一步提高。

S ⟶ S^{2-}

n X—C$_6$H$_4$—C(=O)—C$_6$H$_4$—X + $n\,S^{2-}$ $\xrightarrow[N_2,\ NMP,\ \triangle]{NaOH/Na_2CO_3}$ [—C$_6$H$_4$—C(=O)—C$_6$H$_4$—S—]$_n$

6. *席夫碱法*

四川大学王言伦、杨杰等报道了席夫碱法制备 PASK 的工作[17,18]。首先，以苯胺和4,4′-二氟二苯甲酮(DFBP)为原料制备了4,4′-二氟二苯甲亚胺。然后，以4,4′-二氟二苯甲亚胺和硫化钠为原料在 180 ℃反应 3 h，210～220 ℃反应 3 h，合成了聚芳硫醚酮亚胺(PASM)。最后，将制备好的 PASM 溶于四氢呋喃(THF)中，加盐酸搅拌 48 h 脱去苯胺基团，从而制备了 PASK，反应路线如下。

F—C$_6$H$_4$—C(=O)—C$_6$H$_4$—F + C$_6$H$_5$NH$_2$ $\xrightarrow{H^+}$ F—C$_6$H$_4$—C(=N—C$_6$H$_5$)—C$_6$H$_4$—F

n F—C$_6$H$_4$—C(=N—C$_6$H$_5$)—C$_6$H$_4$—F + $n\,Na_2S$ $\xrightarrow{OH^-}$ [—C$_6$H$_4$—C(=N—C$_6$H$_5$)—C$_6$H$_4$—S—]$_n$

[—C$_6$H$_4$—C(=N—C$_6$H$_5$)—C$_6$H$_4$—S—]$_n$ + HA ⟶ [—C$_6$H$_4$—C(=O)—C$_6$H$_4$—S—]$_n$

席夫碱法合成树脂最大特性黏数达到 0.605 dL/g，见表 4-5，但是仍存在操作复杂、工艺路线长、稳定性差等缺点，仍需完善并开展进一步深入的研究工作。

表 4-5 PASM 和 PASK 的分子量和特性黏数

编号	温度/℃	$\eta_{int-H_2SO_4}$/(dL / g)	$\eta_{int-THF}$/(dL/g)	分子量
PASM-1	210	—	0.206	8000
PASM-2	220	—	0.293	17900
PASK-1	210	0.376	—	—
PASK-2	220	0.605	—	—

7. 开环聚合法

2004 年, Mikhail G. Zolotukhin, Serguei Fomine 等成功地运用开环聚合的方式在高温绝氧条件下合成了 PASK[19]。首先，在等摩尔 4,4′-二氯二苯甲酮和硫化钠的 NMP 极稀溶液中 200 ℃加热反应 14 h。获得的产物依次用水洗、二氯甲烷萃取后，再用氯苯两次重结晶，得到下面示意图中 n=2 和 n=3 摩尔比为 3：2 的混合物；然后在 360～480 ℃下绝氧加热 10～20 min 或在二苯砜中于 310 ℃加热反应得到 PASK。一般认为，升温到 370 ℃时，少量苯硫键发生均裂，生成的活性硫自由基进攻环状单体，继续生成含 PASK 单元的活性硫自由基，从而在短时间内生成高分子量的 PASK。文献报道的开环聚合法制备的 PASK 特性黏数高达 1.06 dL/g。这种制备 PASK 的方法具有无需催化剂、溶剂，合成短时高效等优点。但是环状单体产率低(不足 20%)，溶剂成本高，反应体系要求高度绝氧，故难以实现工业化。

1(n=2)
2(n=3)

8. 光气法

日本吴羽化学工业株式会社也报道了光气法制备 PASK 的方法[20]，该法用光气与二苯硫醚在无水 $AlCl_3$ 催化下反应合成 PASK，反应以$(CHCl_2)_2$等为溶剂，在压力为 2 MPa 的高压反应釜中于 110 ℃下聚合 8 h，聚合物的收率为 89%(反应式见下方)，但该法制得的聚合物分子量不高，催化剂难以回收，而且所用的原料光气毒性较大，因此其发展前景有限。

$$n\,C_6H_5\text{—S—}C_6H_5 + n\,Cl\text{—}\overset{O}{\overset{\|}{C}}\text{—}Cl \longrightarrow \left[\text{—}C_6H_4\text{—}\overset{O}{\overset{\|}{C}}\text{—}C_6H_4\text{—S—}\right]_n + 2n\,HCl$$

4.1.2　PASK 树脂的结构与性能

1. PASK 化学结构表征及聚集态分析

图 4-1 为 PASK 粉末的红外光谱图，由图可见，在 3051 cm^{-1} 出现了苯环 C—H 伸缩振动峰，在 1585 cm^{-1} 和 1484 cm^{-1} 处出现苯环的骨架振动吸收峰；在 844 cm^{-1} 和 832 cm^{-1} 处出现苯环的对位二取代特征吸收峰；在 1651 cm^{-1} 处出现—CO—的伸缩振动特征峰；在 1080 cm^{-1} 处出现—S—的特征吸收峰。

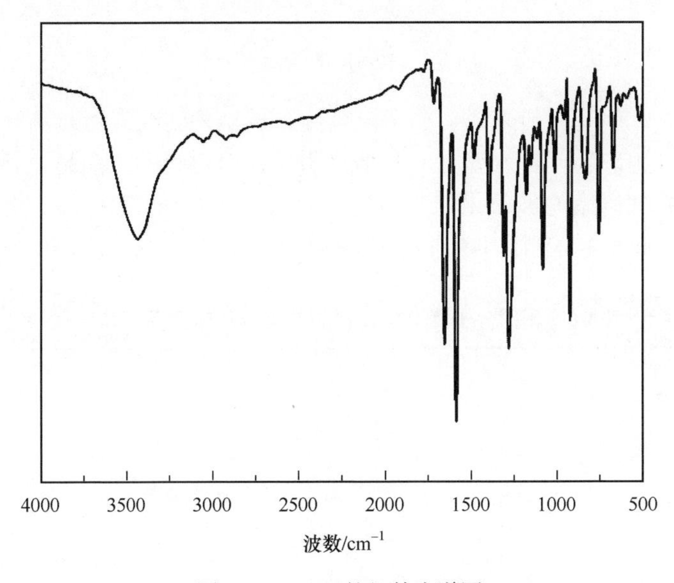

图 4-1　PASK 的红外光谱图

图 4-2 为 PASK 的 XRD 图谱，谱图中有 4 组明显的峰，其 2θ 分别为 16.8°、18.74°、23.62°、28.52°，说明 PASK 树脂是一种半结晶聚合物，其晶胞为体心单斜晶系。

2. PASK 树脂的热学性能

PASK 相较于聚苯硫醚分子结构，其主链上引入了强极性的羰基，使之热稳定性进一步提高。虽然不同的测试手段与测试条件下 PASK 的玻璃化转变温度和

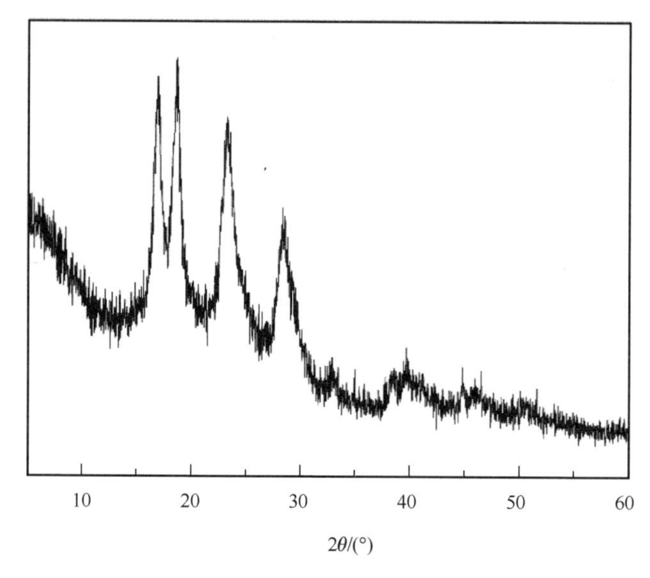

图 4-2　PASK 的 XRD 图谱

熔点存在差异，但是一般来说，分子量越高，玻璃化转变温度越高，但分子量达到一定程度时，玻璃化转变温度上升不再明显；而树脂的结晶越完善，其熔点越高。未经热处理树脂的玻璃化转变温度一般在 140～160 ℃之间，熔点在 340～350 ℃之间，如表 4-6 和图 4-3 所示。

表 4-6　不同分子量 PASK 树脂的玻璃化转变温度和熔点

编号	η_{int}/(dL/g)	T_m/℃	T_g/℃
1	0.39	339.6	157.7
2	0.51	341.3	157.9
3	0.67	341.0	158.0
4	0.67	344.4	158.4
5	0.76	345.3	157.0

注：η_{int} 决定了分子量的相对大小，η_{int} 越高，分子量越大。

PASK 具有优异的热稳定性，当其分子量上升到一定程度时，初始分解温度大于 490 ℃；PASK 在空气中初始分解温度略高于在氮气中初始分解温度，这是因为聚芳硫醚材料在高温下会与氧气发生氧化交联从而使热稳定性上升。氧的存在会使得 C—S 键在氧化分解的同时与苯环发生重排交联反应，但随着温度的进一步升高，树脂最后完全分解，导致其残炭率几乎为零；而在氮气气氛下，PASK 分解为一步降解机理，最终残炭率约为 65%，见表 4-7。

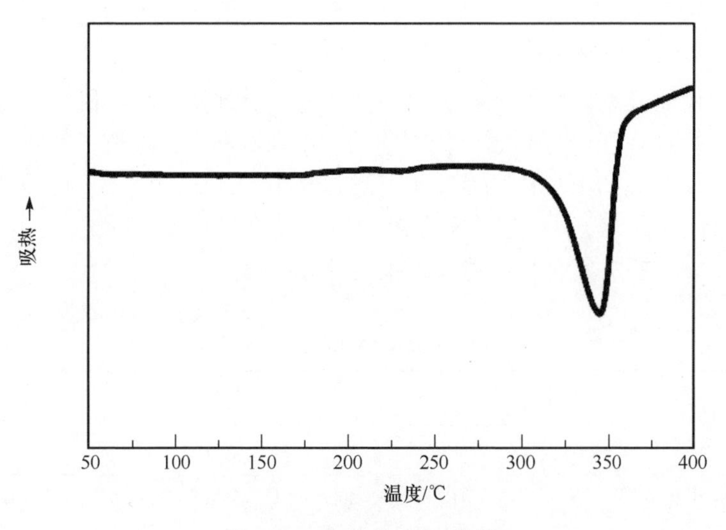

图 4-3　PASK 的 DSC 曲线

表 4-7　不同分子量 PASK 树脂初始分解温度和残炭率

η_{int}/(dL/g)	气氛	初始分解温度/℃	残炭率/%
0.282	氮气	496.5	63.2
	空气	501.6	3.98
0.576	氮气	503.8	64.5
	空气	505.9	4.77
0.680	氮气	530.2	63.4
	空气	535.9	5.31
0.783	氮气	529.1	67.2
	空气	539.5	8.93

注：残炭率在氮气/空气气氛中 800 ℃下测定。

PASK 树脂的其他相关的热学性能和加工性能也在日本专利[21-23]中有所报道，如表 4-8 所示，其所制备的 PASK 在高温(420 ℃下保持 10 min)处理后降温时还能保持高的结晶性能，具有良好的长时间熔融加工熔体稳定性。

表 4-8　PASK 的热学性能

η_{int}/(dL/g)	熔点/℃	ΔH_{mc}(420 ℃ /10 min)/(J/g)	结晶温度(420 ℃ / 10 min)/℃	熔融加工持续时间/h	熔融加工性能	密度/(g/cm³)		结晶性能
						非晶压片	退火压片	
0.82	367	55	305	>2	好	1.30	1.35	高
0.60	366	41	290	>2	好	1.30	1.35	高
0.25	363	47	300	>2	好	1.30	1.35	高

3. PASK 树脂的力学性能

PASK 树脂及复合材料能在较广的温度范围内维持较高的机械性能。吴羽化学工业株式会社在 20 世纪 80 年代末期的一系列专利中，报道了其在合成分子量和熔融稳定性较高的 PASK 的基础上，通过挤出、注塑、模压、拉伸等传统加工手段，制得了一系列力学性能优异的 PASK 膜、复合材料以及纤维。表 4-9～表 4-12 分别列出 PASK 膜、复合材料以及纤维的部分力学性能。

表 4-9 PASK 热压膜的力学性能

η_{int}/(dL/g)	密度/(g/cm^3)	拉伸强度/MPa		拉伸模量/MPa		熔融耐热性(金属熔化浴 10 s)/℃
		23 ℃	250 ℃	23 ℃	250 ℃	
0.81	1.35	140	41	3000	330	>310
0.61	1.35	80	20	3000	320	>310

表 4-10 PASK 单向拉伸膜和双向拉伸膜的力学性能(η_{int}=0.81 dL/g)

编号	拉伸比	拉伸强度/MPa		拉伸模量/GPa		拉伸方式
		23 ℃	270 ℃	23 ℃	270 ℃	
1	5：1	210/—	170/—	5.6/—	0.7/—	单向拉伸
2	3.1：1/2.9：1	160/150	100/80	3.9/3.8	0.3/0.2	连续双向拉伸

表 4-11 模压法制备的 PASK 复合材料综合力学性能

编号	η_{int}/(dL/g)	填料种类及质量分数/%	热变形温度/℃	挠曲强度/MPa	挠曲模量/GPa	冲击强度/MPa
1	0.81	GF/39，CF/1	345	280	18.2	350
2	0.61	GF/39，CF/1	345	220	18.5	300
3	0.25	GF/39，CF/1	>340	140	15	120
4	0.89	GF/39	>340	240	18	310
5	0.80	CF/50，SiO_2/3	—	—	16	—
6	0.80	CF/25，Aramid/5	345	220	20	—

表 4-12 PASK 纤维的力学性能

η_{int}/(dL/g)	纤维直径/μm	拉伸强度/MPa		断裂伸长率/%	拉伸模量/MPa		密度/(g/cm^3)
		23 ℃	25 ℃		23 ℃	25 ℃	
0.4	20	250	130	20	2800	1200	1.36
0.97	20	390	200	22	3700	1500	1.36

PASK 树脂具有良好的加工特性，为改善其某一方面的性能，还可以与各种填料或者其他类型树脂通过传统的加工手段复配。加之 PASK 还有许多优良的特性，如优异的耐腐蚀性、常温下不溶于除浓硫酸以外的溶剂、优良的耐辐射和阻燃性等，使其成为一种极具发展潜力的特种工程塑料。

4. PASK 共聚物

在制备 PASK 树脂的基础上，为进一步改善、提升其性能，人们也探索了聚芳硫醚酮共聚物的制备。

PASS 和 PASK 都是在聚苯硫醚主链上引入极性基团而得到的热性能更为优异的热塑性特种工程塑料。PASK 为半结晶聚合物，热稳定性优，熔点高，加工温度高，不溶于除浓硫酸以外的溶剂，而 PASS 为非晶聚合物，玻璃化转变温度高，在极性溶剂中溶解性好。为了结合两种聚合物的优点，得到综合性能优异、加工性优良的树脂，美国菲利普斯石油公司的 Dwayne 等首先采用共聚的方法制得了含有两种重复单元的砜/酮无规共聚物[24]，如表 4-13 所示。

表 4-13 PASK/PASS 共聚物特性黏数、玻璃化转变温度和熔点

PASS/PASK 摩尔比	η_{int}/(dL/g)	玻璃化转变温度/℃	熔点/℃	产率/%
100/0	0.39	215	—	98.6
90/10	0.32	202	—	95.2
75/25	0.40	199	—	99.0
50/50	0.31	179	—	94.5
25/75	0.38	158	269	98.7
15/85	0.49	161	300	97.8
0/100	0.50	144	345	98.5

国内四川大学许双喜、杨杰等也采用含水硫化钠、氢氧化钠、催化剂和 4,4′-二氯二苯砜(DCDPS)及 4,4′-二氟二苯甲酮(DFBP)在常压、氮气保护下于 190～260 ℃下反应 3～6 h，成功合成了聚芳硫醚砜/聚芳硫醚酮(PASS/PASK)共聚物，

其产率大于94%[25]。张刚、吴喆夫等则以4,4′-二巯基二苯砜、4,4′-二巯基二苯甲酮、4,4′-二氯二苯砜及4,4′-二氟二苯甲酮为原料制备了聚芳硫醚酮(PASK)高共聚比例的聚芳硫醚砜/聚芳硫醚酮(PASS/PASK)共聚物，当PASK含量高于75%时，共聚物具有结晶特性，且随着PASK含量的上升，共聚物玻璃化转变温度逐渐下降，残炭率逐步上升，初始热分解温度逐步上升，如表4-14所示。这说明PASS/PASK主链结构中的PASK链段结构增强了PASS/PASK共聚物的热稳定性。

表4-14 不同组成的PASS/PASK树脂的综合性能

树脂组成	玻璃化转变温度/℃	熔点/℃	残炭率/%	拉伸强度/MPa
PASS	216.2	—	—	78.3
PASS/PASK-25%	200.8	—	41.83	84.7
PASS/PASK-50%	184.8	—	50.17	83.2
PASS/PASK-75%	161.2	297.4	54.02	74.6
PASK	155.7	342	69.49	79.1

注：残炭率在氮气气氛中800 ℃下测定；PASS/PASK-25%是指PASK在PASS/PASK共聚物中的含量为25%。

由此可见，PASS/PASK共聚树脂的分子链结构中同时具有PASS和PASK的结构单元，有机地结合了两种高性能树脂的性能，达到了优化组合的目的，成功地提高了非晶性PASS的热稳定性，同时又可克服结晶性PASK加工温度高、加工困难的缺点，更有利于新材料的推广与应用。

4.2 聚芳硫醚腈树脂

聚芳硫醚腈(PASN)相当于是在聚苯硫醚(PPS)的苯环上引入一个强极性的氰基而得到的一种耐热性特种工程树脂。PASN的相关研究较少，其报道主要集中于20世纪80年代的日本专利中，Tetsuya等以NMP、DMSO为溶剂，以2,6-二氯苯甲腈或2,6-二氟苯甲腈为亲电试剂，以脱水硫化钠为亲核试剂，在200～250 ℃之间反应3～6 h，制得了PASN，反应式如下所示[26,27]。

n X–C₆H₃(CN)–X + $n\,Na_2S$ $\xrightarrow{200\sim250\ ℃}$ $[$–C₆H₃(CN)–S–$]_n$

其中，X=F或Cl，以氟为单体可以在相同条件下制备出分子量更高的PASN，这是因为氟的电负性比氯高，使得与其相邻的苯环碳原子电子云密度下降，从而S^{2-}更容易进攻此碳原子而发生取代反应。此外，也有报道用一定比例的2,6-二氯苯甲腈、对二氯苯和 1,3-苯二硫酚共聚，得到含有 PASN 片段的无规共聚物，反应式如下所示。

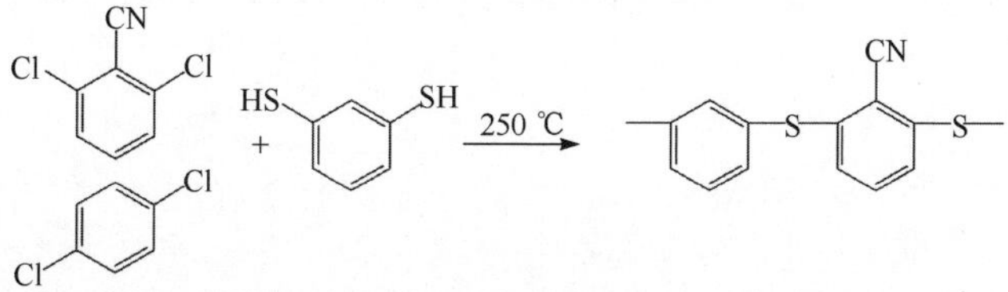

PASN 的红外光谱显示，其在 2220～2300 cm^{-1} 处出现氰基的特征峰，在 1080 cm^{-1} 和 735 cm^{-1} 处出现硫醚的特征峰。表 4-15 分别列出了氯代和氟代反应单体制备的 PASN 特性黏数以及热性能。

表 4-15　PASN 的特性黏度以及热性能

X	η_{int}/(dL/g)	T_g/℃	T_m/℃	T_d/℃
Cl	0.20[a]	—	440	465
Cl	0.40[b]	167	400	540
F	0.73[b]	173	460	560

a. 在浓 H_2SO_4 中(0.2 g/dL)30 ℃下测定；b. 在浓 H_2SO_4 中(0.5 g/dL)140 ℃下测定。

由于氰基的存在，PASN 的玻璃化转变温度远高于 PPS，甚至高于 PASK。和 PPS 一样，PASN 也是结晶聚合物，熔点高达 440～460 ℃，故而 PASN 的热稳定性较 PPS、PASS、PASK 有很大的提升。

由于 PASN 的熔点高于 400 ℃，给树脂的加工带来极大困难，故而人们将 2,6-二氯苯甲腈和 4,4′-二氯二苯砜在加压条件下进行 5 h 的共聚，尝试采用 PASS 与 PASN 共聚，制备 PASS/PASN 共聚物，以降低其熔点，拓展其加工窗口，同时增强其在极性溶剂中的溶解度，拓展其溶液加工性。

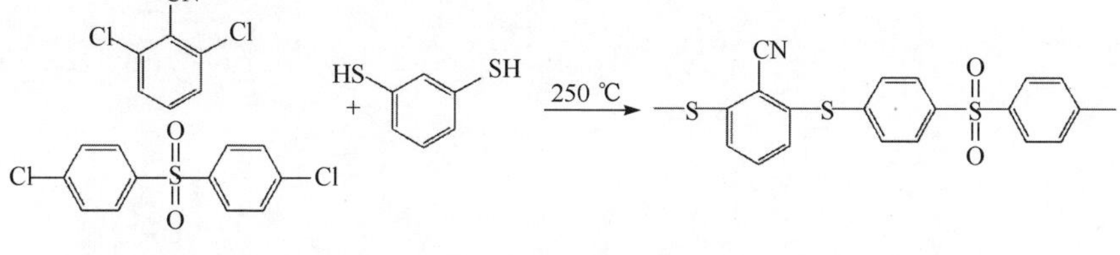

当 PASS/PASN 的共聚比为 4∶1 时，其 T_g＝178 ℃，T_m=385 ℃，起始分解温度大于 480 ℃。表 4-16 列出了不同黏度 PASS/PASN 膜的力学性能。

表 4-16　PASS/PASN 膜的主要性能

η_{int}^{*} / (dL / g)	T_g/℃	拉伸强度/MPa	断裂伸长率/%	弹性率/(kg/cm)
0.62	209	87	25	34000
0.45	207	73	17	33000
0.32	207	65	11	31000
0.80	208	106	15	39000

*黏度在对氯苯酚中 60 ℃下测定。

由此可见，PASN 及其共聚物除了具有优良的热稳定性外，还有良好的机械性能、耐化学性能；同时，氰基的功能性，又使其可能成为一种新型的功能性耐热高分子材料，在汽车、电子器件、精密仪器、光电通信以及航空航天等领域都有广阔的应用前景。

4.3　聚芳硫醚酰胺树脂

硫原子具有极化率高、柔性好的特性。依照洛伦兹-洛伦茨方程，将硫引入聚合物分子骨架可以提高光学膜的折射率，进而拓展聚酰胺薄膜在光学器件如微透镜、LED 的封装剂等方面的应用前景。为此，近年来，研究工作者将硫醚结构引入聚酰胺体系中，得到了一系列高硫含量的聚芳硫醚酰胺。这些聚酰胺具有优良的热力学性能和良好的光学性能。

1994 年，Mitsuru Ueda 等以对丙烯酰氧基苯甲酸和对巯基苯胺为原料，*N*-甲基吡咯烷酮为溶剂，室温下迈克尔加成得到了特性黏数为 0.31 dL/g 的含硫醚结构的聚酰胺[28,29]。1995 年，Randy A. Johnson 等成功地将硫醚键引入聚酰胺，得到了热性能优异的含硫醚结构的聚酰胺[30]。表 4-17 列出了所合成的含有硫醚和噻蒽结构聚酰胺(结构式如下)的玻璃化转变温度与初始热分解温度。

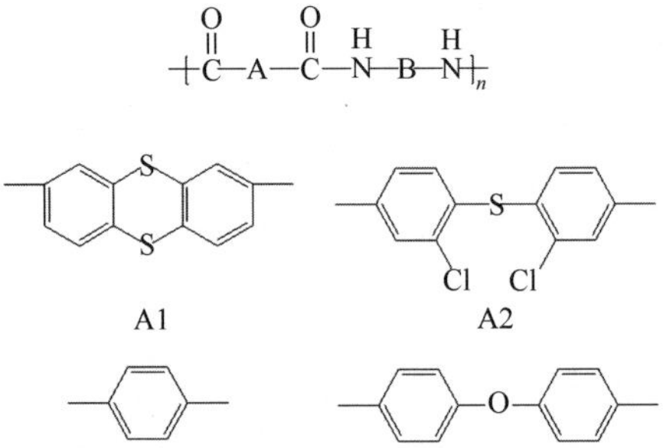

$$\left[\overset{O}{\overset{\|}{C}}-A-\overset{O}{\overset{\|}{C}}-\overset{H}{N}-B-\overset{H}{N}\right]_n$$

A1　　A2

B1　　B2

表 4-17　硫醚和噻蒽改性聚酰胺的热学性能

编号	T_g/℃	T_d(氮气气氛下)/℃	T_d(空气气氛下)/℃
A1-B1	307	448	437
A1-B2	311	439	440
A2-B1	289	441	421
A2-B2	265	431	427

国内对聚芳硫醚酰胺的研究主要集中于四川大学。20 世纪 90 年代，四川大学伍齐贤、周祚万等将酰胺基团引入 PPS 中，所得到的聚芳硫醚酰胺在有机溶剂中具有良好的溶解性，但其树脂存在聚合物分子量低、力学性能差的问题[31,32]。2008 年，张刚、杨杰等以一系列氟取代二卤代二酰胺和硫酚类化合物为原料，以亲核取代的方式制备含硫醚结构单元的酰氯单体，然后将这些高硫醚含量的酰氯和二氨基化合物在常温下聚合得到了全芳结构的聚芳硫醚酰胺[33-35]。如表 4-18 所示，在刚性芳环和极性酰胺的共同作用下，这一系列聚酰胺具有优异的热性能，玻璃化转变温度均高于 230 ℃。并且，这一系列含有硫醚的聚酰胺光学膜的折射率均高于 1.7，而传统高分子材料的折射率大多在 1.2～1.6 之间。

表 4-18　PAS 的化学结构与性能表

分子结构	综合性能	
	T_g/℃	折射率(n)
$[\text{C}_6\text{H}_4\text{-S}]_n$	90	—
$[\text{C}_6\text{H}_4\text{-SO}_2\text{-C}_6\text{H}_4\text{-S}]_n$	220	—
$[\text{C}_6\text{H}_4\text{-CO-C}_6\text{H}_4\text{-S}]_n$	155	—
$[\text{CO-C}_6\text{H}_4\text{-S-C}_6\text{H}_4\text{-S-C}_6\text{H}_4\text{-CO-NH-C}_6\text{H}_4\text{-S-C}_6\text{H}_4\text{-SO}_2\text{-C}_6\text{H}_4\text{-S-C}_6\text{H}_4\text{-NH}]_n$	230	1.718
$[\text{CO-C}_6\text{H}_4\text{-S-C}_6\text{H}_4\text{-CO-NH-C}_6\text{H}_4\text{-S-C}_6\text{H}_4\text{-SO}_2\text{-C}_6\text{H}_4\text{-S-C}_6\text{H}_4\text{-NH}]_n$	246	1.713
$[\text{NH-C}_6\text{H}_4\text{-S-C}_6\text{H}_4\text{-CO-NH-C}_6\text{H}_4\text{-NH-CO-C}_6\text{H}_4\text{-S-C}_6\text{H}_4\text{-NH-CO-C}_6\text{H}_4\text{-S-C}_6\text{H}_4\text{-S-C}_6\text{H}_4\text{-CO}]_n$	235	1.704

续表

分子结构	综合性能	
	T_g/℃	折射率(n)
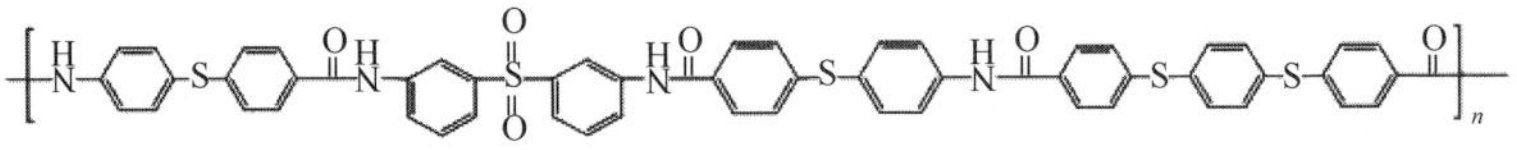	265	1.702
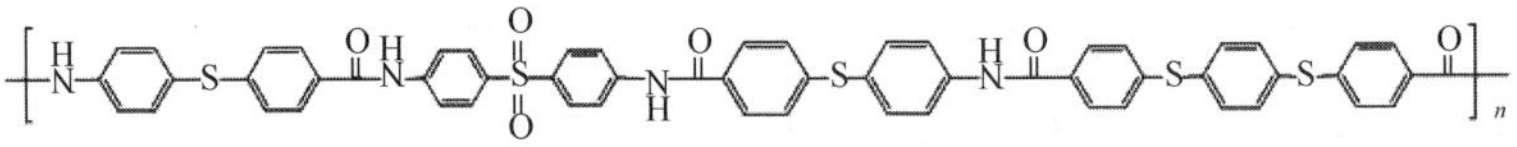	269	1.706

半芳族聚酰胺相较于脂肪族聚酰胺具有尺寸稳定性好、耐热性好的优点。但目前，在已经开发并实现了工业化生产的半芳族聚酰胺树脂中，除聚对苯二甲酰壬二胺(PA9T)、聚对苯二甲酰癸二胺(PA10T)可以直接采用常规的塑料加工方式进行挤出与注塑加工外，其他采用短脂肪链二胺制备的半芳族聚酰胺，如聚对苯二甲酰己二胺(PA6T)等，都因其中的脂肪链较短，缺乏足够的柔性，聚合物分子链的刚性高，使得这些半芳族聚酰胺品种的熔点(T_m)都较高，甚至与树脂本身的初始热分解温度(T_d)接近，使得其难以采用熔融加工的方法进行加工成型。在基础研究及工程放大的过程中，为了不损失半芳族聚酰胺优异的热力学性能，同时又改善其熔融加工性能，通常都对 PA6T、PA4T 等树脂采用引入新的二胺单体与进行共聚的方法降低原树脂的结晶性，从而达到降低原树脂熔点的目的。四川大学聚芳硫醚课题组杨杰、张美林、瞿兰、罗晓玲、彭伟明、王钊等在该领域做了大量研究与开发工作，取得了突出成绩[36-43]，与合作单位青岛三力本诺新材料股份有限公司共同实现了 3000t/a 规模的 PA6T 产业化工作，现正在建设半芳族聚酰胺万吨级产业化生产装置。

在半芳族聚酰胺研究开发的基础上，四川大学的研究工作者又采用不同于引入新的二胺单体共聚的方法，将柔性的硫醚键也引入聚酰胺的骨架上，成功地降低了半芳族聚酰胺的加工温度，扩展了树脂熔融挤出加工的窗口。张刚、杨杰等将 4,4′-二甲酰基二苯硫醚或 4,4′-双(4-甲酰氯基苯硫基)苯溶于二氯甲烷[44]，将脂肪族二胺溶于氢氧化钠的水溶液，室温界面缩聚得到含硫醚的半芳族聚酰胺，相关热性能和力学性能如表 4-19 所示。所得的含硫聚酰胺都是半结晶聚合物，熔点低于 320 ℃，和工业化的 PA9T 相仿。在 290～320 ℃范围内观察剪切速率对表观黏度的影响，发现随着剪切速率的上升，表观黏度逐步下降。这表明，柔性硫醚键的引入显著降低了分子的刚性，在较适合加工温度、适宜的剪切速率下即可获得较好的熔体流动性，为半芳族聚酰胺熔融加工提供了新思路。

表 4-19　半芳族聚芳硫醚酰胺及其性能

分子结构	综合性能		
	T_g/℃	T_m/℃	拉伸强度/MPa
$\left[CO-C_6H_4-S-C_6H_4-CO-NH-(CH_2)_6-NH-CO \right]_n$	166.7	313.6	73.8
$\left[CO-C_6H_4-S-C_6H_4-CO-NH-(CH_2)_8-NH-CO \right]_n$	161.2	293.8	86.5
$\left[CO-C_6H_4-S-C_6H_4-CO-NH-(CH_2)_{10}-NH-CO \right]_n$	152.2	281.4	62.1
$\left[CO-C_6H_4-CH_2-S-CH_2-C_6H_4-CO-NH-(CH_2)_4-NH \right]_n$	130.6	303.8	64.1
$\left[CO-C_6H_4-CH_2-S-CH_2-C_6H_4-CO-NH-(CH_2)_6-NH \right]_n$	114.8	302.0	59.9
$\left[CO-C_6H_4-CH_2-S-CH_2-C_6H_4-CO-NH-(CH_2)_8-NH \right]_n$	104.3	300.3	57.6

4.4　含芳杂环聚芳硫醚树脂

4.4.1　含芳杂环聚芳硫醚酰胺

受到硫醚增强全芳聚酰胺溶解性和光学性能的启发，近年来，研究工作者开发了众多含芳杂环的聚芳硫醚。Rostami 以三苯基膦(TPP)和吡啶为聚合助剂，NMP 为溶剂，通过微波辐射的方法合成了含有吡啶结构的聚芳硫醚[45]。硫醚的存在增强了聚合物的溶解性，使之在常温下即可溶于 NMP、DMAC、DMF、DMSO 等高沸点有机溶剂，加热条件下溶于四氢呋喃、间甲酚等溶剂。合成步骤见下方，部分热性能见表 4-20。

$$HOOC-CH_2-S-(C_5H_3N)-S-CH_2-COOH \; (\mathbf{1}) \xrightarrow[\text{Py/CaCl}_2\text{,MW}]{\text{NMP/TPP}} \left[CO-CH_2-S-(C_5H_3N)-S-CH_2-CO-NH-A-NH \right]_n \; (\mathbf{2}\sim\mathbf{5})$$

A: **2**(PPD)　**3**(PDAN)　**4**(PMPD)　**5**(PODA)

表 4-20 含硫醚和吡啶结构的改性聚酰胺的热学性能

编号	η_{int}/(dL/g)	T_g/℃	$T_{10\%}$/℃	残炭率/%
2(PPD)	0.46	198	190	34
3(PDAN)	0.53	254	249	19
4(PMPD)	0.43	181	167	24
5(PODA)	0.40	176	184	26

Ali Javadi 等通过将含硝基结构的噻唑和硫醚引入聚酰胺中，得到了热学性能、光学性能优异的含芳杂环聚芳硫醚(相关结构见下方)，综合性能如表 4-21 所示[46]。

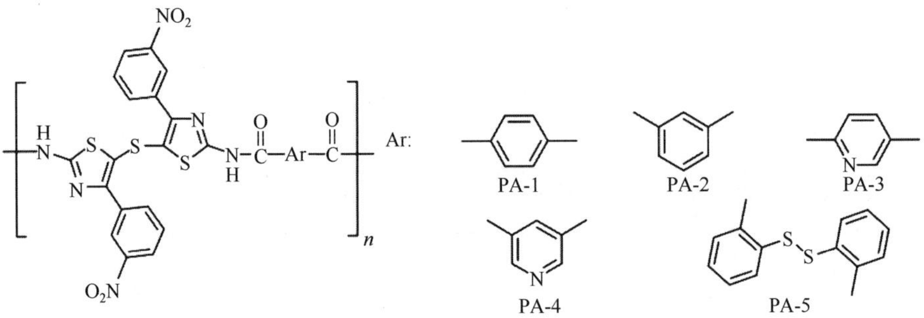

表 4-21 含硫醚和噻唑结构的改性聚酰胺的综合性能

编号	η_{int}/(dL/g)	T_g/℃	氮气气氛下初始分解温度/℃	450 nm 处透光率/%	折射率
PA-1	0.8	239	493	85	1.745
PA-2	0.65	223	481	88	1.743
PA-3	0.73	236	488	86	1.748
PA-4	0.47	215	479	90	1.745
PA-5	0.41	207	469	94	1.756

2003 年以来，四川大学在该领域开展了一系列的研究工作。例如，刘春丽、张美林等开展了聚芳硫醚酰亚胺的合成与性能研究[47,48]，陈全兴开展了聚芳硫醚砜酰亚胺的合成与表征研究[49]，吴喆夫等开展了半芳族聚芳硫醚酰亚胺的合成与光学性能研究[50]，杨世芳开展了新型聚芳硫醚树脂——聚喹啉硫醚[poly (quinoline sulfide)]的研究[51]，刘岁林开展了聚芳硫醚酮酰胺分离膜和致密膜的制备及结构与表征研究[52]。近年来，张刚、杨杰等又将哒嗪和嘧啶引入 PAS 中，得到了热学和光学性能优异的含芳杂环树脂，合成步骤见下方，综合性能如表 4-22 所示[53]。

表 4-22 含哒嗪和嘧啶结构的改性聚酰胺的综合性能

编号	数均分子量	T_g/℃	拉伸强度/MPa	杨氏模量/GPa	折射率	450 nm 处光学膜的透光率/%
PA-a	67000	229	98.7	3.1	1.730	92.9
PA-b	71000	261	112.3	3.3	1.722	93.2
PA-c	42000	227	79.2	2.9	1.732	87.9
PA-d	44000	262	78.4	3.4	1.723	92.7

根据洛伦兹-洛伦茨方程，噻唑、嘧啶、哒嗪等杂环结构和硫醚都具有较高的摩尔折射率，故在相同硫含量下，适当地引入杂环结构可以使聚合物光学膜的折射率进一步上升。而在分子主链上引入极性杂环结构的同时增强了分子极性，进一步提高了耐热性，分子主链上柔性的硫醚结构又使分子链的刚性不会过于强，使这一类聚合物在常温下就可以溶于 NMP、DMF 等高沸点极性溶剂，赋予了其优良的溶液加工性能。

4.4.2 含硫醚聚酰亚胺

日本 Mitsuru Ueda、Shinji Ando 等对含硫醚的杂环聚酰亚胺的光学性能(膜的折射率、双折射率)进行了详细的讨论[54-57]。一般来说，分子链结构中的硫含量越高，聚合物的折射率越高；而折射率高、双折射率低的材料在微透镜光学薄膜等领域有广泛应用前景。这类聚合物的部分结构和光学性能见表 4-23。此外，这一系列含硫醚的杂环聚酰亚胺都能在加热的条件下溶于高沸点极性溶剂，克服了传统聚酰亚胺加工困难的缺陷。罗马尼亚 A. I. Barzic 等以 4,4′-二氨基二苯硫醚、脂肪族和芳香族的二酸酐为单体，制备了折射率在 1.67～1.73(486 nm)的光学膜[58]。

表 4-23 含硫醚和芳杂环结构的改性聚酰亚胺的光学性能

分子结构	硫醚含量/%	折射率	双折射率
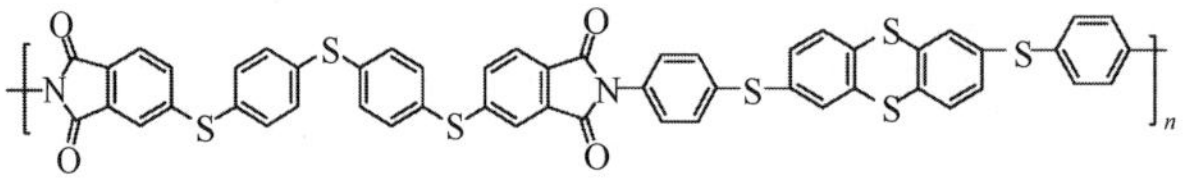	23.2	1.760	0.0084
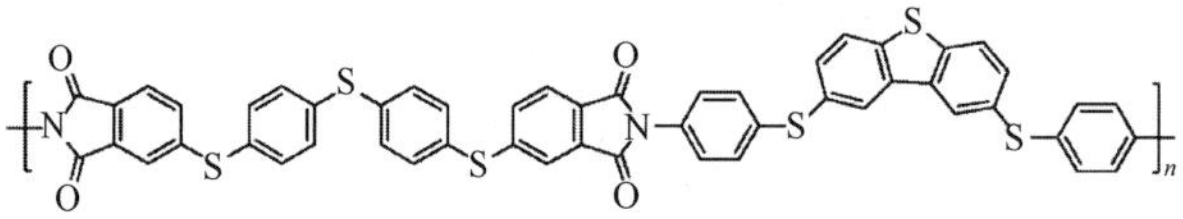	20.5	1.758	0.0084
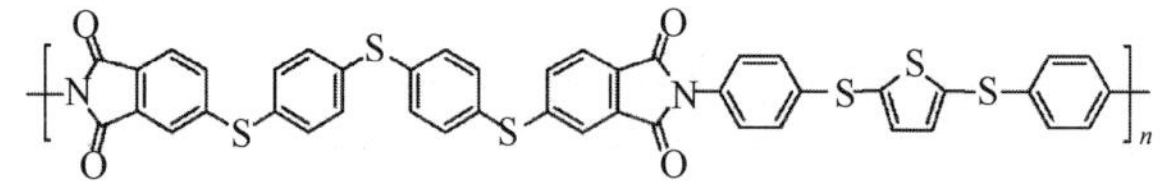	23.0	1.752	0.0074
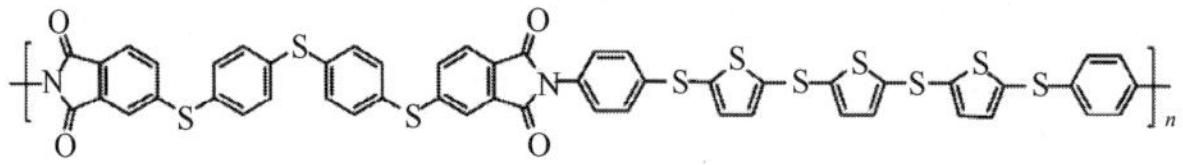	30.1	1.768	0.0072
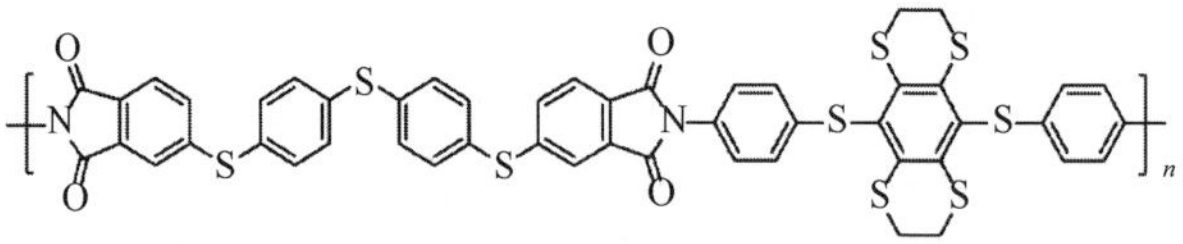	28.5	1.769	0.0093

4.5 含硫醚聚芳酯

聚芳酯是一类由苯环和酯基交替相连的高性能聚合物，其具有耐高温、耐腐蚀等优异性能。四川大学研究工作者结合传统聚芳酯的优点，把硫醚结构引入了全芳聚酯中，得到热性能、力学性能优异的新型热塑性聚合物，且其具有相对于传统聚芳酯更好的可加工性[59,60]。其主要制备过程如下：通过对巯基苯甲酸和二氯苯在碱性条件制备出 4,4′-双(4-羧基苯基硫)苯，然后用氯化亚砜合成相应的二酰氯化合物；与此类似地，以硫化钠、对氟苯甲酸、氯化亚砜为原料制备得到 4,4′-硫代二苯甲酰氯；最后，将所制备的二酰氯单体和设计、选择的一系列二羟基单体在常温下溶液缩聚得到一系列聚芳酯。柔性的硫醚键和脂肪族甲基增强了聚芳酯的溶解性。这类树脂的阻燃级别也达到了 UL94 V-0 级。表 4-24 列出了含硫醚聚芳酯的综合性能。

表 4-24 含硫醚聚芳酯的综合性能

分子结构	数均分子量	T_g/℃	拉伸强度/MPa	断裂伸长率/%
$\left[O-C_6H_4-C(CH_3)(C_6H_5)-C_6H_4-O-C(=O)-C_6H_4-S-C_6H_4-C(=O)\right]_n$	51000	235.6	108.3	13.2
$\left[O-C_6H_4-C(CH_3)(C_6H_5)-C_6H_4-O-C(=O)-C_6H_4-S-C_6H_4-S-C_6H_4-C(=O)\right]_n$	43000	189.8	103.6	17.3
$\left[O-C_6H_4-C(CH_3)(C_6H_5)-C_6H_4-O-C(=O)-C_6H_4-C(=O)\right]_n$	21000	211.2	13.5	2.1
$\left[C(=O)-C_6H_4-S-C_6H_4-C(=O)-O-C_6H_4-C(CH_3)_2-C_6H_4-O\right]_n$	63000	214.4	114.9	16.5
$\left[C(=O)-C_6H_4-S-C_6H_4-C(=O)-O-C_6H_2(CH_3)_2-C(CH_3)_2-C_6H_2(CH_3)_2-O\right]_n$	42000	216.9	70.6	6.8
$\left[C(=O)-C_6H_4-S-C_6H_4-S-C_6H_4-C(=O)-O-C_6H_4-C(CH_3)_2-C_6H_4-O\right]_n$	52000	161.2	101.2	18.2
$\left[C(=O)-C_6H_4-S-C_6H_4-S-C_6H_4-C(=O)-O-C_6H_2(CH_3)_2-C(CH_3)_2-C_6H_2(CH_3)_2-O\right]_n$	40000	173.1	68.9	16.9

近年来，研究者陆续发现并提出了一些新的制备聚芳硫醚类化合物的方法。大连理工大学任伟民等[61]以邻苯二甲硫酸酐和环氧丙烷为原料，铬配合物及双(三苯基膦)氯化铵为催化剂，制备出了新型的半芳族聚硫酯(反应式如下)，折射率高达 1.60。

邻苯二甲硫酸酐 + 环氧丙烷 —(金属络合催化剂, [PPN]Cl)→ $\left[(C(=O)-C_6H_4-C(=O)-S-CH_2-CH(CH_3)-O)_x(C(=O)-C_6H_4-C(=O)-O-CH(CH_3)-CH_2-S)_y\right]_n$

北京大学吕华等[62]以 4-羟基脯氨酸为原料，通过两步法制备出硫内酯，然后开环聚合得到高分子量(259000)、低分散度(<1.15)的聚硫酯，而且其在常温下即可降解为单体，可作为高价值的可降解可回收光学材料。聚合物结构及制备路线如下所示：

一锅法
(1)Ph_2POCl,DIPEA
(2)MsCl,Py
(3)Na_2S
碱
HO COOH N R
N^R-HYP
N^R-PTL
PN^RPTE
R= Boc Cbz ene

4.6 新型含硫醚聚合物

2013 年，四川大学张刚、袁书珊等以 4,4′-二巯基二苯砜、4,4′-二(4-巯基苯砜基)联苯为亲核试剂，4,4′-二(4-氯苯砜基)联苯为亲电试剂分别制备了高硫含量的聚合物。这一系列聚合物具有优异的热性能和力学性能，如表 4-25 所示。研究者将分子主链的硫醚结构进一步氧化为砜基，发现树脂被氧化后，常温下不溶于任何溶剂，但由于主链砜基含量提高，分子极性增大，使得氧化后的聚合物膜亲水性提升，其接触角由 92.1°～92.7°降至了 82.2°～85°。将制备得到的聚合物溶于 *N*-甲基吡咯烷酮(NMP)中，配制成 16%～22%的铸膜液，可制备出不同水通量的超滤膜。进一步研究显示，将这两种超滤膜氧化，可有效提升其水通量，由初始的 0.61～2.02 L/(m^2 · h)和 0.74～2.48 L/(m^2 · h)分别提升至 1.06～2.52 L/(m^2 · h)和 1.25～3.56 L/(m^2 · h)。日本 Nam Ho You、Mitsuru Ueda 等以二巯基二苯硫醚、2-甲硫基-4,6-二氯-1,3,5-三嗪为原料，十六烷基三甲基溴化铵为相转移催化剂，在水和硝基苯两相溶液中常温缩聚得到了高硫醚含量的聚合物[63]。张刚、杨杰等同样以二巯基二苯硫醚为亲核试剂，4,6-二氯嘧啶、2,6-二氯哒嗪为亲电试剂、以 NMP 为溶剂、碳酸钾为缚酸剂制备得到了一系列高折射率的聚合物[64]，如表 4-25 所示。

表 4-25 含硫聚芳酯的综合性能

分子结构	折射率	T_g/℃	拉伸强度/MPa	断裂伸长率/%
$-[S-C_6H_4-SO_2-C_6H_4-S-C_6H_4-SO_2-C_6H_4-C_6H_4-SO_2-C_6H_4]_n-$	—	263	94	16
$-[S-C_6H_4-SO_2-C_6H_4-C_6H_4-SO_2-C_6H_4]_n-$	—	282	78	12
$-[S-C_6H_4-S-C_6H_4-S-C_3N_3H]_n-$	1.749	116	—	—

续表

分子结构	折射率	T_g/℃	拉伸强度/MPa	断裂伸长率/%
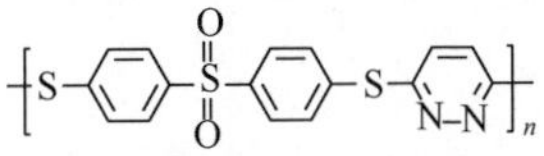 S O S O S N–N n	1.737	193	104	6.8
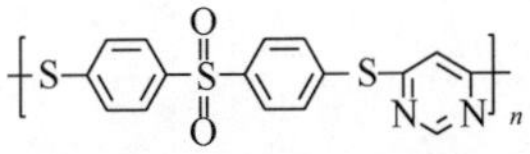 S O S O S N N n	1.743	202	88	5.3

日本 Mitsuru Ueda、Yoshiaki Yoshida 等将大体积芴基(cardo 型)引入聚芳硫醚中[65-67]，得到高折射率、高透光率(截止波长低于 350 nm)、低双折射率的光学膜。韩国 You 等[68]以 1,5-双(2-丙烯酰乙基)-3,4-亚乙基二硫代噻吩(BASDTT)为原料，在光引发剂二苯基(2,4,6-三甲基苯甲酰基)膦氧化物及紫外光的作用下，得到高硫含量的聚烯烃，637 nm 处的折射率为 1.664，具体性能如表 4-26 所示。

表 4-26　主链含芴基或嘧啶结构聚芳硫醚及其性能

分子结构	M_n	T_g/℃	折射率(n_{av})	双折射率	截止波长/nm
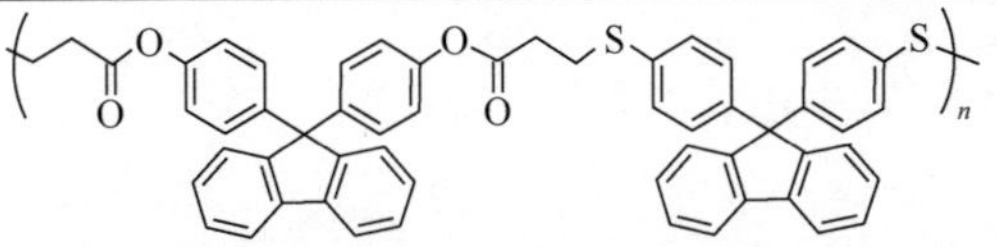 O O O O S S n	17000	194	1.661	0.0014	317
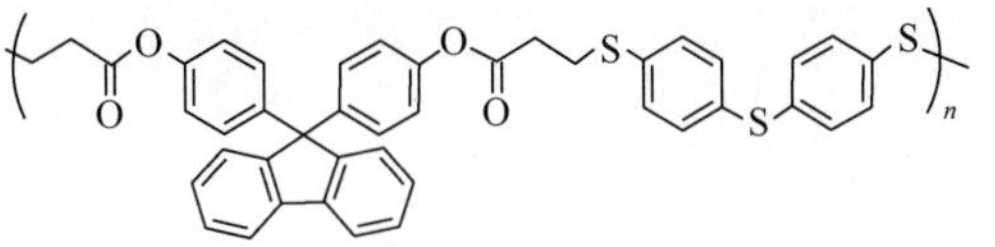 O O O O S S S n	37000	125	1.674	0.0030	340
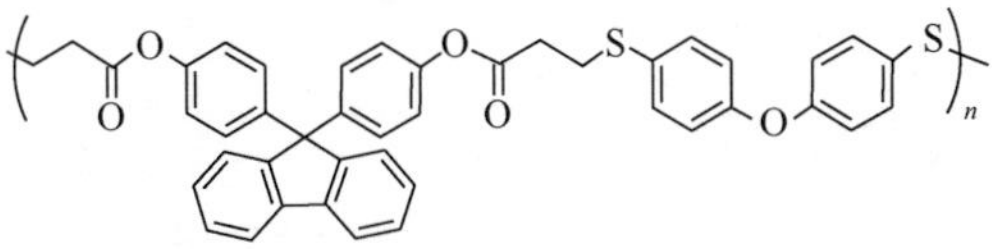 O O O O S O S n	17000	120	1.655	0.0015	320
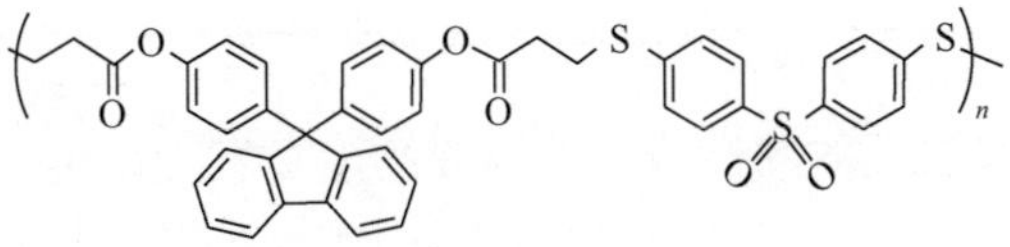 O O O O S S O O S n	23000	174	1.673	0.0020	335
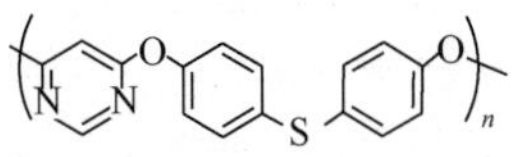 N N O S O n	108000	132	1.664	0.015	310
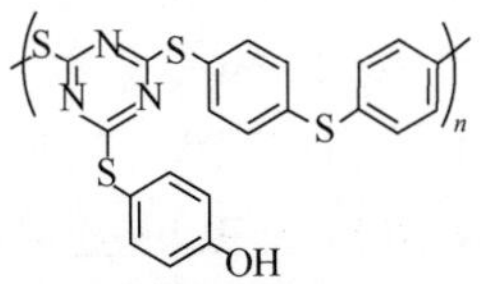 S N N N S S n S OH	30000	180	1.753	0.0080	363

续表

分子结构	M_n	T_g/℃	折射率 (n_{av})	双折射率	截止波长 /nm
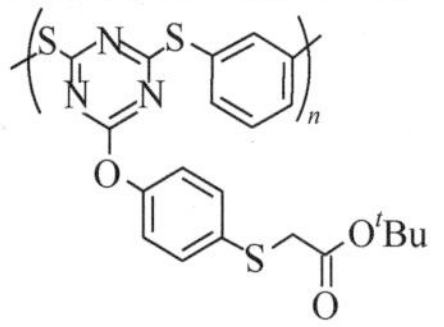	20800	140	1.649	0.0014	329
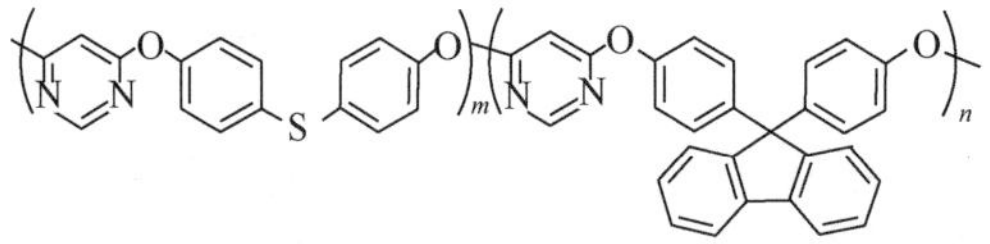	104000	201	1.657	0.011	302
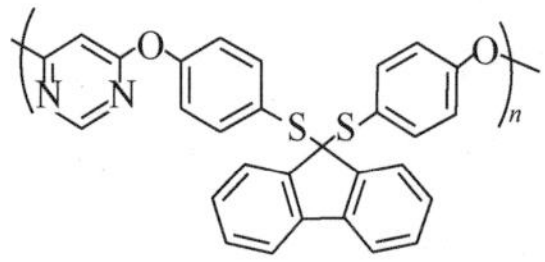	38000	143	1.678	0.004	317
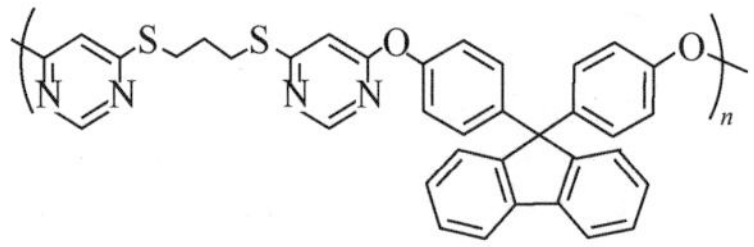	55000	165	1.667	0.006	307
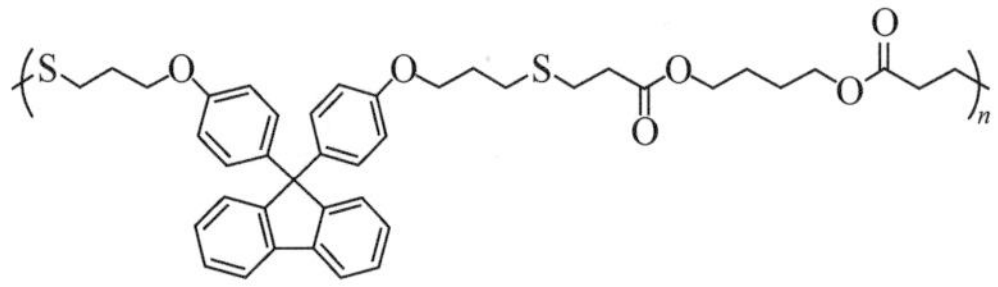	9900	28	1.597	—	317
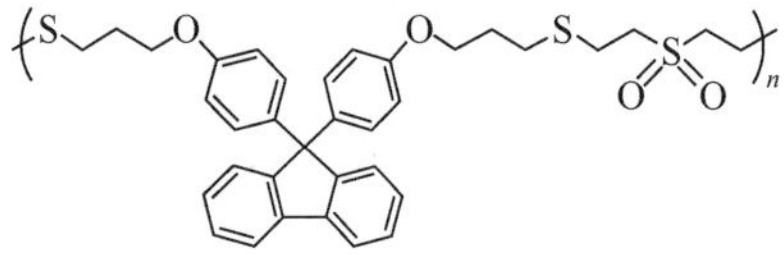	4300	90	1.626	—	340
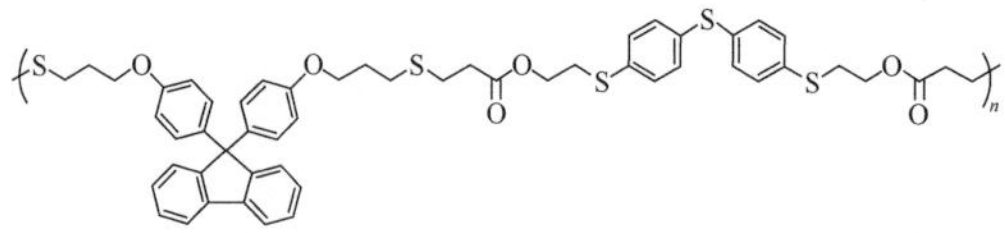	2200	22	1.638	—	335

高折射率材料因其增加光折射、减弱反射的性质，可以提高诸多发光设备的效率，进而可应用于有机光伏电池、抗反射涂层、波导材料、图像传感器以及有机发光二极管(OLED)等。Brigitte Voit 等巧妙地应用巯基对炔烃的点击反应，制备的超支化型聚芳硫醚具有优秀的透光性及高达 1.783 的折射率[69,70]，且所得 OLED 材料量子产率高于 20%，合成路线如图 4-4 所示。Christopher N. Bowman 等也以常见单体入手，制备出多官能团的硫醇，与烯烃通过点击反应制备出折射率大于 1.64 的聚芳硫醚类材料[71]。中国科学院上海有机化学研究所房强等运用 Piers-Rubinsztajn

反应制备出含有硅的四官能团烯烃[72]，然后和二巯基二苯硫醚通过点击反应得到高热性能(T_g>120 ℃)、高折光性(1.625～1.655)的超支化聚芳硫醚。华南理工大学唐本忠等以二巯基二苯硫醚、二炔烃为原料，磷酸钾为碱，通过点击反应制备出折射率高于 1.628(400～1700 nm)的聚 2-乙烯基硫醚聚合物[73]。北京化工大学金君素等通过多官能团的硫醇和二异氰酸酯的点击反应，制备出折射率高达 1.656、拉伸强度高达 95.64 MPa 的超支化聚硫氨酯[74]。

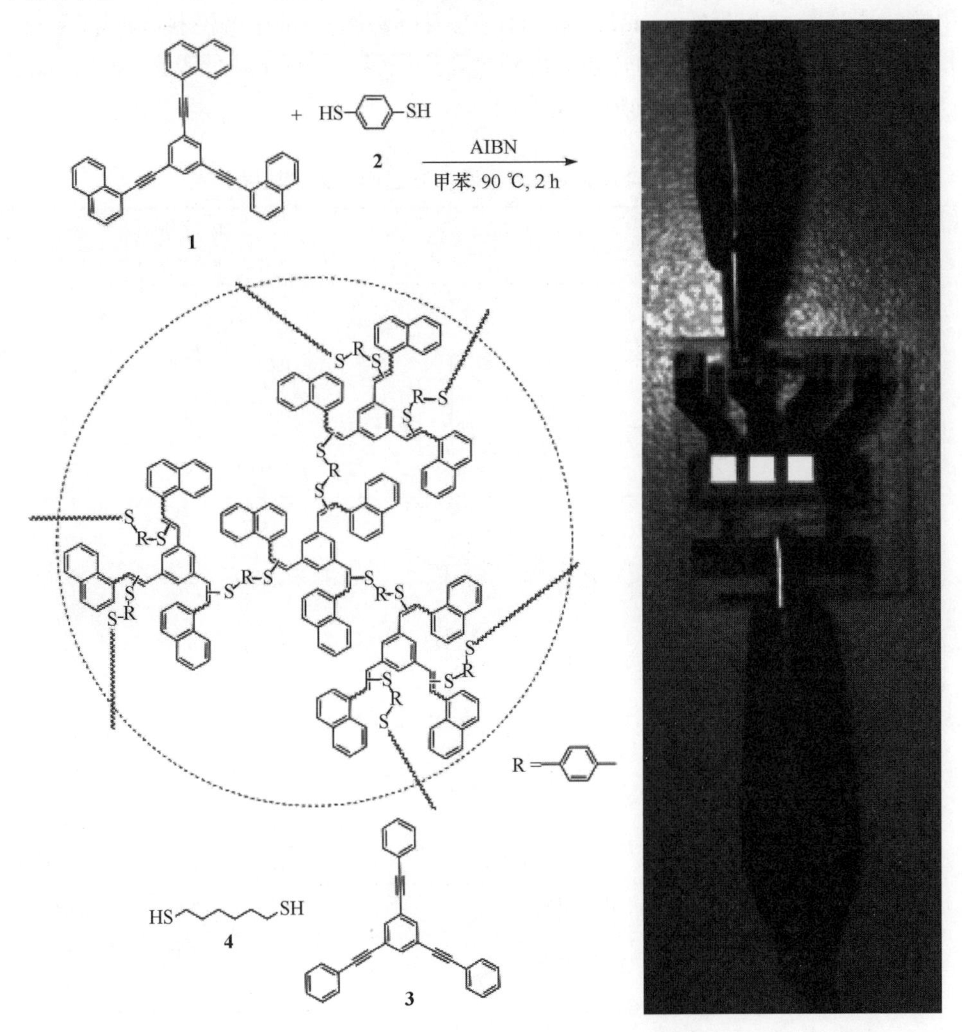

图 4-4 巯基点击制备的超支化聚芳硫醚及其作为耦合层的 OLED 发光效果图

质子交换膜被广泛应用于水净化、海水淡化以及燃料电池领域。其中，质子交换膜电池被认为是一种潜在的可取代化石能源的新型清洁能源材料，但是现有的质子交换膜存在造价高昂、耐温性不高、对湿度条件要求高的问题。为了解决这些问题，研究者以强亲核活性的 4,4′-二巯基二苯硫醚、3,3′-磺酸基-4,4′-二氯(氟)二苯砜及其他共聚单体反应得到了一系列的高分子量质子交换树脂，如表 4-27 所示，并探讨了不同分子结构对离子交换容量(IEC)、吸水率等因素的影响。例如，瑞典隆德大学 Patric Jannasch 等[75]将质子交换膜上的硫醚键氧化为砜基，降低了吸水率，且在高温下电导率强于商业化的 Nafion212；韩国汉阳大学的 Young Moo Lee 等[76,77]详细对比了含萘环与含硫醚的聚芳腈的性能：含萘环的质子交换膜对甲醇的透过率远小于 Nafion212，故可作为一种极具潜力的甲醇燃料电池隔膜；常州大学任强将磷引入聚合物骨架，得到了高热性能、耐氧化、低吸水率(49.1%)、高质子电导率(178 mS/cm)的质子交换膜[78]。

表 4-27 含磺酸基聚芳硫醚质子交换树脂及其性能

分子结构	n	离子交换容量/(meq/g)	吸水率(r.t.)/wt%*
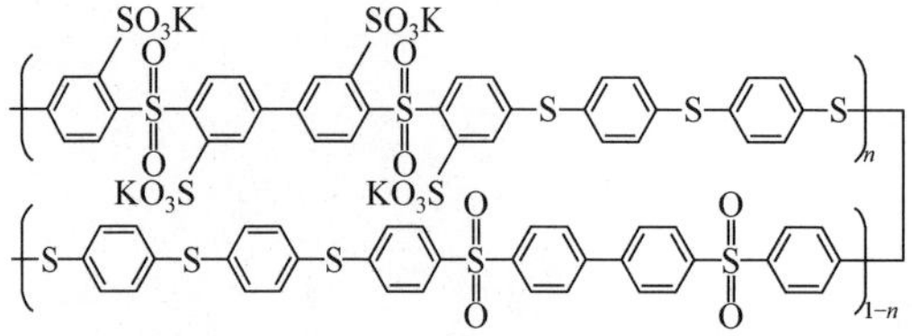 SO_3K O O S O O SO_3K S S S n KO_3S KO_3S S S S O O S O O S $1-n$	1.00	—	
	0.67	2.8	276
	0.53	2.4	109
	0.41	2.0	67
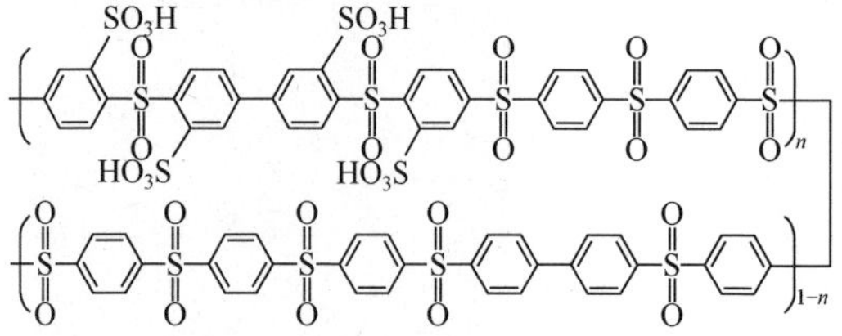 SO_3H O O S O O SO_3H S S S O O n HO_3S HO_3S O O S S S S S O O $1-n$	1.00	—	—
	0.67	2.5	—
	0.53	2.2	66
	0.41	1.7	53
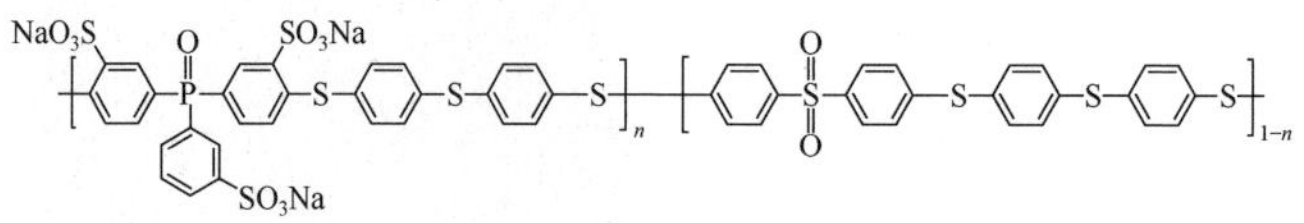 NaO_3S O P SO_3Na S S S n O S O S S S $1-n$ SO_3Na	0.21	1.15	14.1
	0.24	1.31	17.4
	0.27	1.46	21.3
	0.30	1.60	25.5
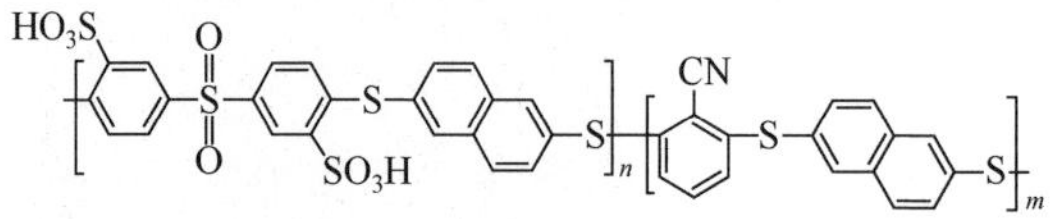 HO_3S O S O S SO_3H S n CN S S m	0.30	1.53	150
	0.35	1.74	—
	0.40	1.93	42
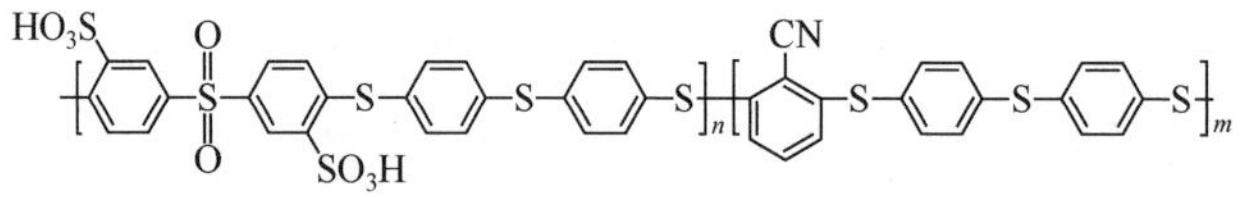 HO_3S O S O S S S SO_3H n CN S S S m	0.35	1.52	49
	0.40	1.71	31
	0.50	1.99	16

* wt%表示质量分数。

4.7　聚芳硫醚树脂的共聚改性

本书在第 3 章“3.2.1 PASS 的化学改性”一节中介绍了一系列以 PASS 为基础的共聚改性研究及 PASS 共聚物，为此，有关 PASS 基的改性研究在此不再赘述。

4.7.1　聚苯硫醚/聚芳硫醚酮共聚

为了改善 PPS 的热性能，研究工作者探索了 PASS 与 PPS 共聚的方法，制得了聚苯硫醚/聚芳硫醚砜 (PPS/PASS) 共聚物，这对于改善 PPS 的热性能有一定的效果，该部分内容见第 3 章。

类似地，四川大学余万聪探索了聚苯硫醚/聚芳硫醚酮 (PPS/PASK)共聚物的制备[79]。该研究以 4,4′-二氟二苯甲酮(DFBP)和对二氯苯(DCB)为原料，以六甲基磷酰三胺(HMPA)为聚合溶剂，常压下在 180 ℃下反应 3 h，230 ℃反应 3 h 制得了特性黏数为 0.16～0.26 dL/g 的聚苯硫醚/聚芳硫醚酮共聚树脂，其相关数据如表 4-28 所示。

表 4-28　常压法不同酮羰基摩尔比的 PPS/PASK 共聚物综合性能

共聚物	DCB/mol	DFBP/mol	Na_2S/mol	η_{int}/(dL/g)
PPS/PASK(5%)	0.192	0.011	0.2	0.26
PPS/PASK(10%)	0.182	0.021	0.2	0.16
PPS/PASK(20%)	0.162	0.041	0.2	0.26
PPS/PASK(30%)	0.142	0.061	0.2	0.16

注：η_{int} 测试条件为 208 ℃，0.4g/dL(α-氯萘为溶剂)。

四川大学任浩浩接着用高压法制备了不同含量的 PPS/PASK 共聚物[80]。具体过程为：首先在高压反应釜中将结晶硫化钠和 *N*-甲基吡咯烷酮(NMP)在 190 ℃下脱水，然后将不同配比的 4,4′-二氟二苯甲酮(DFBP)和对二氯苯(DCB)加入其中，于 200～220 ℃下反应 6 h，得到含有不同酮羰基摩尔比的共聚 PPS，其热力学性能如表 4-29 所示。

表 4-29　不同酮羰基摩尔比的 PPS/PASK 共聚物综合性能

共聚物	η_{int}/(dL/g)	熔融指数/(g/10 min)	T_m/℃	T_d/℃	残炭率/%	拉伸强度/MPa	断裂伸长率/%
PPS	0.359	120	283.1	484.4	43.9	87.2±1.2	18.2
PPS-CO(1%)	0.247	600	280.7	507.3	46.9	53.0±1.3	12.0

续表

共聚物	η_{int}/(dL/g)	熔融指数/(g/10 min)	T_m/℃	T_d/℃	残炭率/%	拉伸强度/MPa	断裂伸长率/%
PPS-CO(3%)	0.231	480	276.7	503.6	46.9	66.0±4.5	18.0
PPS-CO(5%)	0.201	1082	276.4	498.3	46.3	27.5±1.8	8.0

受限于4,4′-二氟二苯甲酮和对二氯苯悬殊的反应活性，研究者发现，难以在较高的酮羰基摩尔比下获得高分子量的PPS/PASK共聚物。极性的酮羰基的引入显著增强了PPS链的相互作用力，使316 ℃下测量的熔融指数显著上升。同时，少量酮羰基的引入破坏了链的规整性，使树脂熔点反而下降。树脂分解温度和残炭率随着酮羰基含量的上升小幅上升，这与PPS/PASS共聚物展现出来的趋势类似，极性基团的引入有效地提高了PPS的热性能。当酮羰基含量为5%或以上时，共聚物分子量较低，表现为脆性，使其实用价值受限。

总的来说，PPS/PASK共聚物的综合性能稍好于PPS/PASS，但是相较于均聚物PPS，热学性能提升有限，力学性能下降明显，需要深入研究，以进一步提升树脂分子量及其综合性能。

4.7.2 聚苯硫醚/稠环化合物(PPS/C)共聚

1. 含生色团PPS/C共聚物

由其分子结构决定，PPS属于非极性树脂，与其他树脂或填料复合时属弱界面，对PPS树脂进行着色比较困难，往往存在材料界面不稳定，长时间应用会出现相分离和颜料渗出，致使使用寿命变短、出现褪色等问题。对此，任浩浩从分子设计角度出发，在PPS主链上通过共聚的方式引入主链上含发色基团的共轭染料分子(自身带有颜色)，即可得到一系列不同颜色的PPS树脂[80]，如下所示：

Cl—C₆H₄—Cl + Na_2S + Ar ⟶ $-[C_6H_4-S]_m-[Ar-S]_n-$

PPS-PArS$_x$(共聚物)

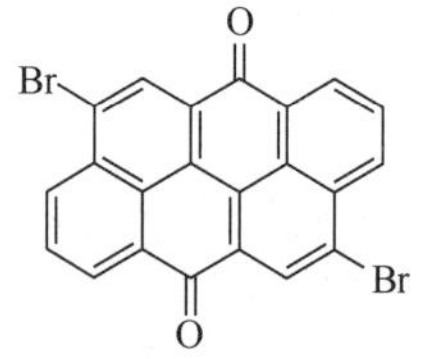

PPS-P3RK 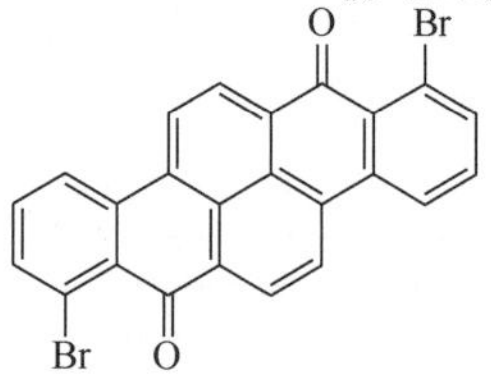　　PPS-PRKS

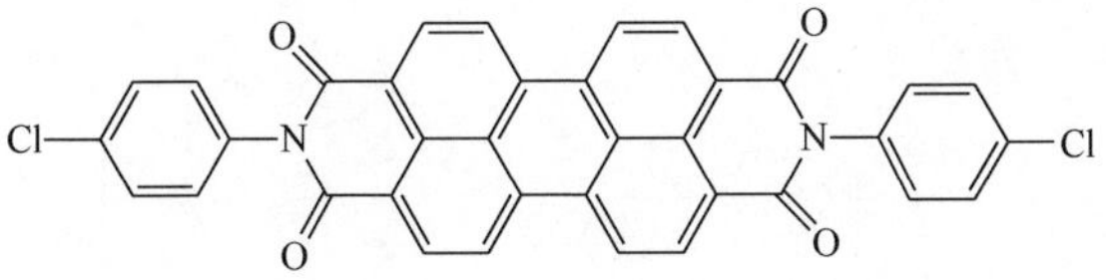

O　O
Cl　N　N　Cl
O　O

PPS-PR32S

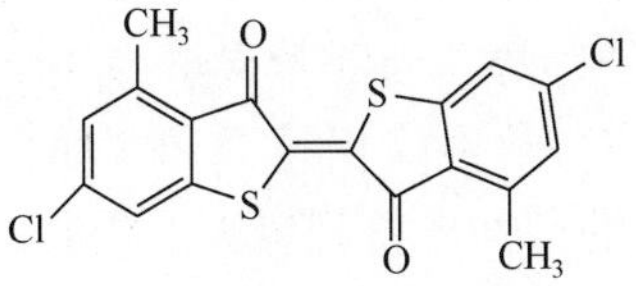

CH_3　O　Cl　S　Cl　S　O　CH_3

PPS-PR1S

O　Cl　HN　O　NH　O　Cl　O

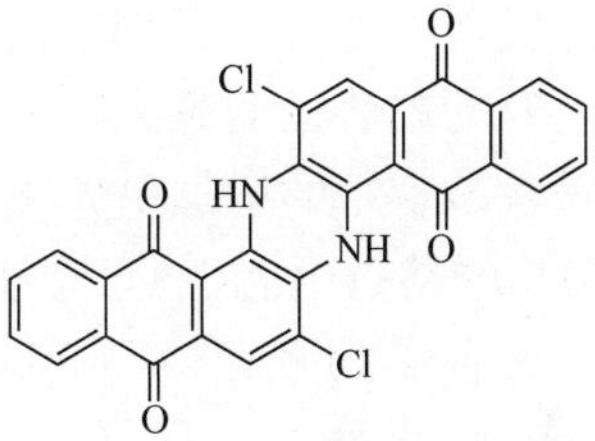

PPS-PB6S

通过研究发现，当共聚物中染料组分含量介于 2%～5%时，所得共聚树脂就已经具有较好的染色效果。通过不同单体的引入，可获得不同颜色的共聚物，如 PPS-P3RKS$_b$为金黄色、PPS-PR1S$_b$为红色、PPS-PR32S$_c$也为红色、PPS-PB6S$_b$则为蓝色，同时，所得共聚物具有较高分子量，其熔点、热稳定性及机械性能均得到了较好的保持。

2. 含联苯、萘环 PPS/C 共聚物

联苯、萘环是非常重要的稠环类合成中间单体，联苯分子呈平面型结构，极性比萘环大。相比于亚苯基、二苯醚基等结构单元，联苯大π键更多，共轭能力更强，因而其链更显现刚性。在高分子聚合物改性中，一般通过加入联苯或萘环来替代其中的某个或某些结构单元，从而提高聚合物的玻璃化转变温度、熔点及材料的韧性。任浩浩、张刚等在聚苯硫醚结构单元中引入联苯、三联苯和萘环基元，在保持 PPS 树脂其他性能的同时，进一步提高了 PPS 的热性能及抗冲击性能[80,81]。相关反应如下：

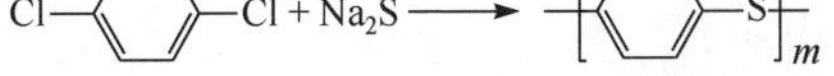

Cl—C₆H₄—Cl + Na_2S ⟶ [C₆H₄—S]$_m$

PPS

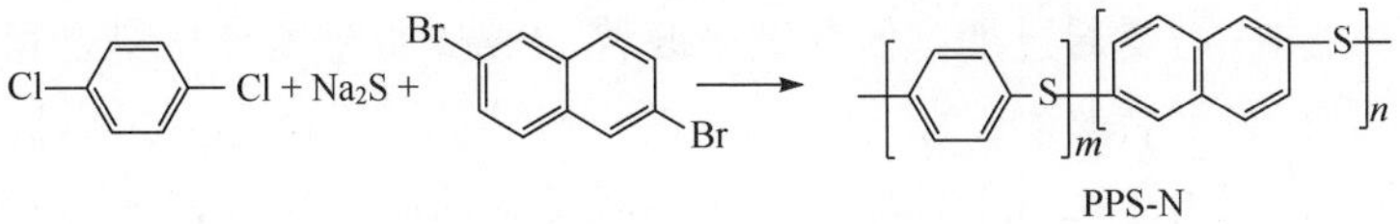

Cl—C₆H₄—Cl + Na_2S + Br—C₁₀H₆—Br ⟶ [C₆H₄—S]$_m$[C₁₀H₆—S]$_n$

PPS-N

Cl—C₆H₄—Cl + Na_2S + Br—C₆H₄—C₆H₄—Br ⟶ [C₆H₄—S]$_m$[C₆H₄—C₆H₄—S]$_n$

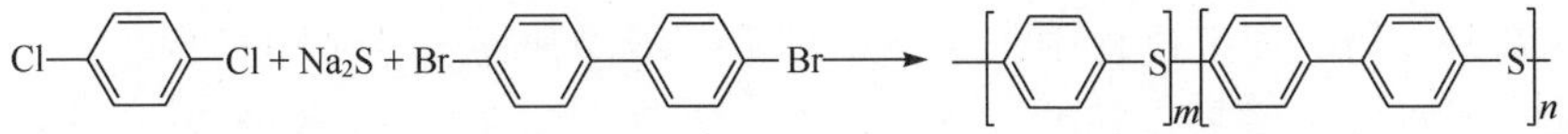

PPS-BP

PPS-TP

该研究发现，随着共聚物中萘环或联苯结构的增加，聚合物的玻璃化转变温度呈逐渐上升的趋势，而聚合物的熔点则呈下降趋势，但含联苯结构的共聚树脂的熔点则随联苯含量的增加呈先减小后增加的趋势，当联苯含量为30%时，样品PPS-BP (30.0)的熔点由282.3 ℃上升至362.9 ℃，热性能相对于PPS而言得到了极大的提升，如表4-30所示，与此同时，树脂的韧性也得到较大的提升。

表4-30 PPS和PPS-BP共聚物热性能

共聚物	T_{g1}/℃	T_{g2}/℃	T_m/℃	$\Delta_r H_m$/(J/g)	T_d/℃	产率/%
PPS	87.8	120.2	282.3	39.8	484.4	43.9
PPS-BP (5.0)	95.6	123.3	263.1	27.6	493.9	41.8
PPS-BP (10.0)	104.0	128.9	248.7	2.0	497.3	46.9
PPS-BP (20.0)	111.2	123.7	----	----	503.4	47.1
PPS-BP (30.0)	116.8	124.1	362.9	1.7	505.1	50.6
PPS-BP (40.0)	130.0	---	372.2	14.3	507.8	51.8
PPS-BP (50.0)	142.7	---	380.3	10.7	508.8	51.5
PPS-BP (60.0)	158.4	---	375.6	28.4	508.6	51.6

注：---指薄膜太脆，无法进行DMA测试；----指共聚物没有峰值或热焓。

4.7.3 含侧基的聚苯硫醚共聚物

聚苯硫醚最主要的用途为制成特种工程塑料或者高性能复合材料，大多数应用需要与碳纤维、玻璃纤维、无机物、聚合物等各种增强材料及填料进行复合改性。就聚苯硫醚本身结构而言，其链结构呈非极性及惰性，而一般填充材料因表面含有大量极性基团，与PPS树脂的极性差异较大，往往其界面之间的黏合相对较差。因而，往往需要通过加入偶联剂来改善PPS树脂与填充材料之间的界面性能，从而达到提升复合材料力学性能的目的。虽然偶联剂的加入可以提高复合材料的力学性能，但由于常规的偶联剂的沸点较低、高温下易分解，其在针对PPS类高熔点聚合物的加工过程中，存在很难进一步提升复合材料性能的难题。任浩浩、张刚等通过对聚苯硫醚进行侧基改性的方法，合成了一系列苯环上具有活性侧基，如羧基、氨基、羟基等的改性聚苯硫醚作为增容剂，并将其应用于PPS复合材料中，使复合材料的力学性能得到了较大的提升。合成路线如下：

$$(m+n)\ Na_2S + m\ Cl-C_6H_4-Cl + n\ Ar \longrightarrow \left[C_6H_4-S\right]_m\left[Ar-S\right]_n$$

Ar: NH_2, COOH, OH

1. 含羧基聚苯硫醚(PPS-COOH)

通过在 PPS 分子链上引入低含量的羧基结构，使得树脂玻璃化转变温度小幅度上升，同时，其熔点及初始热分解温度得到较好的保持，如表 4-31 所示。

表 4-31　PPS-COOH 的性能

共聚物	T_g/℃	T_m/℃	$\Delta_r H_m$/(J/g)	T_d/℃	残炭率/%
PPS	120.2	283.1	39.1	484.4	43.9
PPS-COOH (1.5)	119.3	283.9	40.0	482.5	40.2
PPS-COOH (3.0)	126.4	285.1	40.3	480.3	41.5
PPS-COOH (4.5)	126.4	282.6	46.1	485.4	43.7
PPS-COOH (6.0)	—	283.4	49.1	462.8	36.8
PPS-COOH (7.5)	—	282.9	50.5	472.4	39.8
PPS-COOH (9.0)	—	282.2	50.8	461.8	40.97

注：T_g 数据由 DMA 测试所得；—指聚合物薄膜太脆，无法进行 DMA 测试。

将制得的含羧基聚苯硫醚作为 PPS/CF 复合材料的界面相容剂，当其添加量为 10%时，通过微球脱黏测试手段发现，复合材料的界面剪切强度由原来的 36.1 MPa 增加到 49.1 MPa，增幅高达 36%，如图 4-5 所示[82,83]。同时，通过观察微球脱黏测试完成后拔出纤维的 SEM 照片可以发现，改性后的复合材料微球试样在纤维被拔出后，相对于未改性试样，其纤维表面附着较多树脂，见图 4-6，进一

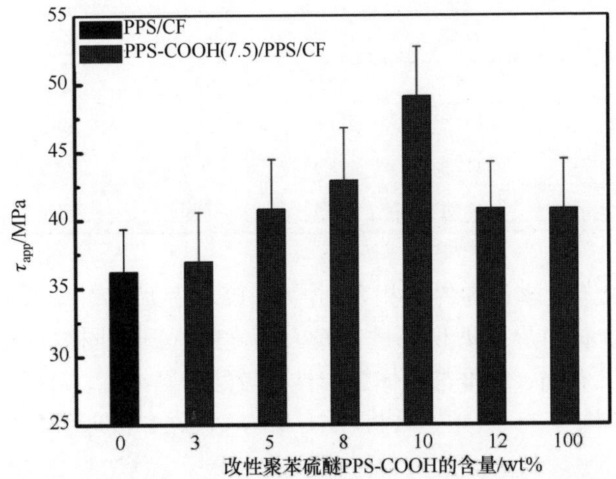

图 4-5　PPS/CF 及 PPS-COOH(7.5)/PPS/CF 复合材料单丝拔出界面剪切强度

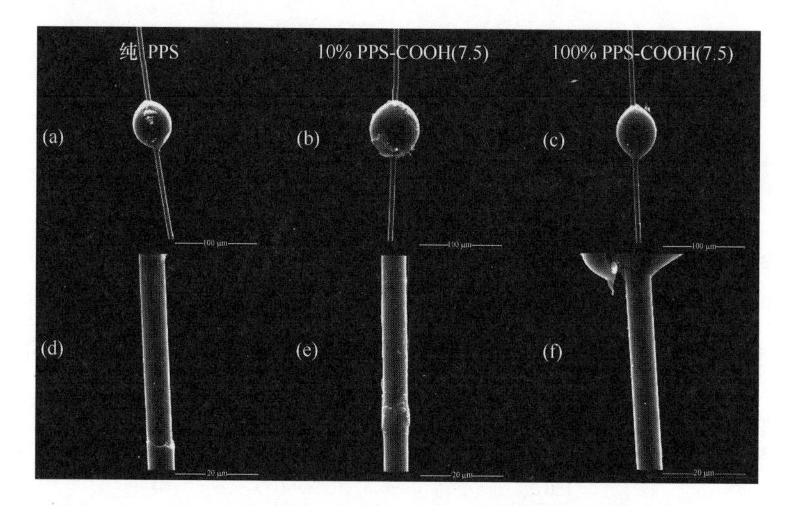

图 4-6 PPS/CF 及 PPS-COOH/PPS/CF 微球脱黏实验 SEM 照片

(a)、(d)纯 PPS 微球脱黏前后照片；(b)、(e)10% PPS-COOH(7.5)加入 PPS/CF 脱黏前后照片；(c)、(f)100% PPS-COOH(7.5)加入 PPS/CF 脱黏前后照片

步表明 PPS-COOH 的加入明显改善了复合材料的界面黏合效果。

2. 含氨基聚苯硫醚($PPS-NH_2$)

通过共聚的方式，将氨基引入 PPS 分子链上，得到 $PPS-NH_2$ 树脂[84,85]，随着共聚物中氨基含量的增加，相较于纯 PPS 树脂而言，其玻璃化转变温度呈先增大后降低的趋势，熔点出现 3～5 ℃的下降，初始热分解温度呈小幅度上升趋势，如表 4-32 所示。

表 4-32 PPS 与共聚物 $PPS-NH_2$ 热性能

共聚物	T_g/℃	T_m/℃	$\Delta_r H_m$/(J/g)	T_d/℃	产率/%
PPS	120.2	283.1	39.1	484.4	43.9
$PPS-NH_2$ (0.5)	121.2	281.0	38.3	495.5	43.9
$PPS-NH_2$ (1.0)	119.3	278.9	30.6	495.7	42.4
$PPS-NH_2$ (1.5)	117.4	271.3	25.6	490.0	41.8

将含氨基聚苯硫醚作为界面相容剂增容 PPS 与玻璃纤维或碳纤维的复合材料，均使得复合材料界面剪切强度有较大幅度的提升，同时从复合材料试样的 SEM 照片也可以看出，纤维与基体树脂具有较好的黏结性，纤维的表面均附着有较多的树脂，见图 4-7～图 4-9。$PPS-NH_2$ 增容 PPS/CF 机理示意图见图 4-10。

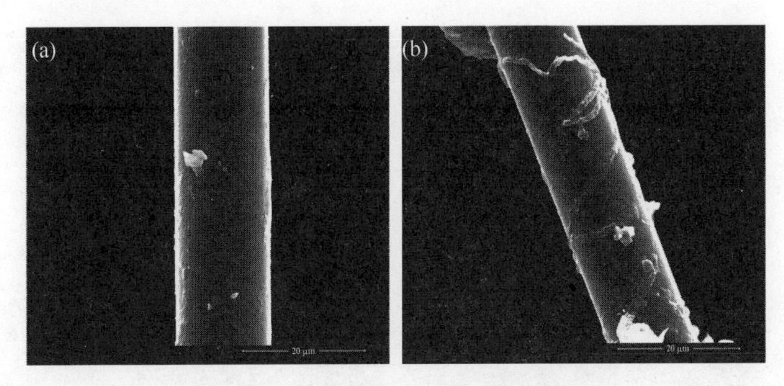

图 4-7 微球脱黏后表面形貌研究

(a) PPS/GF 单根复合材料；(b) PPS-NH_2(1.0/PPS)/GF 单根复合材料

图 4-8 PPS/GF 断面形貌：(a)500 倍、(b)1000 倍；5% PPS-NH_2(1.0)/PPS/GF 断面形貌：(c)500 倍、(d)1000 倍

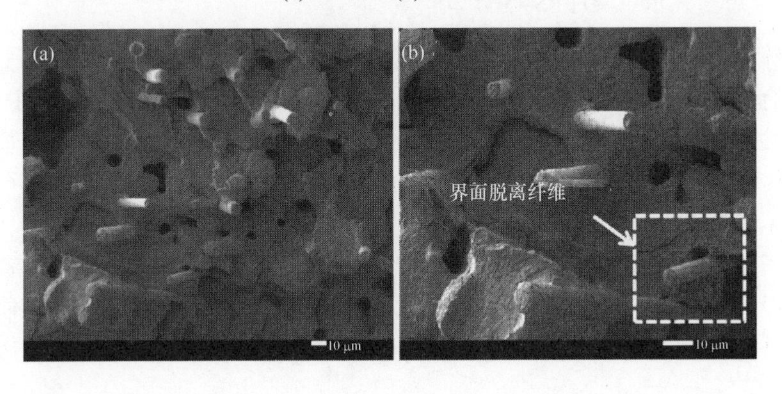

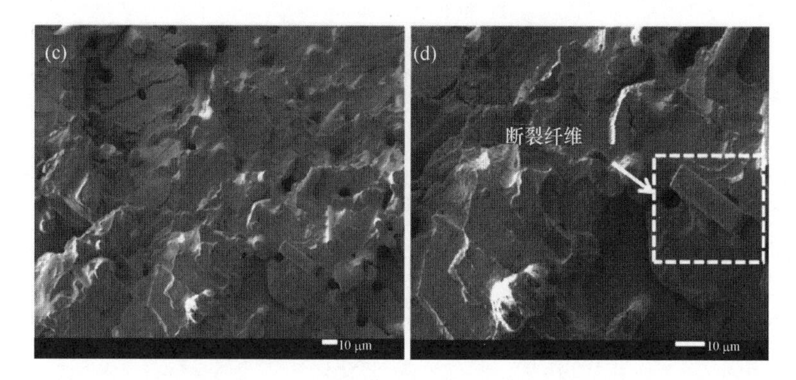

图 4-9　PPS/CF 断面形貌[(a)、(b)]以及 PPS-NH_2(1.0)/PPS/CF 断面形貌[(c)、(d)]

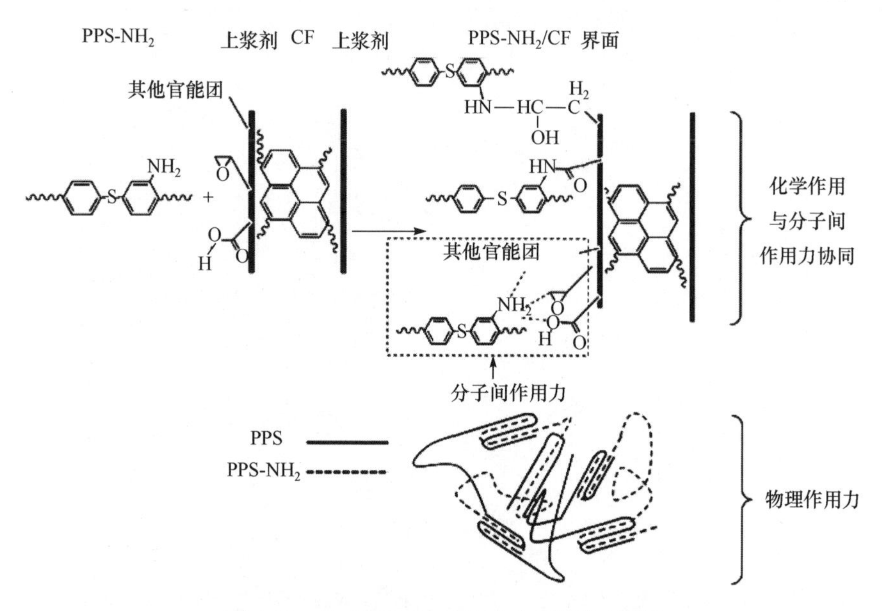

图 4-10　PPS-NH_2 增容 PPS/CF 机理示意图

3. 含羟基聚苯硫醚(PPS-OH)

将硫化钠、对二氯苯、2,5-二氯苯酚在催化剂、碱及高温高压的条件下合成主链上含有—OH 的 PPS 共聚物 PPS-OH[80]，当共聚物中苯酚结构含量小于 7%时，其综合性能相对于纯 PPS 树脂而言均得到较好的保持。与此同时，随羟基含量的增加，共聚物逐步变为溶解于极性非质子溶剂 DMI 中，这为 PPS-OH 进行溶液加工提供了可能。

除了以上的新型聚芳硫醚结构的研究工作外，四川大学的科技工作者还从分子结构设计的角度，探索了一系列不同结构与性能的 PAS 树脂的合成与制备，其品种与结构见表 1-1，开展了大量的树脂结构与性能的研究工作，希望通过研究树脂分子结构变化导致的分子间相互作用力、聚集态的改变，探索 PAS 聚合物中不同链结构对材料功能及其宏观性能影响的内在规律，且为未来按照材料性能需求设计 PAS 树脂分子结构并进行合成与生产打下了坚实的基础。

4. 含甲基聚苯硫醚(PPS-CH_3)

四川大学杨世芳以二氯甲烷为有机溶剂，以二氯二硫、对二甲苯为原料，2,3-二氯-5,6-二氰-对苯二醌(DDQ)为阳离子聚合催化剂，在 10 ℃下反应 20 h 制备出含有甲基侧基的聚苯硫醚(PPS-CH_3)[51]。合成路线及机理如图 4-11 所示。研究发现单体配比对 PPS-CH_3 的产率及熔点影响较大，如表 4-33 所示。

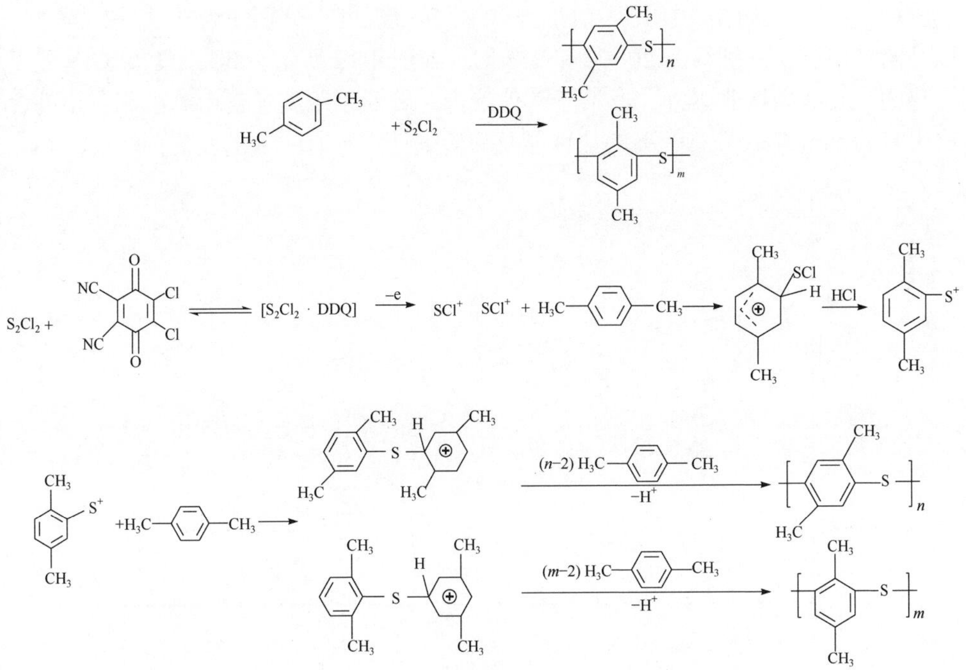

图 4-11　PPS-CH_3 的合成及链增长机理

表 4-33　单体配比对 PPS-CH_3 产率及熔点的影响

S_2Cl_2/对二甲苯摩尔比	产率/%	熔点/℃
1：1.08	66.8	164
1：1.90	78.0	187
1：2.00	75.3	198
1：2.05	83.4	210

续表

S_2Cl_2/对二甲苯摩尔比	产率/%	熔点/℃
1∶2.08	65.7	193
1∶2.10	63.5	179
1∶2.20	60.0	180

二氯二硫在 DDQ 的作用下首先分解得到阳离子，然后和对二甲苯结合并脱氢得到链引发自由基。根据链增长过程中反应位点的不同，产生两种结构单元的含甲基聚苯硫醚，而这两种结构单元都具有结晶性。对 PPS-CH_3 进行差热扫描量热分析，可以发现图谱中出现了两个玻璃化转变温度，分别约为 96 ℃和 148 ℃，以及两个熔点，分别约为 208 ℃和 226 ℃，如图 4-12 所示。此外，PPS-CH_3 除了在热的浓硫酸中溶胀以外，不溶于其他溶剂。故而以阳离子自由基法制备出的含有甲基的 PPS-CH_3 具有较高的热性能及耐溶剂性，具有一定的发展前景。

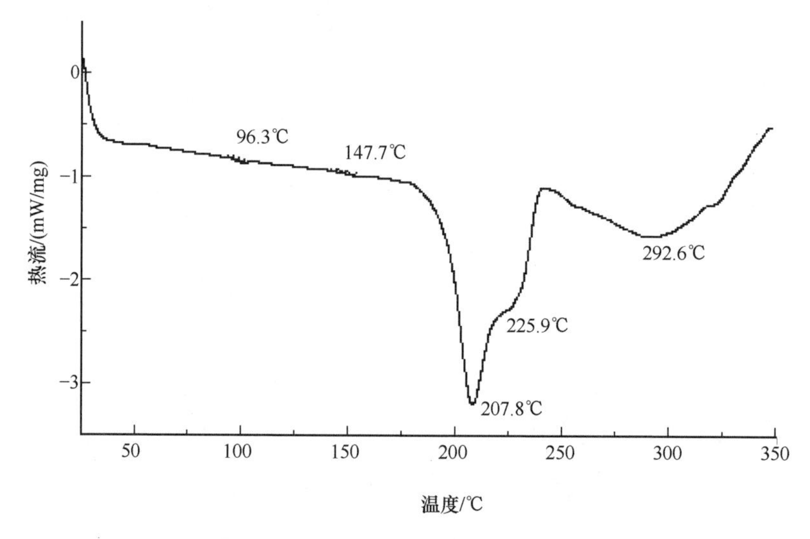

图 4-12　PPS-CH_3 的 DSC 曲线

4.7.4 聚苯硫醚/聚醚砜、聚砜共聚

四川大学匡莉等[86-88]在合成 PPS 低聚物的基础上，合成了 PPS-聚醚砜嵌段共聚物，并对共聚物中聚醚砜的含量进行了定量分析与控制。通过先合成巯端基聚苯硫醚低聚物和氯端基聚砜(PSF)低聚物，再将两种低聚物在极性溶剂中常压共聚的方法，匡莉等又合成了 PPS-PSF 嵌段共聚物。该嵌段共聚物因为无定形砜基的引入，其结晶度和熔融温度都比 PPS 降低了，但改进了 PPS 的韧性和抗冲击性。

参 考 文 献

[1] 杨杰. 聚苯硫醚树脂及其应用. 北京：化学化工出版社，2006.

[2] Durvasula V R, Stuber F A, Bhattacharjee D. Synthesis of polyphenylene ether and thioether ketones. Journal of Polymer Science Part A: Polymer Chemistry, 1989, 27: 661-669.

[3] Kim M S, Kim D J, Jeon I R, et al. Polymerization characteristics and thermal degradation study of poly(phenylene sulfide ketone). Journal of Applied Polymer Science, 2000, 76: 1329-1337.

[4] Satake Y, Kaneko T, Kobayashi Y, et al. Melt-stable poly(arylene thioether ketone) and production process thereof: USA, US4886871. 1988-05-12.

[5] Tomagou S, Kato T, Ogawara K. Process for producing polyphenylene sulfide ketone polymers: USA, US5097003. 1989-06-07.

[6] Zeiner H, Fischer J, Heinz G, et al. Production of fiber-reinforced materials: USA, US4590104. 1985-02-14.

[7] 李荣. 硫磺溶液法合成聚芳酮硫醚及其共聚物. 四川大学硕士学位论文, 1990.

[8] 余自力，侯灿淑，伍齐贤，等.聚苯硫醚酮(PPSK)的合成与表征. 四川大学学报, 1991, 28(4): 502-505.

[9] 李风亭，王惠忠，刘浩，等. 聚硫醚酮单体及树脂的制备. 工程塑料应用, 1994, 22(4): 25-27.

[10] 李风亭. 聚硫醚酮与聚苯硫醚的合成及热性能研究. 山东建筑工程学院学报, 1993, 8(4): 50-54.

[11] 李志敏. 聚芳硫醚酮的合成及结构与性能研究. 四川大学硕士学位论文，2015.

[12] Yan G M, Li Z M, Zhang G, et al. High molecular weight poly(p-arylene sulfide ketone): synthesis and membrane-forming properties. Journal of polymer research, 2016, 23: 61.

[13] Cliffton M D, Martinez, Geibel J F. Process for preparing poly(arylene sulfide ketone) with water addition: USA, US 4812552. 1987-04-15.

[14] Gaughan R G. Preparation of a high molecular weight poly(arylene sulfide ketone): USA, US4716212. 1986-09-05.

[15] Feasey R G. Aromatic Polymers: Great Britain, GB 1368967. 1970-12-23.

[16] Feasey R G. Sulphur containing polymers: USA, US4895892. 1967-03-28.

[17] 王言伦. 聚芳硫醚酮的合成与改性. 四川大学硕士学位论文, 2011.

[18] Wang Y L, Zhang G, Zhang M L, et al. Synthesis and characterization of poly(p-arylene sulfide ketone/Schiff base) copolymers. Chinese Journal of Polymer Science, 2012, 30(3): 370-377.

[19] Zolotukhin M G, Fomine S. Rapid, uncatalyzed, ring-opening polymerization of individual macrocyclic poly(arylene thioether ketone)s under dynamic heating conditions. Macromolecules, 2004, 37: 2041-2053.

[20] Joseph K A, Srinivasan M. Poly(thioetherketone)s and sulphones: a direct polycondensation method. Journal of Polymer Science Part A: Polymer Chemistry, 1993, 31: 3485-3487.

[21] Satake Y, Kaneko T, Kobayashi Y, et al. Melt stable poly(arylene thioether ketone) and production process thereof: EP0293118. 1988-05-16.

[22] Satake Y, Mizuno T, Iizuka Y, et al. Stretched poly(arylene thioether ketone) films and production process thereof: EP0293113. 1988-05-16.

[23] Satake Y, Kaneko T, Kobayashi Y, et al. Melt-stable poly(arylene thioether ketone) compositions: USA, US 4895892. 1990-01-23.

[24] Senn D R. Synthesis and characterization of ran-copoly(p-phenylene sulfide sulfone/ketone)s. Journal of Polymer Science Part A: Polymer Chemistry, 1994, 32(6): 1175-1183.

[25] 许双喜，杨杰，龙盛如，等. 聚苯硫醚砜酮共聚物的常压合成与表征.高分子材料与工程, 2005, 21: 251-253.

[26] Asahi T, Kondo Y. Polycyanoaryl thioether and preparation thereof: EP0292279A1. 1988-05-19.

[27] Tomoji T, Tetsuya A, Yozo K. Poly(arylene thioether) copolymer and preparation thereof: EP0337811. 1989-04-14.

[28] Higashihara T, Ueda M. Recent progress in high refractive index polymer. Macromolecules, 2015, 48(7): 1915-1929.

[29] Ueda M. Synthesis of ordered polyamides by direct polycondensation. 5. Ordered poly(amide-thioethers). Macromolecules, 1994, 27(13): 3449-3452.

[30] Johnson R A, Mathias L J. Synthesis and characterization of thianthrene-based polyamides. Macromolecules, 1995, 28: 79-85.

[31] 伍齐贤，陈永荣，周祚万. 聚苯硫醚的结构改性. 高分子材料科学与工程, 1992, 1: 7-15.

[32] 周祚万. 聚苯硫醚酰胺的合成、表征及热性能研究. 四川大学硕士学位论文, 1989.

[33] 张刚，范宇，王言伦, 等. 聚芳硫醚砜二茂铁酰胺酰胺的合成及表征. 功能材料, 2010, 5(41): 778-781.

[34] Zhang G, Huang G S, Wang X J, et al. Synthesis of high refractive index polyamides containing thioether unit. Journal of Polymer Research, 2011, 18(6): 1261-1268.

[35] Zhang G, Zhao T P, Wang Y L, et al. Synthesis and characterization of novel polyamide containing ferrocene and thioether units. Journal of Macromolecular Science, Part A: Pure and Applied Chemistry, 2010, 47(3): 291-301.

[36] 杨杰，瞿兰，张美林, 等. 一种半芳香聚酰胺的连续制备方法: 中国, 201210260154.5. 2012-11-21.

[37] 杨杰，张美林，龙盛如, 等. 一种半芳香聚酰胺的制备方法: 中国, 201210029883.X. 2012-07-04.

[38] 杨杰，张美林，瞿兰, 等. 一种半芳香聚酰胺合金的制备方法: 中国, 201210259615.7. 2012-11-28.

[39] Qu L, Long S R, Zhang M L, et al. Synthesis and characterization of poly(ethylene terephthalamide /hexamethylene terephthalamide). Journal of Macromolecular Science, Part A: Pure and Applied Chemistry, 2012, 49(1): 67-72.

[40] 瞿兰. 聚对苯二甲酰己二胺的合成制备及产业化研究. 四川大学博士学位论文，2016.

[41] 罗晓玲. 半芳香聚酰胺 PA6T 的老化行为研究及改善. 四川大学硕士学位论文，2017.

[42] 彭伟明. 耐高温半芳香聚酰胺 PA6T/6 的阻燃改性研究. 四川大学硕士学位论文，2018.

[43] 王钊. 原位增强改性半芳香聚酰胺 PA6T 的性能研究. 四川大学硕士学位论文，2019.

[44] Zhang G, Yang H W, Zhang S X, et al. Facile synthesis of processable semi-aromatic polyamide containing thioether units. Journal of Macromolecular Science, Part A: Pure and Applied Chemistry, 2012, 49(5): 414-423.

[45] Rostami E. Synthesis and characterization of novel polyamide containing ferrocene and thioether units in the main chain under microwave irradiation (MW) and their nanostructures. International Journal of Polymeric Materials, 2013, 62(3): 175-180.

[46] Ali J, Abbs S, Mahmood K, et al. Solution processable polyamides containing thiazole units and thioether linkages with high optical transparency, high refractive index, and low birefringence. Polymer Chemistry, 2013, 51(16): 3505-3515.

[47] 刘春丽. 聚芳硫醚酰亚胺树脂的合成及性能研究. 四川大学硕士学位论文，2006.

[48] 张美林. 聚芳硫醚酰亚胺的合成与性能研究. 四川大学硕士学位论文，2010.

[49] 陈全兴. 聚芳硫醚砜酰亚胺的合与表征. 四川大学硕士学位论文，2005.

[50] Wu Z F, Yan G M, Lu J H, et al. Thermal plastic and optical transparent polyimide derived from isophorone diamine and sulfhydryl compounds. Industrial & Engineering Chemistry Research, 2019, 58: 6992-7000.

[51] 杨世芳. 新型聚芳硫醚树脂的结构改性探索. 四川大学硕士学位论文，2006.

[52] 刘岁林. 聚芳硫醚酮酰胺分离膜和致密膜的制备及结构性能表征. 四川大学硕士学位论文，2008.

[53] Zhang G, Bai D T, Li D S, et al. Synthesis and properties of polyamides derived from 4,6-bis(4-chloroformylphenylthio) pyrimidine and 3,6-bis(4-chloroformylphenylthio) pyridazine. Polymer International, 2013, 62(9): 1358-1367.

[54] Liu J G, Nakamura Y, Terraza C A, et al. Highly refractive polyimides derived from 2,8-bis(p-aminophenylenesulfanyl) dibenzothiophene and aromatic dianhydrides. Macromolecular Chemistry and Physics, 2008, 209: 195-203.

[55] Liu J G, Nakamura Y, Shibasaki Y, et al. High refractive index polyimides derived from 2,7-bis(4-aminophenylenesulfanyl) thianthrene and aromatic dianhydrides. Macromolecules, 2007, 40: 4614-4620.

[56] Fukuzaki N, Higashihara T, Ando S, et al. Synthesis and characterization of highly refractive polyimides derived from thiophene-containing aromatic diamines and aromatic dianhydrides. Macromolecules, 2010, 43(4), 1836-1843.

[57] You N H, Suzuki Y, Yorifuji D, et al. Synthesis of high refractive index polyimides derived from 1,6-bis(p-aminophenylsulfanyl)-3,4,8,9-tetrahydro-2,5,7,10-tetrathiaanthracene and aromatic dianhydrides. Macromolecules, 2008, 41: 6361-6366.

[58] Hulubei C, Albu R M, Lisa G, et al. Antagonistic effects in structural design of sulfur-based polyimides as shielding layers for solar cells. Solar Energy Materials and Solar Cells, 2019, 1930: 219-230.

[59] Zhang G, Xing X J, Li D S, et al. Effects of thioether content on the solubility and thermal properties of aromatic polyesters. Industrial & Engineering Chemistry Research, 2013, 52: 16577-16584.

[60] Wu Z F, Zhang G, Yan G M, et al. Aromatic polyesters containing different content of thioether and methyl units: facile synthesis and properties. Journal of Polymer Research, 2018, 25: 170.

[61] Wang L Y, Gu G G, Yue T J, et al. Semiaromatic poly(thioester) from the copolymerization of phthalic thioanhydride and epoxide: synthesis, structure, and properties. Macromolecules, 2019, 52(6): 2439-2445.

[62] Yuan J S, Wei X, Zhou X H, et al. 4-hydroxyproline-derived sustainable polythioesters: controlled ring-opening polymerization, complete recyclability, and facile functionalization. Journal of the American Chemical Society, 2019,141(12): 4928-4935.

[63] You N H, Higashihara T, Oishi Y, et al. Highly refractive poly(phenylene thioether) containing triazine unit. Macromolecules, 2010, 43: 4613-4615.

[64] Zhang G, Ren H H, Li D S, et al. Synthesis of highly refractive and transparent poly(arylene sulfide sulfone) based on 4,6-dichloropyrimidine and 3,6-dichloropyridazine. Polymer, 2013, 54: 601-606.

[65] Nakabayashi K, Imai T, Fu M C, et al. Poly(phenylene thioether)s with fluorene-based cardo structure toward high transparency, high refractive index, and low birefringence. Macromolecules, 2016, 49(16): 5849-5856.

[66] Nakabayashi K, Imai T, Fu M C, et al. Synthesis and characterization of poly(phenylene thioether)s containing pyrimidine units exhibiting high transparency, high refractive indices, and low birefringence. Journal of Materials Chemistry C, 2015, 3(27): 7081-7087.

[67] Fu M C, Murakami Y, Ueda M, et al. Synthesis and characterization of alkaline-soluble triazine-based poly(phenylene sulfide)s with high refractive Index and low birefringence. Polymer Chemistry, 2018, 56(7): 724-731.

[68] Kim H, Yeo H, Goh M, et al. Preparation of UV-curable acryl resin for high refractive index based on 1,5-bis(2-acryloylenethyl)-3,4-ethylenedithiothiophene. European Polymer Journal, 2016, 75, 303-309.

[69] Wei Q, Zan X J, Qiu X P, et al. High refractive index hyperbranched polymers prepared by two naphthalene-bearing monomers via thiol-yne reaction. Macromolecular Chemistry and Physics, 2016, 217 (17): 1977-1984.

[70] Qiang W, Pötzsch R, Liu X.L, et al. Hyperbranched polymers with high transparency and inherent high refractive index for application in organic light-emitting diodes. Advanced Functional Materials, 2016, 26 (15): 2545-2553.

[71] Alim M D, Mavila S, Miller D B, et al. Realizing high refractive index thiol-X materials: a general and scalable synthetic approach. ACS Materials Letters, 2019, 1(5): 582-588.

[72] Chen X Y, Fang L X, Wang J J, et al. Intrinsic high refractive index siloxane-sulfide polymer networks having high

thermostability and transmittance via thiol-ene cross-linking reaction. Macromolecules, 2018, 51(19): 7567-7573.

[73] Huang D, Liu Y, Guo S, et al. Transition metal-free thiol-yne click polymerization toward Z-stereoregular poly(vinylene sulfide)s. Polymer Chemistry, 2019, 10(23): 3088-3096.

[74] Jia Y Y, Shi B J, Jin J S, et al. High refractive index polythiourethane networks with high mechanical property via thiol-isocyanate click reaction. Polymer, 2019, 180: 121746.

[75] Weiber E A, Takamuku S, Jannasch P. Highly proton conducting electrolyte membranes based on poly(arylene sulfone)s with tetrasulfonated segments. Macromolecules, 2013, 46(9): 3476-3485.

[76] Shin D W, Lee S Y, Kang N R, et al. Durable sulfonated poly(arylene sulfide sulfone nitrile)s containing naphthalene units for direct methanol fuel cells (DMFCs). Macromolecules, 2013, 46: 3452-3460.

[77] Shin D W, Lee S Y, Lee C H, et al. Sulfonated poly(arylene sulfide sulfone nitrile) multiblock copolymers with ordered morphology for proton exchange membranes. Macromolecules, 2013, 46(19): 7797-7804.

[78] Wang C Y, Shen B, Dong H B, et al. Sulfonated poly(aryl sulfide sulfone)s containing trisulfonated triphenylphosphine oxide moieties for proton exchange membrane. Electrochimica Acta, 2015, 177: 145-150.

[79] 余万聪. 含酮聚芳硫醚共聚物的合成及性能研究. 四川大学硕士学位论文，2009.

[80] 任浩浩. 聚苯硫醚结构改性树脂设计、合成及性能研究. 四川大学博士学位论文，2017.

[81] Li H, Lv G Y, Zhang G, et al. Synthesis and characterization of novel poly(phenylene sulfide) containing a chromophore in the main chain. Polymer International, 2014, 63(9): 1707-1714.

[82] Ren H H, Xu D X, Yu T, et al. Effect of polyphenylene sulfide containing amino unit on thermal and mechanical properties of polyphenylene sulfide/glass fiber composites. Journal of Applied Polymer Science, 2017, 135(6): 45804.

[83] Ren H H, Xu D X, Yan G M, et al. Effect of carboxylic polyphenylene sulfide on the micromechanical properties of polyphenylene sulfide/carbon fiber composites. Composites Science and Technology, 2017, 146: 65-72.

[84] Zhang K, Zhang G, Liu B Y, et al. Effect of aminated polyphenylene sulfide on the mechanical properties of short carbon fiber reinforced polyphenylene sulfide composites. Composites Science and Technology, 2014, 98: 57-63.

[85] 余婷. 碳纤维增强聚苯硫醚复合材料界面调控与改性研究. 四川大学硕士学位论文, 2018.

[86] 匡莉, 伍齐贤. 聚苯硫醚-聚醚砜嵌段共聚物的红外光谱分析. 高分子材料科学与工程, 1997, 13(1): 107-110.

[87] 匡莉, 伍齐贤, 余自力, 等. 聚苯硫醚-聚砜嵌段共聚物的合成及初步表征. 塑料工业, 1995, (6): 4-5.

[88] 匡莉. 聚苯硫醚齐聚物的合成及其与砜类嵌段共聚物的初步研究. 四川大学硕士学位论文，1995.

第5章

聚苯硫醚树脂及复合改性料的加工与成型方法

PPS 树脂属于结晶性耐高温聚合物，其具有良好的熔体流动性，这使得 PPS 与其他种类的聚合物一样，可以通过多种常规的加工手段成型，其中包括注塑、挤出、模压、层压、吹塑以及压延等。此外，PPS 的耐高温性与刚性赋予了其优异的可切削性，因此 PPS 也非常适合采用切削、攻丝、超声焊接等二次加工方法进行成型加工。根据 PPS 树脂结构的差异，可将 PPS 分为支化型(或称交联型)和线型两种树脂，由于这两种 PPS 树脂在流动性、结晶性及宏观性能方面具有一定的差别，因此其相应的加工条件也会有一定的变化，这是在其加工与应用过程中需要注意的问题。

除前述热塑性聚合物常规的加工方法外，PPS 也吸收了部分热固性复合材料的加工方法，可以通过预浸、压制等手段制备成连续纤维增强的 PPS 高性能热塑性复合材料及制品，这在很大程度上丰富了 PPS 的加工手段及应用领域[1]。该部分内容将在本书第 6 章中进行详细叙述。本章将着重介绍 PPS 的加工特性及其注塑成型、涂覆、纤维、薄膜等几种成型加工方法。

5.1 聚苯硫醚的加工特性

5.1.1 结晶性

PPS 为结晶聚合物，并且随着 PPS 树脂分子结构与品种不同，其结晶性能有所差异，例如，线型 PPS 分子结构对称，结晶度也较高，其最大结晶度可达 70%，而支化型 PPS 由于对称性较差，支化处分子单元无法排入晶格，所以结晶度相对较低。PPS 制品的物理、力学性能，如其成型收缩率、冲击强度、热变形温度、表面硬度、耐蠕变性、耐热水性及耐候性等特性会受到制品结晶性能的直接影响。随着结晶度增大，PPS 制品的刚性和耐热性都会有所提升，并表现为热变形温度提高、刚性增加、高温状态下强度增加、耐溶剂性增加、韧性略有下降、耐蠕变性及尺寸稳定性增加、制品表面光泽度及硬度增加、热膨胀系数降低等。而降低

PPS 的结晶度可使制品尺寸的再现性变好，消除注塑过程中制品的凹陷、翘曲现象，提升制品的冲击强度和超声波焊接性。

PPS 成型加工过程中主要通过物料的冷却速率即模具温度来控制制品的结晶度。当模具温度较低，低于 PPS 玻璃化转变温度时，PPS 熔体在充模过程中遇到模具表面会迅速淬冷，由于分子链来不及形成规整的结晶结构即被冻结在玻璃态，所以制品表面会形成一层半透明的无定形层，而制品的芯层由于降温较慢，可以形成较为完善的结晶结构。此时的制品具有较高的韧性，但强度、刚度均达不到最佳状态，同时由于在高温使用过程中制品表面的无定形层会进一步结晶，因此会导致产品在使用过程中的翘曲，影响使用。当模具温度高于 PPS 的玻璃化转变温度并达到 130 ℃附近时，PPS 分子链可以形成较完善的结晶结构，制品的结晶度及综合性能均能达到比较理想的状态。当模具温度在 PPS 玻璃化转变温度附近，即 80～100 ℃时，制品的表面会变得不平整，结晶度也达不到较理想的状态，因此这是需要避免的。应注意的是，前面所提到的模具温度指的是模具表面的实测温度，而非模具的设定温度。

此外，对于采用冷模具成型的制品，还可根据需要在成型后对制品进行退火处理，以进一步提升材料的结晶度、消除制品内部的残余应力并提升制品在使用过程中的尺寸稳定性。一般的退火工艺选择在 120～150 ℃退火 2～6 h，可根据制品的大小及厚度对退火工艺进行调整。需要注意的是，退火处理会伴随 PPS 的重结晶过程，因此制品的尺寸和平整度都会发生变化，这是需要在制品设计及工艺定制时需要考虑的。

5.1.2 成型收缩

作为结晶聚合物，在成型过程中 PPS 制品的成型收缩率随着结晶度的增加而逐渐增大。通常 PPS 的收缩率较小，纯树脂的收缩率为 0.4%～0.6%，当体系中加入大量无机填料时，PPS 材料的热膨胀系数会进一步降低至 0.1%以下。流动方向也会对 PPS 的成型收缩率有明显的影响，垂直方向收缩率比流动方向大 2 倍左右(图 5-1)。此外，产品厚度(图 5-2)、外形尺寸、注射速率也会对 PPS 制品收缩率产生影响。在进行制品设计时应注意，成型收缩的各向异性可能会导致制品的翘曲。为了降低成型收缩对尺寸精度的影响，产品厚度应均匀，壁厚以 4 mm 以下为宜，不宜超过 10 mm，同时还应考虑退火对制品尺寸变化的影响。

5.1.3 流动性

PPS 的加工温度范围较宽、流动性好，但随 PPS 树脂品级及填充物的不同，其加工流动性有较大差异，例如，线型 PPS 较支化交联型有更高的流动性，无机填料的引入会降低 PPS 材料的流动性。一般随温度增加，树脂的黏度会显著下降，

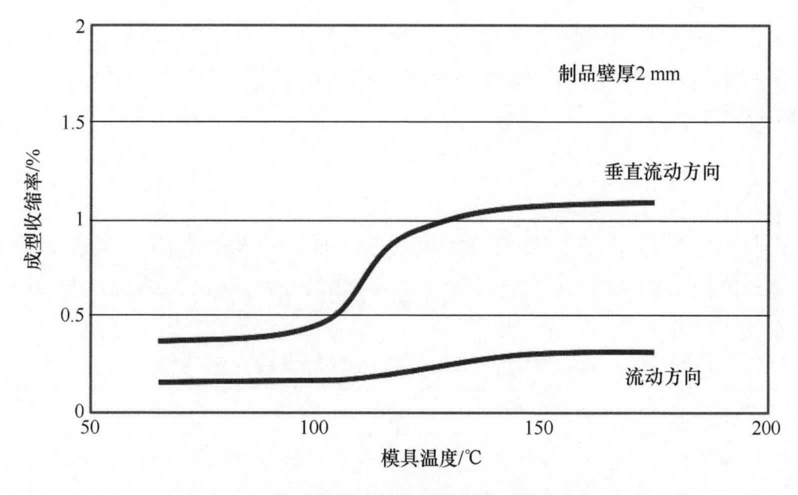

图 5-1　成型收缩率与模具温度的关系[2]

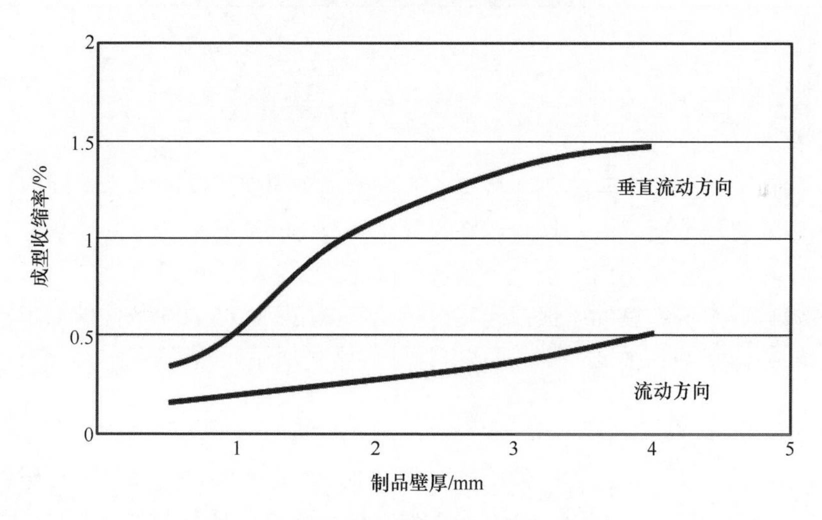

图 5-2　成型收缩率与制品壁厚的关系[2]

从而导致物料流动性增加，但若温度过高或物料在高温下停留时间过长，PPS 树脂将发生部分氧化交联，导致流动性降低。通常，加工改性过程中可以通过改变 PPS 树脂分子量、分子结构(支化型或线型)、物料及模具温度、浇口尺寸和注射压力，增加填料种类及含量等手段调节 PPS 材料的流动性。

5.1.4　热稳定性

PPS 在高温下会发生部分氧化交联反应，特别是支化交联型树脂，若在机筒内停留时间过长，可导致物料流动性降低，色泽变深，对制品物性造成一定程度的影响。因此在加工过程中应注意控制物料在机筒内的停留时间，有条件的情况下，可通过惰性气体对熔融物料进行保护。此外，由于 PPS 对金属有较强的黏附性，为防止物料在机筒内长期黏附、残留、积炭，应注意在加工结束后对机筒及螺杆进行及时清洗。

5.1.5 吸水性

PPS 的吸水性较低，一般在 0.02%左右。但为了保证制品的质量，一般加工前还是应对物料进行预干燥，条件为 120～140 ℃烘 3～5h，见表 5-1。

表 5-1 PPS 加工前干燥条件

干燥温度/ ℃	120	130	140
干燥时间/h	4～6	3～5	2～3
料层厚度/mm		<50	

5.2 注 塑 成 型

注塑加工是目前塑料行业中最成熟普遍的加工手段，该加工方法也是 PPS 材料最主要的成型方法。由于具有良好的尺寸稳定性和流动性，大量以 PPS 为原料的精密注塑制件被应用到电子电气领域。目前工业界对 PPS 的注塑工艺研究已经较为成熟，杨杰等编撰的《聚苯硫醚树脂及其应用》[1]对 PPS 的注塑加工工艺已进行了较为详细的总结，本节仅就 PPS 注塑件常见质量问题及解决方案进行讨论。

5.2.1 黑点及变色

黑点主要是长期停留在机筒中的物料碳化分解所形成的杂质。该现象在生产高温材料过程中较常见，黑点的存在不但会影响产品的外观，其在制品内部会形成缺陷导致应力集中，因此还会影响制品的强度和韧性。为解决此问题，应注意在加工或换料前后对挤出机、注塑机的螺杆进行清洗。长期生产后，简单地通过物料清洗螺杆难以将螺杆完全洗净，此时可将螺杆取出后单独清理。

对于生产过程中的变色，主要有两种可能：一种情况是模温不均造成制品局部结晶度差异所导致的，此时低模温部分对应的制品位置主要处于无定形态，颜色略深。此时，可通过退火或提升模温得到解决。另一种情况是物料热稳定性不足造成的。出于成本控制的考虑，目前国内一些注塑制品生产企业仍然普遍接受并使用一些商家采用水口料(注塑流道浇口)、回收料、副牌料(合成的等外品)制造的聚苯硫醚粒料，这些材料质量不一、成分复杂，普遍耐热性较差，在成型加工过程中容易降解变色。对于此种情况，只能通过适当优化注塑工艺，如降低工艺温度、减小注射速率等进行修正或重新选择质量更稳定的正牌料进行替换。

5.2.2　表面不光滑、浮纤

该情况主要是模具温度不够或基体树脂与纤维浸润性不佳导致的。模具温度对 PPS 制品具有非常重要的影响，过低的模温不仅会导致制品表面质量的下降，还会导致制品力学性能及后期高温使用过程中尺寸稳定性的下降。PPS 制品成型过程中模具温度应控制在 120 ℃以上，应注意此处的温度为模具腔实际测得温度，而非模温机设置温度。对于基体与纤维浸润性不佳所导致的浮纤可从材料配方设计中寻求解决方案。

5.2.3　制件的翘曲与开裂

制件的翘曲与开裂主要是由制品收缩过程中的内应力不均造成的。解决该问题可通过以下三方面入手。

材料优化：提升原料的分子量及韧性，保证原料的质量稳定性，降低再生料使用比例，避免使用价格过低的杂牌料。

工艺优化：提升模具温度、降低制件的冷却速率，降低制品内应力；适当降低注射速率及压力，减小 PPS 分子链及增强纤维的取向程度；通过退火使材料的内部应力得以尽量释放；对于有嵌件的制品要对嵌件进行预热后再放入模具。

设计优化：在制品设计过程中要充分考虑材料流动及结晶导致的不均匀收缩，避免制品厚度的突然变化，在制品转角及尖锐处设置过渡圆弧降低该处的应力集中。

5.3　聚苯硫醚涂覆

由于 PPS 具有良好的耐腐蚀性、耐热性及流动性，并且与钢材、铝材、铸铁有着良好的附着力，将其作为涂层喷涂到金属表面可以起到良好的耐温、防腐保护作用，国内外在该领域已有 50 多年的研究应用历史，并已广泛应用于化工、石油、舰船、医药、轻工、军工、电子、食品、仪表等行业和领域，如各种腐蚀性环境应用的泵、管道、阀门、反应釜搅拌桨、冷凝器、溶剂储罐以及不粘锅等。

PPS 涂层的主要成分由高熔融指数 PPS 树脂粉末、填充剂(如二氧化钛)、分散剂(工业酒精)、表面活性剂等构成。根据需要添加质量分数为 10%～20%的聚四氟乙烯后，可降低涂层的表面摩擦阻力，制成不粘和耐磨涂层，其不粘性与氟树脂相当。由于具有较低的表面能，对液态和固态物料均不粘的优点，此类材料也非常适合于食品机械，目前已广泛应用于不粘锅等炊具上，其光洁卫生、耐腐蚀、物料不粘等特性已明显超过了不锈钢的同类产品，显示出了 PPS 复合材料独特的优异性能。

PPS 涂料的涂覆可以采用多种方法，如悬浮液浸涂、悬浮液喷涂、干粉静电喷涂、流化床涂覆、干粉冷喷涂以及干粉火焰喷涂等，喷涂前需对工件进行酸洗和喷沙打磨，以获得清洁和适合涂覆的表面。涂覆中，采用多次涂覆的方法，但每次不宜太厚，以 0.04～0.05 mm 为宜，尽量保证涂覆面厚薄均匀[1]。

在 PPS 产业发展的早期，由于合成技术的局限，难以生产高分子量的 PPS 树脂，因此当时的 PPS 树脂主要应用于防腐涂层的制备中。近 10 多年来，随着 PPS 合成技术的提升，制备高分子量的 PPS 不再成为技术问题，因此近年来 PPS 领域的研究也逐渐从防腐涂层研究转向工程塑料改性、纤维薄膜制备以及热塑性复合材料制备领域。PPS 涂层领域的研究已逐渐成熟，因此新近的研究相对较少，以下简要总结近年来国内外在 PPS 涂层技术开发中的新进展。

5.3.1 PPS 冷喷涂技术

冷喷涂又称冷空气动力学喷涂，是利用超音速气流获得高速粒子使其通过固态塑性变形沉积而形成涂层的方法，该技术以往多用于金属涂层的制备，近年来也被应用于聚合物等非金属涂层的制备过程中。在冷喷涂过程中，气流经喷管狭窄喉部到扩展段而获得超音速，获得高动能的涂料颗粒撞击工件表面，撞击瞬间(约 10^{-8} s)大约有 1/3 的动能转化为热能，因此在撞击瞬间该局域温度急速升高。

之所以称之为冷喷涂，是相对于金属熔体喷涂、火焰喷涂、爆炸喷涂等高温热喷涂过程而言的，其操作过程实际仍需对喷涂颗粒进行加热。针对 PPS 而言，需要在操作时将喷涂温度升至 100 ℃以上、熔点以下，结合喷涂过程中的动能转化，使得 PPS 粉末在制件表面形成均匀的涂层。为了进一步提升沉积的树脂颗粒间的黏结性，在冷喷涂完成后一般还需要在 PPS 的熔点以上 50 ℃左右对涂层进行热处理。

5.3.2 PPS 复合涂层技术

PPS 与金属间的黏结性优异，但其阻垢性及耐磨性还有待提升，因此，将 PPS 粉体与其他有机、无机粉体进行复合，形成复合涂层是提升 PPS 涂层综合性能的主要方法。PTFE、TiO_2、石墨、SiO_2、蒙脱土等粉体是常用的 PPS 涂层改性添加剂。除混合添加外，通过原位反应生成无机粒子的方法，也可对 PPS 涂层起到改性效果。龚建彬等[3]报道了通过原位反应在 PPS 中掺杂 CuO 制备 PPS/CuO 涂层以提升涂层耐磨性能的方法。此外，在 PPS 涂层表面构造微纳结构从而提升涂层的减阻防垢特性是近年来出现的一种新趋势。例如，郝友菖等[4]通过打磨及酸蚀处理，在 X80 钢表面构建了具有超双疏性及良好耐腐蚀性的 PPS/SiO_2 涂层。近期，

Chongjiang Lv 等[5]通过碳纳米管及石墨烯对 PPS/SiO_2 进行改性，也制备了具有超疏水性的耐磨涂层。

5.4　聚苯硫醚纤维

PPS 纤维和薄膜是 PPS 树脂加工与应用中重要的领域。PPS 纤维是一种高性能的有机纤维，已获得广泛共识，也因其优良性能与重要性，与芳纶、超高分子量聚乙烯纤维一道被列入国家重点发展的高性能纤维产品。

高性能 PPS 纤维的发展始于 1973 年，由 Bartlesvile 等首先开展了 PPS 的纺丝研究。1979 年，美国菲利普斯石油公司研制出了 PPS 纤维树脂，并于 1983 年实现了 PPS 短纤维的工业化生产。1987 年后，日本的东丽、东洋纺、帝人和吴羽等公司也相继推出了自己的 PPS 纤维产品。其中日本大和纺织株式会社首先将 PPS 纤维开发为工业滤布，由于 PPS 纤维具有良好的耐热性、阻燃性、耐化学腐蚀性和尺寸稳定性，在该应用中取得了非常好的效果。随后 PPS 纤维的研究和产品在各个国家，如德国、美国、荷兰均有报道。在国外 PPS 多用作工程塑料，纤维只占总使用量的 5%～10%，而国内 PPS 纤维的使用量占全球纤维使用量的 60%，因此国内纤维的产量远不能满足日益增长的需求[6-8]。

5.4.1　PPS 纤维的性能

PPS 纤维的性能与 PPS 树脂性质(包括其分子量)、纺丝以及后加工条件等均有直接关系。

1. 外观

PPS 纤维一般为米黄色，也可通过添加增白剂制得纯白 PPS 纤维。

2. 密度

PPS 纤维密度随其结晶度不同而不同。PPS 纤维拉伸前的结晶度为 5%，密度接近 1.33 g/cm^3；拉伸后结晶度为 30%，密度可升高到 1.34 g/cm^3；进一步对其进行热处理，结晶度将继续增加到 80%，其密度可上升到 1.38 g/cm^3。

3. 吸湿性

PPS 树脂的吸水率很低，日本东洋纺 Procon PPS 纤维的吸水率为 0.2%～0.3%。而东丽工业株式会社 TORCON PPS 纤维的吸水率为 0.6%(在相对湿度为 65%的环境中测试)。

4. 沸水收缩率

PPS 纤维的沸水收缩率的大小与制备纤维所用的工艺条件有关，一般为 0～25%。

5. 耐热性

由于 PPS 的熔点高达 285 ℃，因而 PPS 纤维的耐热性强于目前工业化生产的其他大部分熔纺纤维。PPS 纤维具有出色的耐热性，在氮气气氛下，在 500 ℃以下时基本无失重，空气中，当温度达到 700 ℃时将发生完全降解。PPS 纤维在高温下具有优良的强度、刚度及耐疲劳性，可以在 200～240 ℃的环境中连续使用，在 204 ℃高温空气气氛中 2000 h 后可保留 90%的强度，5000 h 后保持 70%，8000 h 后保持 60%。在 260 ℃高温空气气氛中 1000 h 后，保留 60%的强度，断裂伸长率降至初始的 50%[9]。也有报道，将 PPS 复丝置于 200 ℃的高温炉中，54 天时，断裂强度基本保持不变。

6. 耐化学腐蚀性

PPS 纤维具有突出的化学稳定性，与号称“塑料之王”的聚四氟乙烯(PTFE)相近，在极其恶劣的条件下仍能保持其原有的性能。PPS 纤维抗酸、碱、有机溶剂及氧化剂等化学物质腐蚀性的能力见表 5-2[10]。

表 5-2　PPS 纤维耐腐蚀性

酸碱类型		抗张强度保持率/%	溶剂种类		抗拉强度保持率/%	氧化剂种类		抗张强度保持率/%
酸	48%硫酸	100	有机溶剂	丙酮*	100	氧化剂	10%硝酸	75
	10%盐酸	100		四氯化碳*	100		浓硝酸	0
	浓硫酸	100		氯仿*	100		50%铬酸	0～10
	乙酸	100		二氯乙烯	100		5%次氯酸钠	20
	浓磷酸	95		四氯乙烯	100		浓硫酸	10
碱	10%氢氧化钠	100		甲苯	75～90		Br_2(游离溴)	0
	20%氢氧化钠	100		二甲苯(混合)	100			

注：实验条件为在 93℃状况下，暴露在各种化学物质一周后，测试纤维的抗拉强度保持率；*为暴露在化学物质沸点时的情况。

7. 阻燃性与安全性

PPS 纤维还具有良好的阻燃性与安全性，其极限氧指数可达 34～35。按 UL

标准不需添加任何阻燃剂就可以达到 UL 94V-0 标准。PPS 纤维置于火焰中时虽会发生燃烧，但无滴落现象，且离火自熄。其燃烧时呈黄橙色火焰，并生成微量的黑烟灰，发烟率低于卤化聚合物，燃烧物不脱落，形成残留焦炭，表现出较低的延燃性和烟密度。

8. 力学性能

PPS 短纤维的纤度为 3.13 dtex(1 dtex=0.1 tex)，单纤强度为 2.16～3.11 cN/dtex，断裂伸长率为 25%～35%，初始模量为 2615～3513 cN/dtex。有良好的弹性回复率，当其伸长率分别为 2%、5%和 10%时，对应的弹性回复率为 100%、96%和 86%。PPS 长丝纤维强度和初始模量略高于短纤维，分别是 315 cN/dtex 和 3917～4816 cN/dtex。PPS 初生长丝的断裂强力为 15.96 cN，断裂强度为 1.02 cN/dtex，对应的断裂伸长率高达 416.9%。

9. 耐辐射和耐老化性能

PPS 纤维对紫外线和 Co 射线稳定，尤其是聚苯硫醚经过热和化学交联之后可耐 10 MGy(10^9rad)剂量的辐射。对于γ射线和中子射线的隔绝性比聚酰胺和聚酯纤维好。

表 5-3 是各种聚合物纤维性能的对比表。

表 5-3　各种聚合物纤维性能的对比

	PPS	PTFE	PI	PET	LCP	PA6
连续使用温度/ ℃	192	250	240	150	250	110
密度/(g/cm^3)	1.35	2.18	1.41	1.40	1.40	1.14
熔点/ ℃	280～290	330	不熔	250～260	280	220
吸水率/%	0.02	—	3.0	0.2～0.4	0.03	4.0～4.5
极限氧指数值	≥35	>80	38	22	35	20
抗氧化性	—	优	良	良	优	—
耐湿热性	优	优	良	—	优	—
耐酸性	优	优	良	—	优	—
耐碱性	优	优	优	—	良	—

注：LCP 为液晶聚合物。

5.4.2　PPS 纤维的生产

高聚物的纺丝方法分为熔融纺丝法和溶液纺丝法。由于 PPS 树脂在 200 ℃以下几乎无溶剂，因此，PPS 纤维的生产只能采取熔融纺丝法。

1. 生产原料

PPS 纤维的生产原料为纤维级的 PPS 树脂，该树脂与注塑级的 PPS 树脂相比，在树脂的线型程度、分子量及分子量分布，以及熔融指数和含杂质率等方面均有更高的要求。国内目前具有生产纤维级 PPS 树脂能力的生产商名单见表 5-4。

表 5-4 目前国内具有生成 PPS 纤维级树脂能力的厂家

企业名称	产能/(t/a)	产量/(t/a)
浙江新和成特种材料有限公司	15000	9000(纤维级约 7000 t/a，工程塑料级约 2000 t/a)
重庆聚狮新材料科技有限公司	3000	1500～2000(纤维级)
中泰新鑫化工科技股份有限公司	10000	试生产期
四川得阳科技股份有限公司	32000	2015 年停产
敦煌西域特种新材料股份有限公司	4000	2017 年停产
鄂尔多斯市伊腾高科有限责任公司	3000	2017 年停产
广安玖源新材料有限公司	3000	2018 年停产

2. 生产过程

PPS 纤维的生产是采用常规的熔融纺丝方法，崔晓玲、吴乐、兰建武、陈玲玲以及张勇、相鹏伟、张蕊萍等分别从纺丝温度、喷丝孔长径比、纺丝速度等不同的角度[11-13]研究了 PPS 短纤维的纺丝工艺条件，认为 PPS 纤维的纺丝温度一般可控制在 310～340 ℃。也有学者[14,15]研究了 PPS 纤维后加工过程中的热处理条件，提出在一定温度范围内，随着热定型温度的提高，结晶度增加，纤维抗张强度也会升高。因此一般 PPS 纺丝温度应在 320～340 ℃，然后在高温下进行后拉伸、卷曲和切断，分别制成 PPS 短纤维或长丝。

3. PPS 纤维生产工艺条件

纤维生产中，质量控制技术是关键，PPS 与常规化纤纺丝比较，具有熔点高、黏度高、黏流活化能大、螺杆基础力矩大等特点。同时，后加工条件对成品纤维结构与性能影响很大，因此，在纤维生产中必须注意以下几个方面。

PPS 切片的含水量：水分一般可能引起 PPS 纤维的缺陷，影响连续生产，因此 PPS 切片的含水量应保持在低于 50 ppm。

拉伸工艺：拉伸工艺条件是影响纤维性能的最重要因素，主要包括拉伸温度和拉伸倍数。

拉伸温度是影响 PPS 纤维拉伸性能的重要工艺条件。PPS 纤维的拉伸温度应在玻璃化转变温度以上，结晶温度以下。当温度低于玻璃化转变温度时，拉伸所得纤维均匀性非常差，存在大量细颈现象，毛丝和断头多，纤维内会出现孔洞，结构疏松；而温度过高，分子链的活动能力太强，大分子的取向度反而随温度的升高而降低，达不到提高强度的目的。

在 PPS 长丝的制备中，拉伸倍数是拉伸工艺的重要的参数，其决定着 PPS 长丝的物理机械性能。拉伸倍数高，其丝度强度高、伸度低、纤度小。但是拉伸倍数过大，会出现断丝，产生毛丝和断头；拉伸倍数过低，则会使拉伸不匀，出现“橡皮筋”丝条。拉伸倍数影响 PPS 的结晶度是其影响纤维性能的重要原因，未拉伸纤维的结晶度很低，约为 5%。目前的研究结果表明，分两段拉伸对纤维的综合性能有益。一般一段拉伸倍数在 1.2～1.6 之间，整体拉伸倍数在 4.5～5.0 之间。

纺丝设备和助剂也是 PPS 纤维生产中的重要因素。选择与 PPS 性能、纺丝条件相匹配的设备，是成功制备 PPS 纤维的一个关键因素；同样，选择合适的后加工专用油剂是提高纤维后处理能力及纤维性能的重要一环。目前，我国已经开发出了多种 PPS 纤维加工专用油剂。

5.4.3　PPS 纤维织物

PPS 纤维除 PPS 单丝或复丝、针刺毡等应用形式以外，通常还被制成各种织物进行应用，以降低成本、改善性能。此外，还有采用 PPS 纤维与碳纤维等进行交织之后再进行热压，以制备高性能的 PPS 树脂基复合材料和制品。

杨爱景等[16]在 PPS 纤维中加入不锈钢纤维，利用不锈钢纤维优良的导电性能，开发防电磁辐射屏蔽服，可用于制作孕妇防辐射服，制作电脑操作防护衣、衬衣、围裙、屏蔽毛衣、医院特种工作服、电子厂高精密工作服等，还可以用于制作抗静电工作服，其抗静电性能优于常规的有机导电纤维。不锈钢纤维含量很高的混纺纤维机织物被广泛应用于制作变电站巡视作业服、交直流带电作业服等高压屏蔽服，取得了优异的防护效果。

陈萌等[17]以 PPS 纤维制备的无纺布为基底膜，聚偏氟乙烯(PVDF)和 SiO_2 纳米粒子为表面涂覆材料，构建了耐高温复合电池隔膜(记作 PVDF@SiO_2/PPS)，研究发现，与商业隔膜 PP/PE/PP 相比，隔膜 PVDF@SiO_2/PPS 具有较高的离子电导率和放电比容量。该隔膜具有较强的耐热性，在 250 ℃仍可保持较高的尺寸稳定性。图 5-3 为 PVDF@SiO_2/PPS 膜和商业隔膜 PP/PE/PP 的奈奎斯特(Nyquist)图和阻抗谱图的对比图。由图 5-3(a)可知，PVDF@SiO_2/PPS 隔膜的本体电阻为 15.6 Ω，大于商业隔膜 PP/PE/PP(7.4 Ω)，换算成电导率为 0.50 mS/cm，远高于商业化隔膜 0.21 mS/cm 的电导率；对比图 5-3(b)曲线可以发现，PVDF@SiO_2/PPS 复合隔膜的界面阻抗远远小于商业隔膜 PP/PE/PP。

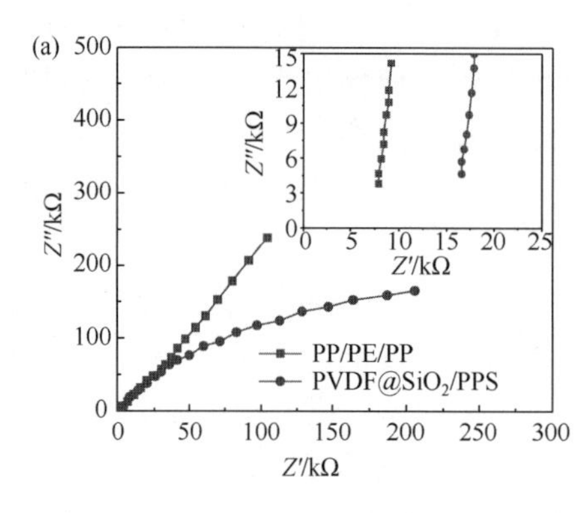

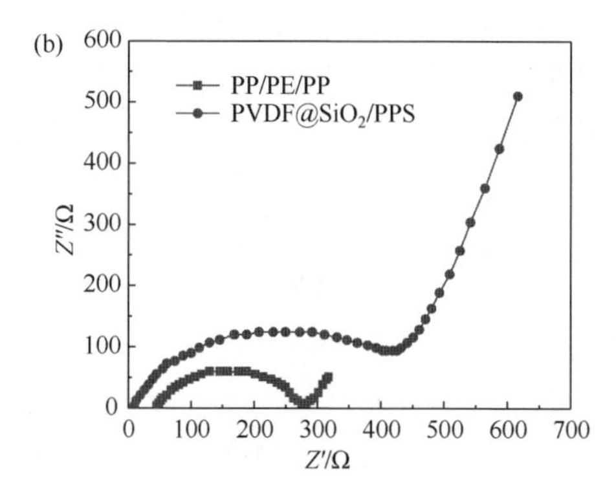

图 5-3 以不锈钢为电极的 PVDF@ SiO_2 /PPS 膜和商业隔膜 PP/PE/PP 的奈奎斯特(Nyquist)图(a)和以锂为电极的 PVDF@ SiO_2 /PPS 膜和商业隔膜 PP/PE/PP 的阻抗谱图(b)

魏世林等[18]制备了混纤纱结构的 PPS / 玻璃纤维(GF)织物，通过模压成型制备复合材料层压板并探索制备工艺以提高复合材料的机械性能。表 5-5 为所得织物的制备工艺和机械性能，在成型温度为 320 ℃和成型压力为 2.0 MPa，成型时间为 10 min，连续 PPS/GF 复合材料层压板的力学性能达到最优值，其拉伸强度和弯曲强度可分别达到 502.9 MPa 和 530.1 MPa。

表 5-5 PPS/GF 复合材料的制备工艺及拉伸和弯曲性能

样品名称	成型温度/ ℃	成型时间/min	拉伸强度/MPa	拉伸模量/GPa	弯曲强度/MPa	弯曲模量/GPa
PPS/GF-1	290	10	383.3	16.3	283.9	11.8
PPS/GF-2	290	20	398.12	17.5	292.6	10.8
PPS/GF-3	290	30	400.6	16.8	315.7	10.6
PPS/GF-4	290	40	405.7	17.8	298.7	11.5
PPS/GF-5	300	10	349.5	17.7	289.1	12.1
PPS/GF-6	300	20	360.1	16.8	285.4	10.1
PPS/GF-7	300	30	416.8	18.8	356.3	11.1
PPS/GF-8	300	40	419.6	18.3	371.8	10.8
PPS/GF-9	310	10	405.2	18.7	419.5	10.5
PPS/GF-10	310	20	405.9	17.9	467.1	10.1
PPS/GF-11	310	30	393.1	18.1	421.3	10.4
PPS/GF-12	310	40	394.5	18.6	412.6	10.6
PPS/GF-13	320	10	502.9	17.6	530.1	10.1
PPS/GF-14	320	20	480.2	18.5	452.5	10.2
PPS/GF-15	320	30	421.8	18.3	457.3	10.8
PPS/GF-16	320	40	418.6	18.4	426.5	10.7

Zheng 等[19]用自制的 PTFE 泡沫涂层剂对 PPS 纤维过滤器进行预处理，通过热压法制成 PPS/PTFE 过滤纤维滤料。通过牢固性和过滤性能实验证明 PTFE/PPS 基滤料具有除尘效率高、过滤精度高、运行阻力小、除尘容易、使用寿命长等特点，能有效控制 $PM_{2.5}$ 等超细粉尘的排放，可广泛应用于燃煤电厂、水泥工业、垃圾焚烧、化工厂等相关领域的高温除尘。

5.4.4　PPS 纤维生产厂商

全球 PPS 纤维最主要的生产商是日本东丽工业株式会社和日本东洋纺集团。国内虽然起步较晚，但目前有一大批企业从事 PPS 纤维的批量生产与研发工作，详见表 5-6。

表 5-6　国内主要的 PPS 纤维生产厂商

企业名称	产品种类	产能
四川安费尔高分子材料科技有限公司	PPS 短纤维	2000 t/a
苏州金泉新材料股份有限公司	PPS 短纤维	年产约 2000 吨
江苏瑞泰科技有限公司	PPS 长纤、PPS 短纤维	年产 PPS 短纤维 2000 吨，PPS 长纤 300 吨(未实际生产)，已破产正在出售
深圳市中晟创新科技股份有限公司	PPS 短纤维	早期做过，已经倒闭
四川得阳特种新材料有限公司	PPS 长纤、PPS 短纤维	已破产
广东宝泓新材料股份有限公司	PPS 超细、超短纤维	—
浙江新和成特种材料有限公司	PPS 短纤维	在建，年产 1500 吨

因大量用于燃煤锅炉烟道尾气过滤领域，我国的 PPS 纤维需求一直非常旺盛，但我国的 PPS 纤维生产却经历了不少波折，之前是国产 PPS 纤维级树脂供应不能满足纤维生产的需求，待国产 PPS 纤维级树脂原料可以大量供应的时候，又遭遇主要生产商得阳科技、四川得阳化学有限公司的停产、停业，加之国外 PPS 纤维级树脂原料的价格暴涨，甚至完全停售，导致国内 PPS 纤维生产企业一直步履蹒跚，处境艰难。2018 年，国内 PPS 纤维的产量约为 5500 吨。除 PPS 纤维的生产外，国内还有一系列的研究单位从事 PPS 纤维的研究与开发工作，如天津工业大学、太原理工大学、东华大学等。

5.4.5　PPS 纤维的主要用途

PPS 纤维最主要的用途[20]是用于燃煤锅炉烟道尾气过滤。我国是火力发电的大国，大量采用燃煤的火力发电装置遍布全国，在如此重视环保及人民健康要求的当下，必须对这些装置产生的大量尾气进行过滤、除尘。目前，最好的除尘方式就是采用袋式除尘器，它能过滤微米级的极细粒尘，经其除尘后，尾气中粒尘浓度可降到 40 mg/m^3 以下。而用 PPS 纤维制作的尾气除尘袋(毡)，就是当前承受包含 SO_2 在内的一系列有害高温气体最适宜的纤维材料。相对于其他品种纤维制品，用 PPS 纤维制作的复合除尘袋(毡)具有更长的使用周期，可有效除去尾气中携带的大量粉尘，经其过滤后的尾气能够完全达到国内新的《火电厂大气污染物排放标准》(GB 13223—2011)中烟尘排放小于 50 mg/m^3 的指标，安全排放，起到保护环境及人类健康的作用。

PPS 纤维主要的用途还包括制作耐酸、碱、有机溶剂的化学滤材[21]、造纸用针刺毡、缝纫线、各种防护布、电绝缘材料、电解隔膜、刹车用摩擦片、气液过滤材料、特殊用途的电缆包覆层、防火织物、特种垫圈、高性能包装材料和耐辐射材料等，也可将单丝或复丝织物用作除雾材料。PPS 纤维还可与碳纤维混织[22]，作为高性能复合材料的增强织物，用于制备航空航天用高性能热塑性复合材料。

此外，由于 PPS 纤维良好的力学、热稳定和化学稳定性能，近年来国内外通过改变 PPS 支化度及纺丝成纤工艺、引入官能团等化学修饰手段来修饰 PPS 纤维，制得了一系列弱酸、弱碱、强碱离子交换纤维，应用于化工生产中苛刻使用条件下的环境保护、水处理以及清洁等。李仙蕊[23] 还利用聚苯硫醚高分子链本身富含苯环的优点，以商业化 PPS 纤维为基体，通过对其主链苯环的 Friedel-Crafts 烷基化交联与磺化两步反应，制得了一种离子交换容量高、化学稳定性能好的强酸离子交换纤维新材料。

5.5 聚苯硫醚薄膜

PPS 薄膜的研究开始于 1980 年，1987 年，日本东丽工业株式会社和美国菲利普斯石油公司共同开发了 PPS 薄膜工业化生产技术。此后日本吴羽化学工业株式会社、TohPren 石油化学工业株式会社、德国 Bayer 公司等先后加入了 PPS 薄膜研究的行列。我国 PPS 薄膜的研究起步较晚，主要集中于 PPS 薄膜成型方法、性能改善及应用研究[24]。

5.5.1 PPS 薄膜的性能

PPS 薄膜是一种性能优良的 F 级绝缘膜，同其他塑料薄膜一样可以进行各种后加工处理。

1. PPS 薄膜的耐热性

PPS 薄膜耐热性能突出，得到了美国 UL-746B 标准的认可。根据其厚度可分为：超薄 PPS 膜，厚度为 1.0～1.5 μm；常规 PPS 薄膜，厚度为 2～125 μm；超厚薄膜，厚度为 188～250 μm。常规 PPS 薄膜，可以长期工作在 160 ℃温度下，其力学性能基本保持不变，若在 200 ℃的温度下长期工作，其仍可表现出优异的介电强度。表 5-7 为不同厚度的 PPS 薄膜在短时间高温条件下的耐热性能。此外，PPS 薄膜的低温特性也很优异，液态氦温度下，仍表现出优异的机械特性。PPS 薄膜在不含添加剂的情况下，本身具有高水平的阻燃(自熄灭)性，为 UL94 V-0 级材料[25]。

表 5-7　不同厚度的 PPS 薄膜在短时间高温条件下的耐热性能

PPS 薄膜的厚度/μm	物理性质	热处理条件		
		无热处理	230 ℃，1 h	260 ℃，1 h
12	断裂强度/MPa	250	220	200
	断裂伸长率/%	67	71	87
	绝缘破坏强度/(kV/mm,AC)	213	213	228
25	断裂强度/MPa	250	220	170
	断裂伸长率/%	73	68	72
	绝缘破坏强度/(kV/mm,AC)	247	239	264
75	断裂强度/MPa	250	220	210
	断裂伸长率/%	72	63	79
	绝缘破坏强度/(kV/mm,AC)	165	166	163

注：AC 指交流电压。

2. 电性能

PPS 薄膜的介电常数为 3.0，受温度和频率的影响很小，可在温度为 100～120 ℃和千兆赫兹的频率范围内，始终保持不变，呈现出电容温度系数小、频率依赖性小、介电损耗低的性能。另外，PPS 薄膜的二次转移点温度比聚酯薄膜约高 20 ℃，可用极低的介质损耗维持更高的温度。

3. 耐辐射性

PPS 薄膜对于γ射线和中子射线有很强的耐受性，即便吸收接近 10 MGy (10^9 rad)的γ射线后，PPS 薄膜的物理性质也全无改变，如图 5-4 所示，是为数不多可适用于核反应堆和核聚变炉周围的有机薄膜材料[26]。

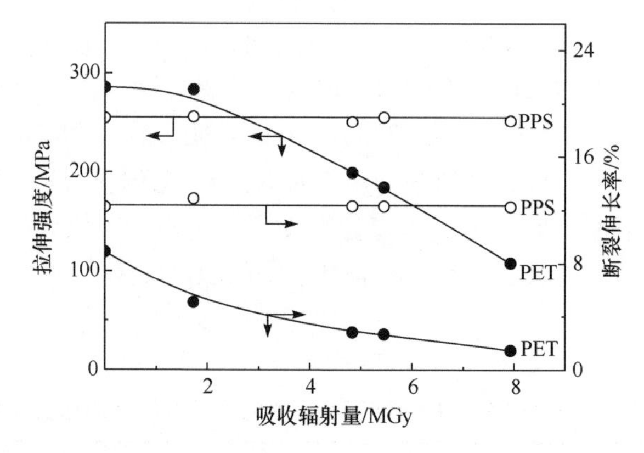

图 5-4 放射线对 PPS 薄膜和聚酯薄膜拉伸强度和断裂伸长率的影响(77 K 下测定)

4. 吸湿特性和耐加水分解特性

PPS 薄膜的吸水率为 0.05%，膨胀系数为 1.5×10^{-6}%，比聚酯薄膜低一个数量级，而且针对温度变化，几乎看不出各物理性质的改变。此外，PPS 对水完全惰性，因此不会出现聚酯薄膜或聚酰亚胺薄膜等在高温蒸汽中加速劣化的现象。

5. 表面特性

PPS 薄膜的表面粗糙度和摩擦系数，基本上可以通过薄膜生产时的工艺参数设计与控制来确定。但是，PPS 薄膜的表面湿张力为 39 mN/m，比聚酯薄膜低，因此在与其他材料贴合、印刷、覆层等时，可能会出现黏结力不足的问题，可通过在 PPS 薄膜表面施加电晕处理，有效地将表面湿张力提高至 58 mN/m 以上，见表 5-8。

表 5-8 各种薄膜的表面湿张力

薄膜	表面湿张力/(mN/m)
PPS(未处理)	39
PPS(电晕处理)	58
聚酯(未处理)	43～45
聚丙烯(未处理)	32
聚丙烯(电晕处理)	44

6. 机械性能

PPS 薄膜的抗张强度和杨氏模量等均与 PET 薄膜相当。表 5-9 是各种薄膜的机械性能对比表。值得一提的是，PPS 薄膜在液氮级超低温(−196 ℃)状况下，仍保持良好的机械特性和优异的柔性。PPS 薄膜在长期重负荷下的蠕变特性也表现优异，蠕变量只是 PET 薄膜的一半以下。

表 5-9　各种薄膜的抗张特性

薄膜	抗张强度/MPa	延伸率/%	抗张弹性模量/MPa
PPS(双轴拉伸)	300	60	4000
聚对苯二甲酸乙二醇酯(双轴拉伸)	250	130	4000
聚丙烯(双向拉伸)	190	170	2000
聚碳酸酯(单轴拉伸)	100	150	1100
聚氟化乙烯(双轴拉伸)	170	170	1400
聚酰亚胺(无拉伸)	180	70	3000
聚醚酰亚胺(无拉伸)	110	100	3000
聚醚砜(无拉伸)	80	200	2400

7. 耐化学性

PPS 对多数化学试剂和油剂均表现出优异的抵抗力。除了浓硫酸和硝酸之外，几乎在所有溶剂中 PPS 薄膜的拉伸强度都十分稳定。同时 PPS 薄膜对汽油-乙醇混合燃料有很好的抵抗力。

8. 透气透光性

图 5-5 是 PPS 薄膜和聚酯薄膜水蒸气透过率与温度的相关性，由该图可见，PPS

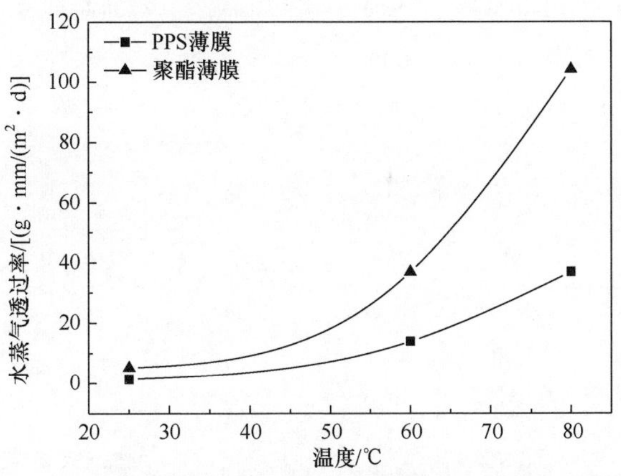

图 5-5　PPS 薄膜和聚酯薄膜水蒸气透过率与温度的相关性

薄膜水蒸气的透过率受温度的影响较小。表 5-10 是 PPS 薄膜和聚酯薄膜的气体透过率对比表，由该表可见，PPS 薄膜对氧气、氮气等一般气体，比聚酯薄膜的透过率大，相反对水蒸气却较小。

表 5-10 PPS 薄膜和聚酯薄膜的气体透过率对比表

气体透过率	PPS 薄膜	聚酯薄膜
氧气/($m^2 \cdot d \cdot MPa$)	50	19
氮气/($m^2 \cdot d \cdot MPa$)	8.1	2.4
氦气/($m^2 \cdot d \cdot MPa$)	644	—
二氧化碳/($m^2 \cdot d \cdot MPa$)	230	60
水蒸气/($m^2 \cdot d$)	0.25	0.55

综合以上的各项性能，对比可见，PPS 薄膜是一种性能非常优异的高性能薄膜，其与各种典型聚合物薄膜的特性对比情况见表 5-11。

表 5-11 各种典型聚合物薄膜的特性对比表

参数	PPS 薄膜	聚酯薄膜	聚酰亚胺薄膜	聚醚酰亚胺薄膜	芳族聚酰胺纸	测定方法
结晶性	结晶	结晶	结晶	非晶	结晶	
密度/(g/cm^3)	1.35	1.42	1.42	1.27	0.96	JIS K6745
厚度/μm	25	25	25	25	50	
拉伸强度/MPa	300	250	180	110	75	JIS C2151
断裂伸长率/%	60	130	70	100	8	JIS C2151
拉伸弹性系数/MPa	4000	4000	3000	3000	—	拉伸实验法
顶端破裂阻力/N	190	210	170	—	—	JIS C2151
破裂传播阻力/(N/mm)	2.0	7.6	3.0	—	18	JIS P8116
耐冲击性/(J/mm)	60	98	—	3	—	JIS K6745
熔点/ ℃	285	265	无	无	无	DSC 法
二次转移点/ ℃	92	69	无	216	—	DSC 法
热膨胀系数/ $℃^{-1}$	30×10^{-6}	17×10^{-6}	20×10^{-6}	49×10^{-6}	—	TMA 法
热传导率/(W/m)	0.13	0.14	0.16	—	—	
使用电气温度/ ℃	200	105	240	—	220	UL746B
燃烧性	自然灭火性	慢慢燃烧	自然灭火性	自然灭火性	自然灭火性	

续表

参数	PPS薄膜	聚酯薄膜	聚酰亚胺薄膜	聚醚酰亚胺薄膜	芳族聚酰胺纸	测定方法
吸水率(75% RH)/%	0.05	0.4	2.2	0.25	—	
耐酸性	优	良	优	优	不耐强酸	
耐碱性	优	良	不耐强碱	良	优	
耐有机溶剂性	优	优	优	良	优	
绝缘破坏强度/(kV/mm)	250	300	257	240	34	JIS C2151
体积电阻率/(Ω · cm)	5×10^{-17}	1×10^{-18}	10^{-18}	10^{-17}	10^{-16}	JIS C2151

5.5.2 PPS薄膜的应用

20世纪80年代，东丽工业株式会社首先实现了PPS薄膜的工业化生产。目前东丽工业株式会社仍是PPS薄膜最主要的生产与供应商。其产品东丽利纳™薄膜的用途十分广泛，包括电容器(SMD晶片型、高耐热用、高频用等)、可变电容器、灵活印刷电路板(支持阻燃、耐热和高频)、马达变压器用绝缘材料、电缆外层材料(耐热、耐火电线用)、工业用黏胶带(F级耐热、屏蔽、电解电容器元件固定等)以及扬声器膜片、振动膜等。此外，PPS薄膜已进入高速传输用的柔性印刷基板(FPC)市场，PPS薄膜有效提高了其耐热等级。同时，PPS薄膜也被设计成PPS胶卷，利用其与液晶聚合物(LCP)薄膜相同的电特性，可满足5G领域的相关需求。

PPS薄膜还可以制成多层复合膜，例如，东丽工业株式会社推出的PPS和TLCP的层压复合膜以及PPS与PET复合多层膜TLT。TLT是一种具有高耐热性的PPS、PET、PPS三层复合绝缘材料，集杰出的电学性能、机械性能和高耐热性能以及柔性与良好的加工性于一体，其主要用作F级绝缘材料。

5.5.3 PPS薄膜的研究现状

相比于日本，我国PPS薄膜的研发工作开展得晚且少，之前只有四川大学在PPS薄膜级树脂及PPS薄膜等方面开展了一系列的研究工作[27-29]，其研究工作也被列入了“十一五”“863”计划项目中，开发出了薄膜级的PPS树脂，并采用流延挤出、纵向拉伸后再横向拉伸的工艺制得了性能优良的PPS薄膜。

新型PPS微孔膜，是目前PPS薄膜的一个重要研究方向，尤其是其在电池隔膜领域的应用[30,31]。由于PPS具有较强的热稳定性和优良的耐溶剂性能，在常温下难以找到一种合适的溶剂，所以一般采用热致相分离法(TIPS法)制备PPS微孔膜。一般制备的过程是：高温溶解PPS树脂，形成均相铸膜液，然后将铸膜液倒在预先加热的不锈钢铁板上，刮膜棒刮膜成型，最后迅速放入凝固浴中，固化成PPS微孔膜。郑宏等运用了六种单一稀释剂来制备PPS膜，聚合物与不同稀释剂之间的相互作用的差异和不同的淬冷温度对PPS膜的表面结构与通量水平均会产生影响。丁怀宇等[32]用二苯甲酮(DPK)或二苯砜(DPS)作为稀释剂制备PPS膜，在不同的相分离机理下产生了不同的结构，通过旋节线分解机理产生了枝状结构，形成了开放的或者半开放的胞状孔结构；另外，通过调整铸膜液中聚合物的浓度，改变相图中双节线的位置或者通过改变冷却速率，聚合物膜的结构与孔径也可以发生改变。Kondaveetih等也用该方法制备了PPS微孔膜，用作离子交换膜，最大功率为280 MW/m^2。

李振环等[33]也制备了一些功能化的PPS薄膜，探究Ag纳米粒子在膜中的抗微生物污染性能。具体方法是，通过聚多巴胺(PDA)在聚苯硫醚膜表面自聚合,形成PDA包覆的PPS膜(PPS@PDA)，在碱性条件下将PPS@PDA膜浸泡在不同浓度的$AgNO_3$溶液中，制备PPS@PDA/Ag膜，结果发现PPS膜的亲水性大大提升，改性膜的抗微生物污染性能逐渐增强，对于大肠杆菌产生了(5±1) mm的抑菌圈，而对于金黄葡萄球菌产生了(3±1) mm的抑菌圈。

PPS膜的制备过程中还可以根据薄膜的不同用途在树脂中添加着色剂、紫外线吸收剂以及SiO_2、TiO_2、ZnO、Al_2O_3、$CaCO_3$、$BaCO_3$等无机惰性粒子，也可以添加其他不妨碍PPS耐热性的其他树脂，如液晶聚合物、PET、PC、PPO、PEEK等，但其添加量最好控制在0.05 wt%～2 wt%。另外，作为电绝缘材料和电容器等使用的薄膜，不仅要求金属离子和NaCl等盐的含量低，而且还要求降低膜之间的摩擦系数，以提高膜的加工处理性。黄宝奎[34]将纳米SiO_2加入PPS薄膜中以提高膜的介电常数，虽然加入SiO_2会降低PPS复合薄膜的力学性能(但仍能维持其在较高的水平)，但SiO_2的加入却可以提高双向拉伸薄膜的介电常数和介电损耗，介电常数和介电损耗随纳米SiO_2的含量的增大而增大，其在低频区对频率不具依赖性，当频率超过10 kHz后，薄膜的介电常数随频率的增加有所降低，介电损耗则呈现上升的趋势。当纳米SiO_2含量较低时，纳米SiO_2的加入有利于双向拉伸薄膜介电强度的提高，在纳米SiO_2含量为1.5%时，介电强度达到最大值，纳米SiO_2含量达到3%后，薄膜的介电强度随纳米SiO_2含量的增加而减小。此外，黄宝奎、杨杰等还将微米级$BaTiO_3$加入PPS薄膜，形成$BaTiO_3$/PPS复合薄膜，微米级$BaTiO_3$的加入不利于PPS薄膜拉伸过程中分子链的取向和结晶，薄膜的取向度和结晶度随$BaTiO_3$的加入呈下降的趋势，薄膜的力学性能也随$BaTiO_3$含量的增加有所下降，在$BaTiO_3$含量为20%时基本与未拉伸的PPS薄膜持平。$BaTiO_3$含量低于10%时，薄膜的介电常数和介电损耗均随$BaTiO_3$含量的增加而增加，且在低频范围内具有很好的稳定性，不随频率的变化而变化。当$BaTiO_3$含量超过10%时，薄膜的介电常数随$BaTiO_3$含量的增加而大幅度下降；薄膜的介

电强度也随 $BaTiO_3$ 含量的增加而下降。总之，纳米 SiO_2 虽然能提高 PPS 薄膜的介电常数，但提高幅度不大，而微米 $BaTiO_3$ 在提高 PPS 薄膜介电常数的同时也显著地提高了薄膜的介电损耗，说明填充粒子的尺寸对 PPS 薄膜的介电影响较大。

5.5.4　PPS 薄膜展望

由于受到原材料——商品化 PPS 薄膜级树脂、资金及设备等的限制，目前我国 PPS 薄膜的研发工作还处于初级阶段，更缺乏商业化的 PPS 薄膜制品，但各应用领域对国产化 PPS 薄膜的呼唤越来越强烈、PPS 薄膜的市场需求越来越大，应用领域也越来越广，发展前景十分光明，这一切都对我国 PPS 的研发提出了新的要求与目标，也为我国 PPS 树脂的生产和应用开发提供了新的发展方向和机遇。正是看准了这一机会，国内已有部分企业开始涉足该领域，例如，德阳科吉高新材料有限责任公司租用日本及德国的大型制膜设备，分别采用流延及双向拉伸的方法生产出了宽度为 1200 mm，厚度 5～100 mm 等规格的 PPS 薄膜，这也是世界上继日本东丽工业株式会社后第二家可以生产 PPS 薄膜的企业，且其薄膜宽度大于目前东丽工业株式会社商业化产品 1000 mm 的最大宽度。预计 2020 年后，我国 PPS 薄膜的工业化生产将会取得大的突破，并可望出现商品化的国产 PPS 薄膜产品。

参 考 文 献

[1] 杨杰. 聚苯硫醚树脂及其应用. 北京：化学工业出版社, 2006.

[2] DIC. PPS 的基本应用. 7 版. 东京: DIC 株式会社，2013.

[3] 龚建彬，龙春光，粟洋，等. 基于原位反应制备 CuO/PPS 复合涂层的热性能和摩擦学性能. 长沙理工大学学报(自然科学版), 2012, 9: 87-91.

[4] 郝友菖，黄颖为，曾群锋，等. X80 钢表面聚苯硫醚 /二氧化硅耐蚀超双疏涂层制备研究. 山东化工，2019, 48: 20-23.

[5] Lv C J, Wang H Y, Liu Z J, et al. Fabrication of durable fluorine-free polyphenylene sulfide/silicone resin composite superhydrophobic coating enhanced by carbon nanotubes/graphene fillers. Progress in Organic Coatings, 2019, 134: 1-10.

[6] 叶光斗，唐国强. 高性能聚苯硫醚(PPS)纤维的发展与应用. 化工新型材料, 2007, s1: 79-82.

[7] 董余平，秦加明，王飞钻，等. 聚苯硫醚(PPS)纤维发展现状与展望. 中国环保产业, 2011, 12: 20-24.

[8] 相鹏伟，姜春阳，戚晓兵，等. 聚苯硫醚长丝的研究现状及其应用进展. 合成纤维工业, 2018, 41(6): 58-62.

[9] 姜兆辉，孙航，郭增革，等. 聚苯硫醚长丝的光及热稳定性研究. 纺织导报, 2015, 865(12): 80-83.

[10] 李书干，焦晓宁. 聚酰亚胺针刺织物与聚苯硫醚针刺织物的热稳定性与燃烧性能对比. 纺织学报，2012，33: 35-39.

[11] 崔晓玲. 聚苯硫醚(PPS)复合纤维的制备与研究. 东华大学硕士学位论文，2008.

[12] 吴乐，兰建武，陈玲玲，等. 聚苯硫醚纤维的制备及性能研究. 合成纤维工业, 2007, 30:11-13.

[13] 张勇，相鹏伟，张蕊萍，等. 纺丝速度对聚苯硫醚纤维结构与性能的影响. 高分子材料科学与工程，2015，7: 114-118.

[14] 张蕊萍, 相鹏伟, 郭健, 等. 徐冷温度对聚苯硫醚纤维结构与性能的影响. 纺织学报, 2013, 34: 17-20.
[15] 孔清, 崔宁, 董知之, 等. 拉伸热定型对 PPS 纤维结构与性能的影响. 高分子材料科学与工程, 2012, 28: 85-89.
[16] 杨爱景, 陈振宏, 彭志远. 聚苯硫醚与不锈钢纤维混纺织物的工艺设计和性能测试. 中国纤检, 2013, 21: 84-86.
[17] 陈萌, 罗丹, 许静, 等. 聚苯硫醚无纺布基耐高温复合电池隔膜的制备与性能. 高分子材料科学与工程, 2018, 34: 157-162.
[18] 魏世林, 陈茂斌, 康明, 等. PPS/GF 混纤纱复合材料的制备及力学性能研究. 中国塑料, 2018, 4: 32-39.
[19] Zheng Y Y, Cai W L, Wang X, et al. High temperature resistant PTFE membrane filter prepared by adhesive-free hot-pressing. Journal of Textile Research, 2013, 8: 8-12.
[20] 郝卫辉. PPS 纤维热动力学特性及其用于掺炭纤维脱除烟气中零价汞的研究. 东华大学硕士学位论文, 2011.
[21] 周冬菊. PPS 基功能纤维制备及性能研究. 郑州大学博士学位论文, 2014.
[22] 王秋美. 双轴向纬编针织结构热塑性复合材料拉伸性能研究. 东华大学博士学位论文, 2008.
[23] 李仙蕊. PPS 基强酸离子交换纤维的制备及应用研究. 郑州大学硕士学位论文, 2012.
[24] 杜润红, 赵家森. 一种新的膜材料——聚苯硫醚. 膜科学与技术, 2002, 3: 58-61.
[25] Shibata K, Hagio T, Yoshida H. Preparation of polymer thin films by reactive sputtering of PPS. Journal of the Vacuum Society of Japan, 1993, 36(4):424-426.
[26] 高勇, 戴厚益. 聚苯硫醚薄膜的研究进展. 塑料工业, 2010, 4: 6-8.
[27] 张守玉, 牛鹏飞, 黄宝奎, 等. 拉伸工艺对聚苯硫醚薄膜结构与性能的影响. 中国塑料, 2012, 3: 67-70.
[28] 余自力, 谢美菊, 杨争, 等. 聚苯硫醚薄膜的初步分析. 绝缘材料, 2004, 6: 31-36.
[29] 黄宝奎, 马百钧, 王孝军, 等. 聚苯硫醚吹塑薄膜的结构与性能. 塑料工业, 2010, 38: 75-77.
[30] 王笑天. 聚苯硫醚微孔膜结构调控与性能研究. 天津工业大学硕士学位论文, 2017.
[31] Wang X T，Li Z H, Zhang M L, et al. Preparation of polyphenylene sulfide membrane from a ternary polymer/solvent/non-solvent system by thermally induced phase separation. RSC Advances, 2017, 7(17): 10503-10516.
[32] 丁怀宇, 施艳荞, 陈观文, 等. 一种聚苯硫醚多孔膜及其制备方法: 中国, CN101234305A. 2008-08-06.
[33] 李振环, 王超, 程博闻. 负载 Ag 纳米粒子的 PPS 膜的制备及其抗生物污染性能. 天津工业大学学报, 37: 21-25.
[34] 黄宝奎. 聚苯硫醚薄膜的制备及性能研究. 四川大学硕士学位论文，2010.

第6章

高性能聚芳硫醚树脂基纤维增强复合材料

6.1 引　言

当前，就高性能 PAS 树脂基纤维增强复合材料而言，只涉及 PPS 和 PASS 两种树脂基复合材料。其中，PPS 基复合材料得到了广泛的关注与研究，并已实现了生产与应用，而 PASS 基复合材料还处于研究开发之中，知之者甚少，但因其具有独特、优异的性能，以及潜在的应用价值，本章也将在 PPS 基复合材料之后，就 PASS 基复合材料的制备与性能进行详细阐述。

因此，本章 6.2 节将对连续纤维增强 PPS 复合材料预浸料的制备、制件的成型加工、材料的具体性能等最新的研究进展进行总结；6.3 节则是关于中长纤维增强 PPS 复合材料的制备与成型加工的概述；6.4 节将举例介绍高性能 PPS 纤维增强复合材料的具体应用；在复合材料的性能研究中，除了纤维与基体的本征特性之外，纤维与基体之间的界面对材料的性能也有重要的影响，为此，6.5 节将对 PPS 复合材料界面的表征与调控进行着重阐述；6.6 节则探索连续纤维增强 PASS 复合材料的制备与性能。

6.2 连续纤维增强 PPS 复合材料

传统的纤维增强 PPS 复合材料的制备利用挤出机实现纤维和 PPS 基体的共混。由于受到螺杆的强剪切作用，纤维在制品中的保留长度一般在 1 mm 以下，破坏过程中纤维与树脂基体脱黏拔出，不能充分发挥纤维的高强度优势，也无法满足航空航天等领域的要求。在纤维增强 PPS 复合材料中，纤维的长度对材料的力学性能有重要的影响。采用新的纤维与 PPS 树脂的复合方式与手段，尽量增加纤维在制件中的保留长度，可以分别得到非连续的与连续的纤维增强复合材料。两者相对于传统方法制备的短纤维增强 PPS 复合材料，其各方面性能都有显著的提升。

传统的以环氧树脂等热固性树脂为基体的连续纤维增强复合材料，由于热固性树脂的固有缺陷，已逐渐不能满足航空航天等领域日益发展的性能需求，其不足体现为：

(1) 热固性树脂需要漫长的反应固化时间，成型周期长，生产效率低下；

(2) 热固性树脂基复合材料大多需要高温固化炉，装备成本高，可制备的零件尺寸受限；

(3) 热固性树脂的交联结构使其韧性差，损伤容限低；

(4) 热固性复合材料制品难以修复和回收利用；

(5) 热固性复合材料预浸料需要在低温保存，存储及运输成本较高，存储有效期较短。

热塑性树脂基复合材料克服了上述传统热固性复合材料存在的不足，因此，在需求牵引下，热塑性树脂基复合材料得到了快速发展。以连续纤维增强的 PPS、聚醚醚酮(PEEK)、聚醚酰亚胺(PEI)等为代表的高性能热塑性复合材料在韧性、环境适应性、损伤容限、成型周期、生产效率、修复回收等方面优势显著，在航空航天、高端装备制造等领域有广阔的应用前景[1]。

6.2.1 连续纤维增强 PPS 复合材料的浸渍方法

连续纤维增强复合材料成型加工过程通常是将树脂与纤维先进行一定程度的混合得到预浸料，再将预浸料进行铺层堆叠固化得到制件。其中，预浸料的质量对最终材料的性能有重要影响。在预浸料的制备过程中，树脂穿透纤维束实现良好分散的过程称为浸渍。只有当树脂与纤维良好分散混合，且界面具有良好的结合力，才能保证树脂在纤维间良好地传递应力，确保所制备复合材料具有优良而稳定的力学性能。

连续纤维增强复合材料的制备起源于热固性树脂基复合材料。热固性树脂是先以未聚合的单体对纤维增强体(单向带、二维织物、三维编织体)进行浸渍，低黏度的树脂单体容易穿透纤维束，充分地浸润纤维，能够比较容易地得到浸渍良好的预浸料，这种浸渍技术也被称为液体浸渍。浸渍的过程可以视为树脂流体取代纤维织态结构中空气的过程。纤维的织态结构可视为疏松多孔固体，因此，研究者一般利用描述土壤中水的渗流行为的达西定律来描述树脂的浸渍过程[2]，如图 6-1 所示。

一维流动的达西定律方程为

$$v=\Phi\frac{\mathrm{d}L}{\mathrm{d}t}=\frac{-K}{\eta}\frac{\partial p}{\partial z}$$

式中：v 为流体的表观速度；Φ 为孔隙率；L 为 z 方向(浸渍扩展方向)的流程；K

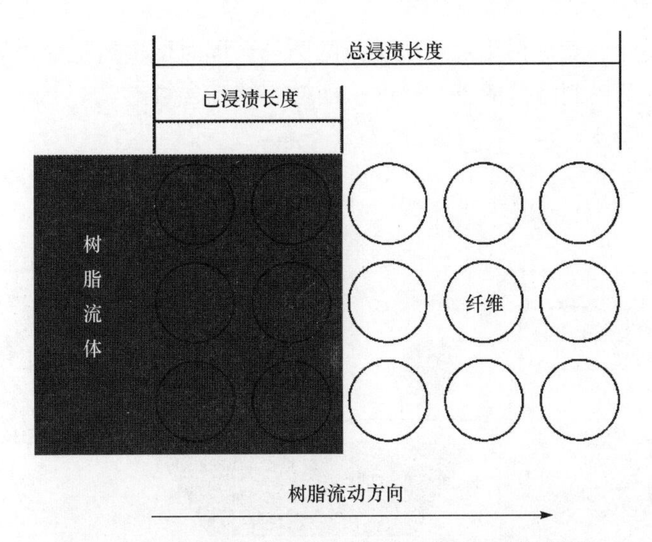

图 6-1　采用达西定律来描述树脂的浸渍过程示意图[2]

为渗透系数；η 为流体黏度；p 为浸渍压力。树脂完成浸渍所需的时间为

$$t = \Phi \frac{\eta L^2}{2(p_a + p_c - p_f)}$$

式中：p_a 为施加的外压；p_c 为纤维间的毛细压力；p_f 为纤维体承担的压力。对于以预聚物对纤维实现浸渍的热固性复合材料而言，预聚物的黏度低，能够在较短的时间内完成树脂对纤维的浸渍。而热塑性树脂由于具有高的聚合度，树脂熔体的黏度极高，难以直接在短时间浸透纤维。因此，基于热塑性树脂的特点，人们开发了不同的技术来改善树脂基体对纤维的浸渍。由于热塑性树脂的高黏度，通常难以实现高厚度纤维预制体的直接浸渍，只能采用两步法成型，首先制备成较薄的预浸料，再将预浸料通过铺层热压、自动铺丝、自动铺带、缠绕成型和 3D 打印等方法进行二次成型。以下将对目前主要使用的几种热塑性复合材料预浸料制备方法进行简要介绍。

1. 液体浸渍

热塑性复合材料直接浸渍法与热固性复合材料液体浸渍方法类似，将热塑性树脂通过挤出机等设备熔融塑化成熔体或者以溶剂溶解成溶液后直接对纤维体进行浸渍。按照设备几何特征的不同，该类浸渍方法又可以分为辊-熔体池法、拉挤法、多孔浸渍轮法。

1) 辊-熔体池法

熔体浸渍的常用设备形式是辊-熔体池结构，如图 6-2 所示。通过挤出机将树脂熔融输送到熔体池，熔体池中设置辊，纤维束或者织物通过熔体池。辊的压力促进纤维束展开，缩短树脂对纤维浸渍的路径，同时促进树脂穿透纤维束。制备线上通过刮胶刀控制涂覆的胶层厚度从而控制纤维含量。

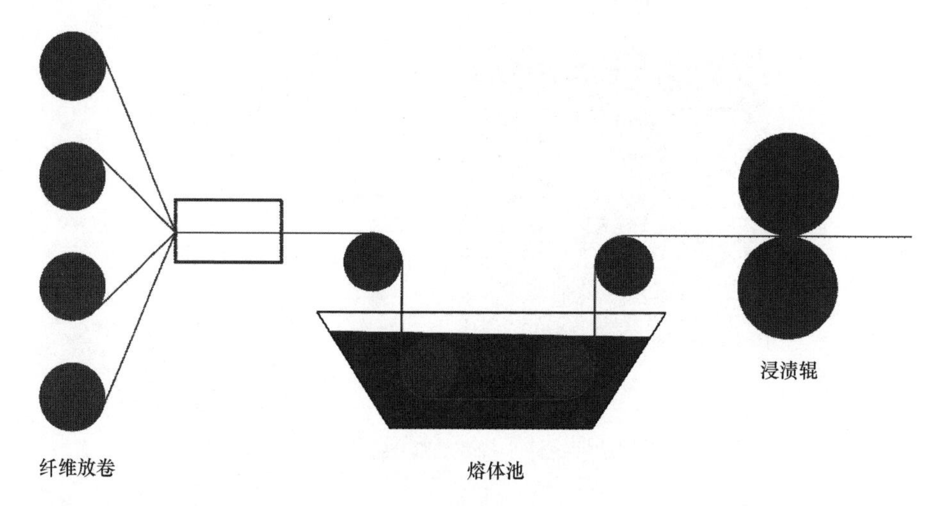

图 6-2　辊-熔体池结构熔体浸渍示意图[2]

纤维束与浸渍辊的几何模型如图 6-3 所示[3]。Bijsterbosch 等[4]对达西定律进行积分，得到熔体穿透深度关于平均压力和时间函数的表达形式：

$$\frac{L}{L_c}=\sqrt{\frac{2K}{L_c^2}}\sqrt{\frac{\Delta pt}{\eta}}$$

式中：L_c 为熔体必须穿透的总长度；$\frac{L}{L_c}$ 定义为浸渍度。渗透系数 K 和 L_c 受到纤维组织结构的影响，Δp 为压力，t 为浸渍时间，η 为黏度，这三者与熔体浸渍过程中的设备和加工条件强相关。

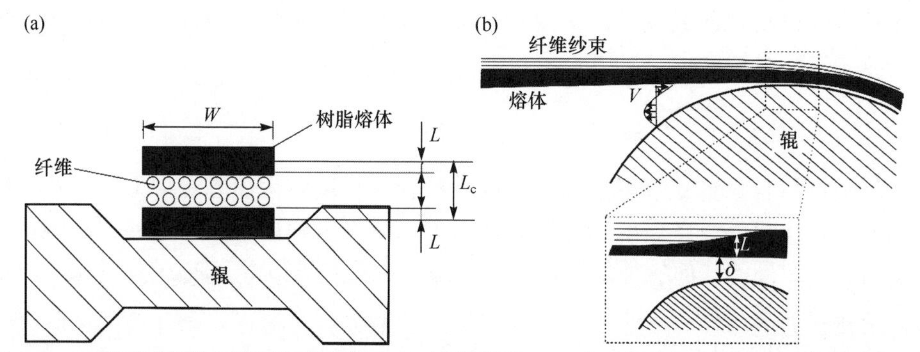

图 6-3　(a) 熔体浸渍过程辊截面示意图(W. 扩展宽度；L. 穿透深度；L_c. 完成浸渍所需穿透深度)；(b) 辊与纤维织物间的楔形区域(L. 熔体穿透到纱束的距离；δ. 纱束与辊之间的恒定树脂膜厚度；V. 熔体速率)[3]

在辊-熔体池结构中，辊起到了展纱和建立压力的双重作用。在辊的作用下，纱束被扩展，宽度增加，树脂需要穿透的深度减小；辊同样能够在楔形区域建立压力，促进树脂穿透纱束。楔形树脂区域的力平衡能够得到最大压力驱动力的理论估计，是曲率半径 R、张力 T 和宽度 W 的函数。

$$\Delta p = \frac{T}{WR}$$

文献报道表明，辊与纱束间的接触长度对压力及浸渍有重要的影响。接触长度依赖于辊的直径、数量以及接触角度。Bijsterbosch 等[4]和 Peltonen 等[5,6]的实验分别从辊数量和接触角度方面证明了接触长度的增加能够有效提升树脂的浸渍程度。

影响浸渍的加工参数可以分为与聚合物相关(黏度)和与纱束相关(拉伸速率和张力)。达西定律表明，黏度的降低有助于浸渍。在熔体浸渍的过程中尤其要注意纤维的预热，纤维温度过低，将使得树脂与纤维相接触时发生降温，黏度增加，从而影响树脂对纤维的渗透，浸渍效果差。而拉伸速率的影响较为复杂，拉伸速率的增加能够增加纤维的张力，引起更大的熔体压力促进浸渍。但拉伸速率的增加降低了接触时间，同时过大的张力也会导致纤维束的孔隙率变小，渗透系数降低，这些会抑制熔体的浸渍。

2) 拉挤法

热固性复合材料拉挤成型工艺是在牵引设备的牵引下，将连续纤维或其织物进行树脂浸润并通过成型模具加热使树脂固化，来生产复合材料型材的工艺方法。该方法早期被应用于热固性复合材料，将浸渍树脂的连续纤维或者织物通过成型加热模加热，使树脂固化同时定型，生产复合材料型材。随着热塑性复合材料的发展，拉挤也被用于热塑性复合材料的制备。Johnson 等[7]首次将拉挤成型法应用于 PPS 复合材料的制备。拉挤成型的模头通过特殊设计实现树脂对纤维束及织物的穿透。在拉挤浸渍过程中，树脂熔体充满拉挤模头流道，纤维束或者织物从流道中拉出。为了促进树脂熔体对纤维的浸渍，流道中通常设置展纤辊结构[图 6-4(a)]，促进纤维展开与树脂穿透。弯曲流道也是促进熔体穿透的常用结构[图 6-4(b)]，四川大学吴玉倩[8]、刘钊[9]、张翔[10]基于弯曲流道设计了可以对纤维束及纤维织物实现熔体浸渍的拉挤模头，通过合理设计流道的波峰波谷位置，能够实现纤维与波峰的圆弧表面接触，建立压力，促进纤维展开与熔体穿透，实现良好浸渍。此结构的浸渍模型与张力辊相同，也是利用圆弧表面将轴向的应力转化为圆弧径向的压力，促进浸渍。通过压力棒的设置，可以对熔体腔中的纤维张力进行调节，以实现更好的浸渍。目前，我国南京特塑复合材料有限公司已采用该方法成功制备出 PPS/GF 和 PPS/CF 单向预浸带并逐步推向商用，见图 6-5。

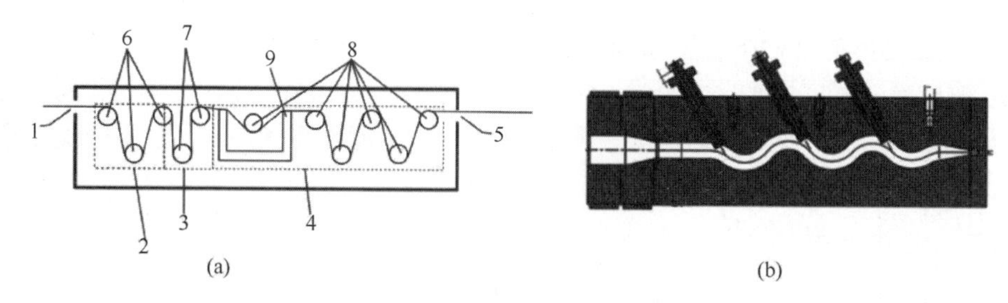

图 6-4 连续纤维复合材料浸渍设备：(a) 多辊式；(b) 弯曲流道式[8]

1. 纤维入口；2. 预热分散单元；3. 预热张紧单元；4. 浸渍单元；5. 预浸料出口；6. 分散辊；7.张紧辊；8.浸渍辊；9. 熔体供料装置

图 6-5 南京特塑复合材料有限公司推出的 PPS/CF 单向预浸带

3) 多孔浸渍轮法

此外，也有研究者开发了多孔浸渍轮实现了连续纤维预浸料的制备[11]，如图 6-6 所示。该结构可阐述为将展纤辊制成空心结构，并且表面采用多孔材料形成浸渍轮，熔体填充浸渍轮，在压力作用下熔体从多孔介质中渗出并均匀涂布于纤维布表面。浸渍轮同时完成供料和促进浸渍两个功能。

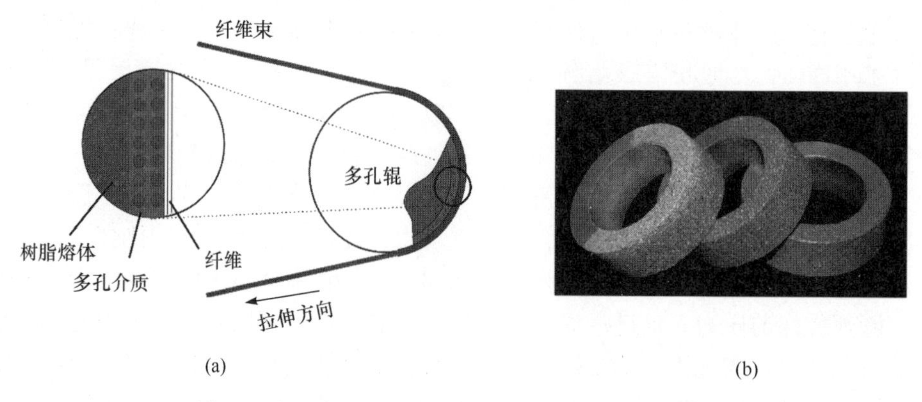

图 6-6 (a) 多孔辊浸渍示意图；(b) 多孔介质实物[11]

为了进一步缩短熔体浸渍过程中的浸渍流程，在浸渍前对纤维束等进行展纤是十分必要的。H. M. El-Dessouky 等[12]设计了气动展纤装置(图 6-7)，将 12k 的碳纤维宽度从 5 mm 扩展到 25 mm，厚度则从 0.15 mm 减薄到 0.035 mm，展纤后的面密度只有 3k 织物的一半，展纤后制备的复合材料的缺陷更少，孔隙率低于未展纤的复合材料，弯曲强度比未展纤复合材料提高了 10%。

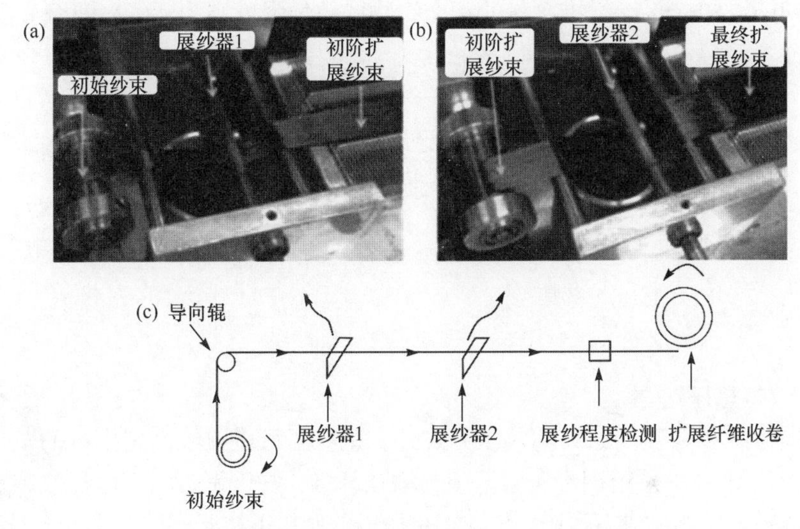

图 6-7　气动展纤装置实物图(a)、(b)与示意图(c)[12]

PPS 树脂虽然在 200 ℃下没有溶剂，但是四川大学杨家操[13]利用 PPS 的化学改性品种——可溶解的 PASS，开发了简单快捷的溶液浸渍方法。将 PASS 树脂配制成低黏度的溶液，成功实现了在温和条件下树脂对纤维的良好浸渍。浸渍后，利用相转化法，将浸透 PASS 树脂溶液的纤维织物浸没到水中，溶剂被迅速萃取出来，避免了常规烘除溶剂的方法导致的环境问题，并降低了能源消耗。

除了直接液体浸渍外，研究者们也开发了具有热塑性树脂自身特点的浸渍方式：利用热塑性树脂可以重新加热熔融再固化的特点，将热塑性树脂制成粉末、纤维、薄膜等，将其与增强纤维体进行一定程度的共混以缩短流程，再进行加热浸渍。按照树脂基体的形式，可以分为粉末浸渍、纤维浸渍以及薄膜浸渍。

2. 薄膜法

1) 层叠热压法

该方法首先将 PPS 通过熔融挤出压延或者流延成膜，然后将 PPS 薄膜与增强纤维分层叠加后热压熔融制成预浸料(图 6-8)，该方法局部区域的树脂含量受到薄膜厚度的控制，因此能够获得均匀的浸渍，但是由于需要先将 PPS 制成高质量薄膜，因而成本较高。

薄膜堆叠方法中树脂与纤维的初始混合程度低，但是可以通过交替铺层的方法直接制备较厚的层压板，无需再以预浸料铺层热压。四川大学张守玉、洪瑞[15,16]利用薄膜堆叠的方法，分别成功制备了大厚度高纤维含量的连续玻璃纤维及连续碳纤维增强的 PPS 复合材料，其中 72 wt%玻璃纤维含量的正交织物的拉伸强度达到 300 MPa，59 wt%碳纤维含量的正交织物的拉伸强度则为 486 MPa。

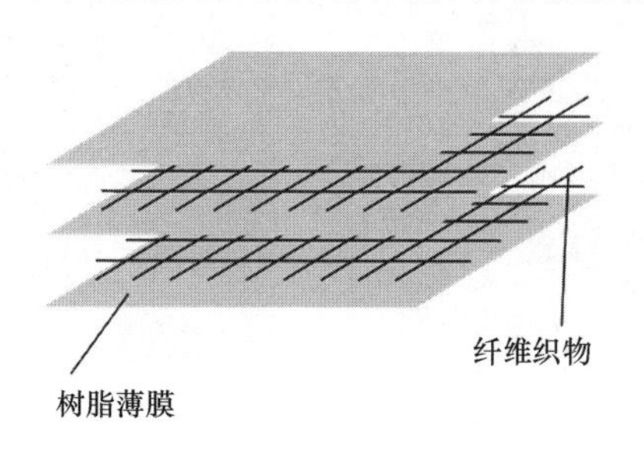

图 6-8 薄膜堆叠示意图[14]

2) 双带热压法

薄膜法除了采用间歇式的热压方式外，也有了可以连续高速生产的双带热压法(图 6-9)，该方法采用钢带压紧薄膜与增强纤维，置于钢带内部的加热装置加热薄膜，薄膜先熔融形成熔体膜，再在钢带压力的作用下树脂穿透纤维完成浸渍，同时钢带在辊的作用下运动，带动预浸料向前运动实现连续的浸渍，生产效率高。并且得到的预浸料尺寸仅受到幅宽的限制，长度方向连续，能够制备更大尺寸的零件。

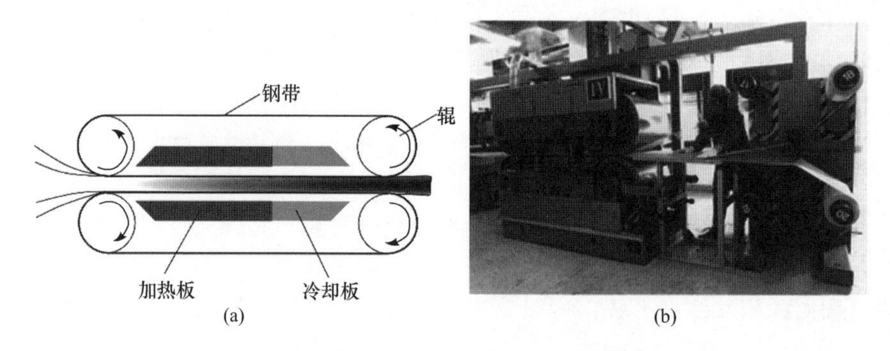

图 6-9 (a) 双带热压法示意图[17]；(b) 双带热压设备

3. 纤维法

该法是将 PPS 纺丝制成纤维，然后与其他增强纤维混杂编织，加热熔融即可得复合材料。使用该法的关键是制备与增强纤维直径相当的树脂纤维，然后将树脂纤维与增强纤维混编成复合纤维预制体。由于 PPS 具有较好的可纺性，采用该法十分方便，纺织过程结束，预混料即完成制备，工艺简单，无需其他新型设备，而且可以做到含胶量精确控制，浸胶均匀，结合 3D 编织手段，可以预先设计并制备所需形状、强度及其他性能指标要求的制件。此外，利用该工艺还可以将 PPS 基体树脂与增强纤维混纺做成混杂纱，然后再织布；也可以将两种基体树脂纤维与增强纤维做成混杂纱，在成型时基体树脂纤维发生熔融共混，达到基体材料预定指标。

1) 混纺纱法

混纺纱法相对于预浸渍纤维束或者粉末浸渍纤维束有更好的铺贴性和更高的成型灵活性，提供了制备复杂形状制件的可能性。混纺纱的复合材料制备过程可以分为：①压力下纤维束的初始接触；②自黏结；③纤维束的浸渍。纤维束的浸渍是机理中的速率控制步，实验表明，初始接触和自黏结仅占整个固化过程耗时的 1%。

Jens Schäfer 等[18]考察了混纺过程中空气压力、加料量、生产速度等主要参数对混纺纱混纺质量的影响。通过实验研究了纤维在杂化纱截面上的分布。较低的速度和较高的压力使两种纱线纤维组分的混纺效果更好。随着空气压力的增加，两种生产速度下的横向分布指数都降低。空气压力改善了纤维分布，并且随着生产速度的降低，这种影响更加明显。这是因为随着施加气压的增加，较细的碳丝会优先向外扩散，具有较小刚度的 PPS 长丝则被气流压缩并向纱芯移动，而较低的生产速度可以充分满足 PPS 长丝迁移到纱线芯部所需的时间。良好的混合质量导致 PPS 基体在后期固结过程中的浸渍时间较短，进而降低复合材料的孔隙率、提升材料机械性能，并使所制备复合材料制品的质量显著提高。

杂化纱结构中各组分的不均匀混合，如组分并排的位置、组分向另一组分中心的偏移等，都会导致最终复合材料性能的恶化。因此，混合纱线的主要目的是确保复合材料和热塑性基体在复合材料中的均匀分布。Bernet 等[19]提出了混纺纱的浸渍模型，该模型依赖于纱束结构的几何描述，并假设在浸渍开始时，纱束结构可以表述为熔融的树脂池围绕不同直径的若干圆柱纱束，如图 6-10 所示。

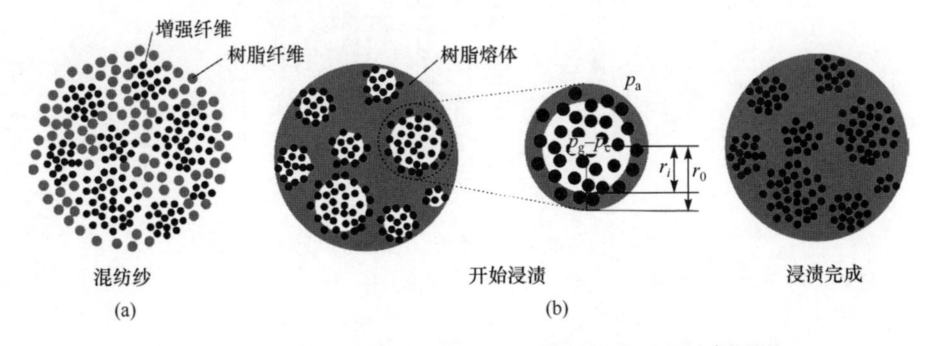

图 6-10　(a) 混纺纱截面示意图；(b) 熔融固化过程示意图[19]

假定树脂仅在垂直于纤维方向流动，并且浸渍速率服从达西定律。树脂流动前沿从纤维束 R_i 位置前进到 r_i 位置所需时间增量 Δt 为

$$\Delta t=\frac{\eta(1-v_{\mathrm{f}})}{K_{\mathrm{p}}(p_{\mathrm{a}}+p_{\mathrm{c}}-p_{\mathrm{g}}(r_i))}\left[\frac{r_i^2}{2}\ln\left(\frac{r_i}{r_0}\right)-\frac{r_i^2}{2}\ln\left(\frac{R_i}{r_0}\right)-\frac{r_i^2}{4}+\frac{R_i^2}{4}\right]$$

式中：η为树脂黏度；v_{f} 为纤维体积分数；K_{p} 为渗透系数张量；p_{a} 为施加的外部压力；p_{g} 为气压；p_{c} 为毛细压力；r_0 为纤维束半径；R_i 为 Δt 之前的树脂流动前沿位置；r_i 为 Δt 之后的树脂流动前沿位置。

浸渍和固化模型能提供如何调节材料、设计组织体以减小残余孔隙率以及缩短固化时间的有效信息。例如，由达西定律演化而来的浸渍时间正比于树脂黏度，指明了选择较低分子量聚合物的重要性。这些模型同样也能够实现对纤维直径以及树脂与纤维的混合度等参数影响的定性分析。

2) 混编法

混编法是将树脂纤维和增强纤维混杂编织成纤维预制体，而没有合股的操作。典型的混编预制体结构见图 6-11。在复合材料制件成型的熔融浸渍过程中，由于树脂纤维熔融形成熔体膜包覆增强纤维束，在压力的作用下穿透纤维束，浸渍机理与熔融浸渍类似，并已在熔融浸渍过程进行了阐述。魏世林等[20]采用混纺法和混编法得到了高质量的 PPS 玻璃纤维增强复合材料。将 PPS 纺成 8 dtex 的细丝，且与连续玻璃纤维共混得到并列型混纤纱束并编织成平纹织物，热压得到的复合材料有良好的浸渍效果，孔隙率低，复合材料的拉伸强度达到 503 MPa。

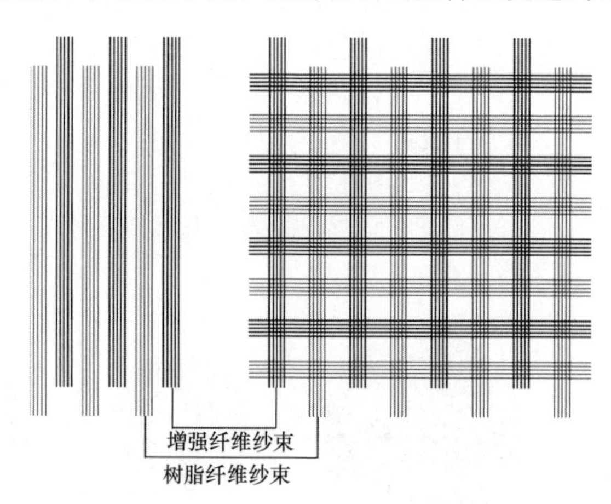

图 6-11 PPS-增强纤维混编织物示意图

4. 粉末法

粉末法是指将树脂粉末分散到纤维束中，控制纤维与树脂的比例，实现预混合。

树脂粉末已经进入纤维束内部，因此在熔融过程中，树脂不再需要以高黏度熔体的状态穿透纤维束，极大地缩短浸渍流程，减少浸渍时间，该方法的示意图见图 6-12。

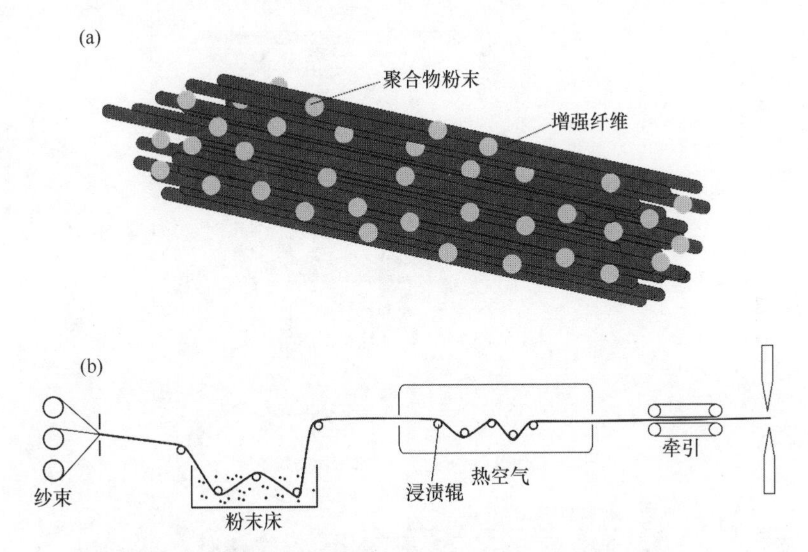

图 6-12　(a) 粉末预浸料的形式；(b) 粉末预浸渍示意图[21]

根据选择的将粉末分散到纤维束中的方法的不同，粉末浸渍法可以进一步分为淤浆法、流化床法与静电喷涂法。

1) 淤浆法

淤浆法或称悬浮浸渍法，其特征是以树脂颗粒的悬浮液对纤维束进行浸渍。具体过程是将极细的 PPS 树脂粉末分散于水或者其他有机溶剂中制成悬浮液。为了促进粉末的分散，防止树脂粉末团聚并提高悬浮体系的稳定性，通常需要加入其他分散助剂。将纤维浸入悬浮液后，树脂粒子均匀地分布在纤维上。由于悬浮液的黏度远小于树脂熔体，因此分散于悬浮液中的树脂颗粒可以轻易进入纤维束内部。为了辅助悬浮液对纤维束的穿透，还可采用展纤辊以及超声波发生器等辅助装置。待悬浮液浸透纤维束，烘除水或有机溶剂，即得到预浸料。但由于在加工过程中树脂颗粒容易脱落，所以通常继续将树脂粉末/纤维束分散体系加热到树脂的熔点，使得颗粒熔融以提高树脂对纤维的附着。

2) 流化床法

流化床法是指利用压缩空气将细粒度的粉末流态化，当纤维连续通过流化室时，粉末均匀沉积在纤维束表面，加热树脂使得树脂熔融形成预浸料，该方法得到的预浸料均匀性较差，该方法的示意图见图 6-13。

3) 静电喷涂法

静电喷涂法使纤维与 PPS 粒子带上相异电荷，借助静电场吸附使得 PPS 粉末附着在纤维表面。通过控制电场强度、纤维走速等工艺指标可以较好地控制上胶量和粉末分散的均匀性，该方法的示意图见图 6-14。

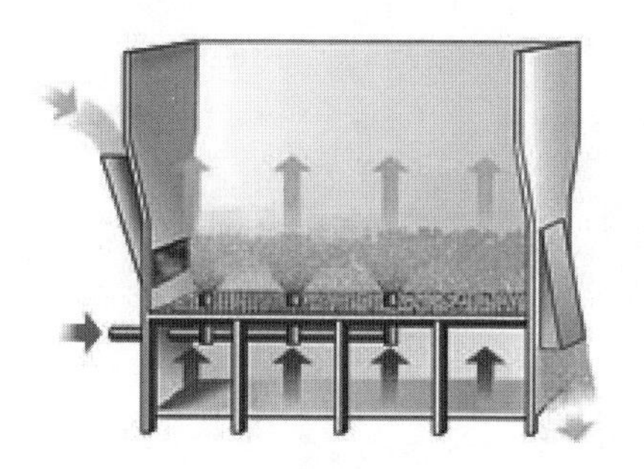

图 6-13　粉末流化床示意图

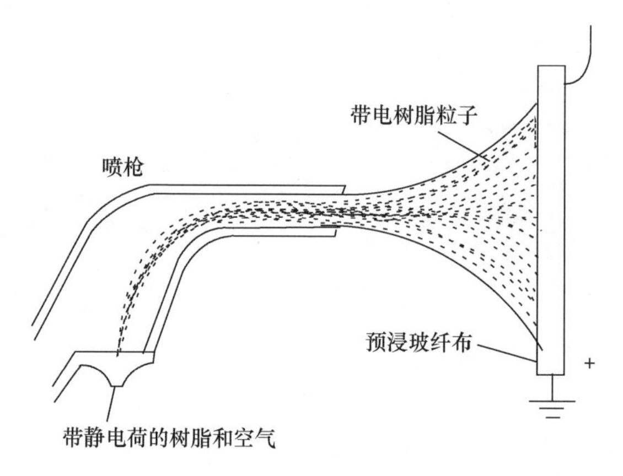

图 6-14　静电喷涂装置示意图

表 6-1 为流化床法、淤浆法和静电喷涂法三种粉末浸渍方法在实际应用中的优缺点比较。

表 6-1　不同粉末浸渍方法的比较[22]

方法	成本	粉末尺寸/μm	能量消耗	纤维含量控制	分散水平
流化床法	低	50～200	低	差	差
淤浆法	低	<10	高	好	好
静电喷涂法	中	1～250	中	好	好

6.2.2　连续纤维增强 PPS 复合材料的成型技术

通过上述方法制备的预浸料，需要再通过热压印、自动铺丝、自动铺带等技术制成具有具体几何形状的制件，图 6-15 为几种成型方式可成型制件尺寸与制件复杂度的比较示意图，可以根据该示意图，按照制件的相关情况，选择合适的成型方式。

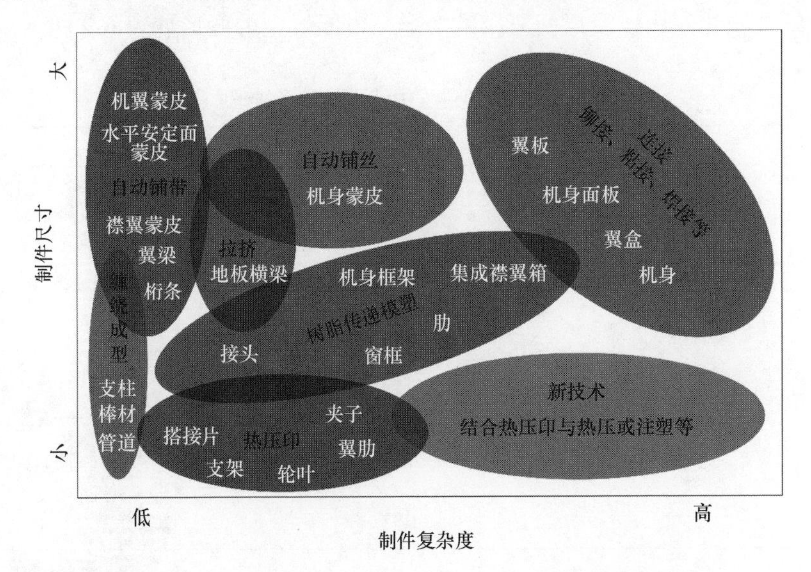

图 6-15　不同成型方式的可成型制件尺寸与制件复杂度比较

1. 热压印技术

热压印成型能够通过热和压力的联合作用，将半成品原料快速转化为所需的制品形式。热塑性树脂基体的快速加工潜力使缩短复合材料的成型时间成为可能。一个典型的热压印过程示意图如图 6-16 所示。

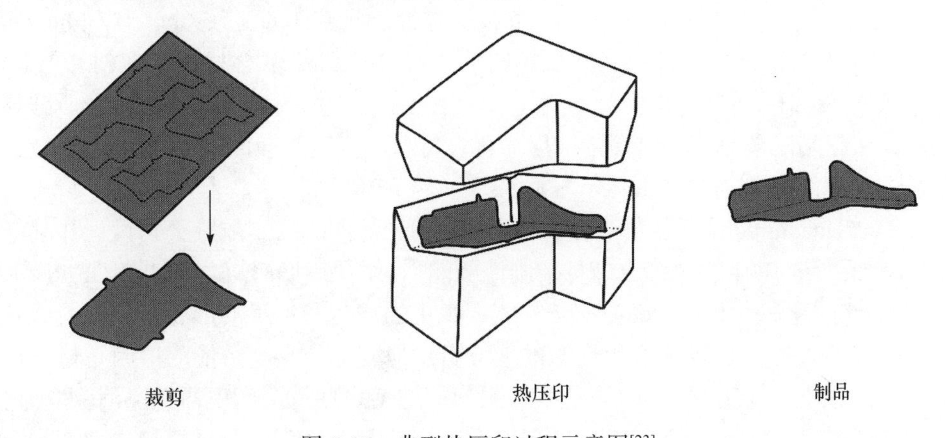

图 6-16　典型热压印过程示意图[23]

将预浸料铺层热压得到层压板，将层压板裁切成料坯，加热软化，在模具的压力下压制成所需的制件形状。

热压印过程中需要注意的是：①加热是否均匀，如果加热不均匀可能出现部分区域没有加热到软化温度，在压力下没有变形能力而被直接破坏；②压印过程中涉及纤维织物层内以及层间复杂的变形，可能发生的变形如表 6-2 所示。

表 6-2 热压印过程中涉及的变形机理[24]

变形机理		示意图
层内剪切(织物)		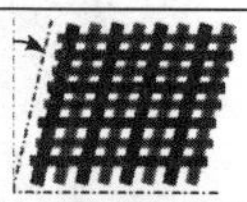
层内剪切(单项带)	轴向	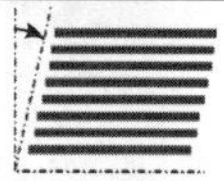
	横向	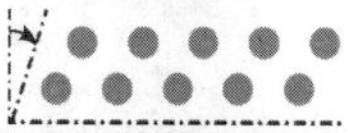
滑移	模具-预浸料	 模具
	预浸料层间	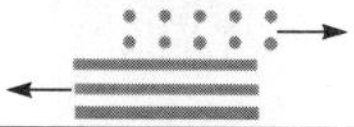
弯曲		
纤维张紧		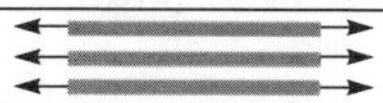

这些可能的变形将影响制件的表面质量，以及最终制件的力学性能。这些变形与单层预浸料在热压温度下的剪切变形行为、弯曲刚度以及层内和层间的摩擦力等相关。

热压印过程中的变形和褶皱与材料的具体性能有密切的关系，D. J. Wolthuizen 等[24]利用成型半球形制件，考察了单向的 PEEK/碳纤维复合材料(UD-CF/PEEK)和平纹的 PPS/碳纤维复合材料(woven-CF/PPS)在相应的温度下的变形极限。结果表明，在相同的曲率下，单向带铺层的复合材料在宽度为 40 mm 时就产生明显的褶皱，而编织布则需要在 90 mm 的宽度下才会产生褶皱。

S. P. Haanappel 等[25]用相同的材料热压印成型了 Fokker 航空公司设计并制造的 J 型加强筋，以比较二者成型复杂制件的能力。结果表明(图 6-17)，UD-CF/PEEK 更容易产生褶皱，而 woven-CF/PPS 能产生更加均匀和平滑的形变，最终的褶皱也更少。通过拟合也发现产生褶皱的地方剪切应变非常小，可能的原因是材料在热压印过程中发生剪切变形，当达到极限剪切应变之后就会产生褶皱以消除应力。美中不足的是，上述关于 UD-CF/PEEK 和 woven-CF/PPS 复合材料的成型性比较使用的是不同的基体材料，与树脂基体相关的预浸料性能不同，没有对纤维的组织形态对变形性的影响进行更深入的研究。

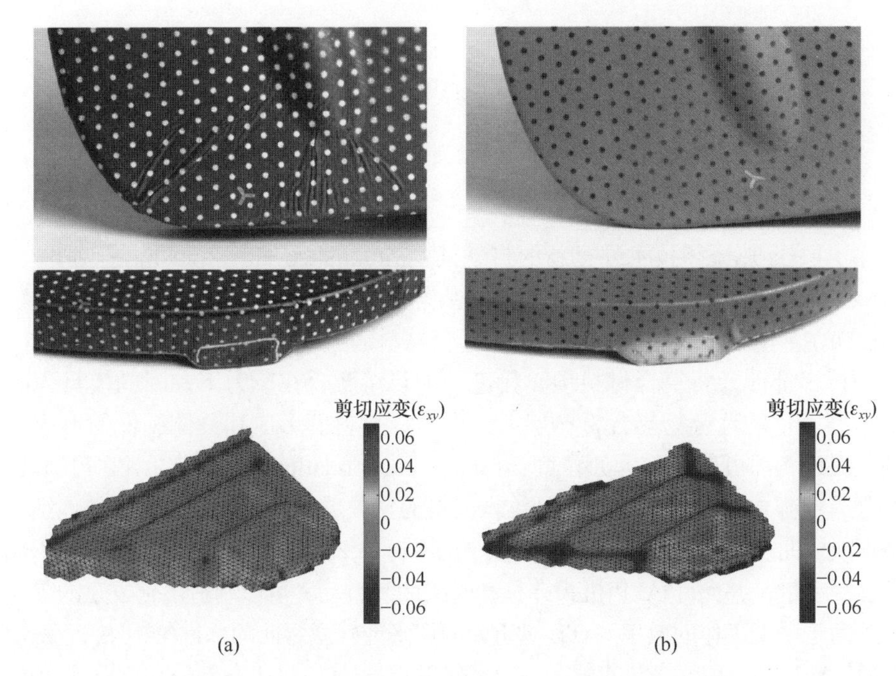

图 6-17　UD-CF/PEEK(a)与 woven-CF/PPS 复合材料(b)
制件表面质量(上)与应变模拟(下)对比[25]

Tobias Joppich 等[26]则考察了铺层结构对 UD-CF/PPS 复合材料成型复杂形状的褶皱行为，实验和理论模拟都表明，铺层结构对预浸料的成型性和褶皱演变有重要的影响。多轴铺层的层压板盒状制件的褶皱比[0°/90°]铺层多 23%，比[+/−45°]铺层多 52%。这与不同铺层导致的层间的摩擦以及剪切性能有密切的关系。

除了褶皱，通过热压印制备复合材料制件还需要考虑的一个重要问题，即成型精度的问题。热压印过程涉及材料的加热变形与冷却，成型过程中将产生不均匀的热应力与变形应力，在脱模之后制件失去固定，这些应力通过制件变形而释放，将导致最终制件的形状与模腔形状有一定的差异。Peidong Han 等[27,28]通过成型 90° V 形制件考察了模具温度对 UD-CF/PPS 复合材料的变形的影响。结果表明，在 110～230 ℃的范围内，90°角的成型精度随着模具温度的升高而增加，110 ℃的温度下得到的制件折角为 89.851°，而 230 ℃下，折角为 88.507°。而且，由于模具材料的热膨胀，最终制件的厚度也将随着温度的升高而减小。

纤维织物在热压印过程中产生的变形、滑移以及褶皱除了影响制品的外观外，还会对制件的实际力学性能产生影响。T. Miyake 等[29]以成型半球形制件为研究对象，考察了 PPS/CF 复合材料热压印成型过程中纤维剪切变形对制件的力学性能的影响。纤维的剪切变形导致材料的强度随着制件位置的不同而不同，这在实际的制件设计与材料性能指标设计的过程中都需要考虑。

在这些问题的研究中，很多都用到了计算机模拟技术，对于连续纤维增强热塑性复合材料这样一个多层级高复杂度的体系而言，使用计算机模拟技术对于加工过程的指导具有非常重要的作用。

2. 原位固化成型技术

除了层压-热压印技术外，新的自动铺丝(atuomated fiber placing，AFP)/自动铺带(automated tape laying, ATL)技术、缠绕成型(fiber winding，FW)技术以及 3D 打印(3DP)技术为连续纤维增强热塑性复合材料的成型与加工提供了新的选择。上述三种技术都涉及将复合材料预浸料进行加热熔融，在压力下黏附到模具表面或者黏结到固化的聚合物复合材料层上，层压板材料的形成和具体制件的形成是同时的，因此，都可以被称为原位固结(*in-situ* consolidation)技术[30]。AFP 与 ATL 之间并没有明显的差别，AFP 将碳纤维预浸料的宽胶带(15～30 cm)非常有效地铺在大的平坦或弯曲表面。该技术可以应用更窄的 0.6～1.2 cm 的预浸料带，通过使用如此窄的预浸料带，并允许 AFP 机头在移动时扭曲和转动，可以制造出更复杂的零件，具有远高于手工工作的效率。ATL 对于大型扁平或轻微弯曲的部件(如飞机机翼蒙皮)更有效，AFP 对于高度弯曲或复杂的紧密轮廓部件(如飞机机身部分和机翼翼梁)更有效，其工作示意图见图 6-18。

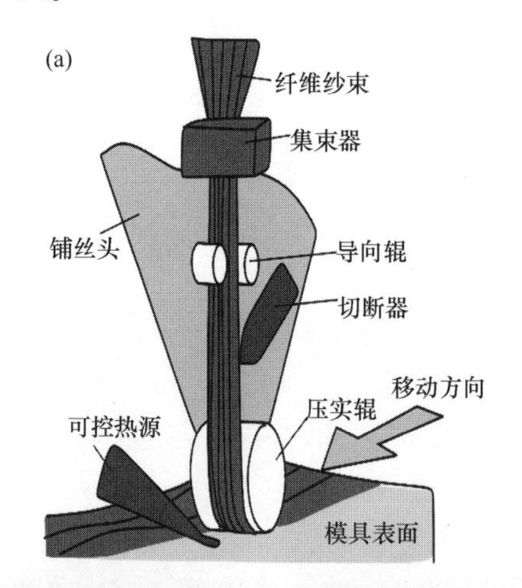

图 6-18 (a) 自动铺带示意图；(b) 自动铺带装置；(c) 缠绕成型装置

下面将对原位固结技术涉及的物理过程、工艺要点进行讨论。以自动铺丝技术为例，讨论原位固结技术中涉及的物理过程。

在自动铺丝过程中，预浸料通过激光、热空气等方式加热到树脂的熔点以上，在压力的作用下与已铺好的层紧密接触，接触界面上的聚合物分子相互穿透，温度降低，界面的聚合物链互穿构象被冻结，从而结合在一起。因此，此过程中涉及的问题包括：

(1) 加热与传热。

(2) 由于预浸料表面并非完全平整而是粗糙不平的，因此要实现紧密接触就涉及聚合物材料的塑性变形。

(3) 聚合物链在界面处的分子互穿。

(4) 聚合熔体中孔隙的形成与消除。

(5) 聚合物冷却过程中的结晶。

(6) 不均匀冷却的残余热应力问题。

面间的紧密接触是实现黏结的前提。将已实现紧密接触的面积与总接触面积之比称为紧密接触程度 D_{ic}。实际上，预浸带与板的表面并不完全光滑，而是存在很多表面突起。仅仅让预浸带和层压板接触并不能建立紧密的接触，需要施加压力使表面突起变形以增加紧密接触程度。完全紧密接触所需的时间与表面粗糙度、所施加压力以及树脂的黏度有关。温度的升高可以降低树脂黏度从而帮助紧密接触的建立。

Lee 和 Springer[31]对紧密接触程度进行了深入研究，他们以一系列分散在平面上的等尺寸矩形来代表表面粗糙度，在压力下，这些矩形变形(虚线)直至最终被完全压平，见图 6-19。他们认为，在已经紧密接触的区域，无规聚合物链在无规热运动的作用下发生互穿，随着时间的推移，部分链穿过界面并与对面的聚合物链缠结从而增强强度。随着互穿链数目增加到与聚合物块体材料的缠结状态一致，初始的界面消失，复合材料内部间的连接得以形成。但在结晶性的聚合物如 PPS、PEEK 体系中，晶区的存在限制了链在熔点以下的扩散。聚合物中的大部分链都被固定在晶区中，从而限制了链的最大互穿长度。因此在结晶聚合物的自动铺带过程中，温度参数尤为重要。W. J. B. Grouve 等[32]考察了自动铺带过程温度对 PPS/CF 层压板的断裂韧性的影响。结果表明，300 ℃比 275 ℃条件下的铺带层压板的断裂韧性高 15%。除了强度之外，温度对焊接的工艺时间也有重要的影响，W. J. B. Grouve 等[32]利用紧密接触模型和互穿模型计算了温度对紧密接触时间和互穿时间的影响，表明随着温度的升高，紧密接触时间和互穿时间都有明显的下降，见图 6-20。

加工温度过高将导致聚合物基体的降解，反而引起性能的劣化，这是需要避免的。不过，聚合物的自动铺丝铺带过程中材料暴露在高温中的时间较短，稍高

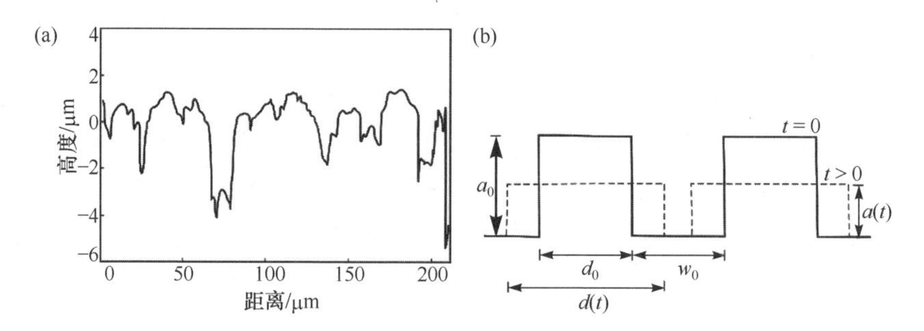

图 6-19 (a) 典型的 PPS/CF 预浸带表面粗糙度轮廓；(b) 表面粗糙度与变形的简化[31]

a_0、d_0、w_0 分别为接触时间为 0 时简化模型中代表粗糙度的突起的高度、宽度以及两突起之间的间距；$a(t)$和 $d(t)$ 分别为接触时间为 t 时突起的高度和宽度

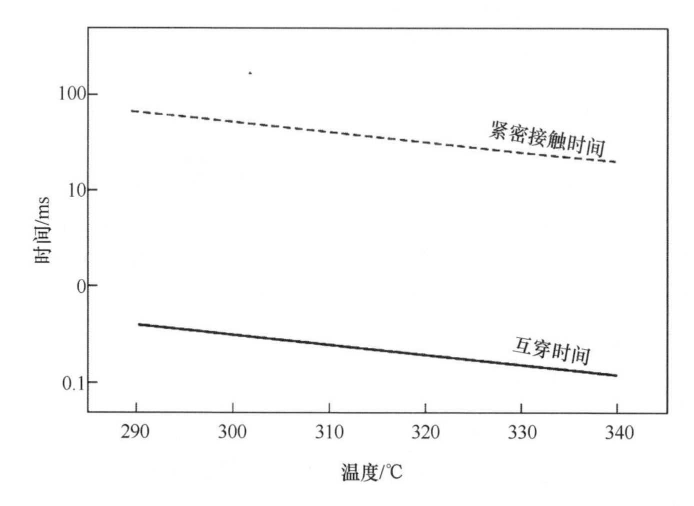

图 6-20 自动铺带过程中温度对紧密接触时间和互穿时间的影响[32]

的温度(甚至超过分解温度)也不会造成较大程度的降解。并且，热空气焊接等方式通常采用 N_2 等作为传热气，使得 PPS 树脂可以保持更高的分解温度。

温度的均匀性对自动铺带也有重要的影响，极端情况下甚至可能出现部分区域的温度超过分解温度而部分区域还处于熔点以下。Z. Qureshi 等[33]在自动铺带的热空气热源中使用更宽的喷嘴实现了更为均匀的温度分布。

自动铺丝铺带技术可以按照更加灵活的方式进行铺层，既可以实现更定制化的力学性能，也可以避免在层压板热压印成型过程中发生的纤维网格变形与褶皱。

连续纤维的 3D 打印技术与自动铺丝/自动铺带技术、缠绕成型技术稍有不同。3D 打印中由于制件的高度复杂性，没有施加压紧力的余地，因此，通常 3D 打印的层间性能比自动铺丝/自动铺带都差。目前关于连续纤维增强热塑性复合材料的 3D 打印研究较少，文献报道的主要也是以尼龙、ABS、PLA、PEEK 等为基体树脂。目前的连续纤维 3D 打印可以分为两种：一种是纤维和树脂在打印喷头内实现包覆，另一种技术则是将纤维和树脂分两个喷头进行沉积[34]，见图 6-21。这两种方式都存在明显的缺点：树脂和纤维之间缺乏良好的浸渍，这对纤维增强聚合物复合材料的力学性能有致命的影响。Yang 等[35]的研究显示，ABS/连续碳纤维复合材料的力学性能甚至远低于 ABS/非连续碳纤维的注塑样品，见图 6-22。

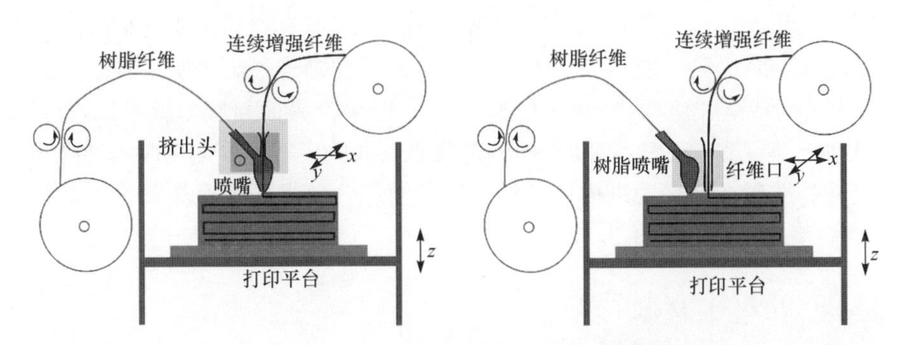

图 6-21　连续纤维增强复合材料 3D 打印的两种方式[34]

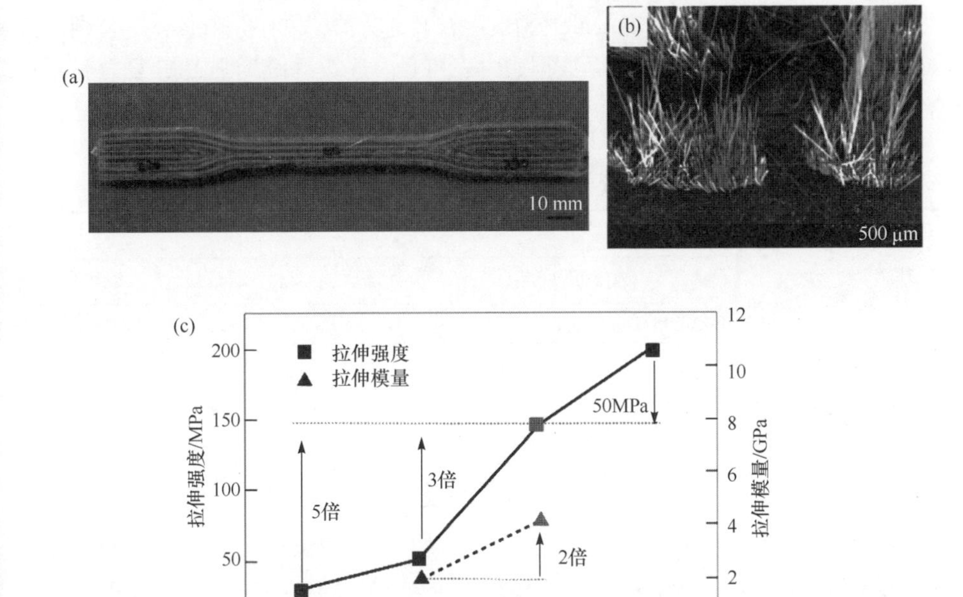

图 6-22　PLA/麻连续纤维 3D 打印制品外观质量(a)与浸渍情况(b)[36]；(c)ABS/连续碳纤维复合材料的力学性能(低于 ABS/非连续碳纤维的注塑样品)[35]

无论是热压印还是原位固结等技术，都是利用热塑性聚合物能够重复加热熔融冷却固化的特性，都涉及材料的加热与冷却，而加热与冷却的工艺过程会对材料的结晶以及热应力造成影响，进而影响复合材料的性能。Natassia Lona Batista等[37]考察了热压过程中冷却速率对PPS/CF层压复合材料的结晶度和层间剪切强度的影响，结果表明，在空气中慢速冷却的样品的结晶度、杨氏模量以及层间剪切强度都比快速冷却高。Li Fang等[38]的研究则表明结晶度的提高能增强抗蠕变性能。四川大学刘保英等[39]则以微球脱黏实验验证了退火处理的PPS/CF的界面剪切强度能够得到提高。四川大学王孝军等[40]的研究则进一步表明，界面剪切强度的提高是由于热应力的消除，在超过120 ℃退火，界面热应力就可以忽略。M. Greisel等[41]对碳纤与PPS基体界面的纤维观察发现，随着界面热应力的减小，破坏模式从脆性破坏转变为准韧性破坏。因此要综合考虑加热冷却工艺对材料的加工过程和制品性能的影响。

6.2.3 PPS基复合材料的性能

1. 连续纤维增强PPS复合材料的力学性能

表6-3和表6-4分别为Tencate公司(已被日本东丽收购)和Celanese公司的连续纤维增强PPS复合材料的性能数据，由表可见，连续纤维增强PPS复合材料都具有优异的力学性能。

表6-3 Tencate公司连续纤维增强PPS复合材料性能数据

性能指标	增强纤维形式			
	单向带		织物	
	CF AS4A(59 vol%)	CF IM7(59 vol%)	GF E-glass(47.5 vol%)	CF T300(50 vol%)
0°拉伸强度/MPa	2020	2760	339	757
0°拉伸模量/GPa	134	152	21.4	55.8
泊松比	0.33	—	—	—
90°拉伸强度/MPa	39	39	333	754
90°拉伸模量/GPa	10	10	20.0	53.8
0°压缩强度/MPa	1100	1280	425	643
0°压缩模量/GPa	117	124	25.5	51.7
90°压缩强度/MPa	—	—	295	637
90°压缩模量/GPa	—	—	24.1	51.7
面内剪切强度/MPa	82	—	80	119
面内剪切模量/GPa	3.5	—	3.71	4.04

续表

性能指标	增强纤维形式			
	单向带		织物	
	CF AS4A(59 vol%)	CF IM7(59 vol%)	GF E-glass(47.5 vol%)	CF T300(50 vol%)
0°弯曲强度/MPa	—	—	512	1027
0°弯曲模量/GPa	—	—	22.8	60
弯曲强度 90°/MPa	68	65	390	831
90°弯曲模量/GPa	—	—	20.0	44.8
开孔拉伸强度/MPa	—	—	159	279
开孔压缩强度/MPa	267	—	183	256
冲击后压缩强度(30.5J)/MPa	216	—	171	215

注：表中 vol%表示体积分数。

表 6-4　Celanese 公司连续纤维增强 PPS 复合材料性能数据

性能指标	牌号	
	Celstran CFR-TP GF60-01	Celstran CFR-TP CF60-01
密度/(g/cm^3)	1.89	1.55
纤维含量/vol%	44	53
带厚度/mm	0.25	0.14
带宽度/mm	305	264
预浸带面密度/(g/m^2)	620	235
纤维面密度/(g/m^2)	372	141
0°拉伸强度/MPa	782	2030
0°拉伸模量/GPa	34.7	101
0°拉伸破坏应变/%	2.41	1.79
0°弯曲强度/GPa	866	1220
0°弯曲模量/MPa	37.5	105
0°弯曲破坏应变/%	3.22	1.2

PPS 复合材料的性能与增强纤维及树脂基体自身的性能、树脂与基体的界面结合以及样品中的缺陷都有关系。为进一步提高连续纤维增强 PPS 复合材料的力学性能，一些研究者将工作集中于树脂与纤维的界面改性上。

Santos Alberto Lima 等[42]利用等离子体处理了碳纤维，碳纤维的表面被刻蚀得更粗糙，增加了与 PPS 基体的亲和性，最终的复合材料的层间剪切强度有明显的提升。但四川大学刘保英等[39]的等离子体处理结果却相反，等离子体处理纤维反而降低了 PPS 和碳纤维之间的界面剪切强度。这可能是由于等离子体处理的过程中破坏了纤维表面的上浆剂，不利于树脂与纤维之间的结合。这说明等离子体处理技术对复合材料的影响需要具体考虑复合体系中材料的性质，不能一概而论。为了避免等离子体对纤维的损伤，四川大学张守玉[15]在薄膜热压制备 PPS 复合材料的过程中，利用等离子体处理 PPS 薄膜而非纤维布，加强了 PPS 与玻璃纤维的相互作用，复合材料的拉伸强度从 248 MPa 提高到 275 MPa，缺口冲击强度从 52 kJ/m^2 提高到 61 kJ/m^2。四川大学徐东霞等[43]利用微球脱黏(microbond)测试方法，用等离子体分别处理碳纤维和 PPS 纤维，比较研究了这两种处理方式对 PPS/CF 界面剪切强度的影响，结果也表明，直接处理碳纤维将导致界面剪切强度降低，而处理 PPS 纤维则能有效增强 PPS 和碳纤维之间的结合。四川大学任浩等[44]则采用化学改性的方法，在 PPS 主链上引入了羧基官能团，使得 PPS 与碳纤维的界面剪切强度实现了 36%的提升。Dilyus Chukov 等[45]的报道称，碳纤维经过 3 h 的硝酸处理后的 PPS/CF 复合材料相较于纤维未处理的 PPS/CF 复合材料，拉伸强度和模量有 1 倍的提升。Tao Zhang 等[46]利用多级增强的策略，在玻璃纤维和 PPS 的界面引入了碳纳米管，纤维与基体的界面剪切强度有 75%的提升，复合材料的层间剪切强度则从 57 MPa 增加到 71 MPa，I 型断裂韧性从 0.268 kJ/m 增加到 0.335 kJ/m。景鹏展等[47]比较了不同偶联剂对碳纤维编织布增强 PPS 复合材料的性能影响，发现 SKE1 表面修饰剂相较于 SKE3 和 KH570 更适合碳纤维增强 PPS 体系。

2. 连续纤维增强 PPS 复合材料的环境抗性

PPS 的实际应用过程中，除了考虑基础的静承载能力，还需要考虑它在蠕变下，腐蚀性环境中，高温高湿、火灾等工况中的环境耐受性。研究者们针对此进行了大量的研究，主要的工作集中在复合材料的界面改性上。

Li Fang 等[38]对 PPS/玻璃纤维层压板的弯曲蠕变行为进行了考察。结果表明，在玻璃化转变温度以下，升高温度对材料的蠕变应变没有明显的影响，100 MPa 的载荷下蠕变应变都在 1.05×10^{-2} 左右，超过 80 ℃，蠕变应变随着温度的升高而不断增加，200 ℃时约为 1.5×10^{-2}，而 215 ℃时在 1200 s 的测试时间内蠕变应变都没有达到稳定平台。玄武岩纤维的层压板有更好的抗蠕变性，在 215 ℃时，其蠕变应变也只有 9.7×10^{-3}，其抗蠕变性随着纤维含量的增加而显著增加。此外，结晶度的增加有利于抗蠕变性能的提高。

T. Yilmaz 等[48]考察了玻璃纤维增强 PPS 复合材料在经过 37%盐酸处理后的强度保留率。结果表明，1 周的处理时间对玻璃纤维增强 PPS 复合材料的螺栓连接强度没有明显的影响，3 周处理之后，力学性能保留率为 89%，16 周后连接强度基本完全损失，见图 6-23。

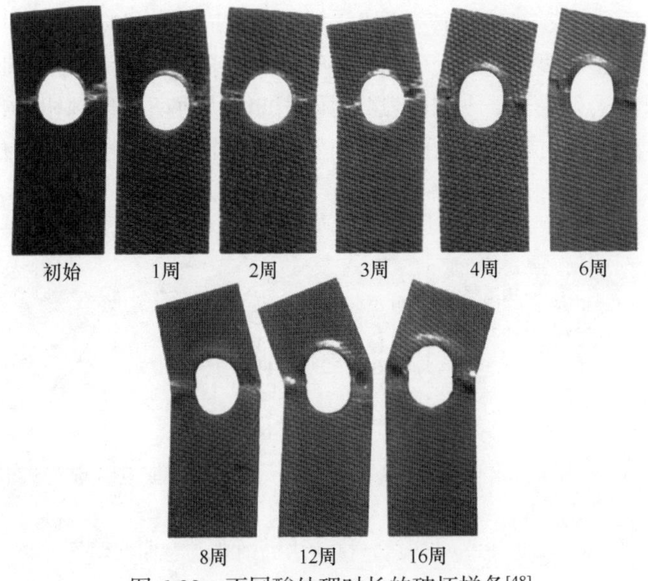

图 6-23　不同酸处理时长的破坏样条[48]

此外，材料的外观也有明显的变化，随着酸处理时间的延长，复合材料层压板的颜色逐渐变淡，复合材料模量降低，材料变“软”，韧性增加。

Shiyu Wang 等[49]对碳纤维和玻璃纤维增强的 PPS 层压板复合材料的高温力学性能进行了考察，温度升高到 200 ℃，碳纤维增强复合材料的模量降低了 37%，强度降低了 67%，玻璃纤维增强复合材料的模量降低了 35%，强度降低了 61%。破坏模式也由脆性转变为韧性。

Emmanuel Suarez Cabrera[50]对玻璃纤维增强和碳纤维增强 PPS 层压板的水热处理后的力学性能进行了研究。不同的性能指标对水热老化的敏感度不同。拉伸性能主要是纤维主导，而弯曲性能则主要是基体和界面主导，因此其拉伸性能受水热影响小，在 1 个月的处理时间之后，其拉伸性能仍有 90%的保持率，而弯曲性能则表现为对水热敏感。另外，由于玻璃纤维与 PPS 的结合比碳纤维与 PPS 的结合更差，因此碳纤维增强复合材料的水热抗性更高。

G. T. Niitsu 等[51]考察了疲劳处理和温度条件对碳纤维增强 PPS 复合材料的最终压缩性能的影响。结果表明，在−55 ℃和 23 ℃的环境中，疲劳处理试样最终的开孔拉伸强度反而比未经疲劳处理的样条高，这可能是由于在疲劳处理过程中发生的纤维撕裂和脱层降低了复合材料开孔处的应力集中程度。但是在 82 ℃/湿环境中，疲劳处理不再具有增强效果。这是由玻璃化转变温度附近以及吸水的增加导致树脂基体软化，疲劳过程中的纤维撕裂减少所致。随着温度的增加，复合材料的最终压缩强度降低，−55 ℃的条件下，复合材料的压缩强度反而比室温高。

Shiyu Wang 等[52]的研究表明，热塑性复合材料的压缩性能和弯曲性能随温度变化较大，尤其是接近玻璃化转变温度时。PPS/CF 复合材料的强度比刚度更易受温度的影响，随着温度的升高，PPS/CF 复合材料的宏观断裂形貌和 SEM 微观形貌反映了不同的失效模式，见图 6-24。压缩试件从剪切断裂到扭折带存在一个过渡破坏模式，这与基体状态和组织结构特征密切相关。同样，弯曲试件的破坏模式也逐渐过渡到下表面压缩破坏。

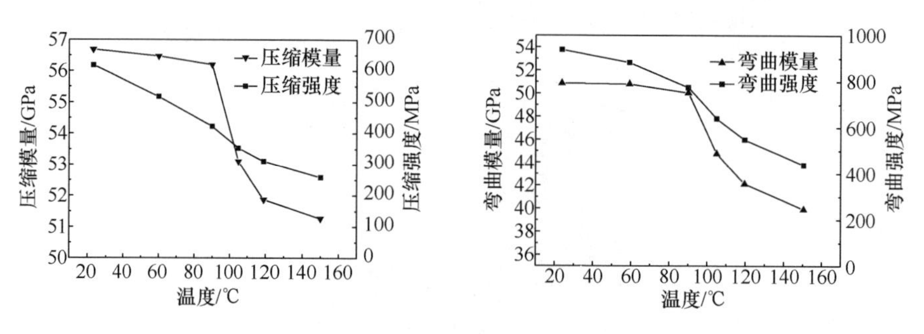

图 6-24　PPS/CF 复合材料的压缩性能与弯曲性能[52]

Kazuto Tanaka 等[53]研究了 PPS 与碳纤维的界面剪切强度与温度的关系。结果表明，随着温度的升高，界面剪切强度降低，室温、80 ℃、120 ℃下，其值分别为 53.7 MPa、46.7 MPa 以及 36.2 MPa。由于 PPS 的耐高温性，高温下 PPS 材料的界面剪切强度也比尼龙等材料高。

进一步，T. Yilmaz 等[54]还考察了热循环对 PPS 复合材料力学性能的影响。结果表明，经过 0～100 ℃的冷热交替 100 个循环后，复合材料的层间剪切强度仍有初始值的 85%，弯曲模量降低程度约为 10%。张婷等[55]也研究了温度对碳纤维增强 PPS 复合材料的性能影响，在 205 ℃时，连续碳纤维增强 PPS 复合材料的层间剪切强度保持率仍有 40%以上，在经历 15 次高低温循环(150 ℃，−50 ℃)或冻融循环(−50 ℃，100 ℃)后，其剩余层间剪切强度仍有 76.5%，体现了连续碳纤维增强 PPS 具有良好的环境耐久性。

Natassia Lona Batista 等[56]研究了不同的老化条件，如水分、热和紫外线辐射对 PPS/CF 复合材料力学性能和热性能的影响，见图 6-25。在紫外线辐射下，短时间的暴露提高了压缩强度，而长时间的暴露则促使机械性能恶化。这种初期的改善可以归因于由于紫外线、温度和湿度作用，产生交联反应形成的硬化效应。在较长时间内发生的降解则归因于光解和光氧化以及由广泛交联引起的脆化过程。复合材料的吸水率随着温度的升高而增加，是因为温度激活了扩散过程。水分饱和点在第 30 天左右达到，在 50 ℃时吸水率接近 0.32%，80 ℃时的吸水率约为 0.45%。用同样的扩散模型来描述水分在纯树脂中的扩散，也能成功地拟合复合材料的增重曲线。风化后材料压缩强度提高了 13%，导致刚度增加的主要因素是温度升高和吸水引起的二次交联、材料孔隙的占据以及吸水引起的小分子物质

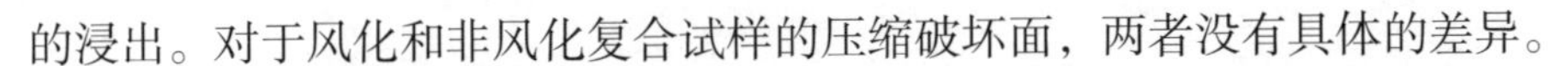

的浸出。对于风化和非风化复合试样的压缩破坏面，两者没有具体的差异。

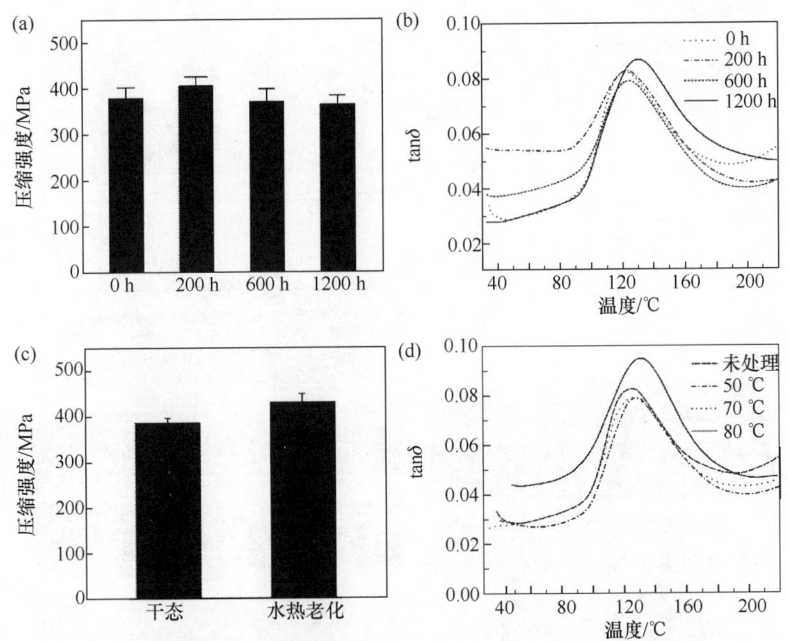

图 6-25　紫外氧化时长对 PPS 复合材料压缩强度(a)和玻璃化转变温度(b)的影响；(c)水热老化对 PPS 复合材料压缩强度的影响；(d)水热老化温度对 PPS 复合材料玻璃化转变温度的影响

B. Vieille，M. A. Maaroufi 和 Y. Carpier 等[57-64]对 PPS 层压复合材料的火灾中及火灾后性能进行了大量的研究。结果表明，PPS 复合材料有优异的抗火灾性。由于 PPS 的高温稳定性，106 kW/m^2 的高热通量下，PPS/CF 复合材料的质量损失仅为 6%，而环氧树脂(EP)/CF 复合材料则为 22%。对火焰处理后的材料的微观形貌进行观察，结果表明，PPS/CF 复合材料在燃烧过程中形成的脱层和孔面积是环氧复合材料的 3～6 倍，见图 6-26，这些脱层和孔起到热障的作用，对其抗火灾能力有较大的提升。PPS/CF 复合材料在受热后会先熔融，形成黏性物质困住热解的气体形成大的气孔，这将成为热障，降低背面层受火焰热量的影响，而 EP/CF 在燃烧过程中仅形成多孔的灰烬，见图 6-27。

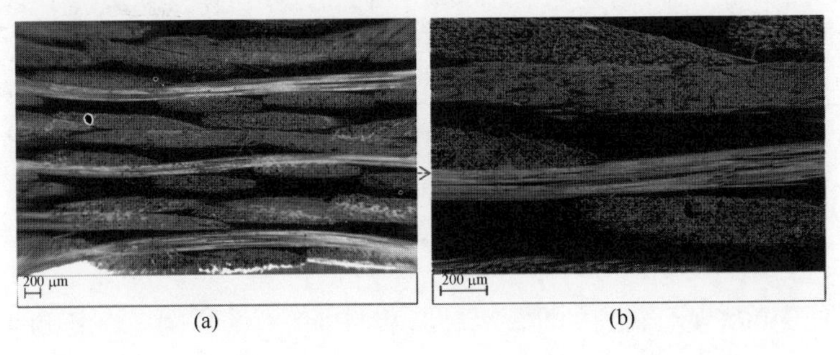

(a)　(b)

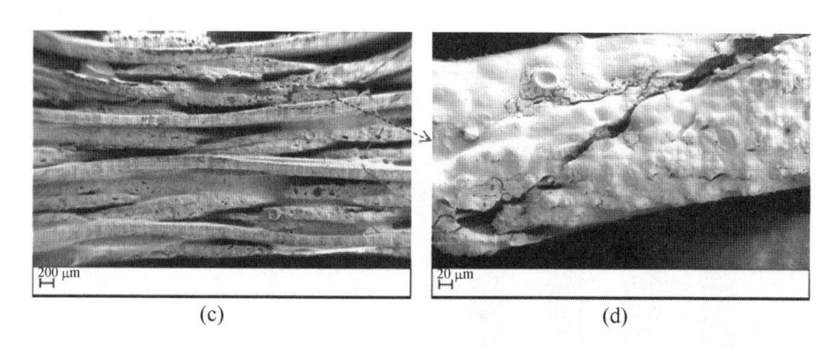

图 6-26 EP/CF(a)、(b) 与 PPS/CF(c)、(d) 复合材料火焰灼烧后的微观形貌[63]

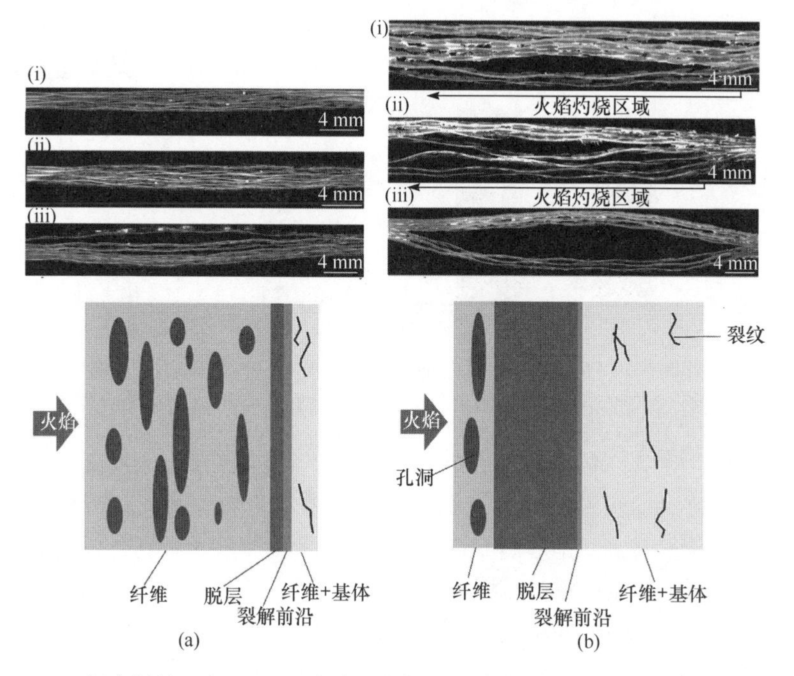

图 6-27 EP/CF 复合材料(a)与 PPS/CF 复合材料(b)火焰灼烧后的 SEM 图与灼烧过程结构演变示意图[64]

(i)(ii)(iii)分别为灼烧时间 30 s、60 s、90 s

在以 20 kW/m^2 的热通量处理 EP/CF 和 PPS/CF 复合材料后，120 ℃下 EP/CF 复合材料的拉伸模量下降了 43%，拉伸强度下降了 41%，面内剪切模量降低了 50%，面内剪切强度降低了 96%。而 PPS/CF 复合材料的拉伸模量和拉伸强度的降低程度均为 17%，面内剪切模量降低了 47%，面内剪切强度降低了 50%。

6.3 中长纤维增强 PPS 复合材料

纤维增强 PPS 复合材料的性能与树脂基体中的纤维长度有着密切的关系。如

图 6-28 所示，只有当纤维长度超过某一临界长度时，长能发挥承载作用。纤维的长度越长，材料的力学性能越高，但相应的加工性变差。采用双螺杆挤出机将聚合物与纤维共混得到的纤维增强复合材料，纤维的长度短，有良好的加工性，适合通过挤出、注塑等工艺加工成各种尺寸与形状的产品。但由于纤维经受了双螺杆的强剪切，纤维的长度一般在 0.2～0.4 mm，在材料破坏时，主要的破坏方式为纤维的拔出破坏，纤维的优异力学性能没有得到充分的利用。

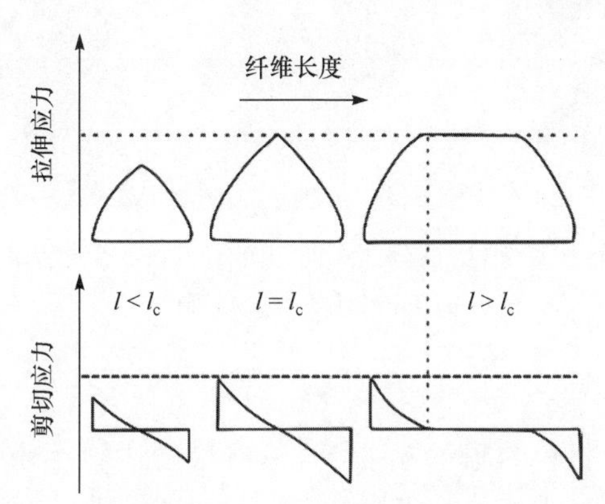

图 6-28　纤维增强复合材料中纤维长度与应力的关系[65]

而连续纤维增强的热塑性复合材料虽然纤维在基体中保持连续，有极高的力学性能，但加工方式极为受限，只能通过拉挤成型或者铺层热压的方式制备几何形状简单的制件。针对上述问题，逐渐发展了一种中长纤维增强热塑性复合材料(也称为长纤维增强热塑性复合材料)。在中长纤维的制备中，纤维与树脂的混合不是发生在挤出机双螺杆中，而是在特殊的浸渍设备中实现，保持纤维的连续状态冷却后再切割。缺少了双螺杆的强剪切，基体中的纤维长度是传统短纤维增强复合材料的数倍甚至数十倍，纤维能够相互缠绕形成纤维骨架，使得长纤维增强复合材料同时具有优异的刚性与韧性、耐高温与低温性、耐蠕变性以及更小的成型收缩率，比短纤维增强复合材料具有更优异的综合性能。

同时，相较于连续纤维增强复合材料，长纤维增强热塑性复合材料仍能够通过如型材挤出、注塑、吹塑等高效的生产方式进行成型加工，在加工性方面具有优越性。

美国 UCC 公司和 PPG 公司最早开始了长纤维增强热塑性复合材料的开发，日本和瑞士也跟进了研究。受限于特种工程塑料加工条件的严苛，早期的长纤维复合材料都针对于通用树脂，高性能树脂的长纤维复合材料少见报道。发展到现阶段，世界上很多公司都成功开发了长纤维增强高性能树脂产品，其中以 Celanese 公司的产品最为丰富。Celanese 公司开发了一系列基于热塑性复合材料的长纤维复合材料——Celstran 系列。Celstran 系列的树脂类别有 PPS、聚甲醛、尼龙 66、聚对苯二甲酸丁二醇酯以及聚对苯二甲酸乙二醇酯等，连续纤维则包括玻璃纤维、碳纤维、芳纶、钢纤维等。产品主要应用于汽车、日常消费、电子等领域。我国的南京特塑复合材料有限公司也已推出了商品化的注塑级和模压级 LFT-PPS/GF、LFT-PPS/CF 复合材料，如图 6-29 所示。

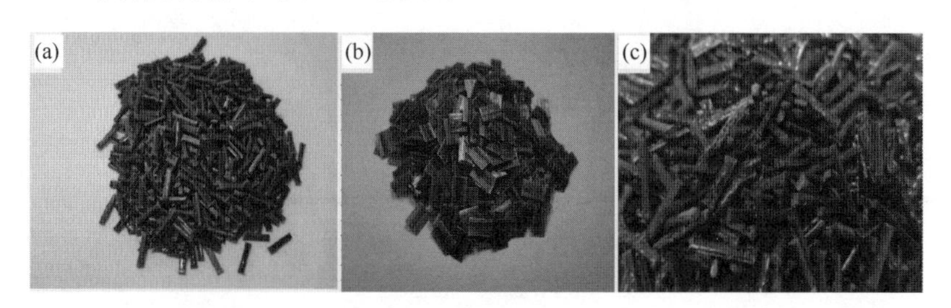

图 6-29 南京特塑复合材料有限公司推出的粒状(a)、片状(b)LFT-PPS/GF 和 LFT-PPS/CF 复合材料(c)

6.3.1 长纤维增强复合材料的制备方法

长纤维增强复合材料的制备方法与连续纤维增强复合材料制备方法中的熔融拉挤工艺相似，差别在于连续纤维增强复合材料的纤维以单向带或者纤维织物的形式通过拉挤模头，而长纤维增强复合材料是以纤维束的形式通过拉挤模头。在模头中，纤维束被熔体浸渍，树脂均匀地分散于纤维单丝间。将浸渍后的纤维束进行牵引、冷却、切粒就得到长纤维增强热塑性复合材料粒料，其制备过程示意图见图 6-30。

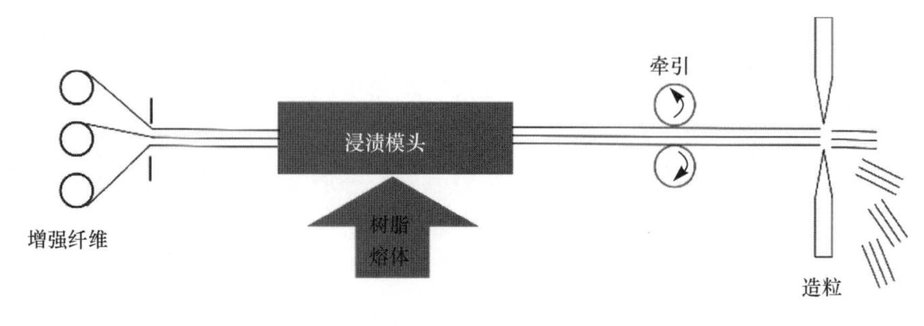

图 6-30 长纤维增强复合材料制备过程[8]

长纤维的粒料有些类似早期单螺杆挤出机制备的初始长粒料。但是，单螺杆挤出机是通过类似线缆包覆将树脂附着在纤维束表面而没有浸渍纤维束内部，这是与长纤维粒料最大的不同，三种粒料的结构与特征示意图见图 6-31。采用单螺杆挤出机制备的长粒料还需要再投入单螺杆挤出机中共混才能得到合格的纤维增强复合材料。而再次挤出的复合材料中的纤维由于螺杆的剪切作用将被剪短，分布也将变成无规分散，成为普通的短纤维增强复合材料。

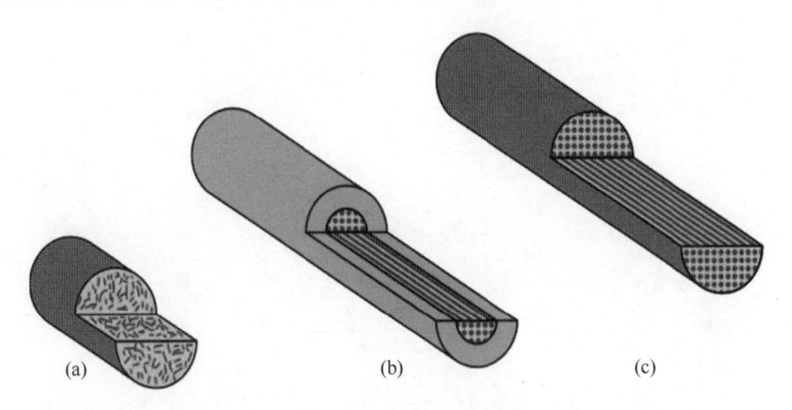

图 6-31　短纤维增强复合材料(a)、线缆包覆式复合材料(b)、长纤维增强复合材料(c)对比[66]

6.3.2　长纤维增强复合材料的性能

由于长纤维增强复合材料中的纤维长度是传统短纤维增强复合材料的数倍甚至数十倍，纤维能够相互缠绕形成纤维骨架，也使得长纤维增强复合材料制品的烧蚀残余物能够形成网络结构。如图 6-32 所示，烧蚀后的长纤维增强复合材料制品仍然可以观察到原产品的细节特征。

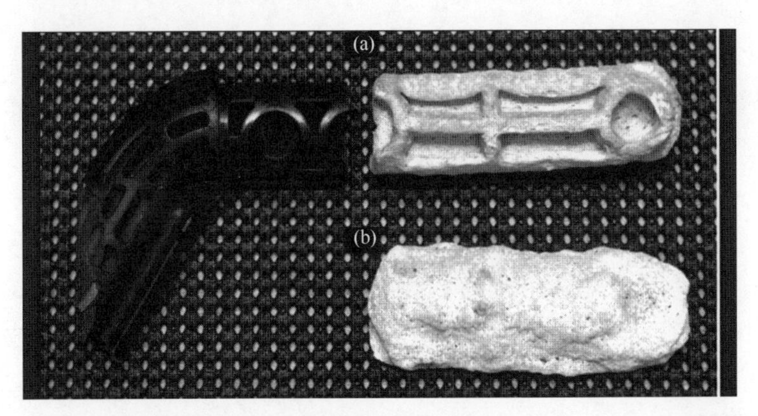

图 6-32　长纤维增强复合材料(a)与短纤维增强复合材料(b)烧蚀残余物对比

内部纤维骨架的形成使得长纤维增强复合材料相较于短纤维增强复合材料具有更优异的综合性能，如图 6-33 所示。其优势体现在：

(1) 优异的刚性与韧性。长纤维增强复合材料同时具有优异的刚性与韧性，而传统的短纤维增强复合材料往往不能两种性质兼具。

(2) 高温刚性。在高温下仍然保持高的刚性模量，从而扩大了树脂的使用范围。

(3) 低温韧性。低温抗冲击性能较增强前有了明显提高。

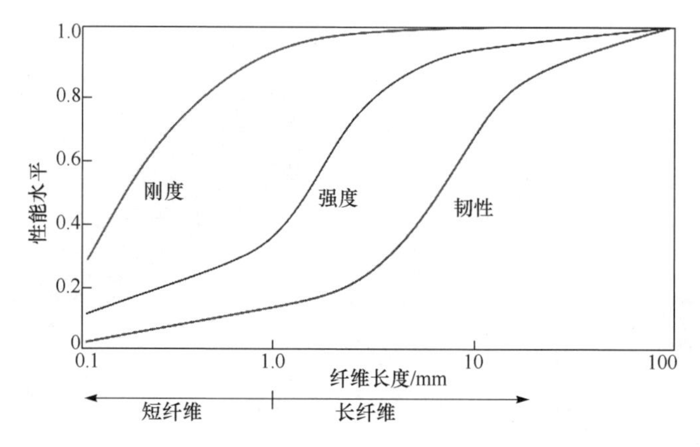

图 6-33 纤维长度对复合材料综合力学性能的影响

(4) 耐蠕变性。能在很高的载荷下保持不变形，其耐蠕变性优于相应的短纤维增强材料及未增强材料。

(5) 尺寸稳定性。具有比相应短纤维增强复合材料更弱的成型收缩性，更适于制造高精度的制件。

(6) 作为添加材料。还可以用作商品和再生塑料的添加材料，以便提升材料与制品的荷载能力、刚性，降低制品翘曲变形，并在实际应用中成功地降低了制品的成本。

PPS 长纤维增强复合材料的主要产品有 Celanese 公司的 Celstran 系列、RTP 公司的长纤维复合材料系列，其主要性能见表 6-5。

表 6-5 主要 PPS 长纤维增强复合材料力学性能数据

参数	产品						
	PlastComp Complēt®	Celanese Celstran®				RTP 公司长纤维复合材料	
	LCF30(牌号)	AF35	CF40	GF50	SF6	VLF81307	VLF81309
纤维种类	CF	AF	CF	GF	SF	GF	GF
含量/wt%	30	35	40	50	6	40	50
密度/(g/cm³)	1.45	1.35	1.49	1.72	1.41	1.69	1.73
拉伸强度/MPa	187	77	185	165	47	165	18.5
拉伸模量/MPa	33.8	8.8	37.2	19.0	4.2	15.9	170
断裂伸长率/%	0.7	1.35	0.57	1	1.21	1.0-2.0	1
弯曲强度/MPa	297	140	343	280	128	234	290
弯曲模量/MPa	25.5	8.5	34.9	18.5	4.2	14.5	18.5

续表

参数		产品						
		PlastComp Complēt®	Celanese Celstran®				RTP 公司长纤维复合材料	
		LCF30(牌号)	AF35	CF40	GF50	SF6	VLF81307	VLF81309
冲击强度	悬臂梁无缺口/(J/m²)	465	—	—	—	—	534	—
	简支梁缺口/(kJ/m²)	—	—	—	—	—	—	25
	简支梁无缺口/(kJ/m²)	—	9	16.5	28	1.3	—	—

注：SF 为钢纤维(steel fiber)。

6.3.3　长纤维增强复合材料的成型加工

长纤维增强复合材料的粒料可以采用挤出、注塑等方式进行加工，但为了充分发挥长纤维材料的性能，需要在成型加工过程中尽量减少对纤维的损伤，保留纤维长度。并且长纤维增强复合材料粒料的长度较传统短纤维增强复合材料粒料长得多，增强纤维固定取向，因而对加工设备、工艺、模具等都提出了新的要求。

在螺杆的选择上，需要选择通用的“喂料—压缩—计量”三段式螺杆设计，而应该避免加强混炼效果的销钉型、屏障型等新型螺杆。为了减小纤维的损伤，压缩比控制在(2∶1)～(3∶1)的范围内。优选的螺杆长径比为(18∶1)～(20∶1)。喂料段、压缩段、计量段分别占螺杆总长度的 40%、40%、20%。喂料段和计量段均为等深设计，计量段螺槽深度为 3.5 mm，喂料段为 7.5 mm，压缩段则为渐开线变深实现螺槽深度的过渡，见图 6-34。

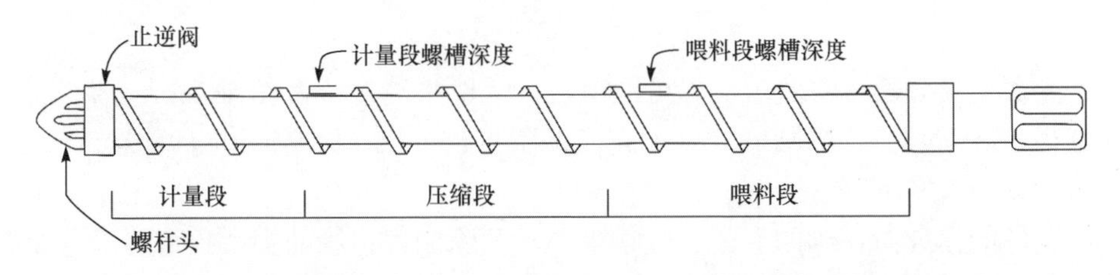

图 6-34　长纤维增强复合材料加工螺杆三段式通用螺杆示意图

螺杆头应具有宽厚的通道以供熔体平滑和开放地流动，任何尖锐的边缘都会造成纤维的损伤，应竭力避免。为此，应选择三件式完全自由流动止逆环设计而应避免止逆球，见图 6-35。

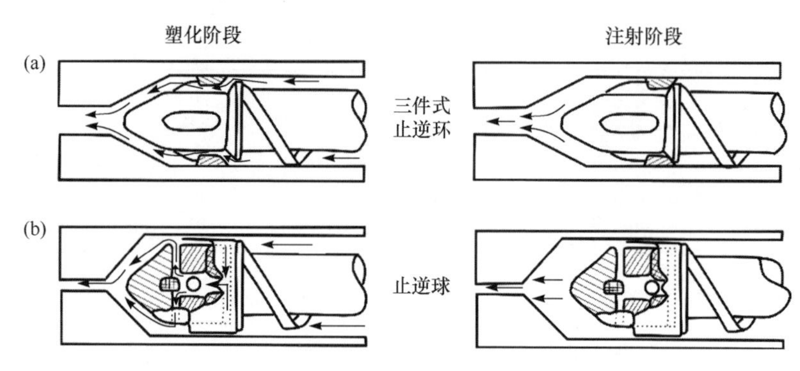

图 6-35　长纤维增强复合材料加工螺杆头设计

(a) 三件式止逆环；(b) 止逆球

喷嘴处的设计应选择通用型，如图 6-36 所示。热塑性树脂注塑常用的倒锥形喷嘴在注塑过程中会产生强剪切，虽然能够降低树脂的黏度，但会严重损伤长纤维增强复合材料中的纤维长度，造成材料性能的劣化。

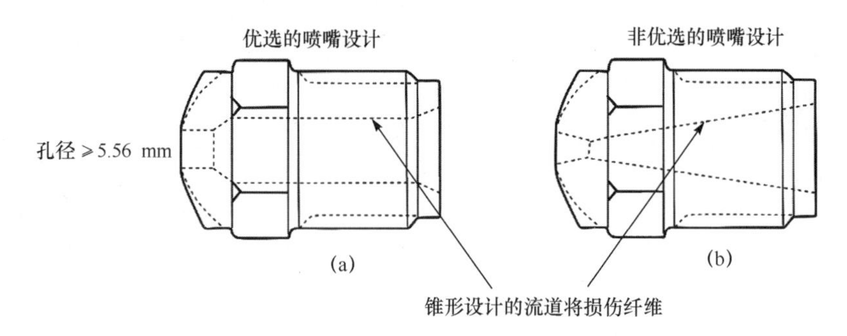

图 6-36　长纤维增强复合材料加工螺杆头设计

(a) 直通式；(b) 倒锥设计

注塑模具方面，主流道应尽可能地短，优选小端直径为 5.56 mm，渐变到大端直径 8.73 mm。优选圆形流道，推荐直径 5.56 mm。梯形流道也可以接受，宽度应设计为 1.25 倍流道深度。

制件的设计对纤维的保留长度很重要。消除制件边缘的尖锐角落可以避免制件中不必要的应力并减少纤维磨损。壁厚的突然变化会使得充模过程中在此处产生高剪切，引起纤维的损伤。因此制件壁厚应尽量一致。即使需要变化也应避免壁厚的突变。对于长纤维增强复合材料，最佳的壁厚应为 3 mm，该厚度下长纤维增强复合材料的熔体能够实现良好的、均匀的流动，同时避免壁厚过大形成的沉降和孔隙等缺陷。最小壁厚为 2 mm，壁厚<2 mm 会增加充模过程的纤维断裂。

长纤维增强复合材料的注射工艺对纤维的保留长度同样有重要的影响。不当的加工条件也会造成纤维的损伤。相较于短纤维增强复合材料的加工，长纤维增强复合材料需要更低的螺杆背压、更低的螺杆转速、更高的温度设置以及更低的注射速率。

高背压会在材料中引入大剪切，降低纤维长度。考虑从零背压开始，调试增加到刚好满足螺杆能够实现前后移动，0.17～0.35 MPa 是比较合适的背压范围。

高转速同样会造成纤维损伤，可尝试将螺杆转速保持在能够持续填充螺杆所需的最低水平，即 30～70 r/min。

在注塑成型过程中，聚合物熔化的热量来自螺杆的剪切与加热元件的热传导。由于需要降低剪切来保持纤维长度，因此温度的设置要高于短纤维增强复合材料。另外，在长纤维粒料进入压缩段的高剪切之前将其软化熔融更有助于纤维长度的保留(RTP 公司推荐采用与常规从螺杆后段到螺杆前段温度递增相反的温度曲线分布)。因此通常长纤维增强复合材料的温度设置要高于短纤维增强复合材料 10～30 ℃。

注射速率也应尽可能地低，以避免熔体充模产生过强的剪切，推荐的范围为 51～76 mm/s。

为了进一步降低注射速率和注射压力，提高制件的保留纤维长度，可以考虑注射压缩成型技术。注射压缩成型是传统注射成型的高级形式，结合了注射成型和热压成型两种技术。在填充阶段，模具未完全闭合时塑料注入模腔，锁模单元执行锁模程序，通过动模板的压缩动作促进熔体继续填充模腔，实现完全充模，其示意图见图 6-37。注射压缩成型能够降低注射压力和注射速率，减小剪切，提高纤维保留长度。同时，注射压缩成型还能够减小制品内应力，降低材料的各向异性。

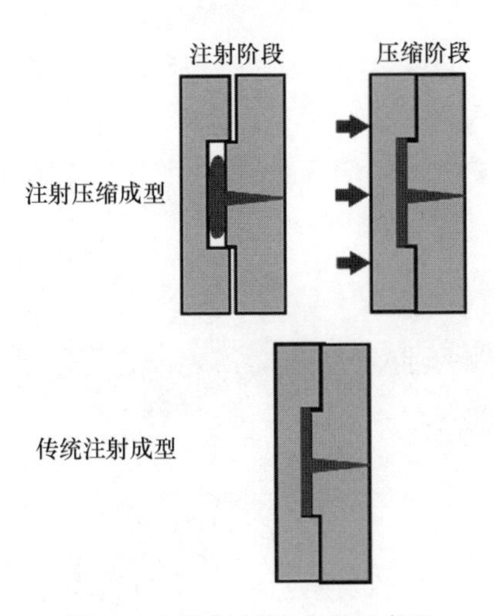

图 6-37　注射压缩成型示意图

表 6-6 和表 6-7 分别是 Celstran 和 RTP 长纤维增强复合材料推荐的加工参数。

表 6-6　Celstran 长纤维增强复合材料推荐的加工参数

原料级别	温度/℃					
	后段	中段	前段	喷嘴	熔体	模具
PPS-GF40-01	300	305	310	300	310	150
PPS-GF50-01	305	310	315	305	315	150

表 6-7　RTP 1300 Series PPS 材料推荐的注射成型参数

温度/℃					压力/MPa	
后段	中段	前段	熔体	模具	注射	背压
309～321	299～309	288～299	313～329	135～177	69～103	1.75～3.5

6.4　高性能 PPS 纤维增强复合材料应用举例

由于长纤维及连续纤维增强 PPS 复合材料优异的力学性能、耐化学腐蚀性、高低温环境的强度保持率以及抗蠕变、耐磨等性能，在需要具备高温稳定、韧性、耐化学腐蚀、阻燃和易成型性质的部件的领域有广阔的应用前景。常见的应用包括电连接器、引擎室组件和暴露于高温和腐蚀性环境的组件。具体的应用实例如下。

6.4.1　刹车传感器外罩

图 6-38 为以 Celstran PPS-GF50-01 材料制成的防抱死系统(ABS)传感器外壳。该外壳需要在压配到 0.38 mm 的轴承壳的过程中承受 2600 N 的剪切力，需要通过维持 6 atm(1 atm=101325 Pa)、经历 3 个−40～120 ℃温度循环后在 1 atm 下不发生泄漏的测试，并且需要耐盐雾腐蚀。

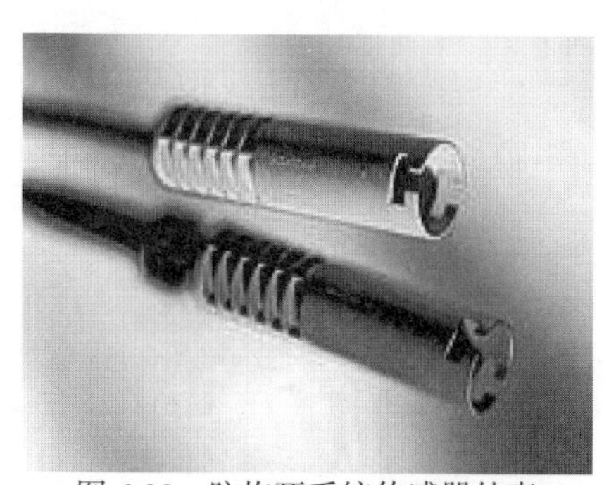

图 6-38　防抱死系统传感器外壳

6.4.2　燃油罐连接器

以 Celstran PPS-GF40-01A 材料来替代钢材制造燃油罐连接器及其套筒，能够避免钢材连接器被腐蚀造成燃油泄漏的危险。在连接器被拧紧时，制件需要承受极大的应力，并且需要优异的耐蠕变性能以保证连接的可靠性。Celstran PPS 材料具有优异的力学强度与耐蠕变性能，能够满足连接器对材料的性能需求。同时 PPS 材料还有优异的溶剂抗性，能够解决腐蚀泄漏问题。长纤维增强 PPS 制备的加油站输油管如图 6-39 所示。

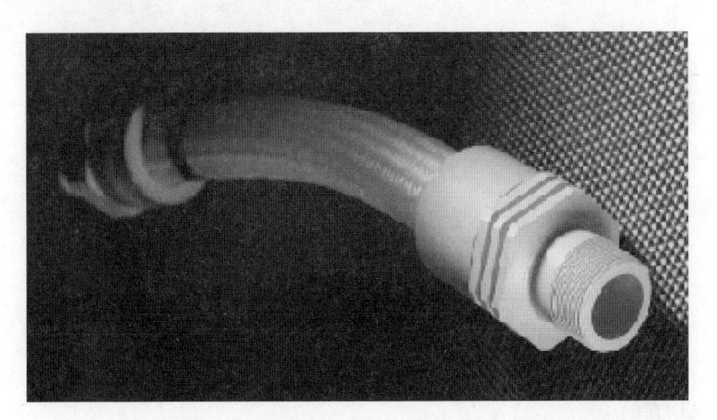

图 6-39　长纤维增强 PPS 制备的加油站输油管

6.4.3　航空应用

以 PPS 为基体的连续纤维增强材料具有高比强度、比刚度、耐高温、抗冲击等性能，是一种高性能太空材料。经过多年的发展，连续纤维增强 PPS 从早期的飞机厨房、厕所、门、口盖等应用发展到承受强烈外力作用的外罩等应用，如飞机的副翼、火箭尾翼、推进器部件等。用连续纤维增强 PPS 复合材料制作的部件可实现减重 20%，同时具有更高的成型加工效率。并且材料有高耐冲、耐高温和耐化学药品腐蚀等性能。PPS 复合材料在−40～240 ℃都能保持很高的刚性和强度，这是用于长时间飞行大型客机的优势。

荷兰 Fokker 航空公司采用碳纤维增强 PPS 复合材料制作了 Fokker 50 的起落架舱门，这是连续纤维增强 PPS 复合材料的第一个成功航空应用之一。

2002 年和 2007 年投入飞行的空客 A340 和 A380 上应用了大量的热塑性复合材料结构件，相较于相同的铝制件成功减重 20%，每架 A340 减少了 200 kg 的质量。这其中包括大量的由连续碳纤维增强 PPS 复合材料制成的翼肋和角形托架，如图 6-40 所示，这些零件被用于 18 m 长的龙骨的制造。

图 6-40 连续碳纤维增强 PPS 复合材料制备的翼肋

虽然这些部件尺寸较小，但数量极大。以碳纤维增强 PPS 复合材料制成的用于辅助固定外部蒙皮内部圆形框架的夹子和夹板，在波音 787 系列飞机上需要 10000～15000 件/架，空客 A350 XWB 则需要约 8000 件/架。

Stork Fokker Aerostructures BV 在湾流 G650 飞机使用了由 PPS/CF 复合材料制备的尾翼升降舵和方向舵，如图 6-41 所示，还设计并制造了 AgustaWestland AW769 旋翼机的 PPS/CF 水平尾翼。

图 6-41 PPS/CF 复合材料制备的尾翼升降舵和方向舵

空客 A400M 军用运输机采用玻璃纤维增强 PPS 复合材料制备了机身防冰板，如图 6-42 所示，用于防止螺旋桨尖端处的机身被从螺旋桨甩出的冰块损伤。玻璃纤维增强 PPS 复合材料能够提供优异的冲击抗性。该材料同样用于空客 A380 的固定翼前缘。

图 6-42　PPS 复合材料制备的防冰板

此外，PPS 纤维布或长纤维增强复合材料还可制成导弹外壳的燃烧层以及导弹的垂直尾翼等部件。

6.5　热塑性复合材料界面的测试与调控

复合材料的力学性能除了与树脂基体和增强纤维自身的强度有关，也与基体间的界面黏结强度有关，好的界面黏结能够有效地将外力从基体相传递给增强相，避免了应力集中形成的缺陷，进而改善复合材料整体力学性能[67,68]。然而与热固性复合材料相比，热塑性复合材料与增强纤维间缺乏化学键相互作用，这使得基体与纤维之间界面难以形成有效的黏结。此外，以 PPS 为代表的高性能热塑性复合材料加工温度普遍超过 300 ℃，在此温度下，增强纤维表面的浸润剂、上浆剂等表面助剂会发生气化、分解，影响基体树脂与增强纤维的结合并造成复合材料内部的缺陷，降低材料的整体强度。因此，开发一种有效的表征方法定量地评价热塑性复合材料的界面，并探索出针对 PPS 基热塑性复合材料的有效界面调控方法具有十分重要的意义。

6.5.1　热塑性复合材料界面微观力学性能的测试表征

对于复合材料力学性能的测试，可以分为宏观测试和微观测试等。宏观测试方法主要是对复合材料的整体性能进行综合评价，如拉伸、压缩、弯曲、剪切、界面剥离等，但由于复合材料的宏观力学性能往往受制备工艺、基体含量、纤维的分布及排列方式、材料中的孔隙及缺陷等与界面剪切强度无关的因素影响，因此，宏观实验只能间接评价纤维和树脂基体之间的界面黏结性能，并不能精确地算出界面强度。因此，为了弥补宏观测试手段的不足，人们开发出了四种微观力学实验方法来精确直观地测量复合材料界面的相互作用力。这些微观力学实验方法一般用表观界面剪切强度来表征纤维增强热塑性复合材料的界面黏结力。这四种微观力学测试方法，包括单纤维断裂实验(fragmentation tests)[69,70]、纤维顶出实验(push-out tests)[71]、纤维拔出实验(pull-out tests)[72]和微球脱黏实验(microbond tests)[73]。这些微观力学测试方法一方面有助于揭示界面的物理本质，进而验证理论模型的可靠性，另一方面可以精确地确定界面参数，为复合材料的设计提供依据。上述四种方法各有利弊，表 6-8 列出了四种复合材料界面微观力学测试方法的示意图及相应的优缺点。

表 6-8　四种复合材料界面微观力学测试方法的示意图及相应的优缺点

方法原理	优点	缺点
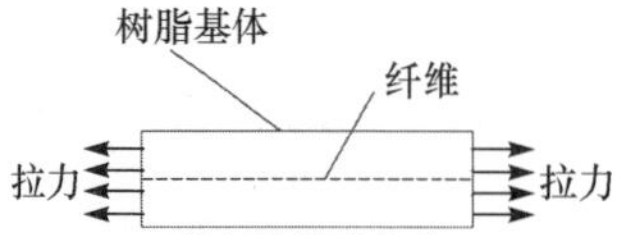 树脂基体 纤维 拉力 拉力 单纤维断裂实验	纤维断裂的过程易于观察，并且无需引入更多的参数就可以表征界面强度	该方法多适用于具有透明基体的复合材料体系，测得的实验数据分散性较大
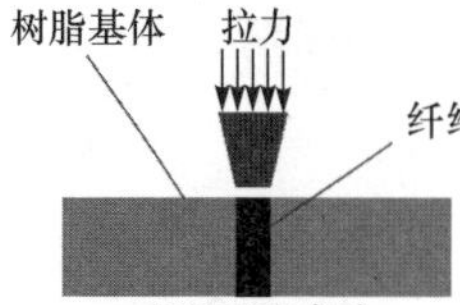 树脂基体 拉力 纤维 纤维顶出实验	可直接从复合材料部件上取样，能够原位观测宏观复合材料的界面情况	压头容易引起基体或界面周围区域产生应力开裂，因此测得的黏结强度往往较真实值低，测试过程需对纤维进行精密定位，保证选定的纤维轴向与复合材料界面垂直，实验条件的要求较高[74]
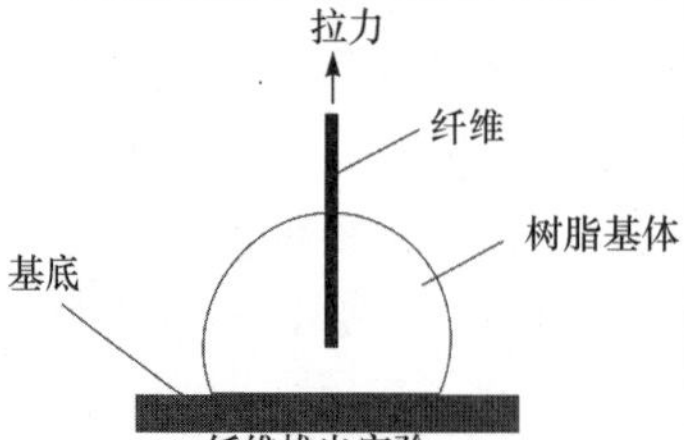 拉力 纤维 树脂基体 基底 纤维拔出实验	实验过程简单。除单丝外还可采用一束纤维埋入树脂基板中，还原 C/C 复合材料成型工艺过程	制样比较困难，需要严格控制纤维包埋进入树脂基体的长度。包埋深度太长，纤维在与树脂基体脱黏之前发生断裂，使实验失效。由于纤维直径很小，包埋深度较短时，制样过程困难
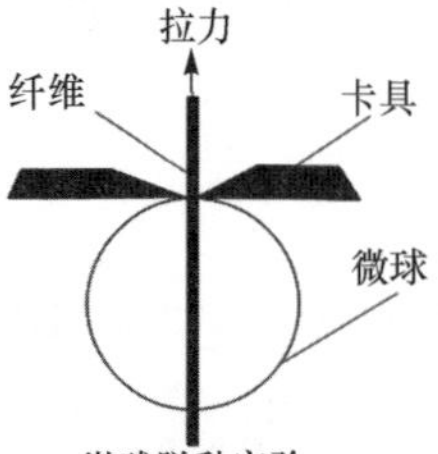 拉力 纤维 卡具 微球 微球脱黏实验	成功解决了具有高模量、直径小的纤维如碳纤维、玻璃纤维等与树脂基体的界面强度的测试问题，重复性强，实验数据更为可信	纤维与微球浸润半月区的存在使纤维的包埋深度的测量变得不精确，实验操作难度较大

对比分析可以看出，微球脱黏实验方法在四种方法中最为稳定可靠，因此是目前应用最多，也最适合热塑性复合材料体系的界面表征方法。以下就该方法的原理及其在热塑性复合材料，尤其是 PPS 基复合材料中的应用进行介绍。

微球脱黏实验可以通过纤维拔出时脱黏最大力值 F_{max} 与树脂微球对纤维的包埋长度 l_e 和纤维直径 D_f 计算得到纤维/树脂基体间的表观界面剪切强度 τ_{app} [式 (6-1)]，其测试曲线及相应参数含义见图 6-43。

$$\tau_{app} = \frac{F_{max}}{\pi D_f l_e} \tag{6-1}$$

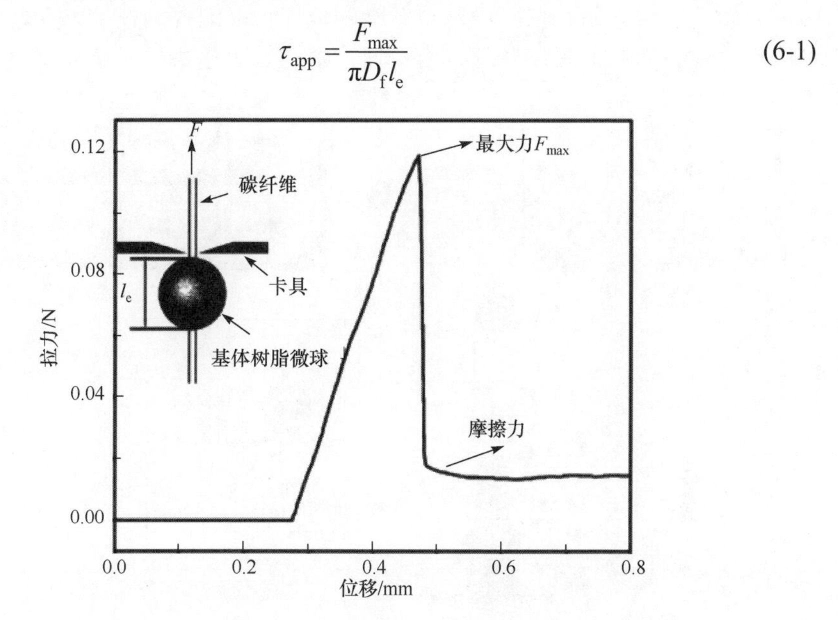

图 6-43　微球脱黏实验测试曲线及相应参数含义

该实验模型的计算过程是在假定界面剪切应力沿纤维长度方向上呈均匀分布的基础上进行的，因此，得到的界面剪切强度值仅是界面处的平均剪切强度，所以称为“表观界面剪切强度”。

在该方法开发早期，微球脱黏主要用于热固性复合材料体系。四川大学聚芳硫醚课题组于 2006 年将该方法应用于 PPS 基热塑性复合材料的界面表征，并总结十余年研究经验，制定了针对热塑性复合材料界面微球脱黏实验的标准。在该实验标准中，详细规范了制样方法、测试操作过程、数据采集及处理规则，有效提高了微球脱黏实验的可靠性。

针对微球脱黏实验的具体参数设定及实验细节，四川大学聚芳硫醚课题组做出了大量的探索，并积累了丰富的经验。该课题组赵小川[75]建立了适合热塑性聚合物复合材料的微球脱黏试样制备方法，并采用单丝拉力机为测试工具，初步测试了 PPS 与增强纤维间的界面剪切强度，为微球脱黏实验在热塑性复合材料领域的推广建立了重要的实验基础。微球脱黏应用于热塑性复合材料体系时的制样方法和测试原理如图 6-44 所示。操作过程中，先将 PPS 拉制成纤维，然后在增强纤维单丝周围打结，切去多余的树脂纤维使得树脂在增强纤维上形成一个结点，再经过加热使树脂熔融，树脂在表面张力的作用下形成树脂微球。将所制备的微球样品在光学显微镜下进行筛选，形状良好、对称的微球样品被保留进行实验，树脂微球在纤维上的包埋长度可以通过树脂纤维的直径进行调控，对于以 PPS 为基体的热塑性复合体系，树脂微球对纤维的包埋长度应控制在 40～90 μm 范围内。纤维埋入树脂微球的长度和纤维直径通过配有数码相机的光学显微镜测量。

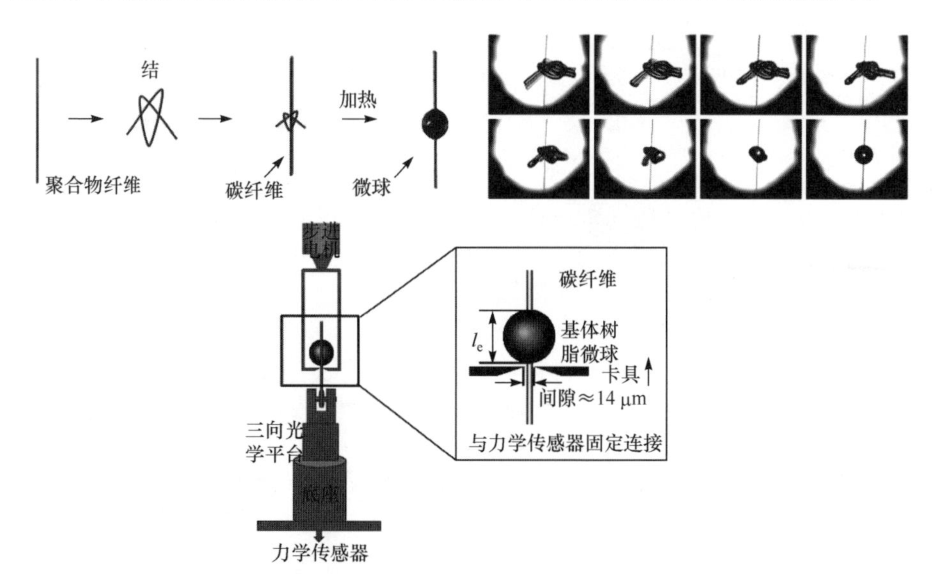

图 6-44 微球脱黏应用于热塑性复合材料体系时的制样方法和测试原理

四川大学严峡等[76,77]研究了微球对称性及表面杂质对实验结果的影响，并发现几何结构上非对称的微球将导致微球对纤维的包埋长度的测试偏差增加，并最终增加数据的分散性。而微球表面的灰尘杂质将引起微球内部的应力分布不均，也会影响到最终的测试结果。因此在制样后应先通过显微镜对所制备微球进行甄选，挑出对称性不好、表面有杂质缺陷的微球以提升测试数据的准确性和可靠性。几种微球试样的形貌如图 6-45 所示。

四川大学刘保英、王孝军等[78,79]设计了国内首套适用于热塑性复合材料的微球脱黏测试系统，如图 6-46 所示，并考察了拉伸速率对所开发微球脱黏实验结果的影响。结果发现当拉伸速率为 0.02 mm/s 时，试样界面剪切强度值是一个与 l_e 的变化无关的常数值，且该拉伸条件下实验数据分散性较小。

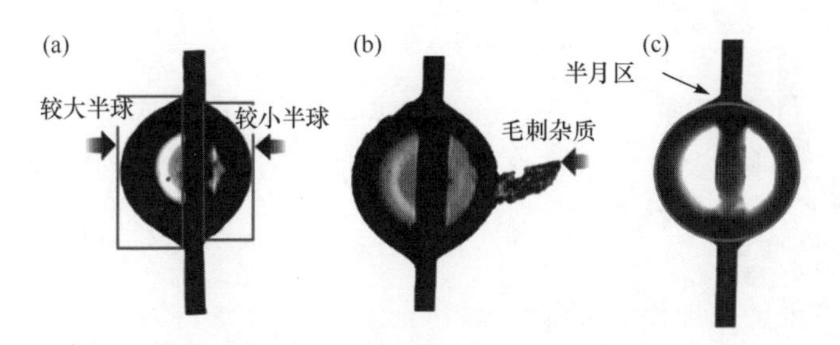

图 6-45　制样过程中的不规整微球试样形貌

(a) 非对称微球；(b) 微球表面杂质；(c) 试样端部的半月区

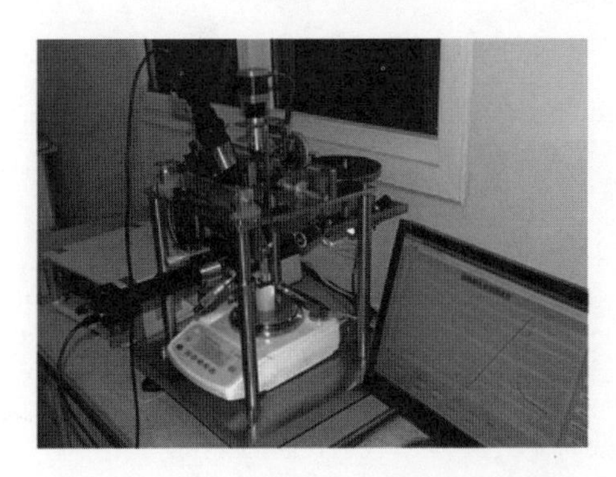

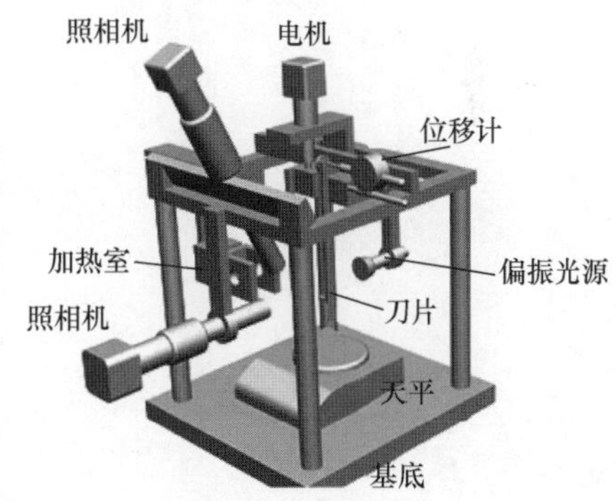

图 6-46　第一代热塑性复合材料的微球脱黏测试系统

四川大学王孝军、徐东霞等[40,80]研究了 PPS 微球脱黏试样制备过程中的热残余应力问题，发现由于微球制备过程中从 300 ℃的高温迅速降温至室温，而 PPS 基体与增强纤维间存在热膨胀系数的差异，PPS 微球端部产生明显的热残余应力。这种热残余应力的存在将在一定程度上降低微球的最大拔出力 $F_{\max}$，从而导致数据拟合曲线的整体下移，并导致拟合曲线偏离原点。微球脱黏试样的热残余应力的有限元模拟结果及其对测试结果的影响原理图见图 6-47。通过将微球脱黏试样在树脂玻璃化转变温度以上退火，可以消除微球端部的热残余应力并使拟合曲线重新通过原点，此时测试所得到的界面剪切强度更稳定，也可更好地体现复合材料界面的真实力学性能。

四川大学余婷等探讨了测试后的数据处理问题，并得出单根纤维表面结构的差异、微球和刀具接触点的差异、试样受力方向与纤维夹持方向的偏移都会增大数据的分散性。因此在数据处理时，应根据改进型拉依达准则剔除少数与平均值的偏差超过 2.57 倍标准差的异常点，使得到的数据更准确、更可靠和更有代表性。对 τ_{app}-A_{e}(A_{e} 为树脂微球对纤维的包埋面积)散点图中数据进行统计分析，τ_{app} 值基本呈正态分布 $N(\bar{\tau}_{\mathrm{app}},\ \sigma^2)$，见图 6-48。

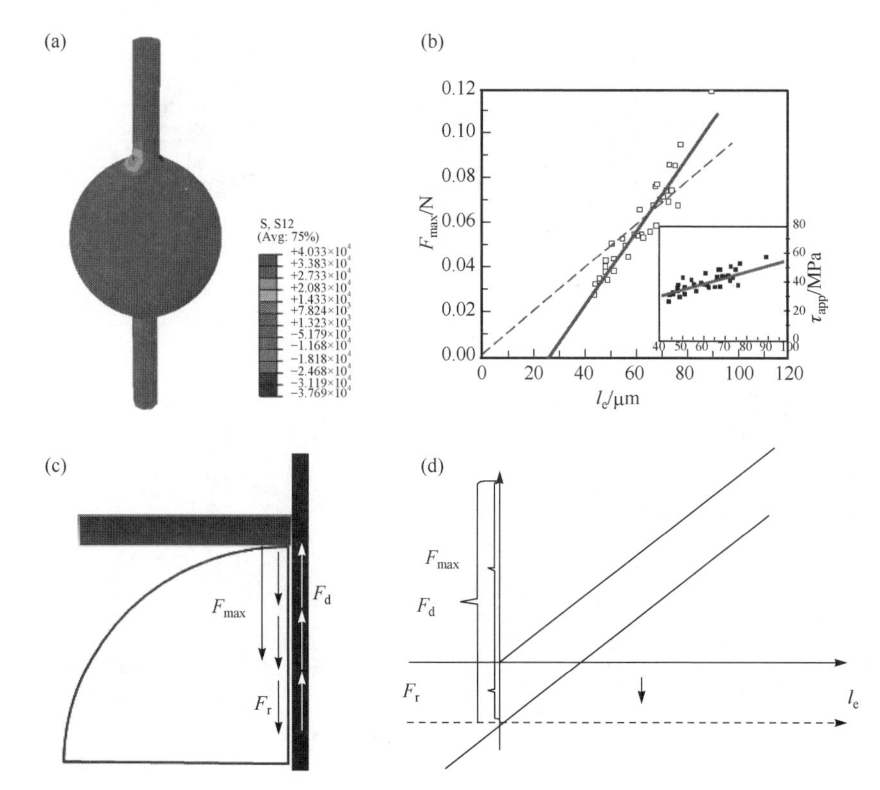

图 6-47 PPS 微球脱黏试样的热残余应力的有限元模拟结果(a)及其对测试结果的影响原理[(b)～(d)]

F_r. 热残余应力；F_d. 界面黏结力

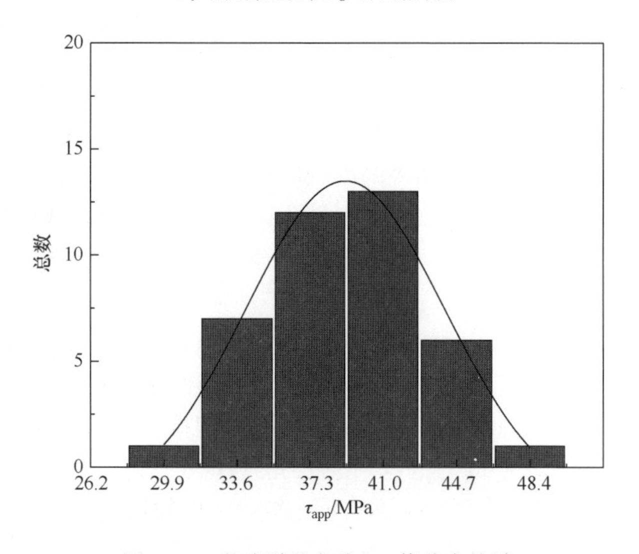

图 6-48 微球脱黏实验 τ_{app} 值分布统计

四川大学王孝军、董园等总结了以往微球脱黏测试系统的不足，针对试样制备及夹持方式、拉伸过程控制、环境温度控制、数据采集、相关配件设计等提出了新的设计意见，并与北京富友马科技有限责任公司合作开发出了第二代复合材料微球脱黏实验系统，如图 6-49 所示。新的测试系统采用了最大值实时抓取设计，可以保证测试过程中脱黏力最大值的有效采集，使得所测试效果可以更真实地体现材料界面的实际力学性能。

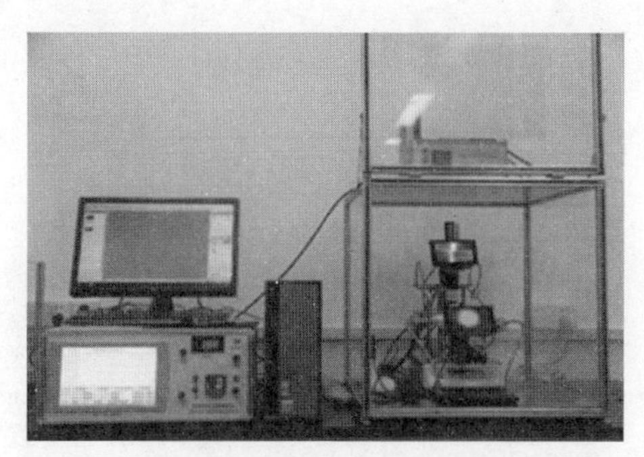

图 6-49　第二代复合材料微球脱黏实验系统

微观力学测试能直观反映出增强体和树脂基体的界面结合强度，但复合材料界面的表征方法除了微观和宏观的力学性能测试外，还有其他如扫描电子显微镜、红外光谱、光电子能谱、原子力显微镜和动态力学分析仪器等多种表征手段。纤维增强热塑性复合材料的界面结合问题十分复杂，研究过程中需要对界面形成原理及界面结合强度等进行综合的分析。

6.5.2　PPS 基复合材料的界面改性

前已述及，PPS 基复合材料的界面结合普遍薄弱，需要进行针对性的界面改性，以提升复合材料整体的力学性能。因此界面改性一直是 PPS 基热塑性复合材料领域的研究热点。常用的复合材料界面改性方法很多，其中包括偶联剂处理、增容剂处理、等离子体处理、上浆剂处理、纳米粒子界面增容处理等[81-85]，然而，以往的宏观表征技术却很难定量地对比这些改性方法的优劣。采用前面所述的微球脱黏测试方法，结合红外、X 射线能谱分析等微观表征技术，四川大学聚芳硫醚课题组在 PPS 及复合材料界面改性领域开展了大量基础研究工作，并积累了丰富的界面改性基础数据及经验。

1. 纤维的表面预处理

增强纤维在制造过程中往往要在表面涂覆上浆剂、浸润剂、集束油等助剂，这些助剂一方面可以在转运、织造、复合的过程保护纤维，另一方面可以在复合的过程中建立树脂与纤维的界面黏结。但由于 PPS 的加工温度高于 300 ℃，该温度下上述表面助剂往往会受热气化或降解，因此经常要在与 PPS 复合前将增强纤维的表面助剂通过化学法或高温法去除。

刘保英[86]采用丙酮、丁酮、硝酸、二氯甲烷等分别对碳纤维表面上浆剂进行了清洗，处理后纤维表面较未处理纤维沿轴向方向出现沟壑，纤维表面变得凸凹不平，但整体形貌变化不大，见图 6-50。

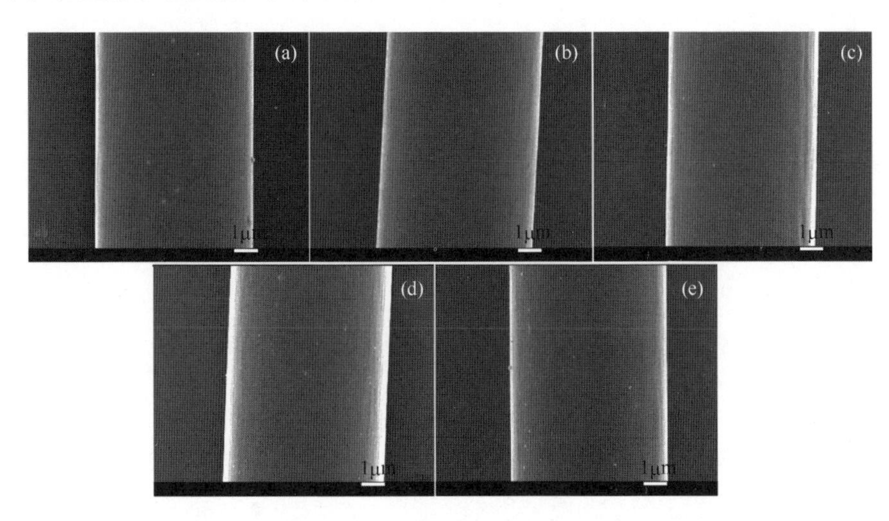

图 6-50 采用不同溶剂处理对碳纤维表面物理形貌的影响

(a) 碳纤维原丝；(b) 丙酮处理；(c) 丁酮处理；(d) 硝酸处理；(e) 二氯甲烷处理

表 6-9 给出了溶剂处理前后碳纤维表面元素(C、O)含量及氧碳组成比(O/C)的情况。相比于未处理碳纤维，溶剂处理后纤维表面碳元素含量增加，O/C 显著下降。其中丁酮、丙酮溶剂处理后碳元素含量增加和 O/C 下降比较明显，说明这两种溶剂可以有效地去除碳纤维表面的涂层。部分氧元素的存在表明纤维表面的上浆剂不能通过溶剂完全去除。

表 6-9 不同溶剂预处理后碳纤维表面的元素相对比例

样品	元素组成/%		氧碳组成比(O/C)/%
	C	O	
碳纤维原丝	83.2	16.8	20.2
丙酮处理	89.0	11.0	12.4
丁酮处理	90.4	9.6	10.6
硝酸处理	88.1	11.9	13.5
二氯甲烷处理	88.6	11.4	12.9

碳纤维经丙酮、丁酮溶剂处理后所得 PPS/CF 复合材料的界面剪切强度较未处理试样分别下降 11.6%和 20.8%，如图 6-51、表 6-10 所示。这说明上浆剂的存在有利于碳纤维与 PPS 树脂的结合。

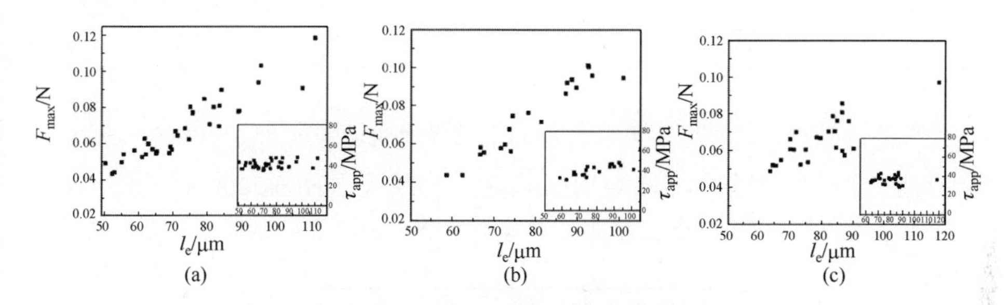

图 6-51　溶剂处理前后 PPS/CF 的微球脱黏实验结果

(a) 未处理；(b) 丙酮处理；(c) 丁酮处理

表 6-10　溶剂处理前后 PPS/CF 的微球脱黏实验结果

	未处理	丙酮处理	丁酮处理
$\bar{\tau}_{app}$ /MPa	46.6±3.9	41.2±5.4	36.9±4.1

2. 偶联剂处理

偶联剂是具有特定基团的有机化合物，能够在纤维表面和树脂之间通过化学键、氢键作用及分子间作用力形成一种化学媒介作用，将纤维与基体树脂黏结在一起，形成“分子桥”作用，从而改善有机材料与无机材料之间的界面作用。偶联剂的种类有较为成熟的硅烷类、钛酸酯类、铝酸酯类以及有机酸络合物类等，其中针对 PPS 树脂最常用的偶联剂是 KH560 硅烷偶联剂。

J. Jang 和 H. S. Kim[87]将玻璃纤维浸渍在 RC-2 和苯乙烯基硅烷偶联剂中进行表面改性，提高了 PPS 树脂与 GF 的相容性，制得的 PPS/GF 复合材料的层间剪切强度和弯曲强度较未处理试样得到提高，且 RC-2 偶联剂对复合材料层间剪切强度的改善较为明显，但该研究缺乏对复合材料界面的定量分析。

刘保英[86]通过溶液涂覆法对碳纤维和树脂纤维进行硅烷偶联剂 KH560 表面改性，考察了改性方法对 PPS/CF 复合材料界面黏结性能的影响。经偶联剂涂覆后，N 元素消失，说明偶联剂完全包覆碳纤维表面。表 6-11 是偶联剂处理前后 T700 碳纤维表面元素组成的相对含量。相比于未处理碳纤维，KH560 处理后纤维表面碳元素相对含量降低，O/C、Si/C 明显提高，说明偶联剂在纤维表面有较好的包覆，且黏附量并不是很大。

表 6-11 偶联剂处理前后 T700 碳纤维表面元素组成的相对含量

样品	元素组成/%				组成比/%		
	C	O	N	Si	O/C	N/C	Si/C
碳纤维原丝	81.16	17.12	0.56	1.16	21.09	0.69	1.43
KH560 处理	77.44	19.59	0	2.97	25.3	0	3.84

经偶联剂处理碳纤维所得复合材料的平均界面剪切强度 $\overline{\tau}_{app}$ 为(35.6±4.9) MPa，较未经处理碳纤维试样[(31.5±3.4) MPa]提高了 13.0%，如图 6-52 所示。这表明偶联剂 KH560 涂覆纤维表面可以有效地改善碳纤维增强 PPS 复合材料的界面黏结性能。

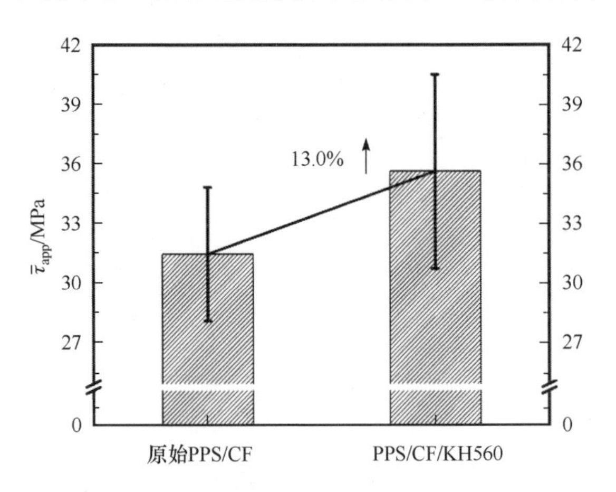

图 6-52 硅烷偶联剂 KH560 处理前后 PPS/CF 的平均界面剪切强度变化情况

余婷[88]采用聚多巴胺(PDA)作为偶联剂涂覆在碳纤维表面，研究了聚多巴胺改性后 PPS/CF 界面的结合情况。研究结果表明，聚多巴胺颗粒不仅将碳纤维表面原本的沟槽填满，同时纤维表面起伏也变大，表面粗糙度由 0.2105 μm 增加到 0.3220 μm，如图 6-53 所示。同时，XPS 研究结果显示，当碳纤维表面涂覆聚多

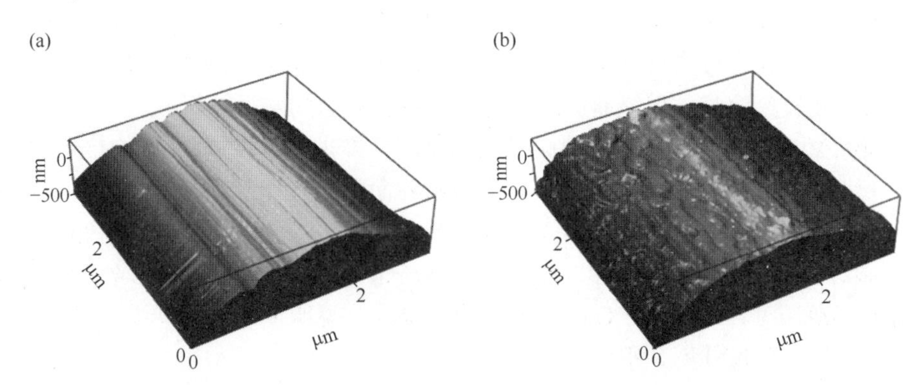

图 6-53 聚多巴胺涂覆前后碳纤维表面的原子力显微镜照片

巴胺后，纤维表面 C—C、C═C 含量减少了，C—N、C═O 明显增多，如表 6-12 所示。

表 6-12　聚多巴胺改性前后碳纤维表面的含碳基团相对比例变化

样品	含碳基团比例/%				
	C—C，C═C (284.6 eV)	C—N (285.5 eV)	C—O (286.1 eV)	环氧基 (286.7 eV)	C═O (287.6 eV)
碳纤维原丝	54.91	—	35.26	9.83	—
聚多巴胺处理	22.83	18.90	29.85	—	17.41

对聚多巴胺改性 PPS/CF 体系的微球脱黏测试结果表明，随着聚多巴胺的浓度增加，PPS/CF 复合材料的界面剪切强度逐渐增大，当聚多巴胺浓度为 2 g/L 时，得到的界面剪切强度值达到最大，较未改性的提升约 13.5%。当聚多巴胺浓度进一步增大到 3 g/L 时，界面剪切强度对比聚多巴胺浓度 2 g/L 时样品的数值有所降低，见表 6-13，这可能是由聚多巴胺团聚造成聚多巴胺分布不均导致的。

表 6-13　不同浓度 PDA 涂覆 CF 后 PPS/CF 复合体系的微球脱黏测试结果

PDA 浓度/(g/L)	$\overline{\tau}_{app}$ /MPa
0	31.80±4.9
1	32.85±5.1
2	36.09±5.3
3	34.39±4.8

对聚多巴胺改性短纤维增强 PPS 复合材料力学性能的研究结果显示，聚多巴胺改性后材料的拉伸性能提高了 34%。对于体系断面的扫描电子显微镜观察可以发现，如图 6-54 所示，经过 PDA 改性后树脂对碳纤维的包覆得到了明显改善。

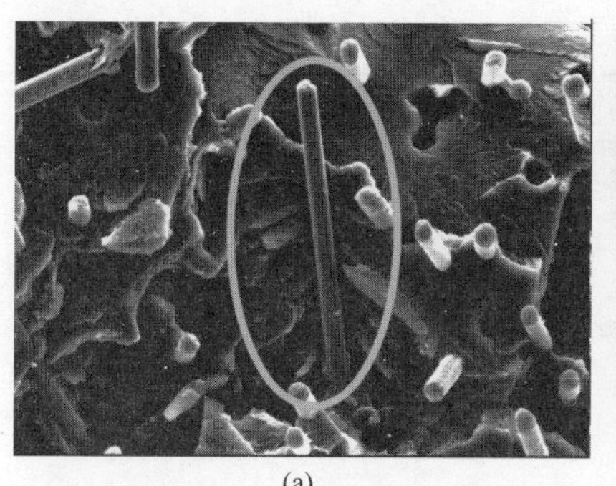

(a)

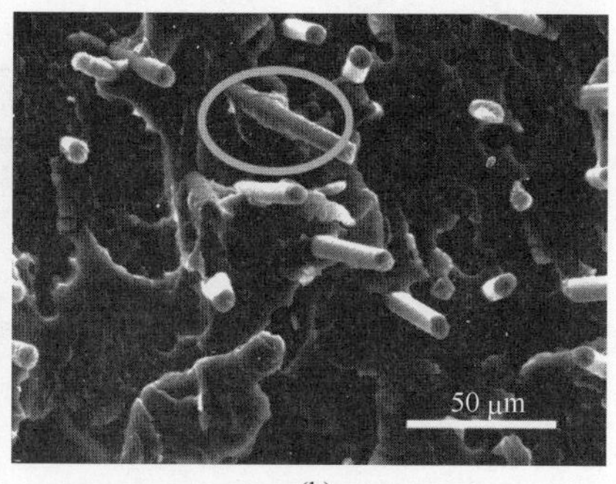

(b)

图 6-54　PDA 改性前后 PPS/CF 短纤维增强复合材料的断面图片

(a) 未改性试样；(b) PDA 处理后的试样

3. 等离子体处理

低温等离子体改性技术因在改善材料表面物理化学性质的同时不影响材料自身性能，且处理过程清洁环保、便捷高效，得到了广泛的关注和应用。四川大学刘保英等[43,84]采用空气常压等离子体处理方法对 PPS/CF 进行界面改性，考察等离子体处理对 CF 与 PPS 基体之间界面黏结性能的影响。研究结果发现，随着放电功率的增大，碳纤维单丝的拉伸强度呈下降的趋势，且放电功率越大，单丝拉伸强度下降越明显。当放电功率为 1.0 kW 时，纤维的单丝拉伸强度下降 9.2%，如图 6-55 所示。同时，等离子体改性后碳纤维表面氧元素相对含量提升，氧碳组成比 O/C 明显增加。表 6-14 列出了等离子体改性前后碳纤维表面的 X 射线光电子能谱(XPS)测试结果。但值得注意的是，等离子体表面处理往往具有时效性，所处理材料表面极性官能团的数量会随着放置时间的延长而逐渐减少，因此采用等离子体处理碳纤维界面后应在尽量短的时间内使用。

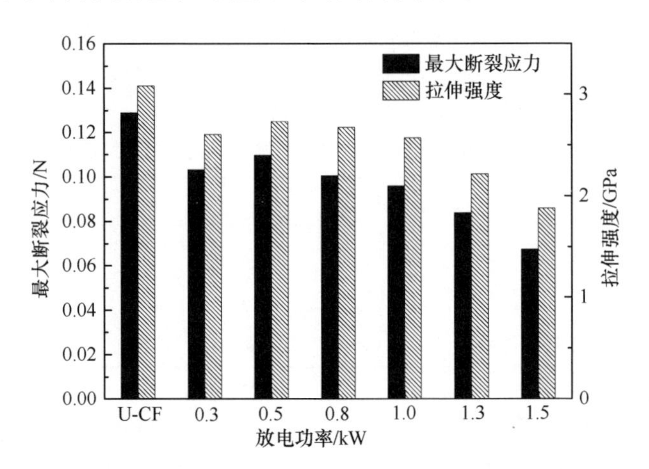

图 6-55　等离子体处理过程中放电功率对碳纤维单丝拉伸强度和最大断裂应力的影响情况

表 6-14　处理前后碳纤维表面元素组成的相对含量变化

放置时间/h	元素组成/%		氧碳组成比(O/C)/%
	C	O	
碳纤维原丝	83.2	16.8	20.2
<1	74.9	25.1	33.5
6	77.8	22.2	28.5
24	75.7	24.3	32.1
72	75.4	24.6	32.6
168	77.4	22.6	29.2

图 6-56 为等离子体处理前后 PPS/CF 的微球脱黏实验结果，与其他常见热固性复合材料体系中得到的等离子体处理后会大幅度提升界面结合强度不同，在 PPS/CF 体系中，等离子体改性却有可能起到相反的作用。将图 6-56 中获得的等离子体处理前后试样的平均界面剪切强度值列入表 6-15 中。由该表可见，CF 经等离子体处理后，试样的平均界面剪切强度由(40.9±3.9) MPa 下降为(35.3±5.0) MPa，下降了 13.7%。造成这种结果的主要原因是 PPS 树脂本身属于非极性树脂，而等离子体界面改性后在碳纤维表面引入的含氧极性基团反而增加了树脂基体与纤维表面的极性差异，从而对复合材料的界面结合产生了负面的影响。

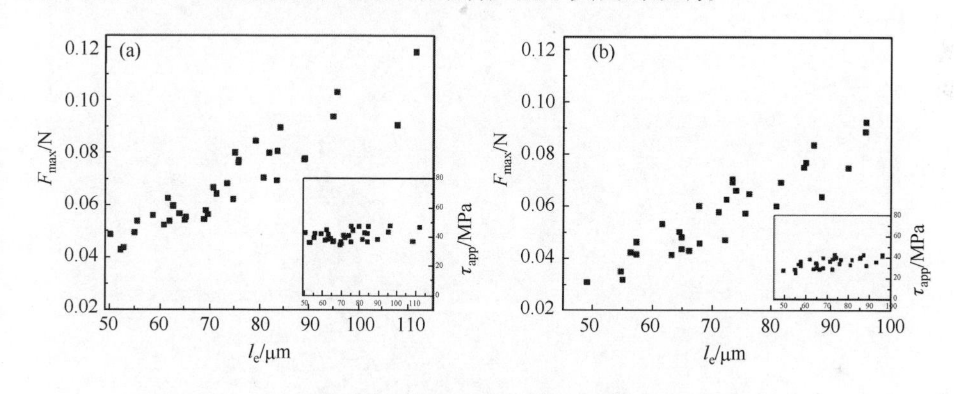

图 6-56　等离子体处理前后 PPS/CF 的微球脱黏实验结果

(a) 未处理；(b) 等离子体处理

表 6-15　等离子体处理 CF 前后 PPS/CF 的微球脱黏实验结果

	未处理	等离子体处理
$\bar{\tau}_{app}$ /MPa	40.9±3.9	35.3±5.0

从极性匹配的角度出发，刘保英等研究了等离子体处理 PPS 树脂，提升 PPS 极性，从而增强 PPS/CF 界面结合的设想。根据 XPS 测试的结果，经等离子体处理后，PPS 树脂表面出现砜基、亚胺基和氨基。微球脱黏实验结果如表 6-16 所示。该结果显示，PPS 经等离子体处理制备试样的平均界面剪切强度较未处理试样有了大幅度提升，达 17.1%。这说明等离子体改性 PPS 树脂能够提高 PPS/CF 复合材料的界面黏结性能。

表 6-16　等离子体处理 PPS 前后 PPS/CF 的微球脱黏实验结果

	未处理	等离子体处理
$\bar{\tau}_{app}$ /MPa	40.9±3.9	47.9±6.7

对等离子体处理前后微球脱黏试样进行扫描电子显微镜观察,如图6-57所示,可以看出,未经等离子体处理试样微球脱黏后,碳纤维表面光滑,有较少基体残留,此时复合材料的破坏模式为纤维与基体间界面脱黏破坏。而经等离子体处理试样微球脱黏后,拔出碳纤维表面残留有大量树脂,界面破坏模式转变为树脂基体和界面协同失效。这也直观地说明碳纤维与PPS树脂基体之间的界面黏结强度得到提高。

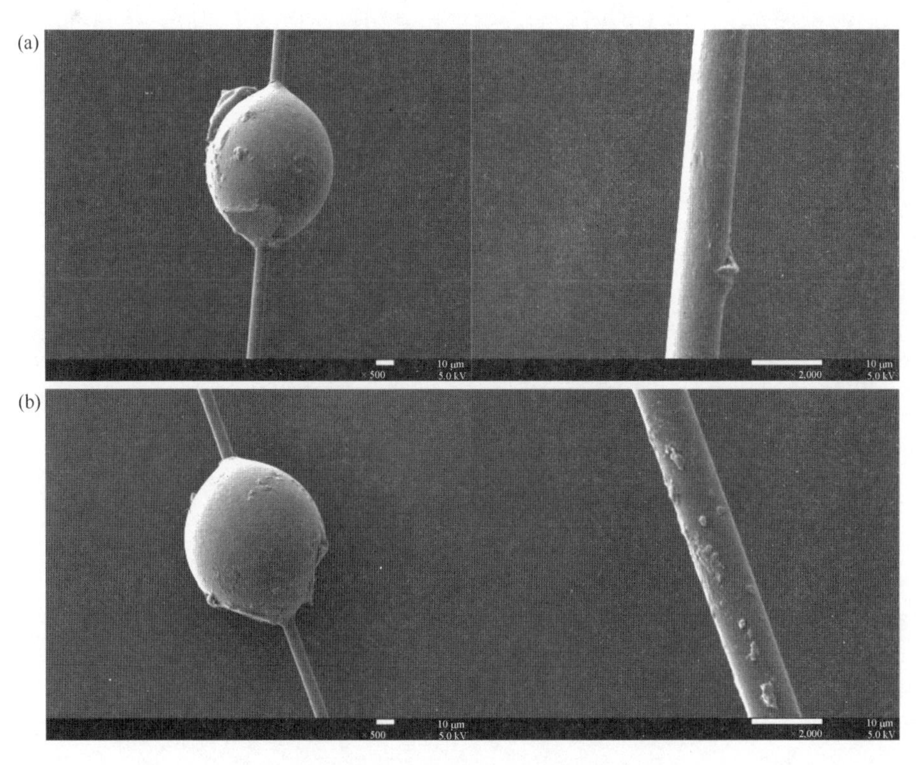

图6-57 等离子体处理前后微球脱黏试样扫描电子显微镜照片

(a) 等离子体处理前;(b) 等离子体处理后

4. 耐温上浆剂处理

上浆处理是在纤维表面涂一层保护胶,用来保护纤维在纺丝中不被损伤,同时上浆剂可作为纤维与基体之间发生物理和化学反应的中间层,有效调控纤维和树脂基体的界面结合,提升它们之间的界面结合强度。目前市售的碳纤维上浆剂主要是针对环氧树脂开发的,其耐温一般不超过200 ℃,在与PPS复合过程中容易发生降解,因此开发相应的耐高温上浆剂也是PPS基复合材料界面改性的重要研究方向。

余婷[88]以高韧性及高硬度的两种水性双马来酰亚胺(分解温度均超过 400 ℃)

作为上浆剂，考察了这两种上浆剂对 PPS/CF 体系的界面改性效果，结果发现虽然上浆剂本身的耐温性有了大幅度提升，但上浆后体系的界面剪切强度却较未上浆的体系降低了近 50%。这主要是由于双马来酰亚胺具有更高的极性，与等离子体对碳纤维的改性相似，上浆后界面上的 PPS 基体与纤维表面的极性差异反而加大，导致了界面黏结性的劣化。

此外，余婷等还考察了羧基化 PPS(PPS-COOH)悬浮上浆剂对 PPS/CF 界面的影响。经过羧基化 PPS 悬浮上浆剂上浆后，碳纤维表面黏附的树脂颗粒熔融后均匀地包覆在碳纤维表面，碳纤维表面沟槽被上浆剂覆盖，同时碳纤维的表面粗糙度明显增加，如图 6-58 所示。微球脱黏实验结果显示，在经过羧基化 PPS 悬浮液上浆后，碳纤维与 PPS 树脂的界面剪切强度有了明显增大，达到了 37.19 MPa，比未涂覆的 PPS/CF 提高了 27.71%。

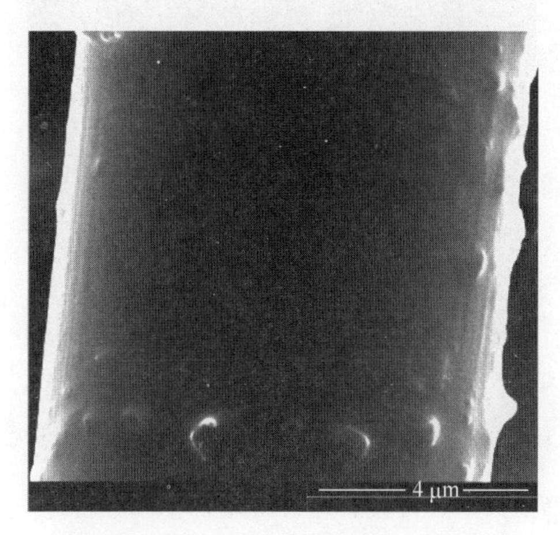

图 6-58　经羧基化 PPS 悬浮上浆剂处理后的碳纤维表面 SEM 图

5. 增强纤维表面纳米材料修饰处理

增强纤维的表面往往具有较强的化学惰性，且一般表面平滑，如果树脂基体难以与之有效地形成化学键合作用，则复合材料的界面难以传递应力，复合材料很难拥有理想的机械强度。为解决此问题，人们也考虑通过对增强纤维表面进行纳米修饰的方法增加树脂基体与增强纤维间的机械锁合作用，来提升复合体系的界面相互作用。

目前文献报道较多的是化学气相沉积(chemical vapor deposition，CVD)法制备具有多层级结构的增强纤维(hierarchical fibre)，其具体操作是利用气态物质在纤维表面发生反应，在碳纤维或玻璃纤维表面产生一层纳米管或纳米线。例如，Shao 等[89]报道了利用 CVD 法制备碳纤维-碳纳米管(CNT)复合纤维并与 PPS 复合，拉伸强度由 PPS/CF 复合材料的 117 MPa 提升至 PPS/CNT 复合材料的 144 MPa，提高了 23%，初始杨氏模量则由 0.8 GPa 提升至 2.3 GPa，提高了 188%。但该文献所得数据较 PPS 复合材料正常机械性能明显偏小，可能是在复合材料制备过程中缺陷较多导致的。

采用 CVD 方法制备多层级复合纤维时应注意沉积纤维根部与碳纤维间的黏结作用。余婷等对 CVD 法沉积 CNT 前后的玻璃纤维与 PPS 界面剪切强度进行了测试。测试结果表明，PPS 与未处理玻璃纤维的界面剪切强度 τ_{app} 为 14.4 MPa，而沉积 CNT 后的玻璃纤维与 PPS 的界面剪切强度并未如预想的情况有所改进，反而降低至 11.3 MPa。其原因是 CNT 根部与玻璃纤维间的结合较弱，在进行微球脱黏实验时包裹着 CNT 的微球从 CNT 根部与玻璃纤维脱黏，如图 6-59 所示，导致了材料界面整体黏结性的下降。

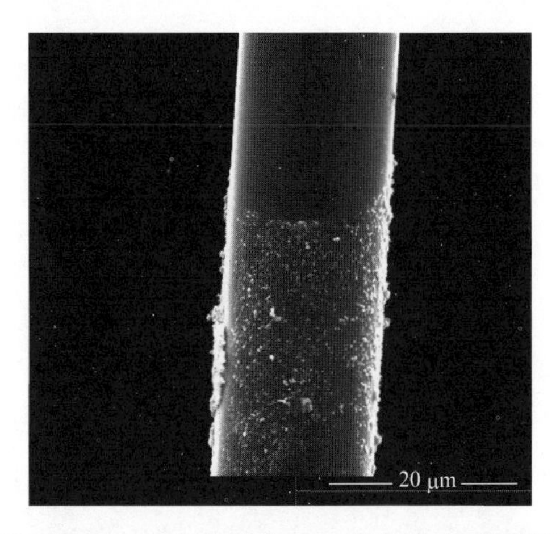

图 6-59　微球脱黏测试后的 GF-CNT 复合纤维 SEM 图(图片上部纤维光滑处为脱黏后的界面)

徐东霞等[90]采用氧化石墨烯(GO)对碳纤维表面进行了修饰，如图 6-60 所示。经过 GO 修饰后碳纤维的表面粗糙度明显增加。微球脱黏实验的结果表明，经过

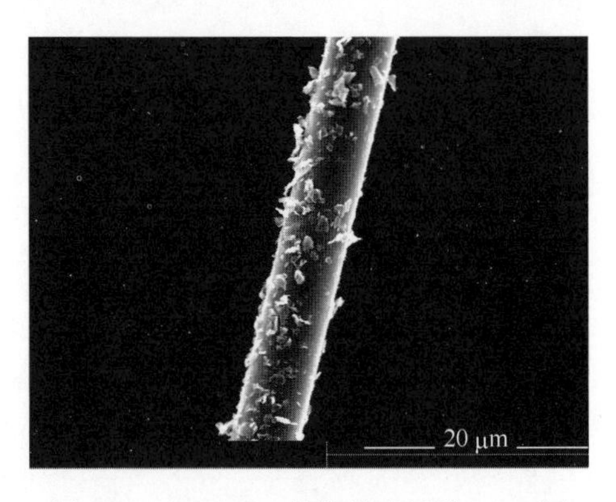

图 6-60　经过 GO 修饰的碳纤维 SEM 图

GO 修饰后，CF 与 PPS 复合体系的界面剪切强度提升了近 20%，同时，有趣的是，在脱黏后测得的界面摩擦力(τ_{fr})由 8.37 MPa 提升至 12.80 MPa，说明此时复合材料中纤维拔出时将耗散更多的能量。

6. 基体树脂改性

增加树脂基体的极性及浸润性是改善热塑性复合材料体系界面性能的另一有效手段。刘保英等发现，经过热氧处理后的 PPS 与 CF 之间的黏结性有明显增加(PPS/CF 复合材料的界面剪切强度由 33.4 MPa 提升至 43.4 MPa)，其原因是热氧处理后 PPS 分子链中的非极性的—S—被部分氧化成为强极性亚砜基(—S═O)和砜基(O═S═O)。PPS 热氧处理前后含碳、含硫基团的化学状态变化情况如表 6-17 所示。值得注意的是，热氧处理往往还伴随着 PPS 黏度的迅速升高和对纤维束浸润能力的降低，因此在复合材料实际制备过程中是应尽量避免的。

表 6-17　热氧处理前后 PPS 含碳、含硫基团的化学状态变化对比

样品	含碳基团比例/%		含硫基团比例/%		
	C—C，C—H (284.8 eV)	C—O—C, C—OH (286.8 eV)	—S— (164.0 eV)	S═O (165.4 eV)	O═S═O (169.9 eV)
PPS-0	97.9	2.1	100	—	—
PPS-320	98.5	1.5	84.0	9.8	6.2

根据以上研究结果，刘保英等进一步探索了在 PPS/CF 复合体系中直接引入 PASS，以实现 PPS/CF 复合体系界面黏结性能及机械性能的改性。研究表明，随着 PASS 含量的增加，PPS/CF 复合材料的 τ_{app} 呈现升高的趋势。而 CF/PPS/PASS 复合材料的宏观力学性能的变化趋势与 PASS 的含量密切相关。当 PASS 含量较低(5%、10%)时，复合材料综合力学性能达到最优，参见图 6-61。

四川大学张坤等[91]研究了氨基化 PPS(PPS-NH_2)对 PPS/CF 复合体系的界面改性效果，研究结果表明，PPS-NH_2 对 PPS/CF 的界面剪切强度有一定的改进作用。相比于纯 PPS/CF 体系，添加了 PPS-NH_2 的复合体系界面剪切强度可提升 10%左右。同时宏观力学性能测试结果显示，引入 PPS-NH_2 后，PPS/CF 复合材料的强度和韧性均有明显的提升。

四川大学徐东霞、任浩浩等[44]研究了羟基化 PPS(PPS-OH)及羧基化 PPS(PPS-COOH)对 PPS/CF 复合体系的界面改性效果，研究结果显示，PPS-OH 及 PPS-COOH 与 PPS 树脂具有良好的相容性。从界面改性的角度而言，PPS-OH 对 PPS/CF 复合材料界面性能基本没有明显影响，而 PPS-COOH 对 PPS/CF 复合材料界面性能有非常明显的增强作用，当其含量为 10%时，表观界面剪切强度最大为 49.11 MPa，相比未添加 PPS-COOH 的试样提高了 32.8%，如图 6-62 所示。

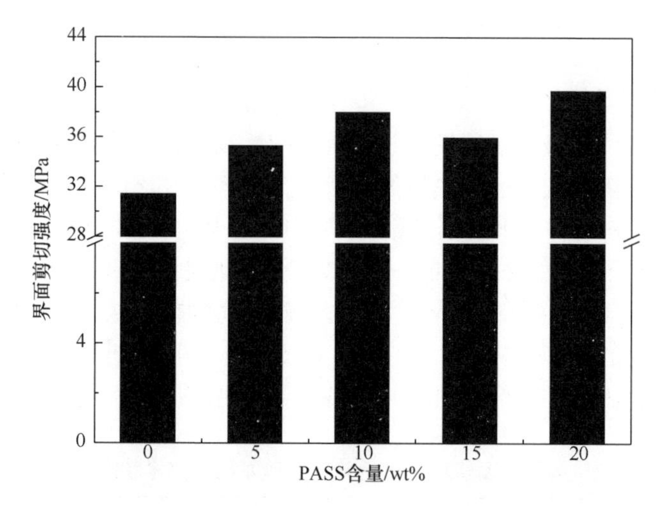

图 6-61 PASS 添加量对 PPS/CF 界面剪切强度的影响情况

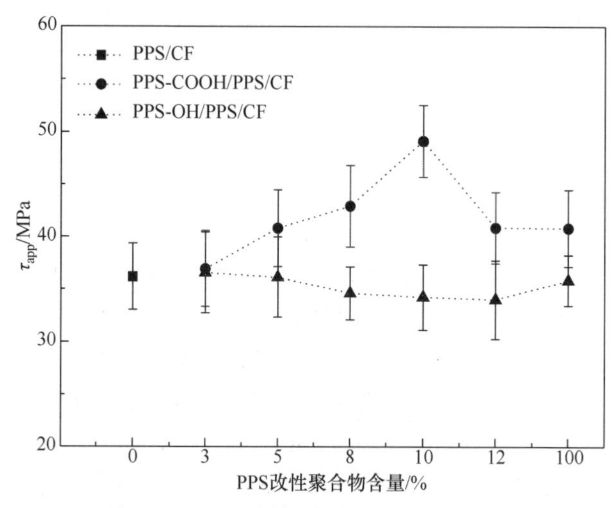

图 6-62 PPS-OH 及 PPS-COOH 添加量对 PPS/CF 界面剪切强度的影响情况

6.6 连续纤维增强聚芳硫醚砜复合材料

6.6.1 连续纤维增强聚芳硫醚砜复合材料的性能

D. A. Soules 等[92]最早报道了 GF 含量为 60%的 PASS/GF 复合材料，并比较了 PASS/GF 复合材料与其他玻璃纤维复合材料的性能，见表 6-18。

表 6-18　玻璃纤维织物增强高性能聚合物(GF 60%)的性能对比

性能	PASS/GF	PPS/GF	PEEK/GF
拉伸强度/MPa	1668～1916	1700	1675
拉伸模量/GPa	110～117	120	134～141
弯曲强度/MPa	1585～1793	1290	1620
弯曲模量/GPa	103～110	121	—
压缩强度/MPa	813～1103	908	1393
压缩模量/GPa	110～124	104	121.4

PASS/GF 复合材料的力学性能相对于 PASS 树脂有了非常大的提高。当 GF 含量为 60%时，PASS/GF、PPS/GF 和 PEEK/GF 复合材料的力学性能基本一致。同时，研究者认为在制备 PASS/GF 复合材料时，为了改善不同相之间的相互作用，可以加入某些偶联剂。一定量的环氧硅烷的加入有助于提高 PASS/GF 复合材料的力学性能、耐溶剂性能及绝缘性能。

由于 PASS 熔体黏度高，在熔融浸渍过程中 PASS 熔体难以浸渍纤维，而通过溶液浸渍却可以避免这一缺点。四川大学杨杰、许双喜等[93]通过溶液浸渍法制备了 GF 含量 60%的 PASS/GF 增强板材，通过对材料耐热性能的测试表明，该材料的弯曲强度在 180 ℃时仍然可保持其室温强度的 69%，如图 6-63 所示。

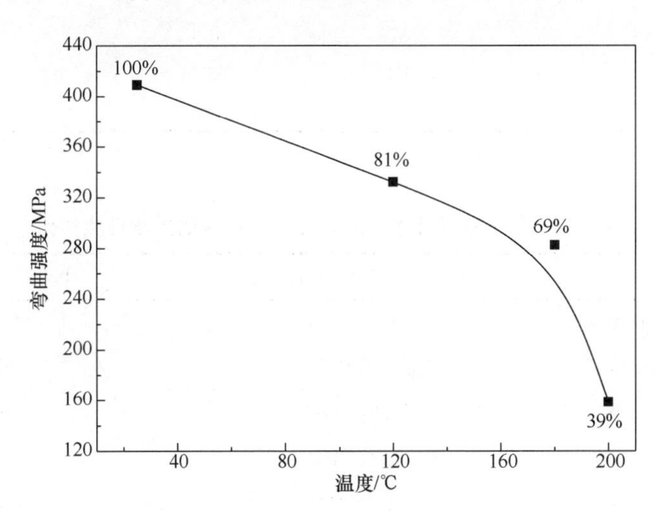

图 6-63　玻璃纤维含量 60%下 PASS/GF 复合材料弯曲强度随温度变化情况

不同纤维含量的 PASS/GF 复合材料的各项力学性能列于表 6-19 中。

表 6-19 PASS/GF 复合材料的力学性能

纤维含量/%	0	15	32	45	60
拉伸模量/MPa	1294	2043	2754	3136	3804
拉伸强度/MPa	70	89	112	139	166
弯曲强度/MPa	53	77	116	126	131
缺口冲击强度/(kJ/m^2)	10	40	52	90	114

对两种 PASS/GF 复合材料的制备方法进行比较，溶液预浸工艺在挂胶均匀性上有优势，但 PASS 在溶液中浓度大和温度低时容易形成冻胶，影响了溶液浓度的提升，因而容易造成挂胶量较少的问题。

相较于 PPS 碳纤维增强复合材料，PASS 碳纤维增强复合材料拥有更好的耐热性。30%碳纤维增强的 PASS 复合材料，综合性能优异，参见表 6-20。表 6-21 为 60%碳纤维增强 PASS 复合材料与 PPS 复合材料的性能比较。表 6-22 为 60%碳纤维增强 PASS 复合材料与 PPS 复合材料在 177 ℃下各项机械性能的数据。由表 6-22 可见，PASS 复合材料在 177 ℃下的强度及模量远优于 PPS 复合材料。

表 6-20 30%碳纤维增强的 PASS 复合材料与其他工程塑料复合材料的性能对比

复合材料	弯曲模量/GPa	弯曲强度/MPa	拉伸模量/GPa	拉伸强度/GPa
PASS/CF	64.6	825	63.5	820
PPS/CF	63.7	928	61.9	815
PEEK/CF	68.4	1101	58.7	886
PEI/CF	60.3	910	53.4	697

表 6-21 60%碳纤维增强的 PASS 与 PPS 的力学性能对比

性能	PASS 复合材料	PPS 复合材料
拉伸强度/MPa	1668～1916	1700
拉伸模量/GPa	121	120
弯曲强度/MPa	1585～1793	1290
弯曲模量/GPa	103～110	121
压缩强度/MPa	813～1103	908
压缩模量/GPa	110～124	104

表 6-22　60%碳纤维增强的 PASS 与 PPS 的力学性能在 177 ℃的保持率

性能	保持率/%	
	PASS 复合材料	PPS 复合材料
拉伸强度	85	37
拉伸模量	100	94
弯曲强度	70	26
弯曲模量	100	81

6.6.2　连续纤维增强聚芳硫醚砜复合材料新制备方法的探索[13, 94-96]

PASS 熔体黏度高，难以在熔融状态下穿透纤维束对纤维形成良好的浸渍，四川大学杨家操、王孝军等采用溶液预浸渍-熔融热压的方法实现了 PASS /玻纤布复合材料的制备，其工艺流程如图 6-64 所示。

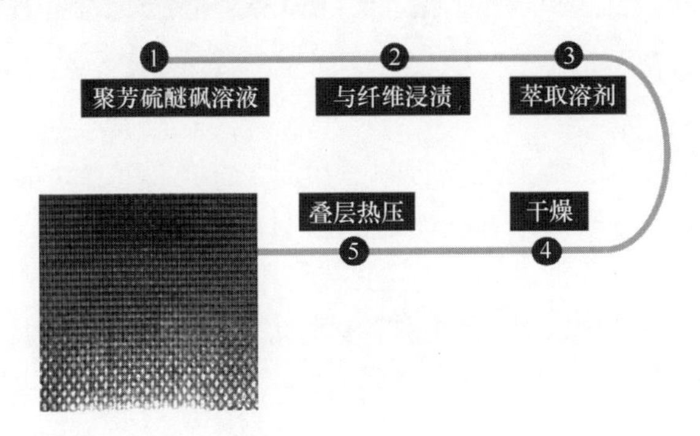

图 6-64　聚芳硫醚砜/玻纤布复合材料的制备工艺流程

1. 聚芳硫醚砜/玻纤布复合材料的预浸渍工艺

杨家操等首先考察了溶液的浸渍温度对浸渍效果的影响。将配制的 25 wt% PASS/NMP 溶液冷却至设定的梯度温度，在无压力的条件下浸渍 5 min。由于树脂溶液的黏度远低于树脂熔体，树脂溶液能够快速地完成对树脂的浸渍，因此设定了无压力以及较短的浸渍时间。由于溶液在 80 ℃左右发生明显的凝胶化，不能浸渍树脂，因此将浸渍温度分别设定为 90 ℃、110 ℃、130 ℃、150 ℃及 170 ℃。将得到的预浸布在 100 ℃沸水中萃取 4 h 以除去预浸布中的溶剂。干燥后，以扫描电子显微镜(SEM)观察预浸布断面，考察不同温度下树脂对纤维的浸渍效果，结果如图 6-65 所示。

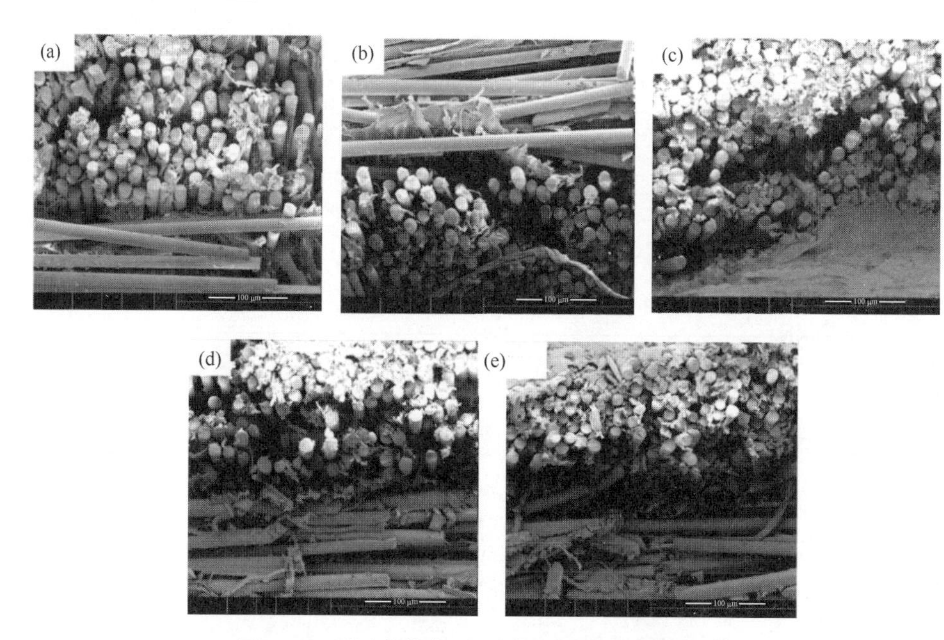

图 6-65　无压力状态下不同浸渍温度的浸渍效果

(a) 90 ℃；(b) 110 ℃；(c) 130 ℃；(d) 150 ℃；(e) 170 ℃

从扫描电子显微镜的结果可以看到，在此工艺条件下，不同的浸渍温度对玻纤布中树脂对纤维的浸渍效果并无明显的影响，树脂主要存在于玻纤布表面，没有进入纤维束内部单根纤维之间。由于浸渍在开放的环境中完成而没有保温装置，树脂溶液温度降低导致黏度升高，使得有效浸渍时间缩短。并且在无外加压力条件下，树脂难以穿透纤维间隙实现良好的浸渍。

基于上述实验结果，改进实验方案，尝试将压机设定为不同的温度充当保温装置以维持浸渍过程中的溶液黏度，在浸渍过程中保持温度，并施加一定的压力，对玻纤布进行浸渍。考虑到树脂溶液的黏度低，流体强度差，不能承受过高的压力，因此仅仅以平板模具的自重完成加压，压力约 516 Pa。将不同温度下浸渍得到的玻纤布以扫描电子显微镜观察断面，考察树脂对纤维的浸渍效果，结果如图 6-66 所示。

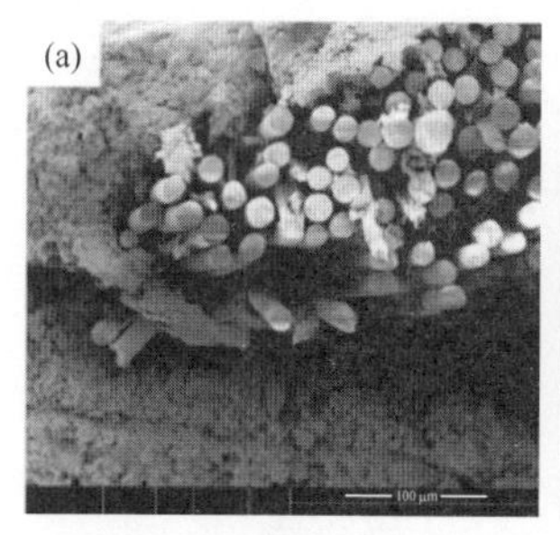

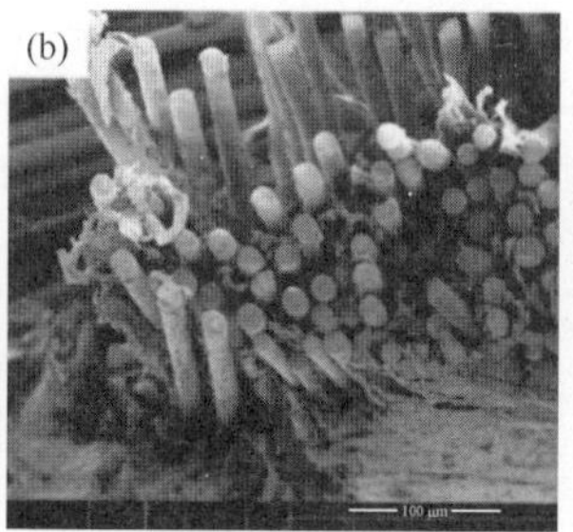

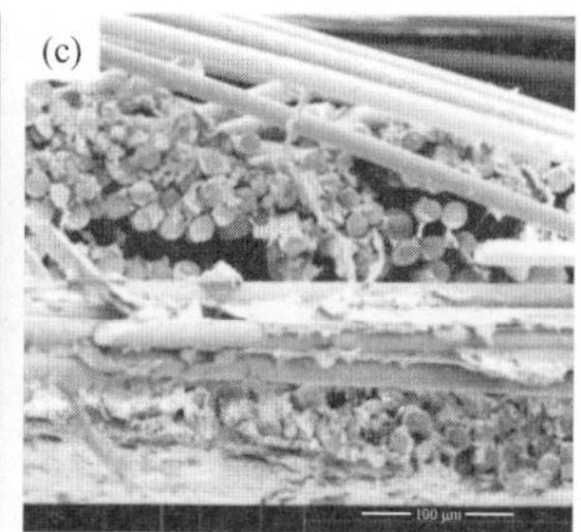

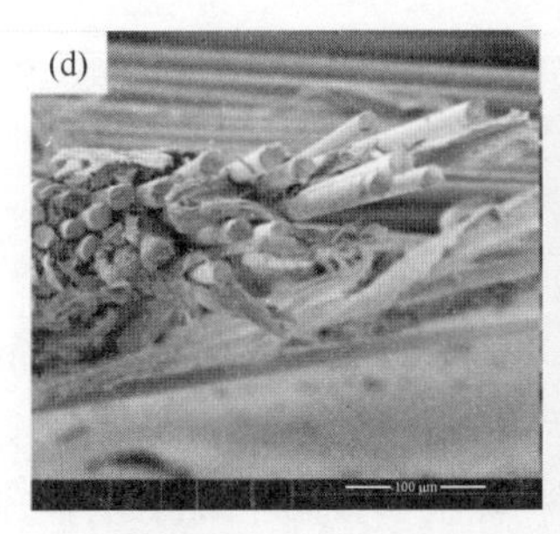

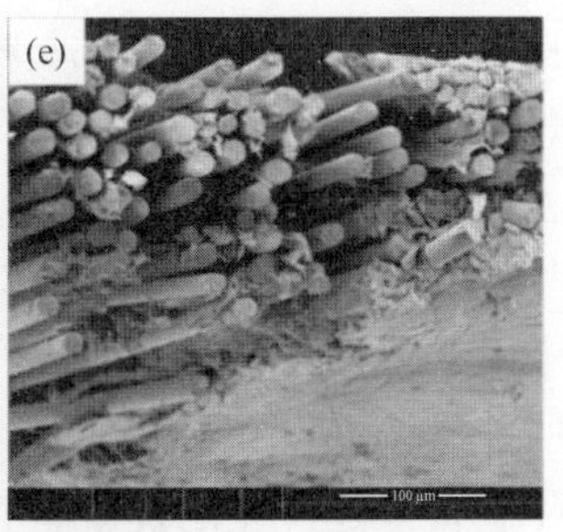

图 6-66　516 Pa 压力下不同浸渍温度的浸渍效果
(a) 90 ℃；(b) 110 ℃；(c) 130 ℃；(d) 150 ℃；(e) 170 ℃

可以看到，不同的浸渍温度在有压力和保温程序的情况下对最终的浸渍效果有明显的影响。90 ℃和 110 ℃时，温度低，树脂溶液的黏度高，流动性差，对玻纤布的浸渍效果差。而当温度为 150 ℃和 170 ℃时，树脂溶液的黏度过低，在压力下溶液的液层厚度过薄，不能完全浸没玻纤布。而当温度为 130 ℃时，溶液的黏度适中，能够形成液膜浸没玻纤布且能穿透进入纤维束之间，使玻纤布得到良好的浸渍。比较而言，130 ℃为最佳的浸渍温度。

为了进一步考察时间对浸渍效果的影响，我们设定温度为 130 ℃，加压 516 Pa，浸渍时间分别为 3 min、5 min、7 min 的一组实验。通过扫描电子显微镜对不同浸渍时间下预浸布中树脂对纤维的浸渍效果的影响进行了考察，结果如图 6-67 所示。

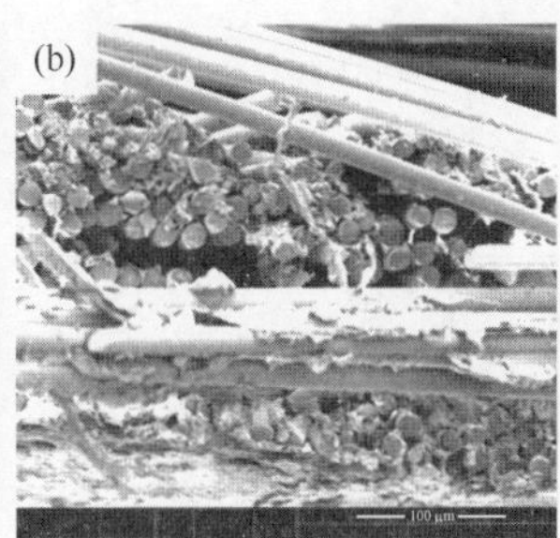

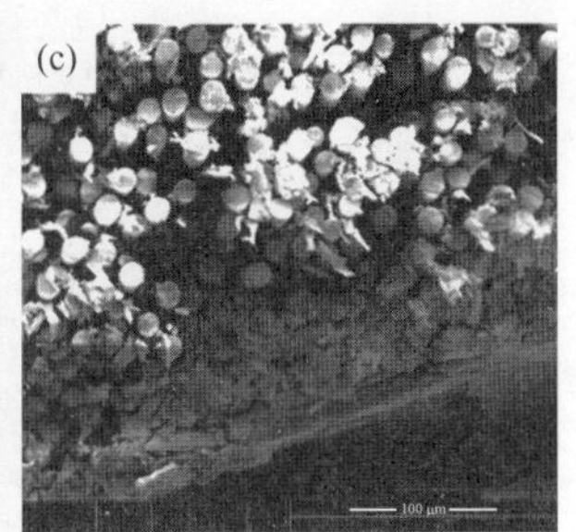

图 6-67　不同浸渍时间的浸渍效果
(a) 3 min；(b) 5 min；(c) 7 min

扫描电子显微镜的结果显示，浸渍时间为 5 min 和 7 min 时的浸渍效果要优于浸渍效果为 3 min 的预浸布。而 5 min 与 7 min 的预浸布的浸渍效果相当。3 min 时，树脂的在纤维间隙间的流动还没有完成即被终止，导致最终的浸渍效果差。而当浸渍时间为 5 min 时，树脂溶液对纤维的浸渍已经基本完成，继续延长浸渍时间对浸渍的效果并无明显提升。可以认为 5 min 为较优浸渍时间。

通过分别对浸渍过程中温度、压力、时间等因素对浸渍效果的影响的考察，可以认为，在 130 ℃、较小压力(约 516 Pa)以及 5 min 浸渍时间的浸渍工艺条件下可以得到浸渍效果良好的预浸布。

2. 聚芳硫醚砜/玻纤布复合材料的热压工艺

树脂的黏度随着温度的升高而降低，压力促进了树脂熔体对纤维的浸渍。足够的时间才能保证树脂能够完成浸渍。因此高温度、高压力、长时间有利于树脂对纤维的浸渍和制备性能优异的复合材料。然而，PASS 树脂长时间暴露于高温度、高压力环境下会发生氧化交联，不利于树脂的浸渍。因此，PASS/玻纤布复合材料的最佳热压工艺应该是选择在不发生氧化交联的前提下的尽可能高的温度、压力与作用时间。

杨家操通过测定凝胶含量来表征 PASS 在模压过程中交联程度的大小，从而确定合适的成型工艺。实验过程中，将经过不同模压温度、压力和时间处理的 PASS 放入 *N*-甲基吡咯烷酮(NMP)中，在 100 ℃条件下加热搅拌 0.5 h。抽滤后得到不溶的凝胶，先放入鼓风烘箱(条件：100 ℃，24 h)，然后再放入真空烘箱中(条件：100 ℃，48 h)以去除 NMP，称量不溶物质量。凝胶含量按照公式：$w_c = (m_1 / m_0) \times 100\%$ 进行计算。其中，w_c 为凝胶含量；m_1 为过滤得到的不溶物干燥后的质量；m_0 为未经 NMP 溶解的 PASS 质量。其结果见表 6-23。

表 6-23 压力对 PASS 的交联情况的影响

		315 ℃	320 ℃	325 ℃	330 ℃	340 ℃	350 ℃
5 MPa/15 min	m_0/g	0.147	0.156	0.134	0.333	0.249	0.168
	m_1/g	0	0	0	0.202	0.192	0.147
	w_c/%	0	0	0	60.7	77.1	87.5
8 MPa/15 min	m_0/g	0.138	0.136	0.138	0.214	0.149	0.125
	m_1/g	0	0.06	0.088	0.185	0.150	0.127
	w_c/%	0	44.1	63.8	86.4	不溶	不溶

相同的压力和时间下，PASS 的凝胶含量随着温度的升高而升高。在 5 MPa 条件下，325 ℃时仍未出现交联；而当压力为 8 MPa 时，在 320 ℃条件下凝胶含量已高达 44.1%。以上的实验结果表明，在一定的压力下，PASS 对温度十分敏感，温度升高会对 PASS 的交联行为产生较大的影响。

从温度和压力这两个因素的研究结果中可以看出，325 ℃、5 MPa 和 315 ℃、8 MPa 是两个相对最优的条件。在这两个条件下继续探索模压时间对 PASS 交联行为的影响，其结果见表 6-24。

表 6-24　时间对 PASS 的交联情况的影响

		10 min	15 min	20 min	30 min	40 min	50 mim	60 min
315 ℃/8 MPa	m_0/g	0.132	0.132	0.131	0.089	0.149	0.068	0.087
	m_1/g	0	0	0	0	0.005	0.024	0.054
	w_c/%	0	0	0	0	3.4	35.3	62.1
325 ℃/5 MPa	m_0/g	0.138	0.136	0.138	0.214	0.149	0.125	0.149
	m_1/g	0	0	0.045	0.101	0.081	0.083	0.115
	w_c/%	0	0	33.0	47.2	54.4	66.4	77.2

在 315 ℃、8 MPa 条件下，热压 30 min，PASS 仍然可以正常地溶解，当温度进一步升高出现了不溶物；在 325 ℃、5 MPa 条件下，热压 15 min，PASS 可以溶解在 NMP 中，当时间达到 20 min 时，PASS 开始出现交联的情况。在不发生交联的前提下，高压力、高温度和长时间有利于树脂的流动、分散和对纤维布的浸渍，对复合材料的制备是有利的。从实验结果看，325 ℃/5 MPa/15 min 和 315 ℃/8 MPa/30 min 均可作为 PASS 合适的热压工艺，考虑生产效率，杨家操选用 325 ℃/5 MPa/15 min 作为聚芳硫醚砜/玻纤布复合材料的热压工艺条件。

6.6.3　碳纤维增强聚芳硫醚砜复合材料的力学及耐热性能结果

在 130 ℃/516 Pa/5 min 预浸渍条件下制备的 PASS/碳纤维预浸料，经过 325 ℃ /5 MPa/15 min 热压条件下的热压后，制得了两种形式的复合材料：PASS/碳纤维单向带和 PASS/碳纤维方格布复合材料。这两种复合材料的力学性能以及高温力学性能测试结果如表 6-25 和图 6-68、图 6-69 所示。

表 6-25　碳纤维增强聚芳硫醚砜复合材料力学性能

	性能指标	20 ℃	150 ℃	180 ℃	200 ℃
PASS/碳纤维方格布	拉伸强度/MPa	434	374	360	335
	拉伸模量/GPa	12.8	12.1	11.1	10.4
	弯曲强度/MPa	287	263	246	237
	弯曲模量/GPa	23.0	22.3	20.8	20.1
	压缩强度/MPa	492	463	359	368
	压缩模量/GPa	22.4	21.2	21.0	20.1
PASS/碳纤维单向带	0° 拉伸强度/MPa	466	365	257	171
	0° 拉伸模量/GPa	15.7	14.8	13.9	12.6

续表

	性能指标	20 ℃	150 ℃	180 ℃	200 ℃
PASS/碳纤维单向带	90º拉伸强度/MPa	9.0	8.5	12.9	10.8
	90º拉伸模量/GPa	1.1	3.2	2.8	2.7
	0º弯曲强度/MPa	750	687	594	533
	0º弯曲模量/GPa	56.1	55.4	53.3	49.8
	90º弯曲强度/MPa	54.6	35.2	46.8	48.3
	90º弯曲模量/GPa	6.5	7.2	6.8	6.3
	0º 压缩强度/MPa	425	401	389	360
	0º 压缩模量/GPa	25.5	23.2	21.7	20.9
	90º 压缩强度/MPa	295	298	273	231
	90º 压缩模量/GPa	24.1	23.2	21.4	20.3

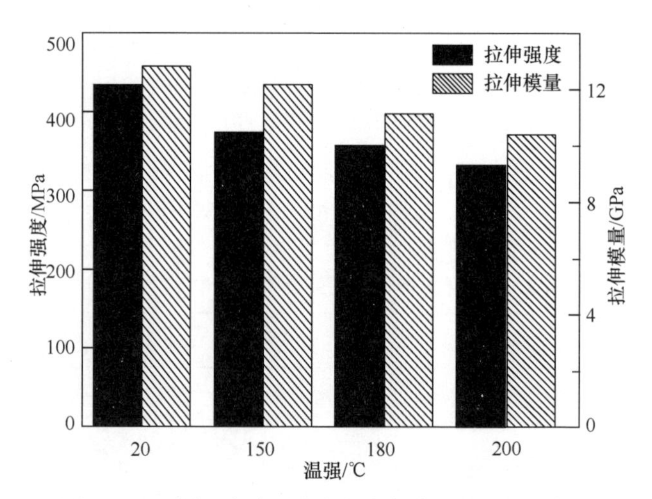

图 6-68　不同温度碳纤维方格布复合材料的拉伸性能

从测试结果可见，碳纤维方格布增强 PASS 复合材料室温下的拉伸强度为 434 MPa，弯曲强度为 287 MPa，压缩强度为 492 MPa。随着测试温度的上升，其拉伸强度有一定的下降，但下降的程度不大。同时，复合材料模量保持率非常优异，当温度上升到 200 ℃时，模量仍可保持室温时的 80%以上。

碳纤维单向带复合材料的 0°拉伸强度为 466 MPa，0°弯曲强度为 750 MPa，0°压缩强度为 425 MPa，其中，0°拉伸强度随温度下降的程度相对较大。其原因是，在

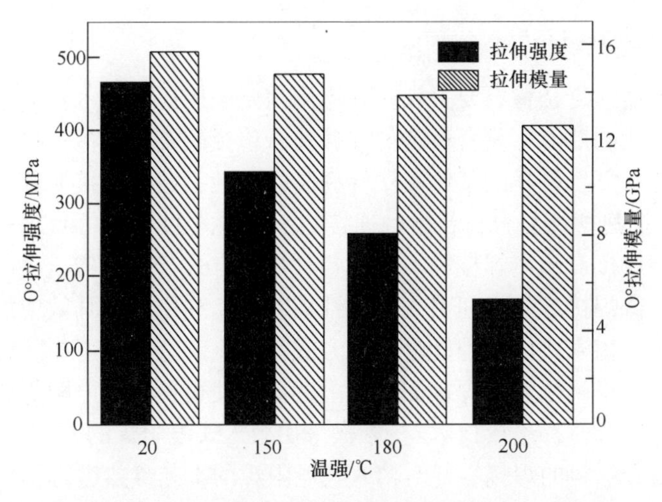

图 6-69　不同温度碳纤维单向带复合材料的拉伸性能

碳纤维复合材料的制备过程中，采用手工对碳纤维预浸料进行铺叠，难以保证纤维的同向度，尤其是预浸料的层数多，则更加难以保证。因此，碳纤维单向带复合材料本身的缺陷，加之温度上升，分子链的活动能力增强，降低了树脂基体对纤维的限位作用，使得单向带在温度升高时，样条发生的破坏模式均为斜向的劈裂而非纤维拉断。这就最终导致高温下碳纤维单向带复合材料强度的劣化程度增大。但 PASS 碳纤维单向带的高温模量保持率依然良好，200 ℃时模量保持率高于 80%。

采用聚多巴胺对碳纤维布进行表面涂覆，由此制得聚多巴胺界面改性碳纤维前后的 PASS/CF 复合材料，其机械性能对比情况见表 6-26。

表 6-26　聚多巴胺界面改性前后的 PASS/CF 复合材料的机械性能对比

性能指标	改性前	改性后
拉伸强度/MPa	434	390
拉伸模量/GPa	12.8	13.7
弯曲强度/MPa	287	281
弯曲模量/GPa	23.0	24.3
压缩强度/MPa	492	503
压缩模量/GPa	22.4	24.2

根据表 6-26 数据可以看出，经聚多巴胺改性后复合材料的模量有小幅提升，但其强度并没有增加，究其原因可能是在溶液浸渍的过程中部分聚多巴胺被有机溶剂侵蚀，反而在复合材料内部产生了缺陷，从而导致了强度的损失。

6.6.4 聚芳硫醚砜复合材料的焊接

连续纤维增强复合材料要投入实际应用需要采用连接技术将简单部件连接起来制备复杂形状的部件。复合材料的连接技术包括胶接、机械连接以及熔融连接等。由于热塑性复合材料的基体热塑性树脂的特性，熔融连接尤其适用于热塑性复合材料。根据热塑性复合材料熔融连接的生热方式的不同，可以分为电磁焊接、热焊接、摩擦焊接、超声焊接等。上述各种焊接方式各有优劣。电磁焊接中的植入式电阻焊在待焊接母材之间引入导电性植入体，利用其焦耳效应加热树脂后再固化形成焊接。植入式电阻焊能量获取方式简单、工艺简便可靠、设备要求低、适用性强，可以得到较大的焊接面积。上述优点使得植入式电阻焊成为一种极有前景的热塑性复合材料连接技术。杨家操采用植入式电阻焊的方式，探索了 PASS/玻璃纤维布复合材料的焊接，并对植入式电阻焊的工艺参数进行了优化。

电阻焊接装置如图 6-70 所示。加热元件为 PASS/碳纤维预浸织物。将加热元件夹在两块层压板之间，对加热元件两端施加一定的电压，由于热焦耳效应，碳纤维预浸料升温发热，将待焊接表面树脂部分熔融，关闭电源之后树脂冷却固化形成焊接。焊接部位宽度为 2 mm。

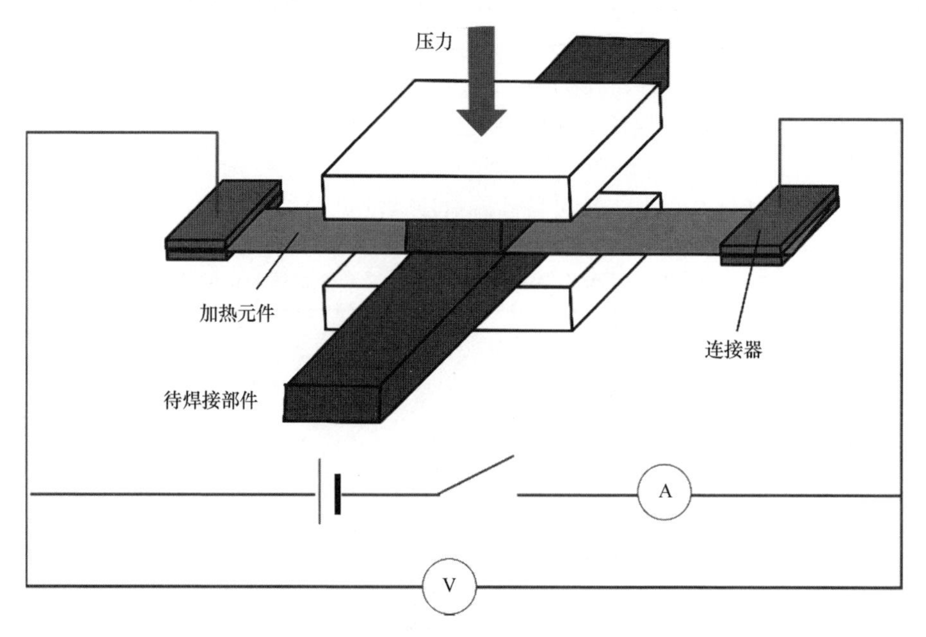

图 6-70 电阻焊接装置实验简图

通过拉伸性能测试，可以得到每组焊接件的搭接剪切强度(LSS)，并由此求得信噪比(*S*/*N*)值。汇总于表 6-27、表 6-28 和图 6-71。

表 6-27 实验参数以及性能数据

实验组	因素 A(功率)/(kW/m^2)	因素 B(时间)/min	因素 C(压力)/MPa	性能	
				搭接剪切强度/MPa	信噪比/dB
1	35	2	1.5	0.80	–2.71
2	35	1	3	1.20	1.90
3	35	3	4.5	1.31	2.20
4	35	4	6	1.66	3.76
5	40	1	1.5	1.02	–0.17
6	40	2	3	2.00	5.91
7	40	3	6	4.61	13.13
8	40	4	4.5	1.98	5.21
9	45	1	4.5	1.55	3.49
10	45	2	6	4.55	13.00
11	45	3	3	3.90	11.30
12	45	4	1.5	1.74	4.80
13	50	1	6	1.57	2.76
14	50	2	4.5	5.22	14.00
15	50	3	1.5	6.22	15.40
16	50	4	3	5.10	13.78

表 6-28 方差分析——信噪比

因素	水平 1[a]平均值/dB	水平 2[b]平均值/dB	水平 3[c]平均值/dB	水平 4[d]平均值/dB	平方和	贡献率
功率	1.29	6.02	8.15	11.49	218.89	53
时间	1.99	8.05	10.51	6.89	153.83	37
压力	4.33	8.22	6.23	8.16	41.12	10

a. 功率、时间、压力的水平 1 为 35 kW/m^2, 1 min, 1.5 MPa; b. 功率、时间、压力的水平 2 为 40 kW/m^2, 2 min, 3 MPa; c. 功率、时间、压力的水平 3 为 45 kW/m^2, 3 min, 4.5 MPa; d. 功率、时间、压力的水平 4 为 50 kW/m^2, 4 min, 6 MPa。

根据信噪比关于各因素不同水平的变动，可以看到，对于功率、时间、压力三因素，信噪比分别在水平 4、水平 3、水平 2 取得最大值。因此根据方差分析，我们可以得到关于 PASS/GF 复合材料的最佳工艺条件为：焊接功率 50 kW/m^2、焊接时间 3 min、焊接压力 3 MPa。在此优化工艺参数下焊接 PASS/GF 复合材料，其搭接剪切强度可达 6.60 MPa。

影响焊接质量的主要工艺因素有焊接功率、焊接时间以及焊接压力。这三个因素通过影响焊接部位树脂的熔融、固化行为与过程来影响最终的焊接质量。

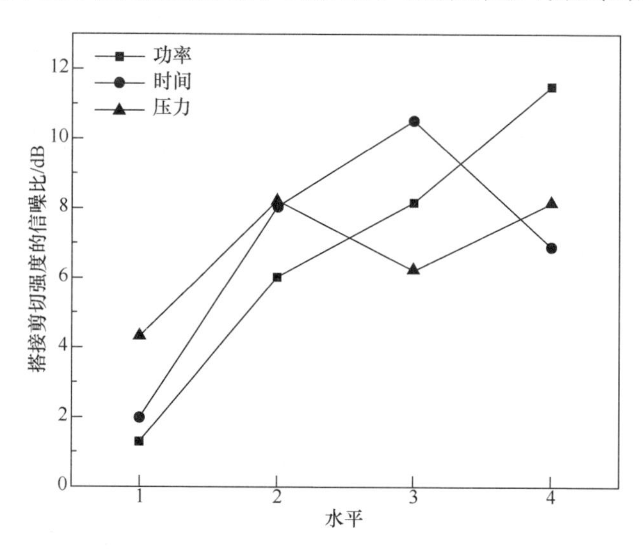

图 6-71 信噪比关于各因素水平的变化

1. 焊接功率

在前期设计工艺参数时，通过简单的实验发现，当焊接功率小于 35 kW/m^2 时，聚芳硫醚砜树脂并不能熔融；当焊接功率大于 50 kW/m^2 时，会熔断加热元件中的碳纤维。为此，需要将焊接功率变化范围控制在 35～50 kW/m^2 之间。

由表 6-27、图 6-71 可知，随着焊接功率的升高，焊接质量的平均值(以信噪比表示)有显著提高，对比 35 kW/m^2 和 50 kW/m^2 可知，后者的平均焊接质量是前者的 9 倍，说明焊接功率对焊接质量起显著的作用。当焊接功率较低时，由于树脂并未完全熔融，温度比较低，树脂的流动性很差，因此两个表面的树脂难以相互扩散，焊接质量就会很差；当提高焊接功率时，由于电流的增大，加热元件发热增加，使待连接表面温度升高，聚合物分子链的运动变得活跃，促进了分子链的相互渗透，从而提高了焊接质量。

2. 焊接时间

当焊接时间为 3 min 时，平均信噪比有最大值 10.51 dB；当焊接时间为 1 min 时，平均信噪比有最小值 1.99 dB，可以看出两者焊接质量差别很大。当焊接时间太短时，由于树脂间的流动融合并未完成，因此焊接质量很差；保持适当的焊接时间时，树脂间已经熔融渗透完成，因此焊接质量显著提高；但过长的焊接时间反而会使焊接质量下降，这是焊接时间过长产生的过热，使待焊接表面恶化以及部分纤维挤压变形导致的。

3. 焊接压力

随着焊接压力的变化，平均信噪比最大值为 8.22 dB，最小值为 4.33 dB，说明随着压力的改变焊接质量的变化不如焊接功率和焊接时间引起的焊接质量变化明显，表明焊接压力对提高焊接质量的作用比较有限。但依然不能忽略焊接压力对质量的影响，当焊接压力为零时焊接质量很低，只有在适当的压力下焊接质量才会较高，这是因为适当的压力有助于待焊接面和加热元件间的紧密融合，也有利于熔融的树脂分子链之间的穿插与缠结；但过高的焊接压力反而会降低焊接质量，这可能是由于过高的压力将焊接部位熔融的树脂挤出，导致此焊接部位树脂含量降低，不能有效地实现黏合，使得焊接强度降低。

通过焊接压力、焊接时间、焊接功率三个因子的贡献率可知，焊接功率对结果的贡献率高达 53%，焊接时间和焊接功率的贡献率分别为 37%和 10%。说明相较于焊接时间和焊接压力两个因子，焊接功率在一定程度上对焊接质量的影响更大。

图 6-72 为焊接部位破坏后的断面 SEM 图。由图可见，焊接部位的失效可以分为三个典型的模式：(a)界面失效：失效发生在焊接元件与待焊接板材的界面之间，两者之间并未发生有效的熔融，后固化形成有效的焊接部位；(b)基体失效：树脂基体在搭接剪切的过程中被破坏；(c)碳纤维布撕裂：在搭接剪切的过程中，加热元件中的碳纤维被破坏。

取表 6-27 中采用不同焊接条件的三个试样，观察其焊接部位被破坏后的断面 SEM 图，如图 6-73 所示。由图 6-73 可见，在样品 1 中，破坏面很光滑，为典型的界面失效模式，焊接部位并未形成有效的焊接，界面间的结合差，很容易在外力的作用下被破坏。其搭接剪切强度值低，该试样的 LSS 仅为 0.8 MPa。样品 8 的破坏断面则为界面失效以及碳纤维布撕裂的混合破坏模式，树脂基体的破坏以及加热元件中碳纤维布的破坏均能够吸收大量的能量，从而提高焊接部位的搭接剪切强度。但由于样品加热熔融不充分，其中基体失效和碳纤维布撕裂所占的比

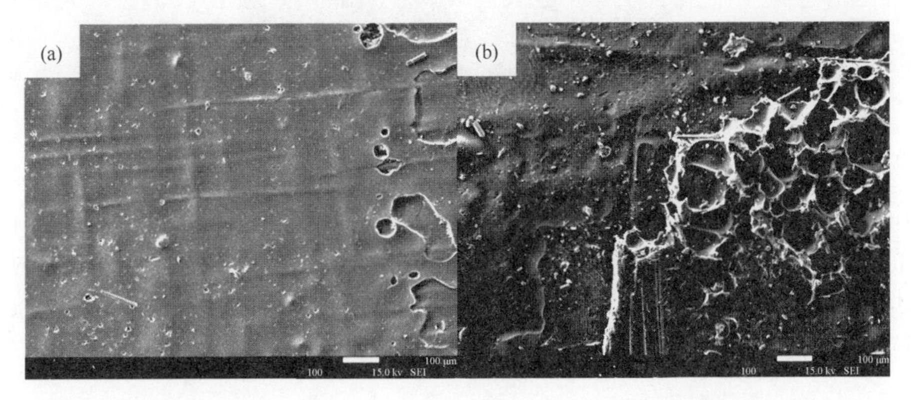

图 6-72 焊接部位的典型破坏模式

(a) 界面失效；(b) 基体失效；(c) 碳纤维布撕裂

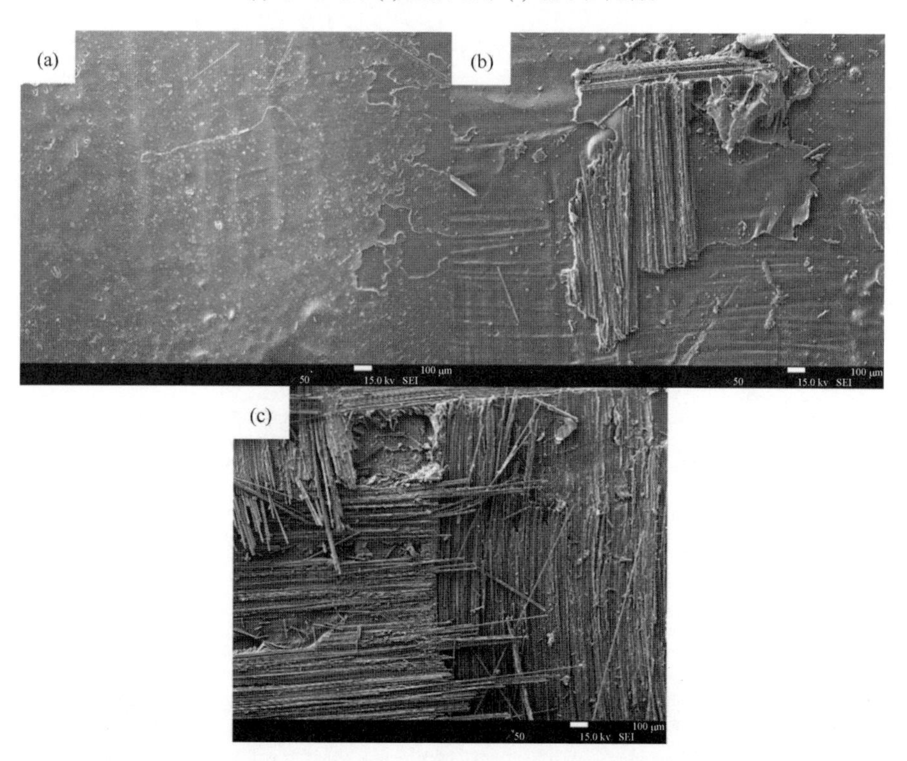

图 6-73 破坏面的扫描电子显微镜照片

(a) 样品 1; (b) 样品 8; (c) 样品 14

例较少，搭接剪切强度只有 1.98 MPa。在样品 14 中，主要的破坏模式是碳纤维布的破坏以及树脂基体与碳纤维界面的脱黏。在充分的熔融以及足够的焊接时间和焊接压力下，树脂分子间的相互渗透形成了较强的相互作用，焊件间的搭接剪切强度较高，达到了 5.22 MPa。

耐热、耐老化、综合性能优异的热塑性高性能 PASS/GF 复合材料的成功制备，得益于以下几点：

(1) 作为 PPS 树脂的结构改性产品，PASS 为非晶聚合物，在保持高的溶剂耐受性的同时也能够溶解于少量溶剂中，提高了其可加工性；

(2) 采用溶液加工的方法，避免了 PASS 由于高的熔体黏度难以浸渍纤维的问题，有效提高了 PASS 复合材料预浸料的浸渍效果；

(3) 创新性地采用相转化的方式去除预浸料中的溶剂，有效减少了传统方式烘除溶剂带来的长周期、高能耗以及环境污染等问题。

在成功研发热塑性高性能 PASS/GF 复合材料的基础上，杨家操等采用电阻焊接进行 PASS/GF 复合材料的熔融焊接，有效地解决了采用高性能连续纤维增强 PASS 复合材料制备更大尺寸制件、更高复杂度零件的难题，为 PASS 高性能复合材料在航空航天等高技术领域的应用打下了坚实的基础。

参 考 文 献

[1] 杨杰. PPS 树脂及其应用. 北京：化学工业出版社, 2006.

[2] Gaymans R J, Wevers E. Impregnation of a glass fibre roving with a polypropylene melt in a pin assisted process. Composites Part A: Applied Science and Manufacturing, 1998, 29(5-6): 663-670.

[3] Bates P J, Charrier J M. Effect of process parameters on melt impregnation of glass roving. Journal of Thermoplastic Composite Materials, 1999, 12(4): 276-296.

[4] Bijsterbosch H, Gaymans R J. Impregnation of glass rovings with a polyamide melt. Part 1: impregnation bath. Composites Manufacturing, 1993, 4(2): 85-92.

[5] Peltonen P, Lahteenkorva K, Paakkonen E J, et al. The influence of melt impregnation parameters on the degree of impregnation of a polypropylene/glass fibre prepreg. Journal of Thermoplastic Composite Materials, 1992, 5(4): 318-343.

[6] Peltonen P, Törmälä P. Melt impregnation parameters. Composite structures, 1994, 27(1-2): 149-155.

[7] Johnson T W, Beever W H, O'connor J E, et al. Method of producing poly(arylene sulfide) compositions and articles made therefrom：USA，US4690972. 1987-09-01.

[8] 吴玉倩. 中长玻璃纤维增强 PPS 设备及工艺探索. 四川大学硕士学位论文，2013.

[9] 刘钊. 长玻璃纤维增强 PPS 复合材料制备与性能优化. 四川大学硕士学位论文，2015.

[10] 张翔. 长纤维增强 PPS 复合材料的制备与性能优化. 四川大学硕士学位论文，2018.

[11] Henninger F, Friedrich K. Thermoplastic filament winding with online-impregnation. Part A: process technology and operating efficiency. Composites Part A: Applied Science and Manufacturing, 2002, 33(11): 1479-1486.

[12] El-Dessouky H M, Lawrence C, Mcgrail T, et al. Ultra-light weight thermoplastic composites: tow spreading technology. Proceedings of ECCM15—15th European Conference on Composite Materials (Venice, Italy), 2012: 24-28.

[13] 杨家操. 聚芳硫醚砜/玻纤布复合材料的制备及连接技术. 四川大学硕士学位论文，2018.

[14] Bourban P E, Bernet N, Zanetto J E, et al. Material phenomena controlling rapid processing of thermoplastic composites. Composites Part A: Applied Science and Manufacturing, 2001, 32(8): 1045-1057.

[15] 张守玉. 玻璃纤维增强 PPS 复合材料的制备及其性能优化. 四川大学硕士学位论文，2013.

[16] 洪瑞. PPS/碳纤维增强热塑性复合材料的制备与改性研究. 四川大学硕士学位论文，2016.

[17] Mayer C, Wang X, Neitzel M, et al. Macro-and micro-impregnation phenomena in continuous manufacturing of fabric reinforced thermoplastic composites. Composites Part A: Applied Science and Manufacturing, 1998, 29(7): 783-793.

[18] Schäfer J, Stolyarov O, Ali R, et al. Process-structure relationship of carbon/polyphenylene sulfide commingled hybrid yarns used for thermoplastic composites. Journal of Industrial Textiles, 2016, 45(6): 1661-1673.

[19] Bernet N, Michaud V, Bourban P E, et al. An impregnation model for the consolidation of thermoplastic composites made from commingled yarns. Journal of Composite Materials, 1999, 33(8): 751-772.

[20] 魏世林, 陈茂斌, 康明, 等. PPS/GF 混纤纱复合材料的制备及力学性能研究. 中国塑料, 2018, 4: 32-39.

[21] Miller A H, Dodds N, Hale J M, et al. High speed pultrusion of thermoplastic matrix composites. Composites Part A: Applied Science and Manufacturing, 1998, 29(7): 773-782.

[22] Vaidya U K, Chawla K K. Processing of fibre reinforced thermoplastic composites. International Materials Reviews, 2008, 53(4): 185-218.

[23] Kalms M, Peters C, Wierbos R, et al. Assessment of carbon fiber-reinforced polyphenylene sulfide by means of laser ultrasound. Proceedings of the International Society for Optical Engineering, 2011, 7983: 79830B.

[24] Wolthuizen D J, Schuurman J, Akkerman R, et al.. Forming limits of thermoplastic composites. Key Engineering Materials, 2014, 611: 407-414.

[25] Haanappel S P, Sachs U, ten Thije R H W, et al. Forming of thermoplastic composites. Key Engineering Materials, 2012, 504: 237-242.

[26] Joppich T, Doerr D, van der Meulen L, et al. Layup and process dependent wrinkling behavior of PPS/CF UD tape-laminates during non-isothermal press forming into a complex component. AIP Conference Proceedings, 2016, 1769(1): 170012.

[27] Han P D, Butterfield J, Price M, et al. Experimental investigation of thermoforming carbon fibre-reinforced polyphenylene sulphide composites. Journal of Thermoplastic Composite Materials, 2015, 28(4): 529-547.

[28] Han P D, Butterfield J, Price M, et al. Part form prediction methods for carbon fibre reinforced thermoplastic composite materials. Proceedings of the18th International Conference on Composite Materials (ICCM-18), 2011.

[29] Miyake T, Seki M. Strength estimation for formed parts of carbon fiber reinforced thermoplastic composite by accounting for forming process effects. The 19th International Conference on Composite Materials, Montreal. 2013.

[30] Marko S, Frieder H, Stefan C, et al. The advanced ply placement process—an innovative direct 3D placement technology for plies and tapes. Advanced Manufacturing: Polymer & Composites Science, 2017, 3(1): 2-9.

[31] Lee W I, Springer G S. A model of the manufacturing process of thermoplastic matrix composites. Journal of Composite Materials, 1987, 21(11): 1017-1055.

[32] Grouve W J B, Warnet L L, Rietman B, et al. Optimization of the tape placement process parameters for carbon-PPS composites. Composites Part A: Applied Science and Manufacturing, 2013, 50: 44-53.

[33] Qureshi Z, Swait T, Scaife R, et al. *In situ* consolidation of thermoplastic prepreg tape using automated tape placement technology: potential and possibilities. Composites Part B: Engineering, 2014, 66: 255-267.

[34] Tian X Y, Liu T F, Yang C C, et al. Interface and performance of 3D printed continuous carbon fiber reinforced PLA composites. Composites Part A: Applied Science and Manufacturing, 2016, 88: 198-205.

[35] Yang C C, Tian X Y, Liu T F, et al. 3D printing for continuous fiber reinforced thermoplastic composites: mechanism and performance. Rapid Prototyping Journal, 2017, 23(1): 209-215.

[36] Matsuzaki R, Ueda M, Namiki M, et al. Three-dimensional printing of continuous-fiber composites by in-nozzle impregnation. Scientific Reports, 2016, 6: 23058.

[37] Batista N L, Olivier P, Bernhart G, et al. Correlation between degree of crystallinity, morphology and mechanical properties of PPS/carbon fiber laminates. Materials Research, 2016, 19(1): 195-201.

[38] Fang L, Lin Q F, Zhou X D, et al. Flexural creep behavior of continuous fiber-reinforced polyphenylene sulfide laminates. High Performance Polymers, 2013, 25(5): 485-492.

[39] Liu B Y, Wang X T, Long S R, et al. Interfacial micromechanics of carbon fiber-reinforced polyphenylene sulfide composites. Composite Interfaces, 2014, 21(4): 359-369.

[40] Wang X J, Xu D X, Liu H Y, et al. Effects of thermal residual stress on interfacial properties of polyphenylene sulphide/carbon fibre (PPS/CF) composite by microbond test. Journal of materials science, 2016, 51(1): 334-343.

[41] Greisel M, Jäger J, Moosburger-Will J, et al. Influence of residual thermal stress in carbon fiber-reinforced thermoplastic composites on interfacial fracture toughness evaluated by cyclic single-fiber push-out tests. Composites Part A: Applied Science and Manufacturing, 2014, 66: 117-127.

[42] Santos A L, Botelho E C, Kostov K G, et al. Carbon fiber surface modification by plasma treatment for interface adhesion improvements of aerospace composites. Advanced Materials Research, 2016, 1135: 75-87.

[43] Xu D X, Liu B Y, Zhang G, et al. Effect of air plasma treatment on interfacial shear strength of carbon fiber-reinforced polyphenylene sulfide. High Performance Polymers, 2016, 28(4): 411-424.

[44] Ren H H, Xu D X, Yan G, et al. Effect of carboxylic polyphenylene sulfide on the micromechanical properties of polyphenylene sulfide/carbon fiber composites. Composites Science and Technology, 2017, 146: 65-72.

[45] Chukov D, Nematulloev S, Zadorozhnyy M, et al. Structure, mechanical and thermal properties of polyphenylene sulfide and polysulfone impregnated carbon fiber composites. Polymers, 2019, 11(4): 684.

[46] Zhang T, Chen J L, Wang K, et al. Improved interlaminar crack resistance of glass fiber/poly(phenylene sulfide) thermoplastic composites modified with multiwalled carbon nanotubes. Polymer Composites, 2019, 40(11): 4186-4195.

[47] 景鹏展, 朱姝, 余木火, 等. 基于碳纤维表面修饰制备碳纤维织物增强 PPS (CFF/PPS) 热塑性复合材料. 材料工程, 2016, 44(3): 21-27.

[48] Yilmaz T, Sinmazcelik T. Experimental investigation of acid environment influences on load-bearing performance of pin-connected continuous glass-fiber-reinforced polyphenylenesulfide composites. Polymer Composites, 2010, 31(1): 1-9.

[49] Wang S Y, Zhou Z G, Zhang J Z, et al. Effect of temperature on bending behavior of woven fabric-reinforced PPS-based composites. Journal of Materials Science , 2017, 52: 13966-13976.

[50] Cabrera E S. Hygrothermal effects on fiber reinforced polyphenylene sulphide composites: humidity uptake and temperature influence on mechanical properties of glass and carbon fiber reinforced polyphenylene sulphide composites. 2011.

[51] Niitsu G T, Lopes C M A. Compressive strength of notched poly(phenylene sulfide) aerospace composite: influence of fatigue and environment. Applied Composite Materials, 2013, 20(4): 375-395.

[52] Wang S Y, Zhou Z G, Zhang J Z, et al. Compressive and flexural behavior of carbon fiber-reinforced PPS composites at elevated temperature，Mechanics of Advanced Materials and Structures, 2020, 27(4): 286-294.

[53] Tanaka K, Nishio J, Katayama T, et al. Effect of high temperature on fiber/matrix interfacial properties for carbon fiber/polyphenylenesulfide model composites. Key Engineering Materials, 2015, 627: 173-176.

[54] Yilmaz T, Sınmazçelik T. Effects of thermal cycling on static bearing strength of pin-connected carbon/PPS composites. Polymer Composites, 2010, 31(2): 328-333.

[55] 张婷, 方立, 周天睿, 等. 环境条件对连续碳纤维增强 PPS 复合层板层间性能的影响. 工程塑料应用, 2015, 41(9): 94-98.

[56] Batista N L, de Faria M C M, Iha K, et al. Influence of water immersion and ultraviolet weathering on mechanical

and viscoelastic properties of polyphenylene sulfide-carbon fiber composites. Journal of Thermoplastic Composite Materials, 2015, 28(3): 340-356.

[57] Benoit V, Cédric L, Alexis C. Post fire behavior of carbon fibers polyphenylene sulfide-and epoxy-based laminates for aeronautical applications: a comparative study. Materials & Design, 2014, 63: 56-68.

[58] Vieille B, Coppalle A, Carpier Y. Influence of matrix nature on the post-fire mechanical behaviour of notched polymer-based composite structures for high temperature applications. Composites Part B: Engineering, 2016, 100: 114-124.

[59] Vieille B, Taleb L. High-temperature fatigue behavior of woven-ply thermoplastic composites//Vassilopoulos A P. Fatigue Life Prediction of Composites and Composite Structures. Duxford: Woodhead Publishing, 2020: 195-237.

[60] Vieille B, Aucher J, Taleb L. Carbon fiber fabric reinforced PPS laminates: influence of temperature on mechanical properties and behavior. Advances in Polymer Technology, 2011, 30(2): 80-95.

[61] Maaroufi M A, Carpier Y, Vieille B. Compressive behavior under fire exposure of carbon fibers polyphenylene sulfide composites for aeronautical applications. ECCM 17—17th European Conference on Composite Materials, Munich, 2016.

[62] Maaroufi M A, Carpier Y, Vieille B. Post-fire compressive behaviour of carbon fibers woven-ply polyphenylene sulfide laminates for aeronautical applications. Composites Part B: Engineering, 2017, 119: 101-113.

[63] Benoit V, Alexis C, Clément K. Correlation between post fire behavior and microstructure degradation of aeronautical polymer composites. Materials & Design, 2015, 74: 76-85.

[64] Carpier Y, Vieille B, Maaroufi M A. Mechanical behavior of carbon fibers polyphenylene sulfide composites exposed to radiant heat flux and constant compressive force. Composite Structures, 2018, 200: 1-11.

[65] Vaidya U K, Chawla K K. Processing of fibre reinforced thermoplastic composites. International Materials Reviews, 2008, 53(4): 185-218.

[66] Rohde-Tibitanzl M. Direct Processing of Long Fiber Reinforced Thermoplastic Composites and Their Mechanical Behavior under Static and Dynamic Load. Munich: Carl Hanser Verlag GmbH Co KG, 2015.

[67] Guan R, Yang Y, Zheng J. The effect of sizing agents on CF/EP interfacial adhesion. Fiber Composite, 2002, 1: 23-26.

[68] Li Y, Mai Y W. Interfacial characteristics of sisal fiber and polymeric matrices. The Journal of Adhesion, 2006, 82(5):527-554.

[69] Cox H. The elasticity and strength of paper and other fibrous materials. British Journal of Applied Physics, 1952, 3(3): 73-79.

[70] Kelly A R, Tyson WR V. Tensile properties of fibre-reinforced metals: copper/tungsten and copper/molybdenum. Journal of the Mechanics and Physics of Solids, 1965, 13(6): 329-350.

[71] Mandell J, Chen J, McGarry F. A microdebonding test for *in situ* assessment of fibre/matrix bond strength in composite materials. International Journal of Adhesion and Adhesives, 1980, 1(1): 40-44.

[72] Shiriajeva G, Andreevskaya G. Method of determination of the adhesion of resins to the surface of glass fibers. Plast Massy (Polymer Compounds USSR), 1962, 4: 43-46.

[73] Miller B, Muri P, Rebenfeld L. A microbond method for determination of the shear strength of a fiber/resin interface. Composites Science and Technology, 1987, 28(1): 17-32.

[74] Ngoh E C, Pashley D H, Loushine R J. Effects of eugenol on resin bond strengths to root canal dentin. Journal of Endodontics, 2001, 27(6): 411-414.

[75] 赵小川. 玻璃纤维织物增强 PPS 复合材料层板. 四川大学硕士学位论文, 2007.

[76] 严峡, 龙盛如, 杨杰. 尼龙 6/碳纤维微复合材料的界面微观力学. 高分子学报, 2010, 41(6): 684-690.

[77] 严峡, 龙盛如, 杨杰. 拉伸速率对炭纤维/尼龙 6 微复合材料微观力学行为的影响. 材料工程, 2010, (7): 18-21.

[78] Liu B Y, Liu Z, Wang X J. Interfacial shear strength of carbon fiber reinforced polyphenylene sulfide measured by the microbond test. Polymer Testing, 2013, 32(4): 724-730.

[79] Liu B Y, Wang X J, Long S. Interfacial micromechanics of carbon fiber-reinforced polyphenylene sulfide composites. Composite Interfaces, 2014, 21(4): 359-369.

[80] 徐东霞. 碳纤维增强 PPS 复合材料界面微观力学性能研究. 四川大学硕士学位论文, 2016.

[81] 刘保英, 王孝军, 杨杰. 碳纤维表面改性研究进展. 化学研究, 2015, 26(2): 111-120.

[82] Dai Z S, Shi F H, Zhang B Y, et al. Effect of sizing on carbon fiber surface properties and fibers/epoxy interfacial adhesion. Applied Surface Science, 2011, 257(15): 6980-6985.

[83] Dilsiz N, Wightman J. Effect of acid-base properties of unsized and sized carbon fibers on fiber/epoxy matrix adhesion. Colloids and Surfaces A: Physicochemical and Engineering Aspects, 2000, 164(2): 325-336.

[84] Jiang J J, Yao X M, Xu C M, et al. Influence of electrochemical oxidation of carbon fiber on the mechanical properties of carbon fiber/graphene oxide/epoxy composites. Composites Part A, 2017, 95: 248-256.

[85] Thostenson E, Li W, Wang D. Carbon nanotube/carbon fiber hybrid multiscale composites. Journal of Applied Physics, 2002, 91(9): 6034-6037.

[86] 刘保英. 碳纤维增强 PPS 复合材料界面力学性能及界面改性研究. 四川大学博士学位论文, 2014.

[87] Jang J, Kim H S. Performance improvement of glass fiber-poly(phenylene sulfide) composite. Journal of Applied Polymer Science, 1996, 60(12):2297-2306.

[88] 余婷. 碳纤维增强 PPS 复合材料界面改性研究. 四川大学硕士学位论文, 2018.

[89] Shao Y Q, Xu F J, Li W, et al. Interfacial strength and debonding mechanism between aerogel-spun carbon nanotube yarn and polyphenylene sulfide. Composites Part A: Applied Science and Manufacturing, 2016, 88: 98-105.

[90] Xu J Y, Xu D X, Wang X J, et al. Improved interfacial shear strength of carbon fiber/polyphenylene sulfide composites by graphene. High Performance Polymers, 2017, 29(8): 913-921.

[91] Zhang K, Zhang G, Liu B Y, et al. Effect of aminated polyphenylene sulfide on the mechanical properties of short carbon fiber reinforced polyphenylene sulfide composites. Composites Science and Technology, 2014, 98: 57-63.

[92] Soules D A, Hagenson R L. Poly(arylene sulfide) resins reinforced with glass fibers: USA, US5298318. 1994-03-29.

[93] 许双喜, 杨杰, 王孝军, 等. 高性能聚苯硫醚砜复合材料制备初步探索. 塑胶工业, 2007, 02, 48-51.

[94] 杨杰. 高性能 PPS 砜复合材料制备初步探索. 四川大学博士学位论文，2005.

[95] 杨家操，张刚，龙盛如, 等. 聚芳硫醚砜/玻纤布复合材料浸渍工艺研究. 塑料工业, 2017, 45(8): 44-46.

[96] 孔雨. 聚芳硫醚砜熔融加工改性及复合材料制备. 四川大学硕士学位论文，2015.

第7章

聚苯硫醚的复合改性与工程塑料制备

7.1 概　　述

7.1.1 PPS改性的一般方法

现代科学技术的发展不断对高分子材料提出更高的要求，而单一的高聚物往往难以兼具多方面的优良的综合性能，在这种环境下，就需要对聚合物进行改性，以使其能够达到多种高性能化要求，进而满足实际应用中不同的需求。通常对高聚物进行改性的方法有化学结构改性和共混改性，其中共混改性又可分为物理共混和化学共混。物理共混包括熔融状态下的机械共混及溶(乳)液状态下的溶液共混、乳液共混等；化学共混包括一种单体在另一种高聚物中进行聚合的溶胀聚合、核-壳型乳液聚合以及互穿网络技术等[1-4]。本章主要就物理改性方法在PPS改性方面的应用做一简单阐述。

制备PPS共混物的主要手段是利用熔融共混的方法，采用扩散、对流和剪切作用来达到混合和分散的目的，不过，通常这些物理共混过程中仍然伴随着化学改性，如偶联剂作用、助剂接枝等。与大部分聚合物的共混体系一样，可以按改性手段及效果的不同，将PPS共混物分为增强、填充、增韧、合金化、功能化等几大类别[1]。

增强改性是指在PPS中引入填料进而提高其拉伸、弯曲强度的一种改性方式，常见的增强填料有玻璃纤维(GF)、碳纤维(CF)等。

增韧改性是指将一定量的刚性粒子或弹性体引入PPS中，使PPS的抗冲击性能大幅度提高的一种改性方式。

合金化是指将PPS与其他聚合物按照一定的比例共混，从而得到全新的共混材料——PPS合金材料的一种改性方式。通过这种方式得到的合金材料可以拥有纯的PPS不具备的优异性能，故而这种方法是实现PPS高性能化、精细化、功能化和发展新品种的重要途径。合金体系中不但各组分性能互补，还可根据实际需要对其进行设计，以得到性能优异的新材料。

功能化是指在PPS基体中加入适当的功能材料，使得PPS在保持其作为结构材料的优良性能的前提下具备某些特殊功能性的一种改性方式，这种方法可以使 PPS 成为高性能的结构功能一体化复合材料。

7.1.2　PPS 改性的目的与意义

尽管纯的 PPS 具有优异的综合性能，如耐化学性、耐辐射性、阻燃性等，但在某些应用领域会对特定性能提出更高的要求，如机械性能、耐磨性能等。未改性的 PPS 强度属于中等，通过增强改性后，可以大幅度增加其强度和刚性，从而得到综合性能极为优异的工程塑料，甚至可以与部分金属媲美，见表 7-1，因此可以在实际应用中取代部分金属制件，进而拓展其应用领域[1]。

表 7-1　PPS/GF 的比强度与部分金属的比较

材料名称	密度/(g/cm^3)	拉伸强度/MPa	比强度
普通钢 A3	7.85	400	51
不锈钢 1Cr18Ni9Ti	8	550	68.8
硬质铝合金 Ly12	2.8	470	167.9
普通黄铜 H50	8.4	390	46.4
40%玻璃纤维增强 PPS	1.66	166	100

例如，在日常生活中，纤维增强 PPS 可以应用于线圈架、汽车主要零件、连接器、开关等[5-7]。而在工程应用领域，PPS 改性复合材料也尤为适用，例如，空中客车 A380 上应用了 6.0 吨热塑性复合材料，其中 PPS 约为 2.5 吨。此外，PPS/CF 复合材料也作为重要部件用于湾流 G650 的舵和电梯中[8,9]。

对 PPS 树脂进行改性，可以针对 PPS 在某些方面的不足进行设计，将 PPS 与无机(有机)填料、增强纤维以及其他高分子材料共混改性后，制成各种性能更优的 PPS 复合材料或特种工程塑料来使用，这样既极大地提升了 PPS 的性能，克服其缺点，又更具备了使用的经济性。

7.1.3　PPS 改性的发展方向

针对 PPS 材料在应用过程中存在的优势和不足，其改性方向主要如下：

(1) 进一步提高 PPS 材料的强度；

(2) 增强 PPS 材料的韧性，提高其抗冲击性；

(3) 提高 PPS 材料的润滑性与耐磨性；

(4) 改善电性能以及研制具有特殊性能的共混物材料；

(5) 利用 PPS 改善其他聚合物的性能。

迄今，全球商业化的 PPS 复合改性品种已经超过 200 种，主要品种有玻璃纤维增强 PPS、碳纤维增强 PPS、无机填料填充 PPS 等，而工业化的合金体系则有 PPS/PTFE、PPS/PA、PPS/PC 和 PPS/PPO 等。这些 PPS 复合材料已广泛应用于电子电气、汽车、精密机械、航空航天、核电、石油化工以及食品加工等部门[1-13]。

7.2 聚苯硫醚增强与填充改性

7.2.1 PPS 的增强改性

PPS 机械性能好，其刚性极强，表面硬度高，并具有优异的耐蠕变性、耐疲劳性及耐磨性，通常采用玻璃纤维、碳纤维或芳纶纤维等作为增强材料来进一步提高其强度。获得高机械性能的复合材料有多种途径，以纤维增强为例，PPS 复合材料的机械性能主要由增强纤维的性能决定。但是，基质用于将增强纤维黏合成一个整体，这在应力传递中起着关键作用，因此，PPS 复合材料的特性由增强纤维和基质的组合确定，而纤维和基体的性能、加工条件以及纤维与基体之间的界面黏合(相互作用)共同决定了该复合材料的机械性能[14]。

7.2.2 纤维增强种类及形式

1. 短纤维(SGF)增强

一般来说，在共混挤出时，纤维会在螺杆的高剪切作用下，被切成一定长度的纤维，并均匀地分布在 PPS 基体树脂中；在成型过程中，玻璃纤维会沿轴向方向产生一定程度的取向，当制品受到外力作用，从基体传到纤维时，力的作用方向沿纤维取向方向传递，这种传递作用在很大程度上起到力的分散作用，这就增强了材料承受外力作用的能力，在宏观上表现为材料的弯曲强度、拉伸强度等力学性能的大幅度提升。也就是说，在加工过程中可以通过控制纤维种类、含量，或在纤维种类、含量一定的情况下改善其长度分布和在熔体中的取向来进一步提高增强效率。

此外，当纤维进入 PPS 基体中时，起到了成核剂作用，使 PPS 分子链围绕纤维周围结晶，进而可形成较强的界面黏附；在这种情况下，当基体受力时，通过界面将应力传递到纤维，可以达到改善复合材料力学性能的作用，这种现象称为横穿结晶现象。一般而言，存在横穿晶的增强体系比未出现横穿晶的体系有更高的结晶速率。

在短玻璃纤维(SGF)增强 PPS 体系中，随着 SGF 的引入，SGF 增强 PPS 的结晶速率明显增加，当玻璃纤维含量为 40%时，SGF 增强 PPS 的结晶速率比未增强时快 15%～25%，且增强 PPS 体系的结晶温度比未增强的 PPS 提高了 6 ℃；不过在结晶度方面，当 SGF 加入时，PPS 的结晶度由约 70%降低至 30%～40%，且随着玻璃纤维含量的上升，结晶度先降低后升高，见表 7-2。纤维对于 PPS 结晶行为的影响不仅取决于纤维的特性，而且强烈依赖于纤维的表面处理。GF 表面的粗糙度影响了横穿结晶的程度，横穿晶更适于在较低温度下形成，并且横穿晶随 PPS 摩尔质量的下降而增多[1,8,14]。

表 7-2　不同 SGF 用量的 PPS/SGF 复合材料的 DSC 参数

SGF 质量分数/%	ΔH_m/(J/g)	X_c/%	T_{onset}/℃	T_p/℃	半峰宽	$t_{1/2}$/s
0	56.5	70.6	248.5	233.3	11.9	96.0
10	29.2	40.6	242.7	233.8	5.9	73.3
20	18.9	29.5	242.5	233.7	6.0	65.0
30	18.0	32.1	241.5	233.9	5.5	61.9
40	16.4	34.2	243.3	234.8	5.2	53.9
50	17.2	43.0	244.8	236.8	5.1	52.9

注：ΔH_m 为结晶焓；X_c 为结晶度，$X_c=\Delta H_m/(\Delta H_{m0}\times n)\times 100\%$，$\Delta H_{m0}$ 为 PPS 在 100%结晶时的结晶焓，此处 ΔH_m=80 J/g，n 为 PPS 质量分数；T_{onset} 为初始结晶温度；T_p 为结晶峰温度；$t_{1/2}$ 为 X_c 达到一半时所需要的时间。

2. 长纤维(LGF)增强

长纤维增强热塑性(long fiber reinforce thermoplastic，LFT)复合材料，因其材料中残留的纤维长度显著高于短纤维增强复合材料而得名，但其纤维长度又明显低于连续纤维增强复合材料，因此也称为中长纤维增强热塑性复合材料。由于其具有明显优于短纤维增强复合材料的机械性能，能够通过注塑手段制备复杂结构的制品，因而在近十几年得到了快速的发展。

通常长纤维增强复合材料的粒料优化长度在 10～15 mm 之间，适合注塑各种结构复杂的部件。短纤维增强复合材料由于纤维受到螺杆的剪切，纤维残留长度较短，杂乱分布于树脂基体中，随机取向；在现行的长纤维增强材料中，由于纤维与树脂的浸渍过程不在螺杆中进行，纤维沿着柱体粒料的中轴线方向排布且相互平行，粒料的长度就等同于纤维的长度。这样，树脂包裹着的纤维在进一步的加工过程中受到的损耗也更小，在成型制品中纤维能够保留更长的长度，使得制品能够获得更为优异的性能。

长纤维增强复合材料也大致遵循非连续纤维增强树脂基复合材料的复合法则，在相同纤维含量时，纤维长度的增大可提高复合材料的强度和刚性，从而提高复合材料的性能。四川大学吴玉倩、王孝军、杨杰、刘钊、张翔等在这方面进行了大量的探索工作，先后设计、订制了三代制备长纤维增强 PPS 复合材料的浸渍模具，并对挤出生产线进行了优化，研究工作取得了较好的效果[15-21]。

3. 连续纤维增强

与短纤维和长纤维增强聚苯硫醚复合材料相比，连续纤维增强复合材料可以提供更好的尺寸稳定性和整体机械性能。因此，连续纤维增强的热塑性 PPS 复合材料更适用于制造大型飞机和其他复合部件，尤其是复合材料的热塑性基体已经在许多航空领域取代了热固性基体，在工业应用上具有极其光明的前景。

以航空航天应用为例，该类应用对组件的集成要求高，以连续纤维增强热塑性复合材料结合焊接技术将是最有前途的方法之一。而 PPS 作为耐化学品优异的热塑性塑料将是最适合这类复合材料的树脂基体之一，四川大学洪瑞、赵小川、杨杰及王孝军等在这方面分别进行了大量的研究与探索工作[22-24]。

研究表明，通过预浸渍、热压的方式可以制备性能优异的连续纤维增强 PPS，但该法生产效率还不高，因此，以 PAS 作为树脂基体，开发、改进适用于该类热塑性树脂的连续纤维增强复合材料加工手段仍是极具发展潜力的研究方向。

7.2.3 增强材料的界面研究

界面是影响复合材料性能的关键因素之一，如果增强材料与树脂基体的界面结合不好，则复合材料中树脂基体的应力转移过程与增强材料的增强作用就无从谈起。目前，对碳纤增强聚合物复合材料(CFRP)改性的主要研究方向包括：①改善基体树脂与 CF 之间的界面浸润性；②增加 CF 表面的粗糙度，进而改善树脂和纤维嵌合和黏结的表面形态，即通过机械嵌合作用来提高复合材料界面结合强度；③防止弱界面层的形成。而 CFRP 界面改性的方法则主要包括氧化刻蚀处理、气相沉积处理、电聚合处理、等离子体处理、偶联剂处理、界面相容改性剂处理、表面接枝处理和树脂基体改性等。其中，以偶联剂处理最为简单，在工业上应用最为广泛，例如，有机硅烷类偶联剂γ-缩水甘油醚氧丙基三甲氧基硅烷(KH560)可作为有效的界面改性剂。采用 5%的偶联剂 KH560 溶液涂覆处理 CF 后制备的 PPS 复合材料，拉伸强度、弯曲强度、弯曲模量和动态储能模量较未涂覆处理的样品分别提升 14.7%、13.1%、63.0%和 50.2%。

除此之外，其他界面改性方法也有报道。例如，四川大学张坤等采用对二氯苯(DCB)、2,5-二氯苯胺(DCA)和硫化钠($Na_2S \cdot xH_2O$)为反应单体，经过高压缩聚反应制备得到了改性的氨基化聚苯硫醚(PPS-NH_2)树脂，并以氨基化聚苯硫醚作为 PPS/CF 复合材料界面相容改性剂，有效改善了 PPS 和 CF 之间的界面结合性能。与此同时，张坤也采用氧化处理纤维表面、等离子体处理 PPS 表面等形式探索了纤维增强 PPS 复合材料的表面处理手段[25]。

为了更好地研究界面结合，除了宏观的测试手段，微观的表征手段也尤为重要。一些新的表征手段被开发出来应用于微观界面的表征，如微球脱黏实验，能更直观地表征界面强度。这对于聚苯硫醚而言，是实现 PPS 增强复合材料的高性能化、拓展其应用的重要辅助手段，四川大学徐东霞、余婷、刘保英以及王孝军等在这方面分别进行了大量的研究与探索工作，取得了丰硕的成果[11,26-31]。

7.2.4 增强 PPS 复合材料的品种与性能

1. *玻璃纤维增强 PPS 复合材料*

对玻璃纤维增强 PPS 复合材料而言，玻璃纤维的引入可显著提高材料的机械性能[1,2,32-34]，见表 7-3，进而可以有效地改进材料的使用性。随着玻璃纤维改性和相容性研究的发展，传统和通用的 40%玻璃纤维增强 PPS 复合材料也有了进一步提高玻璃纤维含量的趋势，目前制得的 PPS 复合材料中，最大玻璃纤维含量超过 60%时仍能保持注塑加工时较好的加工流动性和制品良好的表面光洁性。

表 7-3 不同玻璃纤维含量增强 PPS 复合材料的机械性能

性能	未增强	30%玻璃纤维	40%玻璃纤维	60%玻璃纤维
拉伸强度/MPa	85	159	165	140
断裂伸长率/%	30	1.8	1.5	1.0
弯曲强度/MPa	147	220	241	150
弯曲模量/MPa	3700	9998	13100	16962
洛氏硬度/M	93	—	100	—
悬臂梁冲击强度/(J/m^2)	27	90.7	85	69
热变形温度(1.82 MPa)/℃	105	260	263	260

玻璃纤维增强 PPS 所用玻璃纤维通常为无碱无捻品种，其种类有短纤、长纤和纤维布等，为改善 GF 与 PPS 之间的界面黏结状况，工业上通常会选用添加偶联剂的方式；但过量的偶联剂会在 GF 与 PPS 之间形成一个弱的界面层，起到润滑作用，反而引起复合材料强度降低。

玻璃纤维增强 PPS 是 PPS 复合材料的通用品种，其用量也最大，已占到 PPS 树脂改性总量的 80%以上，无论是国外大的 PPS 混配厂，还是国内各家新涉入 PPS 行业的公司，都有各自应用广泛的玻璃纤维增强 PPS 牌号。

以下简单介绍部分复合改性厂玻璃纤维增强 PPS 的主要品种及性能。

索尔维公司(原美国 Chevron-Phillips 化学公司 PPS 业务部门)的 Ryton PPS 系列是市场上应用最广的 PPS 复合改性品种，经过玻璃纤维增强或与无机物共同填充增强后，具有极好的热稳定性、尺寸稳定性，其注塑成型制品成型性好，可满足高精度、高稳定性的要求。而其 Xtel XKPPS 系列是增强改性的合金品种，其中

XK2040 和 XK2140 是 40%玻璃纤维增强改性的合金，具有较低的成本、较好的焊接强度、最少的模塑溢料、较高的流动性及良好的加工性能，可用于替代 LCP 树脂，主要应用在汽车领域，其物理机械性能如表 7-4 所示。

表 7-4 索尔维公司部分玻璃纤维增强 PPS 复合材料的性能

性能	40% GF 增强 PPS 合金		40% GF 增强		玻璃纤维及无机物增强
	Xtel XK2040	Xtel XK2140	R-4-200NA	R-4-230NA	R-7
密度/(g/cm³)	1.70	1.70	1.65	1.65	1.90
拉伸强度/MPa	170	175	195	180	130
弯曲强度/MPa	220	230	280	235	195
弯曲模量/GPa	13	12	14	15	16
悬臂梁冲击强度(缺口/无缺口)/(J/m²)	85/530	10/30	9.0/35	85/455	6.0/15
压缩强度/MPa	205	195	260	260	260
热变形温度(1.8 MPa)/℃	250	250	>260	>260	>260

日本吴羽化学工业株式会社开发的线型 PPS，商品名为 Fortron® PPS，大大提高了 PPS 树脂的韧性和耐冲击性，从而成为 PPS 树脂新的发展方向并受到广泛的欢迎，其玻璃纤维增强的部分品种及性能列于表 7-5。

表 7-5 部分玻璃纤维增强 Fortron® PPS 性能

性能	1130A64	1140A64	1150A64	6165A4
填料含量/%	30(GF)	40(GF)	50(GF)	65(GF/M)
密度/(g/cm³)	1.57	1.66	1.75	1.98
拉伸强度/MPa	170	200	145	135
弯曲强度/MPa	230	280	215	200
弯曲模量/MPa	10500	14000	16000	19800
简支梁冲击强度(缺口)/(kJ/m²)	7.0	9.5	5.0	55
热变形温度(1.8 MPa)/℃	265	270	270	270

大日本油墨化学工业株式会社生产的玻璃纤维增强或者玻璃纤维/矿物填充增强 PPS 复合材料，兼有特种功能塑料的高性能和典型工程塑料的成型特征，热学性能稳定，力学性能和尺寸稳定性优异，已被广泛地应用于各种苛刻的环境中。其部分玻璃纤维增强品种的性能列于表 7-6。

表 7-6 大日本油墨化学工业株式会社部分玻璃纤维增强 PPS 复合材料的性能

性能	FZ-2100	FZ-2130	FZ-2140	FZ-1150
GF 含量/%	非增强	30	40	50
密度/(g/cm^3)	1.36	1.56	1.66	1.77
拉伸强度/MPa	80	165	180	180
拉伸模量/MPa	3800	11000	14000	18000
拉伸断裂伸长率/%	25	2.0	1.8	1.4
弯曲强度/MPa	130	250	270	270
弯曲模量/MPa	3200	10000	13000	17000
弯曲断裂伸长率/%	>30	2.7	2.5	2.0
悬臂梁冲击强度(缺口/无缺口)/(J/m^2)	20/750	90/550	100/550	100/550
压缩强度/MPa	120	190	200	200
热变形温度(1.8 MPa)/℃	265	265	265	265

目前，我国的 PPS 树脂共混改性料的生产制造方法与工艺技术已经得到了普及，无论是大公司还是小的改性生产作坊都能生产常规的 PPS 复合改性粒料，但这些产品在树脂原料来源、生产工艺、产品质量与性能方面仍然存在较大差别。目前，金发科技股份有限公司、广东顺德鸿塑高分子材料有限公司、山东赛恩吉新材料有限公司、浙江新和成等公司作为国产 PPS 复合材料最主要的供应商，无论是在产品种类还是生产规模方面都是国内领先的，其主要的 PPS 树脂改性品种的质量与性能都与国外相关产品相当。

2. 碳纤维增强 PPS 复合材料[1,2,35-41]

碳纤维增强 PPS 复合材料是一种高性能的复合材料，与玻璃纤维增强 PPS 复合材料相比，其具有质轻、高刚性、高强度、导电性、高弹性、耐磨性和更优的摩擦特性等特点，因此具有广阔的应用前景，适用于需要高强度、高模量、轻质量、耐高温、耐磨、高振动阻尼和防静电等环境。

在碳纤维增强 PPS 复合材料中，碳纤维不仅起到了增强的作用，同时也可以提高 PPS 的润滑性、耐磨性及导电性等。如今，碳纤维增强 PPS 复合材料已大量应用于国防工业、航空航天等尖端科学技术领域。在民用技术领域，该材料也有着广阔的应用前景，例如，碳纤维增强 PPS 复合材料已被大量制成机械设备以及交通运输设备上使用的各种零部件、化工用耐酸泵轴承套、航模飞机的发动机轴承套、传动耐磨轴承等，并获得了极好的使用效果。

表 7-7 列出了美国 RTP 公司的部分碳纤维改性 PPS 复合材料的性能。

表 7-7 RTP 公司碳纤维改性 PPS 复合材料的性能

项目		RTP1383	RTP1385	RTP1387	RTP1389	RTP 1383AR10TFE15	RTP1387L
CF 含量/%		20	30	40	50	20	40
密度/(g/cm^3)		1.40	1.45	1.48	1.51	1.52	1.48
悬臂梁冲击强度/(J/m^2)	缺口	53	53	53	43	37	53
	无缺口	342	347	374	240	214	320
拉伸强度/MPa		168	193	207	145	117	193
拉伸断裂伸长率/%		1.0	1.0	0.8	0.5	1.0～2.0	0.8
拉伸模量/MPa		19996	25512	34475	44818	17238	32406
弯曲强度/MPa		241	269	290	255	179	269
弯曲模量/MPa		16548	24132	31028	35164	15858	28270
热变形温度(1.82 MPa)/℃		268	268	268	268	260	268

3. 芳纶纤维增强 PPS 复合材料[1,2]

对于芳纶纤维增强 PPS 复合材料而言，根据聚合物/纤维复合材料中不同形态的纤维受力不同，可以将纤维的主要受力方式分为两类：一是传递纤维上的拉应力，二是纤维与基体界面上的剪应力。在这两种受力方式的基础上，纤维的长度和含量对力学性能有显著影响，在相同的纤维含量下，纤维长度增加可使纤维末端效应减小，减少应力集中点，有利于复合材料拉伸强度和冲击强度的提高，如图 7-1 和图 7-2 所示。在同一纤维长度下，随着纤维含量的增大，纤维从基体中拔出需要的能量多，因而力学性能也随之提高。但在加工过程中，若纤维长度过长，或纤维含量过高，则会导致原料共混困难。

通常，复合材料制品中，增强材料玻璃纤维的存在会对与其接触的制品表面和聚合物基体本身有不利影响，进而缩短耐磨部件的使用寿命，但采用 Kevlar 纤维增强的复合改性料可以显著改善该现象，从而能够提高 PPS 的耐磨性，并可使 PPS 成为超耐磨材料，见表 7-8。若在 Kevlar 纤维增强 PPS 基体中添加 PTFE 粉或 MoS_2 润滑材料，其耐高温性能会进一步提高，可制成耐高温、高润滑性塑料，用于制造发动机活塞环、轴承和压缩机叶片等。表 7-9 是美国 RTP 公司制备的芳纶纤维/PPS 类结构增强材料的基本性能。

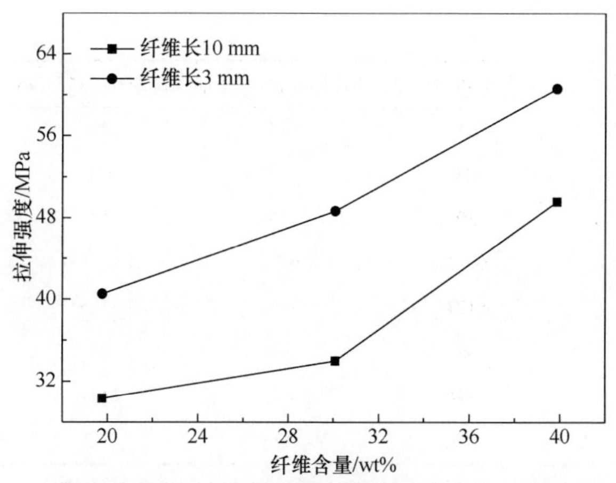

图 7-1　芳纶纤维含量与长度对聚合物复合材料拉伸强度的影响

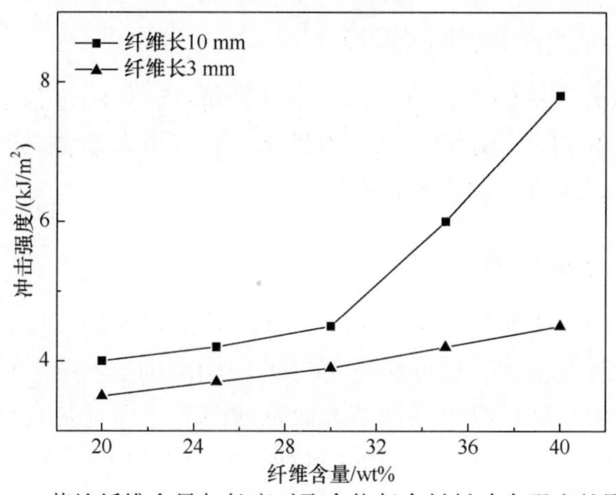

图 7-2　芳纶纤维含量与长度对聚合物复合材料冲击强度的影响

表 7-8　Kevlar 纤维增强 PPS 的磨耗数据

材料(p=0.27 MPa，v=304.8 mm/min)	摩擦系数	钢垫圈质量损耗/mg	磨耗速率($K \cdot pv$)/($\times 10^{-5}$ mm/h)	磨耗因数(K)/[$\times 10^{-10}$ in^3 · min/(ft · lb · h)]*
40%玻璃纤维/PPS	0.425	500.8	3090	4867
20% Kevlar 纤维/PPS	0.349	1.8	171	270

注：p. 载荷；v. 对磨速率。

* 1 in=2.54 cm；1 ft=0.3048 m。

表 7-9　RTP 芳纶纤维增强 PPS 润滑类物性统计表

项目	RTP1300AR10TFE10	RTP1300AR10TFE15	RTP1300AR15TFE15	RTP1300AR15TFE15I2
芳纶纤维含量/%	10	10	15	15
密度/(g/cm³)	1.42	1.45	1.45	1.43

续表

项目		RTP1300AR10TFE10	RTP1300AR10TFE15	RTP1300AR15TFE15	RTP1300AR15TFE15I2
悬臂梁冲击强度(3.2 mm)/(J/m^2)	缺口	21	27	21	21
	无缺口	160	160	160	133
拉伸强度/MPa		59	59	59	55
拉伸断裂伸长率/%		1.0～2.0	1.0～2.0	1.0～2.0	1.0～2.0
拉伸模量/MPa		5171	5171	5516	5171
弯曲强度/MPa		97	97	90	90
弯曲模量/MPa		4826	4826	5171	4826
热变形温度(1.82 MPa)/℃		177	177	182	182

7.2.5 PPS的填充改性的机理及种类

早期PPS填充改性的主要目的是提高其经济性，但经过数十年的发展，通过填料的引入，改善PPS的耐磨性能、电性能、强度以及制备具有特殊要求的PPS复合材料早已是填充改性的重要目的了。

1. 无机矿物质填充PPS[1,42]

采用较大量的无机矿物质填充PPS，可以提高PPS的模量，并降低其成本，使之在市场上更有竞争力，进而拓宽PPS的应用范围。通常，针对这一目的手段是采用无机矿物质与玻璃纤维共同填充改性PPS，以保证复合材料的强度。玻璃纤维增强PPS和无机矿物质填充PPS这两类复合改性料是PPS最基本与主要的应用种类。

例如，索尔维公司经典的Ryton PPS R7、R-10、7006ARJ3600等是无机矿物质填料增强PPS的代表性品种。大日本油墨化学工业株式会社推出的云母填充PPS-FZ3360-G1，可达到碳酸钙填充级2倍的尺寸稳定性，并具有良好的耐蠕变性，注塑时飞边和变形少，适宜制作精密部件，如光学电子仪器、电子电气产品和汽车发动机壳体等。

除工业应用外，无机矿物质填充也可在科学研究中发挥一定的功能性作用。例如，四川大学李伟等将碳酸钙引入聚苯硫醚/聚甲基丙烯酸甲酯合金体系中，研究发现所得样品不仅拉伸强度和弯曲强度均有所提高，且碳酸钙在一定程度上起到了增容的作用[43]。

2. 功能性填料填充PPS

采用功能性填料填充聚合物，能获得具有功能特性的复合材料，从而在特定的环境下得以应用。例如，石墨烯类与 PPS 的结合可以制备具有电磁学特性的复合材料[44]；又如，采用物理吸收法将氧化石墨烯(GO)用于处理短碳纤维(SCF)，继而采用传统的挤出复合和注射成型技术获得了 GO 涂层的 SCF/PPS 复合材料。结果表明，GO 的存在可以显著提高 SCF 的表面积和润湿性[45]，从而导致 SCF 和 PPS 树脂之间的界面黏合性增加。以不同的加工方式引入不同的功能性填料，可以使 PPS 复合材料具备一系列功能性，如光学光电、电学磁学、阻隔性能、生物功能、热学、抗腐蚀、抗摩擦、分离过滤等特性[46,47]，该部分内容详见本章 7.6 节。

3. 纳米粒子填充 PPS

纳米粒子是指粒径在 1～100 nm 的原子团簇和纳米微粒，与普通的粒子相比，它具有独特的光、电、磁及化学特性，将其应用于高分子材料后，在塑料填充改性的理论和实践、开发新型功能复合材料等方面产生了重大的影响。

将纳米粒子均匀地分散于 PPS 中可明显改善材料的耐冲击性，提高材料的性价比，并有效拓展 PPS 的应用范围[48]，该部分内容详见 7.3 节。

7.2.6 填充及增强改性后 PPS 复合材料的其他性能

1. PPS 复合材料的热性能[1,15-17]

在所有热塑性工程塑料中，PPS 本身表现出了极为优异的耐热性。例如，玻璃纤维增强 PPS 及无机填料改性 PPS 的热稳定性很高，其热变形温度可达 260 ℃以上，并可在 225 ℃高温下长期使用。如表 7-10 所示，与部分其他玻璃纤维增强塑料相比，PPS 具有更高的热变形温度和 UL 温度指数。表 7-11 和表 7-12 列出了玻璃纤维增强 PPS 及无机填料改性 PPS 的热老化情况。

表 7-10　玻璃纤维增强 PPS 和其他一些塑料热变形温度和 UL 温度指数

名称	热变形温度/℃	UL 温度指数/℃
40% GF 增强 PPS	260	200～220
无机填料改性 PPS	260	220～240
酚醛塑料	193	150
玻璃纤维增强聚砜	188	140
玻璃纤维增强 PBT	216	140
玻璃纤维增强尼龙	249	130
聚邻苯二甲酸二烯丙酯(DAP)	204	130

表 7-11　PPS 经长期热老化后的拉伸强度保持率(%)

加热时间/h	40%玻璃纤维增强		玻璃纤维及无机填料填充	
	175 ℃	230 ℃	175 ℃	230 ℃
0	100	100	100	100
250	97	78	99	100
500	88	75	99	90
1000	86	73	99	89
2500	84	73	99	89
5000	79	65	87	82
7500	57	55	85	81
10000	55	47	72	80

表 7-12　40% GF/PPS 在 232 ℃下持续加热一年过程中拉伸强度和弯曲强度的变化

加热时间/月	弯曲强度/MPa	拉伸强度/MPa
0	203.9	133.5
1	168.7	84.4
2	133.6	84.4
4	126.5	84.4
7	119.6	84.4
10	91.4	77.3
12	63.3	49.2

由于 PPS 的结晶度较高，因此其机械强度随温度的升高下降相对较小，即使在 200 ℃的高温下，仍能保持较高的机械强度。对于玻璃纤维增强 PPS 来说，在 100 ℃时，机械强度通常可保持初始值的 80%左右，在 160 ℃时为 60%左右，在 200 ℃时仍能保持 40%左右。

2. PPS 复合材料的电性能[1,49-52]

与其他工程塑料相比，PPS 的介电常数较小，其介电损耗相当低，而且在较大频率范围内变化不大，电气绝缘性也较好。同时，PPS 在高温、高湿下也能保持良好的电性能。一般而言，热塑性塑料的耐电弧性要低于热固性塑料，但 PPS 拥有良好的耐电弧性。例如，40% GF 增强 PPS 的耐电弧性为 34 s，而 GF/矿物填充 PPS 的耐电弧性高达 185 s，这一良好性能使其成为在电气材料中部分取代热固性塑料的一种热塑性塑料。

表 7-13 为高温状态下 PPS 复合材料的电性能，从表中数据可知 PPS 复合材

料具有优异的电性能，可满足各种高性能电子元件的要求，在电子电气领域具有广泛的应用前景。

表 7-13　不同温度下 40% GF 增强 PPS 的电性能

温度/℃	体积电阻率/(Ω · cm)	介电击穿强度/(kV/mm)
11	9.5×10^{16}	23.2
20	6.5×10^{15}	23.2
50	4.2×10^{15}	23.2
79	2.6×10^{15}	23.2
90	1.2×10^{15}	23.2
105	7.8×10^{14}	23.2
130	4.2×10^{14}	23.2
155	9.7×10^{13}	23.0
180	4.7×10^{12}	22.6
280	3.8×10^{11}	23.8

表 7-14 和表 7-15 分别为大日本油墨化学工业株式会社生产的 DIC.PPS 和吴羽化学工业株式会社生产的 Fortron® PPS 的相关产品与性能，这些产品体现了市场上应用较为广泛的玻璃纤维增强及玻璃纤维/矿物填充 PPS 的电性能。

表 7-14　部分 DIC.PPS 的电学性能

性能	FZ-2100(无填充)	FZ-2130(30% GF)	FZ-2140(40% GF)	FZ-6600(GF/矿物)
介电强度(1.6 mm)/(kV/mm)	16	16	16	16
介电常数(1 MHz)	3.5	4	4	5
介电损耗系数(1 MHz)	0.001	0.002	0.002	0.006
耐导电径迹(CTI)/V	—	140	145	200
耐电弧性/s	—	125	125	160
体积电阻率/(Ω · cm)	10^{16}	10^{16}	10^{16}	10^{16}

表 7-15　部分 Fortron® PPS 的电学性能

性能	0220A9 (无填充)	1130A64 (30% GF)	1140A64 (40% GF)	1150A64 (50% GF)	6165A7 (GF/60%矿物)
介电常数(1 kHz)	3.6	4.2	4.5	4.6	5.3
介电常数(1 MHz)	3.6	4.2	4.5	4.7	5.4
介电击穿强度(1 kHz)/(kV/mm)	0.0004	0.001	0.001	0.002	0.001

续表

性能	0220A9 (无填充)	1130A64 (30% GF)	1140A64 (40% GF)	1150A64 (50% GF)	6165A7 (GF/60%矿物)
介电击穿强度(1 MHz)/(kV/mm)	0.001	0.002	0.002	0.003	0.002
介电强度(3 mm)/(kV/mm)	15	12	13	13	14
体积电阻率/(Ω · cm)	2×10^{16}	8×10^{15}	4×10^{16}	2×10^{16}	2×10^{15}
表面电阻/Ω	7×10^{16}	8×10^{16}	3×10^{17}	3×10^{17}	8×10^{16}
耐导电径迹(CTI)/V	125	125	150	125	175

3. PPS 复合材料的化学性能[1,49-52]

PPS 复合材料在 200 ℃以下不溶于任何已知溶剂，对有机溶剂，无机酸、碱抵抗性非常高，是仅次于聚四氟乙烯的抗化学腐蚀材料，如表 7-16 所示。

表 7-16 Fortron® 1140A 1(40%玻璃纤维增强 PPS)的耐药品性

药品	温度/℃	时间/h	拉伸强度保持率/%	尺寸变化/%	质量变化/%	表面及性能变化
10% HCl	80	1000	76	–0.01	–2.44	变黑，但无裂纹
10% HCl	室温	1000	95	+0.02	–0.19	无变化
10% HNO_3	80	1000	69	+0.04	–0.18	变黄，但无裂纹
10% HNO_3	室温	1000	97	+0.02	–0.09	无变化
30% H_2SO_4	80	720	78	—	—	—
10% H_2SO_4	80	1000	86	+0.03	–0.12	表面有轻微变化
10% H_2SO_4	室温	1000	97	+0.02	–0.10	无变化
30% NaOH	80	4320	80	—	—	—
10% NaOH	室温	1000	92	+0.02	–0.01	无变化
氯化钙	80	1000	104	+0.01	0	无变化
氯化锌	80	1000	104	+0.01	0	无变化
甲苯	80	720	89	—	—	—
丙酮	55	4320	96	—	—	无变化
二乙醚	室温	1000	101	+0.01	0	无变化
甲醇	60	4320	90	0	0	无变化
汽油	60	2160	100	+0.01	+0.01	—

续表

药品	温度/℃	时间/h	拉伸强度保持率/%	尺寸变化/%	质量变化/%	表面及性能变化
乙醇	60	2160	99	+0.01	+0.24	—
煤油	60	1000	101	+0.01	–0.02	无变化
机油	80	1000	105	+0.01	–0.01	无变化
1,1,1-三氯乙烷	75	4320	90	—	—	—

4. PPS 复合材料的阻燃性能[1,49-52]

PPS 复合材料是一种无需添加任何阻燃剂本身就具有阻燃性的优秀高分子材料，其阻燃级别达到 UL 94V-0。

表 7-17 列举了 PPS 复合材料与其他一些塑料极限氧指数的比较情况，从表中可知，40%玻璃纤维增强 PPS 的极限氧指数已接近于阻燃性极其优异的聚氯乙烯(PVC)，而用玻璃纤维/矿物填充的 PPS 则超过了 PVC。

表 7-17　PPS 复合材料与其他一些塑料极限氧指数的比较

名称	GF/矿物填充 PPS	40% GF /PPS	PVC	30% GF /液晶	阻燃聚苯醚	阻燃聚碳酸酯	30% GF /PBT	30% GF /聚醚砜
极限氧指数	53	47	48	35	30	34	33	41

5. 填充改性 PPS 的摩擦性能[1,13,46,53-55]

在高分子基耐磨材料的研究中，PPS 因其优越的性能，已引起人们的广泛关注。PPS 基耐磨复合材料耐热性好，本身具有一定的自润滑能力，通过添加一些润滑材料和助剂对其进行改性，就可以用来制备性能优良的耐磨减摩零部件(如轴承、齿轮、活塞环和滑动导轨等)，在航天、航空、机械、电子及军工产品等领域作为摩擦件而广泛使用。

当 PPS 作为摩擦材料时，可以通过添加摩擦改性填充剂来进一步改善 PPS 的摩擦行为。这类填充剂主要有固体润滑性物质(如聚四氟乙烯、石墨、二硫化钼等)、陶瓷颗粒以及其他高聚物等。就用固体润滑性物质填充制备的 PPS 润滑型复合材料而言，在刚开始滑移时其摩擦系数与未填充的 PPS 一样，而在持续稳定的滑移过程中，其摩擦系数会持续稳定地降低。摩擦系数稳定降低的过程，可以归功于转移膜中固体润滑性颗粒的存在，由于润滑性颗粒具有较低的剪切强度，剪切力被有效地降低了，而剪切力的降低又反过来决定了材料间较低的摩擦系数。

随着 PPS 在普通民用工业领域作为摩擦材料，如制造汽车发动机活塞环、排气循环阀、汽油流量阀以及干衣机齿轮等广泛使用的部件，填充型 PPS 耐磨塑料获得了快速的发展。

1) 石墨填充 PPS

当复合材料体系中只有 PPS 和石墨两种组分时，由于石墨的低表面能，其与 PPS 基体树脂的黏结强度将小于 PPS 的内聚强度。在这种情况下，石墨的存在会起到分割树脂或类似将裂纹和孔隙引入基体的作用，因此，材料中石墨含量越高，该材料的强度就越低。

对于石墨填充 PPS 复合材料的摩擦性能而言，石墨含量对复合材料的摩擦系数的影响不是简单的促进作用，而是双向的。如图 7-3 所示，图示曲线对应的是 PPS/石墨复合材料在恒定转速、不同载荷下石墨含量(体积分数)与摩擦系数的关系。由曲线可知，PPS/石墨复合材料的摩擦系数随着石墨含量的增加先减小，而当石墨含量大于 25%时，对应的摩擦系数则开始升高。

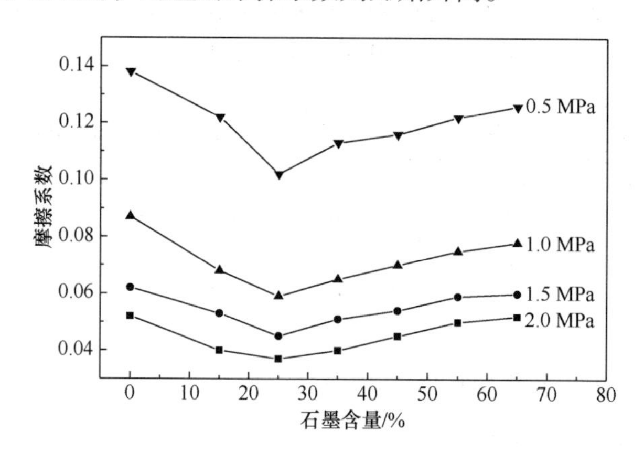

图 7-3 摩擦系数与石墨含量(体积分数)的关系

2) 陶瓷颗粒填充 PPS

与其他耐磨塑料相比，PPS 对陶瓷粉末有很好的润湿性及黏结性，而且 PPS/陶瓷颗粒复合材料的相界面结构发生了很大的变化，填料与基体的结合强度更高，不易从磨损面上脱落，因此陶瓷颗粒填充 PPS 复合材料的耐磨性得到了很大的提高。与玻璃纤维增强的耐磨材料相比，即使没有其他固体润滑剂的加入，摩擦系数也会有不同程度的降低。因此，PPS 耐磨材料多数是陶瓷颗粒填充型，较常用的包括金属氧化物、硫化物、碳化物及氟化物等，如 Al_2O_3、CuO、SiO_2、Si_3N_4、Cr_3C_2、CuF_2 和 SiC 等。

若以 1～3 μm 的陶瓷颗粒 Al_2O_3、SiC、Si_3N_4 和 Cr_3C_2 分别填充 PPS，研究表明，这几种陶瓷颗粒均可使 PPS 的硬度增加，且在摩擦过程中，填充在聚苯硫醚复合材料中的聚苯硫醚基体均发生分解，分解产物同偶件铁发生化学反应生成有利于提高转移膜与偶件表面结合强度的摩擦化学产物，从而使得复合材料的耐磨性得以提高。

在无机粒子 PbTe 填充 PPS 的体系中，PbTe 的加入可使 PPS 的摩擦系数由 0.43 下降到 0.28，且随着 PbTe 填充量的增加，摩擦系数降低越明显。但是，PbTe 的引入会增大 PPS 复合材料的磨损速率。这是由于在摩擦过程中，PbTe 无法与摩擦面上的铁发生化学反应，故反而增大了材料的磨损。

3) 金属硫化物填充 PPS

近年来，金属硫化物类固体润滑材料的研究越来越受到人们的重视。在摩擦副表面进行固体润滑涂层处理可使材料在少油或无油的条件下使用，而当金属硫化物作为塑料的填充材料时，也可以起到改善材料摩擦性能的作用。

二硫化钼(MoS_2)是目前应用最为广泛的固体润滑剂，其应用形态和方法较多，如粉剂、油剂、水剂、与其他金属或高分子材料组成复合润滑材料。尽管有报道表明，MoS_2 可以与部分高分子材料复合进而得到耐磨材料，但是 MoS_2/PPS 共混物的耐磨性甚至比未填充的 PPS 更差，主要是其体积磨损率较高。在摩擦过程中，MoS_2/PPS 共混物的转移膜显示出一些有斑纹的痕迹，说明转移膜容易破裂，这部分地解释了 MoS_2/PPS 共混物为什么有较高的体积磨损率。而且与石墨/PPS 共混物相反的是，未填充的 PPS 和 MoS_2/PPS 共混物的转移膜较厚，在摩擦测试过程中 PPS 出现了分解，同时伴随着钢表面的铁和填充物 MoS_2 的氧化。尽管 XPS 的分析结果证实了在 MoS_2 和 PPS 基体之间有摩擦化学反应产生，但共混物本身较差的机械强度和在摩擦过程中 MoS_2 从 PPS 基体中向外迁移决定了材料整体较差的耐磨性。此外，有研究表明，通过对 MoS_2 进行表面亲油改性，可以改善 MoS_2/PPS 共混物的摩擦性能。

硫化银(Ag_2S)也是一类重要的金属硫化物填充物，研究表明，添加 Ag_2S 可明显减小 PPS 的磨损速率。当 PPS 复合材料中 Ag_2S 的体积分数为 20%～30%时，复合材料的磨损速率最小，随着填充量的进一步增大，复合材料会明显变脆。XPS 结果表明：在磨损滑动实验中，Ag_2S 与金属铁的表面发生化学反应，增大了转移膜与金属铁表面的黏合力，形成了一层薄且均匀、黏合性强的聚合物转移膜，从而降低了材料的磨损。此外，当 Ag_2S 与其他金属硫化物同时使用时其添加效果会产生变化。例如，当 Ag_2S 和 Cu_2S 粒子同时添加到 PPS 中时，Ag_2S 和 Cu_2S 粒子会与基体 PPS 形成较强的键合作用，可明显增大 PPS 的弯曲强度和弯曲模量，降低 PPS 的磨损速率和摩擦系数，这是由于 Ag_2S 和 Cu_2S 粒子在模压过程中产生塑性形变，在 PPS 基体中形成光滑界面。而在 PPS 中添加 ZnF_2 和 SnS 粒子，则因为在模压过程中无塑性形变，PPS 基体中会产生许多裂纹，且由于 ZnF_2 和 SnS 粒子与基体 PPS 键合作用很弱，因此添加 ZnF_2 和 SnS 粒子反而会降低 PPS 的耐磨损性能、提高 PPS 的磨损速率，复合材料的弯曲强度和弯曲模量也将低于 Ag_2S 和 Cu_2S 填充的 PPS。

4) 其他高聚物填充 PPS

高聚物自身的摩擦性能存在差异，如前面已提到的聚四氟乙烯的摩擦系数是固体中最小的，若用聚四氟乙烯填充 PPS，可以显著地改善其摩擦性能。除聚四氟乙烯外，如聚苯酯，即聚对羟基苯甲酸酯(PHBA)，也可以作为改善 PPS 摩擦性能的高聚物。PHBA 是一种结晶性直链状线型高分子，其晶体呈片状，类似于固体润滑剂(如石墨、二硫化钼)，具有良好的自润滑性能和较高的 *pv* 极限值。利用湿法或机械法，将 PHBA 与 PPS 树脂共混，于高温高压条件下注塑或热压成型，可制成 PPS 耐磨共混合金。通过测试表明，该共混合金的耐摩擦磨损性能优异、耐热性能较好、热膨胀系数小、尺寸稳定性好。其中，湿法共混合金比机械法共混合金具有更加优异的摩擦性能。

此外，采用其他很多高聚物，如聚醚醚酮、尼龙及低密度聚乙烯等填充 PPS 也能较好地改善 PPS 的润滑性和耐磨性。

6. PPS 低密度材料

通过发泡或低密度填料的填充可使 PPS 具有更低的密度，使其在航空航天、舰船制造中具有更加突出的优势。卫晓明[55]研究了通过中空玻璃微球(HGM)、超临界 CO_2 等方法降低 PPS 密度的可能性。研究结果表明，当 HGM 含量为 30 wt%时，PPS 复合泡沫材料拥有较为优异的机械性能，其无缺口冲击强度达到了 30 kJ/m^2，拉伸强度达到了 81 MPa，弯曲强度达到了 121 MPa，密度降低到了 1.02 g/cm^3。在 80 ℃、20 MPa 压力饱和时，PPS 片材会发生压力诱导结晶，结晶会阻碍 PPS 发泡过程，使 PPS 发泡困难；通过对 PPS 进行热交联会破坏 PPS 的结晶，从而提高 PPS 的发泡成型能力。

7.3 聚苯硫醚增韧改性[1,12,56-58]

PPS 的分子链排布十分规整，结晶度高，具有很高的刚性，但同时在韧性方面表现较差，这使得 PPS 在应用中受到一定限制。因此在 PPS 的发展过程中，对其进行增韧改性研究一直是热点问题。除了应用最为广泛的传统弹性体增韧改性方法外，近年来，PPS 增韧改性法还有刚性粒子复合增韧和聚合物合金增韧等方法。

7.3.1 弹性体增韧 PPS

利用橡胶增韧 PPS 可以有效地提高 PPS 的韧性，其机理也与一般橡胶增韧聚合物的机理相同。橡胶/热塑性聚合物在应用过程中，提供了以最低成本实现优异性能的简单途径，通过橡胶/聚合物共混寻求的主要性能改进包括冲击强度和韧性。

在对 PPS 进行增韧改性的研究中，添加弹性体进行增韧改性是最直接、简单的方法。一般来说，多种橡胶的引入都可以获得较好的增韧效果，如用乙烯-甲基丙烯酸缩水甘油酯共聚物(EGMA)以及乙烯基硅油树脂对 PPS 树脂进行增韧。

将 PPS 与 EGMA 熔融共混后观察其微观形貌，并测量 EGMA 质量分数对材料性能的影响可知，当 EGMA 质量分数为 5%时，共混物表现出最窄的弹性体颗粒尺寸分布。此时共混物的密度达到最大，并表现出比其他组成共混物更高的机械性能，见图 7-4；此后，随着 EGMA 质量分数的增加，该材料的机械性能下降。EGMA 质量分数为 5%时，颗粒附近的基体塑性变形均匀分布，并平行于拉伸方向。而 EGMA 质量分数更高时，基体塑性变形不均匀，且集中在相对密度大、尺寸大的 EGMA 颗粒附近，方向大多与拉伸方向呈 90°。

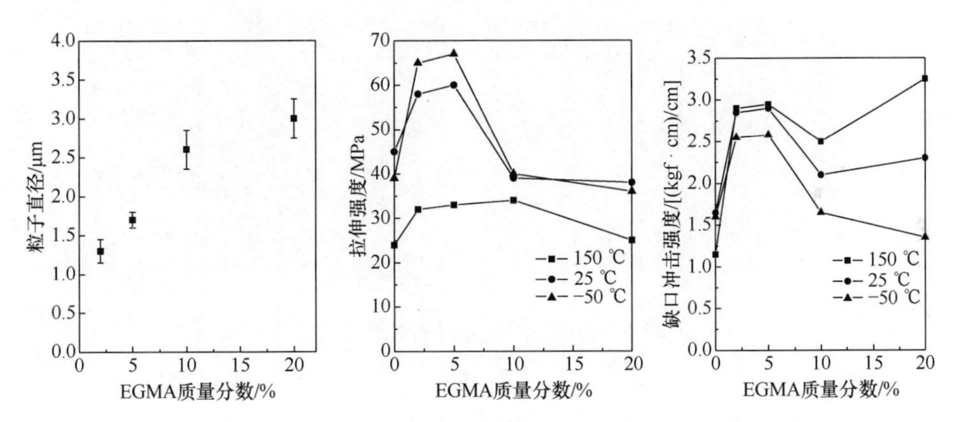

图 7-4　PPS/EGMA 体系中 EGMA 粒径分布及 EGMA 质量分数对材料力学性能的影响
1 kgf=9.80665 N

利用有机硅对 PPS 增韧，也可以取得较好的效果。硅油的分子量，以及硅油中所含不饱和双键的量对增韧效果都有影响，见图 7-5，当硅油含量为 10%、硅油分子量为 60000、不饱和乙烯基的含量为 20‰时，冲击强度达到了最大值。流动过程中的剪切作用，使得增韧改性制品中硅油在制品表面及制品中心的分布情况也有所不同，边界受剪切较大，因此相区尺寸较小，而中心部分硅油相尺寸则相对较大，见图 7-6。

7.3.2　刚性聚合物/无机粒子增韧 PPS

尽管利用弹性体改性聚合物可以有效地改善聚合物的脆性，但是弹性体的引入也引起了聚合物刚性、尺寸稳定性或耐热性的降低等问题，于是，采用刚性无机填料(rigid inorganic filler，RIF)对聚合物进行增韧成为研究与发展的热点方向。

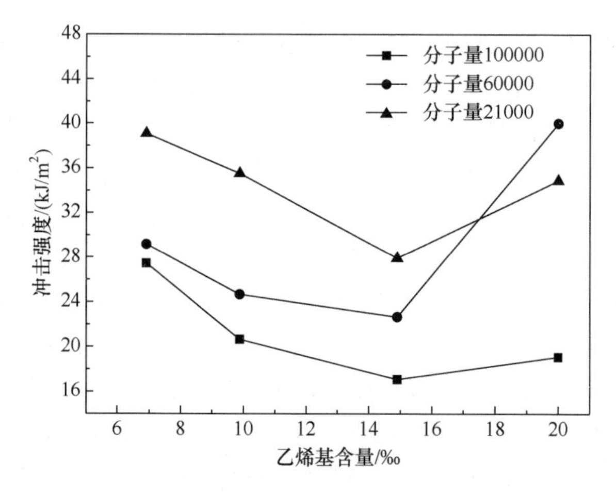

图 7-5　硅油分子量、乙烯基含量对材料抗冲击性能的影响

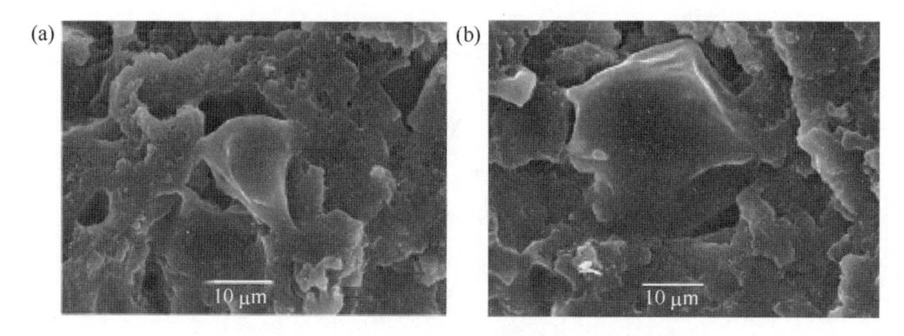

图 7-6　制件表层与芯层硅油的分散情况

(a)表层 SEM 图；(b)芯层 SEM 图

将 PPS 与同样是脆性材料的 PS 复合得到的材料的冲击强度可得到提高，见表 7-18，同时 PPS 的成型条件也可得到改善，可使其在低压力下成型。尽管形态学研究表明，PPS 与 PC 是不相容的，但将 PC 加入 PPS 中可使 PPS 的机械性能得到提高，见表 7-19。PPS/PC 共混物具有优良的抗冲击性能、电气及加工性能。

表 7-18　PPS 与 PS 不同质量比下的力学性能

性能指标	PPS/PS 质量比				
	100/0	70/30	50/50	20/80	0/100
拉伸强度/MPa	45	46	36	30	78
拉伸模量/MPa	2800	2800	2200	2000	1800
缺口冲击强度/(J/m)	14.7	28.4	53.9	90.2	107.8

表 7-19　PPS 与 PC 不同质量比下的力学性能

性能指标	PPS/PC 质量比							
	100/0	90/10	70/30	55/45	40/60	25/75	10/90	0/100
拉伸强度/MPa	45	49	56	62	67	70	72	78
拉伸模量/MPa	2800	2800	2600	2500	2400	2400	2300	2300
缺口冲击强度/(J/m)	14.7	20.6	46.1	52.9	66.6	80.4	99	105

利用纳米 SiO_2、纳米 $CaCO_3$ 等无机刚性粒子也可成功地对 PPS 进行增韧改性。经过处理的纳米 SiO_2 可以在 PPS 中达到纳米尺度的分散，见图 7-7，得到的 PPS/纳米 SiO_2 复合材料韧性的有一定的提高，见表 7-20；通过制备 PPS/纳米 $CaCO_3$ 复合材料可以使 PPS 纯树脂的冲击强度提高三倍。

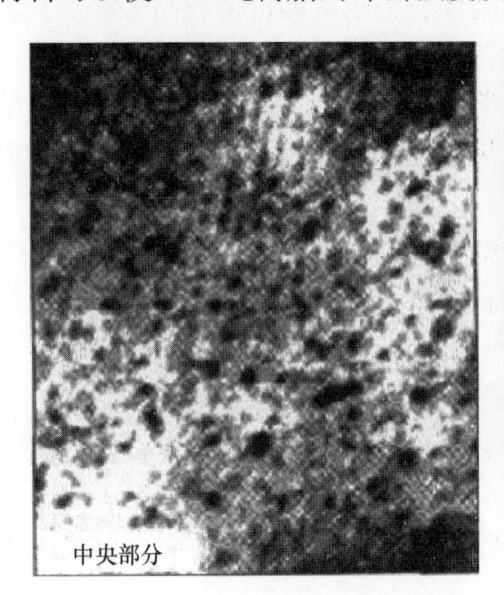

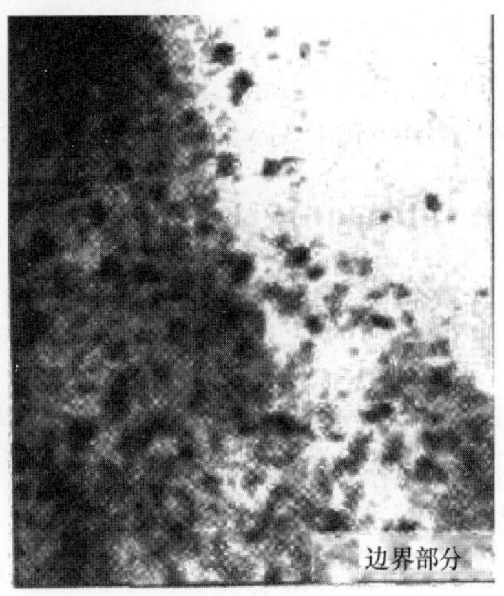

图 7-7　PPS/纳米 SiO_2 复合材料透射电子显微镜(TEM)图

表 7-20　PPS/纳米 SiO_2 复合材料的各项性能

性能指标	纯 PPS	PPS/纳米 SiO_2 复合材料	提高幅度/%
缺口冲击强度/(kJ/m^2)	2.2	2.8	27.3
无缺口冲击强度/(kJ/m^2)	19.0	20.4	7.4
拉伸强度/MPa	55.62	63.07	13.4
拉伸模量/GPa	3.31	3.51	6.0
弯曲强度/MPa	88.54	93.84	6.0
弯曲模量/GPa	2.85	3.06	7.4

除采用典型的弹性体及刚性粒子与 PPS 复合可有效增韧外，利用 PPS 与其他聚合物复合形成合金也对 PPS 有一定的增韧作用。李伟、郑媛心[43,58]将 PPS 与 PMMA 制备合金并通过工艺控制，使分散的 PMMA 相在 PPS 基体中部分降解形成纳米级空穴，引入局部的应力集中，从而有效提升了 PPS 的断裂伸长率及断裂韧性。

7.4 聚苯硫醚合金

聚合物共混物(polymer blend)是指两种或两种以上的均聚物或共聚物的混合物，通常又称为聚合物合金(polymer alloy)或高分子合金。PPS 合金最主要的制备方法是物理熔融共混法。

针对 PPS 存在的冲击韧性较差、断裂伸长率较低和价格较高等缺点与不足，PPS 合金的研发目的与意义在于：

(1) 改善 PPS 的脆性。由 PPS 的化学结构得知，其分子链呈刚性，且结晶度可达 70%，因而韧性较差，尤其 PPS 发展早期的支化型 PPS，其脆性更为明显，这在一定程度上限制了 PPS 的应用。

(2) 改善 PPS 的成型加工性能。PPS 熔点高，在熔融加工过程中会与空气中的氧发生热氧化交联反应致使黏度不稳定，通过合金化改性可以提升 PPS 的成型加工性。

(3) 赋予 PPS 优良的特殊性能，如提高其润滑性以及耐磨性。

(4) 降低成本。作为特种工程塑料，PPS 的价格较贵，降低其成本是扩大 PPS 应用范围的有效手段。

(5) 改善其他高聚物的各种性能。例如，与聚苯醚复合共混，可改善难熔融加工的聚苯醚的成型加工性能等。

选择与 PPS 共混的聚合物品种时需要考虑以下几点因素：①熔点相近；②溶度参数相近；③结构相似；④共混温度、掺混比例、剪切应力大小和熔点黏度匹配性；⑤相容性；⑥是否形成互穿式网络结构等。常用作与 PPS 形成合金的聚合物主要包括弹性体、通用塑料、工程塑料、特种塑料，如 PPS/聚酰胺(PA)、PPS/聚四氟乙烯(PTFE)、PPS/聚醚醚酮(PEEK)、PPS/聚砜(PSF)等。

7.4.1 聚苯硫醚合金的增容技术

在共混体系中，两组分的相容性、组分含量、结晶物的结晶度、共混工艺等因素对体系的形态结构及各项性能有着重大的影响。聚合物之间的相容性是决定聚合物合金性能的关键。一些聚合物如尼龙、硅橡胶、聚碳酸酯、聚乙烯等与 PPS 共混可改善其抗冲击性，但这些聚合物与 PPS 的相容性差，易发生相分离而分层。

性能优良的聚合物合金,其形态结构应为具有一定相容性的微观非均相结构。从热力学上来看，聚合物之间的相容性主要是指两种或两种以上聚合物形成均相体系的能力。但受聚合物分子结构、极性及分子量的影响，真正在热力学上能达到完全相容的聚合物对并不多见，绝大多数聚合物之间只有部分相容，甚至完全不相容。为了提高组分的相容性，必须利用增容技术来提高组分间的相容性。需加入增容剂，如嵌段共聚物和接枝共聚物，使共混组分之间形成化学键，从而增强组分之间的相互作用，改善相容性；也可以通过改变分子链的结构，使聚合物间存在某些特殊作用；也可利用低分子量化合物与聚合物组分之间形成交联或接枝产物；还可采用互穿网络聚合物(IPN)技术制成 PPS 互穿网络聚合物，利用聚合物的相互贯穿和永久性机械缠结以改善相容性。

加入增容剂是改善 PPS 与其他聚合物之间相容性的最常用手段，增容剂的具体作用主要体现在两个方面：一是提高共混体系的分散度，使分散相颗粒细微化，且均匀分布；二是在 PPS 和其他树脂之间起到物理和化学作用，提高它们之间的亲和性，当 PPS 与其他树脂在高温下熔融共混挤出时，在剪切力及热力作用下，相容剂中一端的基团与 PPS 分子结合，而另一端的活性基团又与另一种所添加的树脂分子发生反应或偶合。

以 PPS 与尼龙合金为例。四川大学王波[59]分别通过两种增容剂(COMP1、COMP2)明显改善了 PPS/PA6 体系的界面黏结和相容性。其中，在 COMP1 分子链上具有可与 PA6 分子链上的端基氨基和 PPS 的端基巯基(—SH)反应的活性基团，同时该增容剂分子链段部分与 PPS 有一定的结构相似性。COMP2 为 PPS 的结构改性材料，与 PPS 具有相似化学结构，其分子链含有与 PA6 相同的氨基、羧基和酰胺基团。研究结果表明，当 COMP1 添加到 2.5 wt%时，PPS 与 PA6 之间的界面张力从 9.89 dyn/cm(1 dyn=10^{-5} N)降到 5.04 dyn/cm。加入 COMP1 相容剂的 PPS/PA6 复合材料的冲击强度可比不加相容剂的 PPS/PA6 复合材料的冲击强度提高 2.5 倍，而拉伸强度与 PPS 相当。COMP2 的加入可使 PPS 与 PA6 的界面张力从 9.89 dyn/cm 降到 6.74 dyn/cm；加入 COMP2 相容剂的 PPS/PA6 复合材料的冲击强度可比不加相容剂的 PPS/PA6 复合材料的冲击强度提高 1.5 倍，拉伸强度和弯曲强度提高 1.3 倍。理论上，可以采用增容前后聚合物合金中两组分的玻璃化转变温度相互靠近的程度验证增容的具体效果，即当增容剂加入后两组分玻璃化转变温度靠近得越多，说明增容效果越好，反之则增容效果越差。图 7-8 给出了 COMP1、COMP2 两种增容剂加入后 PPS/PA6 体系的损耗角正切曲线，其中较低温度的峰值对应着 PA6 的玻璃化转变温度，而较高处峰对应着 PPS 的玻璃化转变温度。由图 7-8 明显可见，在体系中引入了增容剂之后，两种聚合物的玻璃化转变温度有了不同程度的靠近，说明两种增容剂确实起到了增容效果。

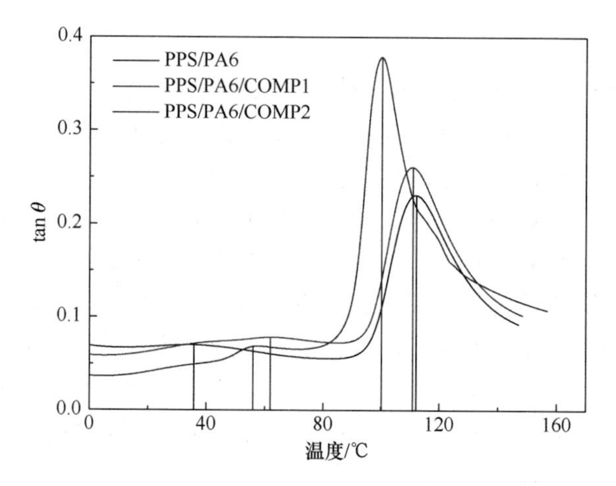

图 7-8 增容剂对 PPS/PA6 体系玻璃化转变温度的影响情况

7.4.2 聚苯硫醚合金的品种与性能

PPS 共混合金发展很快，种类较多，现就研究和应用较多的几种 PPS 共混合金品种进行介绍。

1. PPS 与通用塑料共混

1) PPS/聚乙烯(PE)共混合金

PPS 与 PE 共混可改善其流动性、成型加工性、着色性和抗冲击性，从而满足实际应用中对工程塑料强度高、韧性好、耐高温的要求。同时还可以大幅度地降低成本。

然而 PPS 与 PE 的相容性非常差。根据马来酸酐可以与 PPS 的—SH 官能团反应的原理，孙海青等[60]使用马来酸酐接枝聚乙烯作为界面增容剂，将 PPS、高密度聚乙烯(HDPE)和玻璃纤维共混得到复合材料，能提高 PPS 的抗冲击性能。在 PPS/HDPE 体系中，除了 HDPE-*g*-MAH 可以改善两相相容性，还可以用环氧树脂 E-44 作为增容剂制备复合材料，周鹏等[61]在 PPS/HDPE-*g*-MAH(马来酸酐)体系中引入 E-44 后，复合材料的力学性能有进一步提升，这是因为 PPS 分子反应活性较低，并不能够与马来酸酐充分作用，导致 HDPE-*g*-MAH 的增容作用有限。

2) PPS/聚苯乙烯(PS)共混合金

PPS 与 PS 均为脆性材料，但两者共混后却能使脆性得到改善，冲击强度比原来的单纯树脂都高。PPS 与 PS 共混还可改善 PPS 的成型条件，使其在低压力下可以较好地成型。PPS 不仅能与 PS 单独共混，而且还可以与 PS 的各种共聚体共混，并能获得良好的改性效果，如 PS 与丙烯腈的共聚体(AS)、PS 与丁二烯和丙烯腈的共聚体(ABS)等。

PPS 与聚苯乙烯的结构类似，都有大量的苯环，但通过扫描电子显微镜和 X 射线衍射可以观察到共混后的 PS 与 PPS 不相容，两相存在明显的相分离。王港等[62]采用粒径小于 5 μm 的改性聚苯乙烯与 PPS 共混，发现 PS 均匀分布在基体 PPS 中，合金的断裂方式由脆性断裂转变为韧性断裂。

曹琳等[63]将 PPS 与间规聚苯乙烯(sPS)共混，并进一步加入碳纳米管(CNT)来改善共混中两组分的界面黏结和相容性，得到 sPS/PPS/CNT 多元复合材料。sPS 具有很好的耐热性和强度，其与 PPS 共混，再引入导电性能优异的 CNT，复合材料的综合力学性能提高。CNT 含量为 5%～7%(质量分数)时，复合材料 sPS/PPS(80/20)的拉伸强度、弯曲模量和断裂伸长率分别提高了 10%、10%和 200%。处于界面的 CNT 使 PPS 分散相界面变模糊、黏结增强，sPS/PPS(80/20)共混物表现为单结晶峰和单熔融峰，且 CNT 的加入提高了结晶峰温。加入 7% CNT 后，材料的体积电阻率降低了 3 个数量级。

3) PPS/聚丙烯(PP)共混合金

PPS 与 PP 的合金，在一定程度上可以改善 PPS 的耐磨性能，同时 PP 的加入能提高 PPS 的结晶性能。

张建强等[64]以硬脂酸(SA)为表面改性剂制备改性 MoS_2，然后加入 PPS 与 PP 共混料中，通过模压成型制备 PPS/PP/SA-MoS_2 复合材料，可以提高 PPS 材料的耐磨性能。通过磨损面的宏观形貌观察，分析出磨损机理：磨损开始时，磨粒磨损占主导地位，质量磨损率较高，随后黏附转移膜磨损逐渐占据主导地位，质量磨损率变化较小，过程中磨粒磨损和转移膜磨损同时存在，并随着转移膜及磨屑脱离摩擦区域，两种磨损之间相互转变。

万艳霞等[65]以 PPS 和 PP 作为非相容体系进行熔融共混纺丝，经二甲苯刻蚀剥离 PP 后观察 SEM 图发现，当 PPS 的含量超过 60%时，连续相 PP 开始向分散相转变，纤维断面形成孔洞结构，两相发生相翻转，这种组织不利于 PPS 超细纤维的获得。所以利用 PPS/PP 共混法制备 PPS 超细纤维，PPS 的含量应低于 60%。PP 的加入能够提高 PPS 的结晶能力，共混纤维中 PPS 的热结晶温度比纯 PPS 提高了约 20 ℃。随着 PPS/PP 共混比例的增大，纤维的力学性能降低，见表 7-21。

表 7-21　PPS/PP 组成比对共混纤维结晶度及力学性能的影响

PPS/PP 组成比(质量比)	PPS 结晶度(X_c)/%	线密度/dtex	断裂强度/(cN/dtex)	断裂伸长率/%
30/70	35.6	4.68	3.09	64.4
40/60	31.2	5.12	2.83	59.6
50/50	27.9	5.32	2.77	106.25
60/40	23.8	6.43	2.14	104.72
100/0	11.3	2.69	1.68	87.72

4) PPS/弹性体共混合金

PPS 本身存在韧性差、脆性大等缺点，限制了它的应用，通过改性技术提高 PPS 的韧性，是 PPS 目前最主要的应用发展方向之一。

PPS 与聚甲基乙烯基硅氧烷(PMVS)弹性体熔融共混时，可通过将刚性链结构的 PPS 在共混时产生的大分子自由基，与增韧的弹性体产生共交联结构，达到增韧改性的效果。王英等[66]发现，PPS/无苯基聚甲基乙烯基硅氧烷(NPMVS)、PPS/单苯基聚甲基乙烯基硅氧烷(SPMVS)两种共混材料体系的冲击强度相对于基体 PPS 均有明显提高，在 PPS/NPMVS 共混体系中，当 NPMVS 含量为 10%时，共混材料的冲击强度达到最大值，为 35.81 kJ/m^2，相对于 PPS 基体提高了 1.8 倍。在 PPS/SPMVS 共混体系中，当 SPMVS 含量为 3%时，共混材料的冲击强度最佳，为 30.6 kJ/m^2，相对于基体提高了 1.4 倍。

张群安等[67]发现聚氨酯(PU)弹性体也可以用来对 PPS 增韧改性，同时加入经表面处理后的纳米 SiO_2 可以在保证韧性的前提下提高体系的强度。PU 与纳米 SiO_2 粒子对 PPS 基体起到协同增韧作用。这是由于 PU 与纳米 SiO_2 粒子形成核-壳结构，一方面增强了纳米 SiO_2 粒子与基体的界面结合，另一方面也增大了弹性体 PU 在复合材料中的有效体积，相当于增加了弹性体的含量，如表 7-22 所示。

表 7-22 聚苯硫醚基纳米 SiO_2、PU 复合材料实验配方及力学性能表

编号	PU/wt%	纳米 SiO_2/wt%	PPS/wt%	冲击强度/(kJ/m^2)	拉伸强度/MPa	弯曲模量/MPa	弯曲强度/MPa
1	0	0	100	60.65	70.5	3501.7	107.6
2	0	3	97	69.59	73.6	3412.3	100.2
3	3	0	97	136.34	65.3	3406.6	102.1
4	5	0	95	136.42	63.1	3152.5	93.2
5	0	5	95	74.13	82.8	4291.7	120.3
6	0	10	90	64.30	83.7	3813.4	109.1
7	10	0	90	137.59	55.7	2832.2	78.6
8	3	3	94	72.85	66.2	3398.1	98.7
9	5	5	90	84.15	61.8	3324.0	93.0
10	10	10	80	68.10	52.21	3150.7	81.0
11	3	5	92	63.07	67.3	3236.6	100.2
12	5	10	85	68.95	59.5	3210.7	88.6
13	10	3	87	85.70	55.3	2533.1	76.5
14	3	10	87	56.65	65.0	3802.3	101.9
15	5	3	92	79.27	64.2	3346.7	94.3
16	10	5	85	76.52	54.8	3018.8	80.2

2. PPS 与工程塑料共混

1) PPS/聚酰胺共混合金

PPS 和聚酰胺(PA)的共混物具有良好的刚性、耐热性、阻燃性、低吸水性和加工流动性。目前 PPS/PA 合金研究已经比较成熟。

四川大学刘钊及张翔等[16,68]分别将 PPS 与聚酰胺 66(PA66)直接熔融共混，实验结果表明，随着 PA66 含量增加，PPS/PA66 共混物的拉伸强度和弯曲强度逐渐下降。随后引入长玻璃纤维(LGF)形成 PPS/PA66/LGF 三元体系复合材料，由于长玻璃纤维可以贯穿 PPS 与 PA66 两相相区，起到物理增容的效果，如图 7-9 所示，从而达到同时提高复合材料强度、刚度和韧性的目的。PPS/PA66/LGF 复合材料的扫描电子显微镜和动态力学性能分析都表明共混物内部形成了一个高度互锁的结构，从而使得材料性能大幅度提升。

图 7-9　长玻璃纤维增容 PPS/PA66 机理示意图

2) PPS/聚酯共混合金

PPS 和聚酯的合金主要是向 PPS 中添加聚对苯二甲酸乙二醇酯(PET)、聚对苯二甲酸丁二醇酯(PBT)或聚芳酯形成的合金。

由于采用超细纤维制备的非织造布具有强力好、高吸收、透湿和质轻等优点，被广泛用于医学、服装和过滤领域。制备超细纤维的一种手段是先制备聚合物合金复合纤维，再通过溶剂刻蚀复合纤维中海组分，留下中间的岛组分，使得复合纤维从一根双组分粗纤维变成一束单组分细纤维，从而获得超细纤维。修俊峰等[69]利用海岛型复合纺丝法制备了 PPS/PET 合金复合纤维，并通过处理得到超细纤维。在 PPS/PET 复合纤维中，PPS 作为难溶性聚合物构成岛组分，而 PET 溶于 NaOH 构成海组分。PPS/PET 海岛型复合纤维经针刺加固以后，以针刺毡的形式使复合材料中的海组分 PET 溶解在 NaOH 溶液中而去除，留下岛组分 PPS，从而制备出 PPS 超细纤维的针刺毡。

PPS 与 PBT 都是结晶聚合物，但二者是不相容体系，两种聚合物在各自的微区内结晶。Defeng Wu 等[70]通过直接熔融混合制备具有各种黏土负载量的 PPS/PBT/黏土纳米复合材料，其中 PBT 组分是连续相，PPS 和 PBT 的质量比固定为 60/40。PPS 相的大小随黏土含量的增加而增加，并且显示出一种新的形态演变，从球晶小滴到纤维状结构，最后到层状和部分共连续结构共存。作者通过扫描电子显微镜观察到黏土选择性分布于 PBT 相，这种选择性分布不仅改变了不混溶组分的黏度比，而且还防止了熔融混合过程中相畴的聚结，从而促进了两相之间的动态相容性。

聚芳酯具有很高的耐热性和韧性、优异的电气绝缘性和力学性能，但耐腐蚀性、阻燃性较差，加工困难，而PPS具有优良的耐腐蚀性、阻燃性，但冲击强度低，将二者共混改性，取长补短，既保持各项特性，又易于成型加工。此类合金可用于制造齿轮、轴承、电气开关、绝缘罩等。

3) PPS/聚碳酸酯共混合金

PPS与聚碳酸酯(PC)共混可以改善共混合金的力学性能。PPS和PC的相容性差，向合金中加入增容剂可以进一步改善合金的力学性能，不同增容剂的改善程度不同。梁基照等[71]向PPS/PC合金材料中加入GF和$CaCO_3$，发现随着纳米碳酸钙的加入，复合材料的冲击韧性和弯曲性能均有不同程度的提高，当碳酸钙的质量分数为6%时达到最大值。在PPS/PC体系中加入环氧树脂，发现通过扫描电子显微镜观察不到PPS和PC体系之间存在明显的相分离现象，并且体系的拉伸强度和模量显著提高。

3. PPS与高性能工程塑料共混

1) PPS/聚醚醚酮共混合金

PPS和聚醚醚酮(PEEK)都是结晶聚合物，且相容性好，PEEK具有比PPS更高的玻璃化转变温度、熔点、韧性，PPS具有良好的可加工性和更合理的成本，将二者结合制得的PPS/PEEK的共混物尺寸稳定性良好，耐热性也很卓越，在高达304 ℃的温度下才开始变形。

马忠雷等[72]采用固态间歇发泡法制备了不同共混比例的PPS/PEEK微孔材料，结果发现共混使PPS相和PEEK相的结晶度增大，共混物中的气体饱和浓度随PEEK含量的增加而增大。与纯PPS和PEEK相比，共混物中形成了致密的多级泡孔结构，微孔发泡使PPS/PEEK共混物的冲击强度增大，介电常数及储能模量降低。

近年来具有稳定的导电网络和可接受的机械性能的导电复合物得到了广泛关注，PPS/PEEK/MWCNT(多壁碳纳米管)三元纳米复合材料由此得到了很大的发展。

2) PPS/聚砜共混合金

聚砜(PSF)树脂具有良好的力学性能、介电性能、化学稳定性和耐热性，但PSF在熔融时黏度较大，给其成型加工带来了一定的困难。PPS具有优异的熔体流动性，可采用PSF与PPS共混，以降低PSF的黏度，改善PSF的加工性能。

陈晓媛等[73]以环氧树脂(EP)为界面反应剂，通过熔融共混制备PPS-PSF-EP共混合金，当EP质量分数为5%时，共混合金的综合力学性能最佳。该共混合金的增韧机理为分散相引发银纹机理。

PPS与聚砜(PSF)共混可以显著改善PPS的韧性和冲击性，共混物的弯曲强度、弯曲模量和拉伸模量比PSF有所提高，而且熔体黏度低、加工性能和综合力学性能好，适宜于制造各种形状复杂、尺寸稳定性好、又能在较高温度下使用的制品，因此，在电子电气、机械设备和交通运输等领域有广泛应用前景。

3) PPS/聚苯醚共混合金

聚苯醚(PPO)具有与 PPS 相似的化学结构，因此 PPS /PPO 合金有望显示出极好的聚合物合金的潜力，且由于 PPO 的玻璃化转变温度很高，因此在高温下 PPS /PPO 合金的性能有望优于 PPS。在制备 PPS/PPO 合金时，如何控制 PPO 相在 PPS 基体中的分布非常重要，Kimihiro Kubo 等[74]通过向合金体系中加入增容剂 SG，发现了一种新式的制备 PPS 基体中 PPO 微分散相的方法。虽然聚合物合金的综合性能与 PPO 相的尺寸关系不大，但是塑料制件的熔结痕处的力学强度与 PPO 的微分散相的尺寸密切相关。与纯 PPS 树脂相比，PPS/PPO 合金在温度较高的条件下的拉伸强度更为优异，并且该合金保持了 PPS 的精密成型的优点。

4) PPS/聚芳硫醚砜(PASS)共混合金

PASS 具有优良的力学、电学性能以及耐化学腐蚀、耐辐射、阻燃等性能，但其加工流动性较差，不利于制品成型，因此对 PASS 的加工流动性进行改善尤为重要。PASS 和 PPS 具有相似的分子主链结构和加工温度区间，将 PASS 和 PPS 共混既可以降低 PASS 的熔体黏度，改善 PASS 的加工性，同时还可以提高 PPS 的刚性和模量。王孝军等[75]制备了 PPS/PASS 的共混合金，发现随着合金中 PPS 含量的增加，合金的加工流动性得到明显改善。在 PPS 的质量分数为 50%时，PASS/PPS 合金的熔融加工温度最低，熔点降至 270 ℃。四川大学孔雨[76]通过在 PPS/PASS 的共混物中加入纳米二氧化硅，达到了降低分散相尺寸从而控制共混体系形貌的目的。

5) PPS/热致性液晶聚合物共混合金

热致性液晶聚合物(TLCP)具有刚性的全芳族链结构和特殊的凝聚态结构，加入少量的 TLCP 可以改善 PPS 的加工性能。TLCP 在熔融状态下可以取向，冷却时可以形成微纤，从而可提高 PPS 的强度。四川大学赵小川[23]采用熔融共混的方式制备了 PPS/TLCP 复合材料，发现加入适量 TLCP 可以改善该体系的加工性能，并原位生成微纤化复合材料。PPS/TLCP 复合材料存在皮芯结构，工艺参数对 TLCP 微纤的形成起着重要作用，提高注塑机的注射速率有利于 TLCP 微纤的形成。

4. PPS/氟树脂共混合金

聚苯硫醚、聚四氟乙烯均是耐高温、耐腐蚀的树脂,同时聚四氟乙烯有极低表面能,而聚苯硫醚与金属有良好结合力，结合二者的优点，可制备出集耐腐蚀、耐高温、超疏水等优异性能为一体的 PPS/氟树脂共混合金，应用于机械行业、汽车行业以及航空航天、军事等方面。

由于 PTFE 与基体 PPS 之间的黏合性差，随着内部氟树脂含量的增加，复合材料的硬度、刚度和强度趋于降低。实际上，为了更好地适应工程塑料对材料高性能的要求，PPS/氟树脂合金一般还需进行增强。Wei Luo 等[77]用短碳纤维(CF)增强制备聚苯硫醚/聚四氟乙烯/CF(PPS/PTFE/CF)复合材料，发现 CF 明显改善了 PPS/PTFE 共混物的拉伸强度、弯曲强度和硬度。同时 15%的 CF 增强的 PPS/PTFE 复合材料的比磨损率和平均摩擦系数分别达到 5.2×10^{-6} $mm^3/(N\cdot m)$和 0.085。PPS/PTFE 复合材料的主要磨损机制是通过引入 CF，从而将黏合剂磨损转变成为磨料磨损。由于 CF 与 GF 相比具有较高的比模量和自润滑性，因此，CF 增强热塑性材料表现出了比 GF 增强热塑性材料更好的耐摩擦和耐磨损性能。

聚偏二氟乙烯(PVDF)作为一种氟类聚合物，具有良好的耐氧化性，Jian Xing 等[78]将 PPS 与 PVDF 熔融共混，结果显示，共混能改善 PPS 的抗氧化能力，5 wt%含量的 PVDF，即可显著改善 PPS/PVDF 合金的拉伸强度和拉伸模量，且 PVDF 的加入将加速 PPS 的结晶并增加 PPS 的晶体完善度。

7.4.3　部分聚苯硫醚合金产品及性能

通过结合不同材料的优异性能而制得的聚苯硫醚合金产品得到了广泛的应用。一些主要的 PPS 合金品种及其性能如下。

日本 Asahi 公司的 PPS/PPE 合金系列，具有优异的耐热性、阻燃性、尺寸稳定性和机械性能，在汽车零件、电子电气零件和工业零件领域有广泛的应用。表 7-23 列出了其四种牌号的 PPS/PPE 合金的性能。

表 7-23　PPS/PPE 的牌号、特性

性能	DG141	DG235	DG043	DV166
拉伸强度/MPa	89	125	79	88
断裂伸长率/%	2	2	2	2
弯曲强度/MPa	147	192	132	154
弯曲模量/GPa	11.8	9.75	9.77	16.4
加工温度/℃	300～330	300～330	300～330	300～330

表 7-24 列出了 Clariant 公司生产的牌号为 PA1SP0019 的玻璃纤维增强 PA66/PPS 合金的主要性能。

表 7-24　PA1SP0019 PPS 合金的主要性能

性能	拉伸强度/MPa	弯曲模量/GPa	Izod 无缺口冲击强度/(J/cm)	加工温度/℃
PA1SP0019	138	11	0.534～0.801	260～263

德国 Ensinger 公司通过压缩成型的方式生产了添加 PTFE 的 PPS 复合材料 TECATRON PPS。这种复合材料是一种高结晶度的高温热塑性塑料，具有出色的耐温性、强度、耐化学性和阻燃性，以及合理的成本。TECATRON PPS 可用于生产耐长期高温、耐腐蚀和尺寸稳定性要求高的材料，如燃油喷射器、水泵、活塞、齿轮和轴承等。表 7-25 列出了几种 TECATRON PPS 产品的性能。

表 7-25　TECATRON PPS 的牌号和主要性能

性能	XP-71	XP-72	XP-73
拉伸强度/MPa	57.9	14.5	12.4
断裂伸长率/%	1.6	1.3	1.6
弯曲强度/MPa	71.0	24.1	18.6

PPS 和 LCP 的合金表现出优异的耐热性和尺寸稳定性，此外，它们在高频区域表现出低介电损耗，可以用于制作高频器件材料。表 7-26 列出了四种牌号的 PPS/LCP 合金的主要性能。

表 7-26　PPS/LCP 合金的牌号和特性

性能	C0511A	C0711A	P0813A	P1210A
弯曲强度/MPa	180	180	130	130
弯曲模量/GPa	12	14	21	16
燃烧性(UL94)	V-0	V-0	V-0	V-0
介电常数	5.0	7.0	8.0	12

美国泰科纳公司推出液晶聚合物/聚苯硫醚(LCP/PPS)合金牌号 Vectra V140 和 Vectra V143X。该合金具有 LCP 和 PPS 两种材料的优良性能，包括拉伸强度、弯曲强度和压缩模量，均符合生产复杂形状电子电气和其他工业产品部件的要求，且耐热性好，符合无铅焊接表面组装工艺要求。此外，与 PPS 相比，该合金在成型时注射压力低，加工流动性好，几乎不产生飞边，薄壁制品强度高，成型模具温度为 80～120 ℃，而 PPS 一般要求 135 ℃；与 LCP 比，该合金的焊接强度更高，成型的复杂形状的最终制品翘曲程度小。

PPS 与其他高聚物的共混改性研究及产品应用开发已经取得了大量的成绩，大量具有优良综合性能和高性价比的 PPS 合金材料已经获得了广泛的应用，说明该技术及 PPS 合金材料具有十分广阔的应用前景。

7.5 聚苯硫醚纳米复合材料

纳米材料是指颗粒尺寸在纳米量级(0.1～100 nm)的超细材料，它的尺寸大于原子簇同时小于通常意义上的微粉，处在原子簇和宏观物体交界的过渡区域。纳米材料具有重要的科学研究价值，它搭起了宏观物质和微观原子、分子之间的桥梁。大量实验表明，在纳米量级的范围内，材料的物理化学性质能发生显著变化，呈现出体积效应、表面效应和宏观量子隧道效应等的特性，具体表现如纳米粒子比表面积大，其表面原子数、表面能和表面张力随粒径下降急剧上升，这些特性使得纳米材料能与其他材料产生强烈的界面相互作用[79-81]。Roy 等[82]于 20 世纪 80 年代中期提出纳米复合材料(nanocomposites)的概念，要求分散相尺度至少有一维小于 100 nm，这种复合材料同时兼顾纳米粒子和其他材料的优点，甚至被赋予热、光、磁等特殊性能。

聚苯硫醚作为结晶性工程热塑性塑料，具有高强高模，优异的热稳定性、阻燃性和耐化学性，将其与功能性纳米颗粒、纳米纤维、纳米管、纳米片等结合，不但有望克服 PPS 的缺点，同时还可以赋予 PPS 优异的电、磁、光学以及吸波等特性，为 PPS 功能化带来新的突破[83-86]。

7.5.1 聚苯硫醚纳米复合材料的分类

PPS 通常用碳纳米管(CNT)或其他微纳米填料如无机纳米粒子(WS_2、SiO_2、Al_2O_3、TiO_2、SiC)，纳米黏土等制备纳米复合材料。根据组分的不同，聚苯硫醚纳米复合材料(polyphenylene sulfide nanocomposites)主要分为两类：PPS/层状纳米无机物复合材料、PPS/无机纳米粒子复合材料[87-89]。

1. PPS/层状纳米无机物复合材料

聚苯硫醚/蒙脱土纳米复合材料与其在其他聚合物改性中所得到的效果有一定差距，主要是因为 PPS 的加工温度较高，层状纳米无机物在加工处理中难以承受，导致聚合物不易插入层间[90]。四川大学邹浩[91]在制备聚苯硫醚/蒙脱土纳米复合材料中发现，尽管蒙脱土在聚苯硫醚的加工温度以上会发生降解，但 300 ℃的恒温条件下，蒙脱土的插层剂需要 0.5 h 以上才能完全降解，而它出现明显的失重也需要一段时间。作者发现复合材料的熔融制备有两个独立过程，其中分散过程较长，插层时间较短。因此通过调节加工条件，能有效提高蒙脱土的插层效果，在低含量下复合材料的拉伸强度和模量大幅度提高。

石墨烯作为近几年的研究热点，在复合材料的研究中有诸多应用，填料和基体之间存在较强的 π-π 相互作用，尤其是能赋予其优异的导电性能。

2. PPS/无机纳米粒子复合材料

目前已开发的 PPS/无机纳米粒子复合材料体系中的纳米填料主要有单壁/多壁碳纳米管、纤维素晶须、凹凸棒土、纳米粒子($CaCO_3$、SiO_2、TiO_2、ZnO)等。

Zhang 等[92]利用强氢键相互作用，通过 α-氯萘混合法制备聚苯硫醚和改性的羧基多壁碳纳米管(MWCNT-COOH)纳米复合材料。可以发现 MWCNT-COOH 可以很容易地分散到 PPS 中，能有效改善 PPS 的导电性和机械性能。由于羧基与硫化物之间的强氢键相互作用，MWCNT-COOH 可以更容易地改善 PPS 的电导率，添加量从 0.5 wt%到 5 wt%时，电导率从 8.8×10^{-3} S/cm 升至 0.35 S/cm。当 MWCNT-COOH 含量为 2 wt%时，拉伸强度和断裂模量分别达到 294.3 MPa 和 2189.5 MPa。但由于 PPS 需要在高温下才能溶于 α-氯萘中，而 α-氯萘在高温下容易出现分解，且其特有的臭味以及回收、处理困难的问题，使得采用该方法制备 PPS 纳米复合材料不具有实用性。

7.5.2　聚苯硫醚纳米复合材料的制备

由于 PPS 在常温下无溶剂可溶、聚合体系复杂，因此大多数的 PPS 纳米复合材料通过熔融共混方法制备[93,94]。

聚苯硫醚纳米复合材料熔融共混的一般路线如图 7-10 所示。

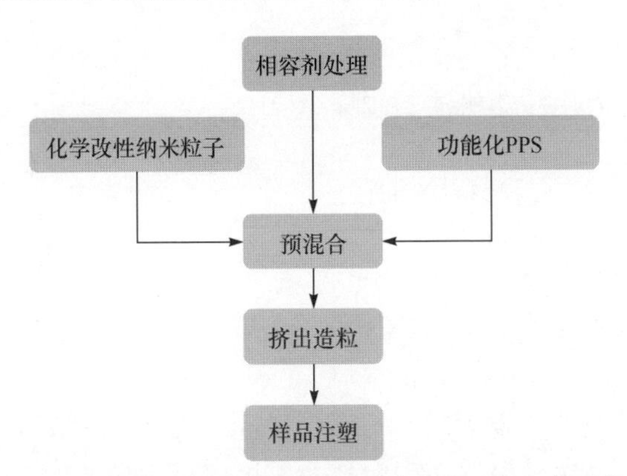

图 7-10　聚苯硫醚纳米复合材料熔融共混的一般路线

1. 物料处理

相容剂处理：T. Morishita，M. Matsushita 等[95]合成了马来酰亚胺聚合物(MIP)作为多壁碳纳米管(MWCNT)增强 PPS 复合材料的增容剂。MIP 通过 π-π 相互作用吸附在 MWCNT 表面，增加了 CNT 之间的空间排斥，从而改善了它们在基质中的分散性。

PPS 功能化修饰：在填料中掺入反应性官能团的 PPS 衍生物，能够在保持母体聚合物的优异性能的同时提高纳米复合材料的性能。M. Naffakh 所在的课题组[96]以两步法制备 PPS 衍生物，先加入硝酸/硫酸混合物合成硝化聚合物(PPS-NO_2)，再将硝基还原获得氨化衍生物(PPS-NH_2)。

纳米粒子的化学改性：除了通过表面处理增加纳米粒子在基体相中的分散性外，也可以通过官能团化或接枝等与基体产生共价键结合，从而提高产品性能。

2. 预混合阶段

由于 PPS 的纳米复合材料通常通过熔融共混方法制备，主要有两种预混合阶段。

固相混合：物料高速离心物理混合或充分研磨实现均匀混合。L. D. Díez-Pa，S. W. Pan[97]用球磨法将 PPS 粉末与纳米 SiO_2 在球磨机上高速混合，通过增加动能的方法防止填料团聚，达到其在 PPS 基体中良好分散的效果。

液相辅助混合：粉料分散在溶剂中进行超声处理，并加以干燥。A. M. Díez-Pascual，M. Naffakh 等[98]用聚醚酰亚胺(PEI)包裹 SWCNT，并与 PPS 粉末分散于乙醇中，超声处理约 30 min。随后，将分散体在烘箱中加热直至完全除去乙醇。

3. 挤出机挤出造粒

将干燥充分的均匀混合物料进行挤出。

4. 样品注塑

混合物料干燥后用注塑机注塑制样。

7.5.3 聚苯硫醚纳米复合材料的性能

1. 力学性能与微观形貌

应用于 PPS 纳米复合材料的纳米粒子主要有蒙脱土、SiO_2、$CaCO_3$、ZnO 晶须、TiO_2 等。

四川大学龙盛如等[99]发现纳米 $CaCO_3$ 在低含量增韧聚苯硫醚时，对体系流动性影响不大，只有在含量超过 20%时体系黏度才有明显增加。同时，$CaCO_3$ 由于超细化和纳米化，粒子间容易团聚，无法在聚合物基体中很好地分散。通过对钛酸酯偶联剂处理前后的粒径变化及分散状况对比表明，纯碳酸钙粒子的不规则立方体、团聚链状结构，在经过表面处理后粒子表面呈现包覆现象，分散更加均匀，平均粒径更小，同时，相对于纯样的脆性断裂有明显的塑性变形特征。

熔融共混法制备聚合物/SiO_2 纳米复合材料时，通过使用偶联剂对 SiO_2 进行表面处理或使用原位聚合法在 SiO_2 表面进行聚合物接枝改性等都可以在不同程度上改善 SiO_2 在聚合物中的分散。

此外，层状纳米填料与其他纳米粒子复配也对力学性能有所提升，四川大学杨雅琦[88]在 PPS 熔体加工中加入层状纳米黏土和刚性 SiO_2 两种不同尺寸的纳米填料，利用它们对剪切流动的响应不同产生的强相互作用来实现两种不同尺寸纳米填料在基体中的形貌控制。如图 7-11 所示，由于填料的强相互作用，在较少添加量的情况下实现了纳米黏土和纳米 SiO_2 的良好分散和较好的剥离，在添加 4 wt% SiO_2 的情况下，粒子的平均尺寸从 240 nm 降低至 120 nm，使纳米填料对 PPS 的增强效果得到改善。由于剥离黏土和纳米 SiO_2 颗粒的限制，PPS 分子链的流动性受到限制，导致 PPS 结晶行为发生了显著变化。此外，分散性好的纳米填料对分子链的限制作用导致 PPS 复合材料的结晶温度和结晶度降低，T_c 降低，参见表 7-27、图 7-12。

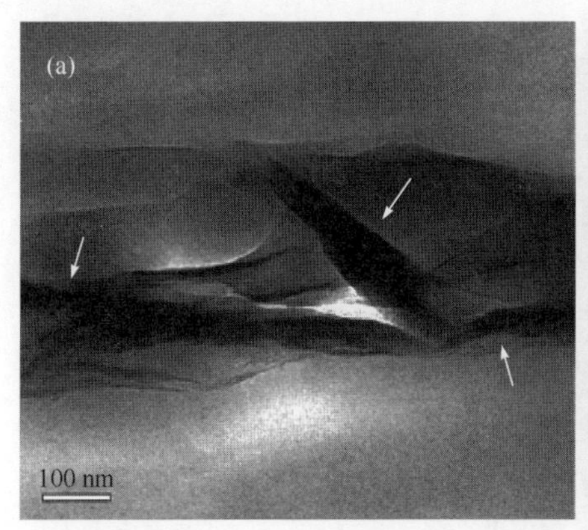

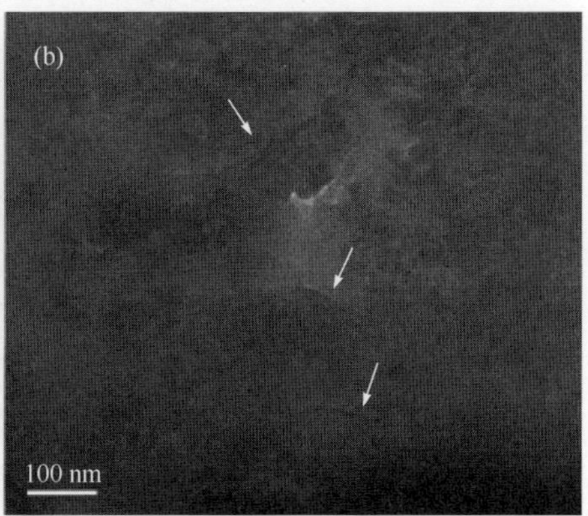

图 7-11　PPS 纳米复合材料的 TEM 照片

(a) PPS/层状黏土(96.2/3.8，质量比)；(b) PPS/球状 SiO_2/黏土(77.0/19.2/3.8，质量比)；箭头所指为层状黏土

表 7-27　PPS 纳米复合材料的 DSC 参数

样品	PPS/wt%	SiO_2/wt%	黏土/wt%	T_{cc}/℃	T_c/℃	T_m/℃	X_c/%
PPS0	100	0	0	122.3	243.4	281.8	32.08
PPS1	99	1	0	120.4	244.4	282.8	30.33
PPS2	98	2	0	121.5	243.9	283.3	29.15
PPS4	96	4	0	121.0	243.4	282.3	28.61
PPS1C	98.8	1	0.2	119.3	242.8	282.3	29.26
PPS2C	97.6	2	0.4	121.6	242.6	282.3	27.64
PPS4C	95.2	4	0.8	121.6	241.0	281.5	27.53

注：T_{cc}. 冷结晶温度；T_c. 结晶温度；T_m. 熔融温度；X_c. 结晶度。

如图 7-13 所示，S. H. Mi，K. L. Yun 等[100]报道了用 5 wt%的 MWCNT 增强

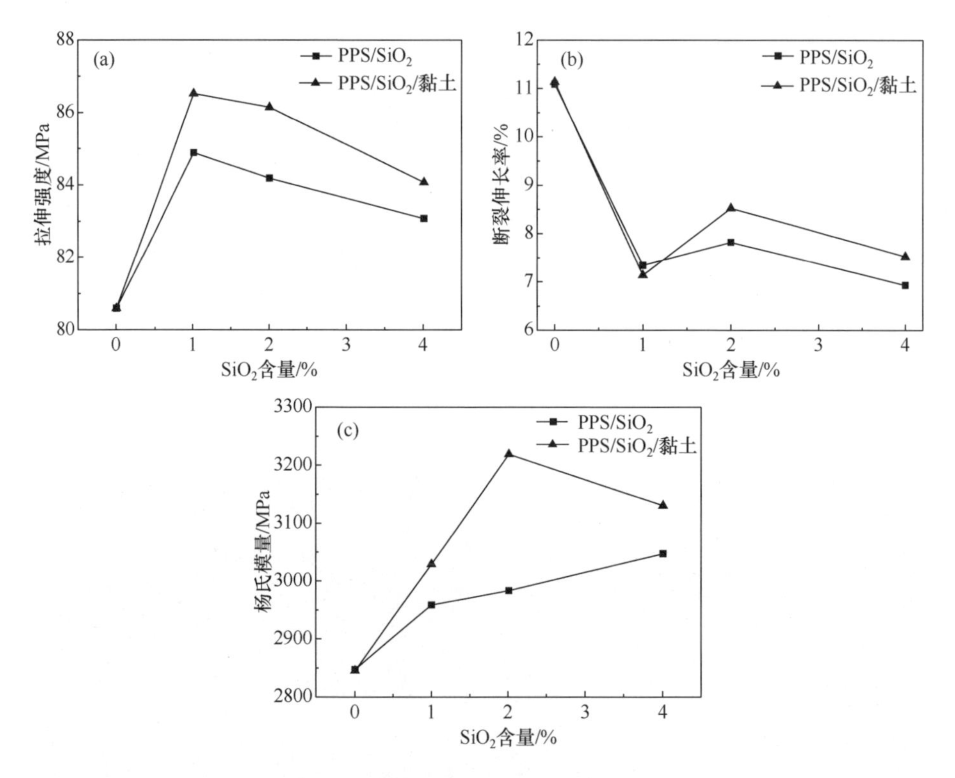

图 7-12　聚苯硫醚复合材料的拉伸性能

(a) 拉伸强度；(b) 断裂伸长率；(c) 杨氏模量

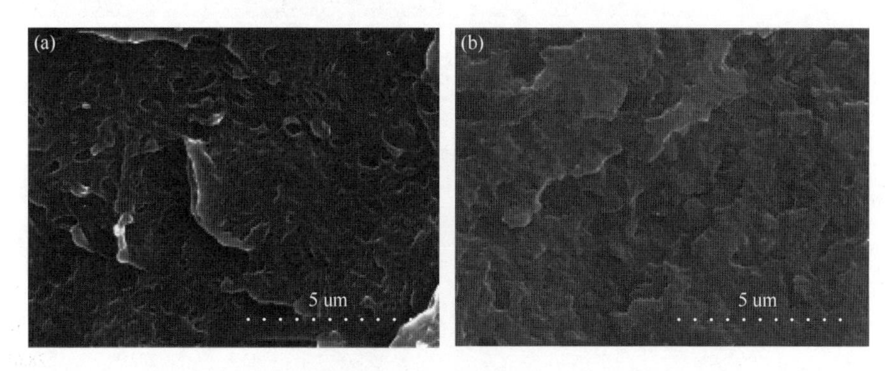

图 7-13　复合材料的低温断裂横截面的扫描电子显微照片

(a) PE/MWCNT(99/1，质量比)；(b) PPS/MWCNT(99/1，质量比)

PE 和 PPS，PPS/MWCNT 的断裂面与 PE 基体光滑的玻璃状断裂面不同，表明经处理的 MWCNT 与 PPS 基体之间相容性好，可能是由于 π-π 相互作用，MWCNT-MWCNT 网络结构的连通性增加。

2. 热性能和结晶行为

纳米粒子一般为无机物，热稳定性较好，少量分散的纳米 $CaCO_3$ 粒子对 PPS 的玻璃化转变温度有明显提升作用，如表 7-28 所示，但添加量增大时，纳米粒子会出现团聚，对分子链运动的抑制作用变弱，此时 PPS 的玻璃化转变温度会降低[101]。

表 7-28　聚苯硫醚/纳米 $CaCO_3$ 的热性能

样品	PPS/$CaCO_3$(质量比)	T_g/℃	T_c/℃	X_c/%
PPS0	100/0	90.11	232.2	43.0
PPS1	98/2	101.56	231.5	38.9
PPS2	97/3	102.02	229.1	38.7
PPS3	95/5	99.69	227.4	38.7
PPS4	90/10	92.41	242.2	37.6

Yang 等[102]对不同模温控制和不同热处理条件下的聚苯硫醚进行了研究，发现聚苯硫醚不仅由晶相承受大部分应力，非晶相也可能承受部分应力。作者认为其中非晶相分子链的缠结密度越高，分子链的限制越多，试样的应力越高。Wang 等[103]采用熔融共混法制备了 PPS/$CaCO_3$ 纳米复合材料。当填料含量低于 5 wt%时，纳米碳酸钙在聚苯硫醚中的分散性较好。差示扫描量热法(DSC)和小角激光光散射法(SALS)结果表明，纳米碳酸钙可以诱导成核，但阻碍聚合物链的迁移。力学性能测试结果表明，少量纳米颗粒的加入使拉伸强度略有提高，断裂韧性提高显著，达 300%。作者认为，纳米碳酸钙可以作为应力集中点，在施加外力的过程中可以促进颗粒边界的空化。空化能引起基体的大量塑性变形，从而大大提高断裂韧性。

纳米粒子也可以作为聚苯硫醚的表面成核位点，Jiang 等[104]研究了多壁碳纳米管在聚苯硫醚复合材料中的成核作用。结果表明，随着多壁碳纳米管数量的增加，复合材料的ΔH_c(结晶热焓)增加，而结晶温度则显著降低。Cho 等[105]通过在聚苯硫醚中添加碳纳米纤维(CNF)，发现 CNF 的比例越高，结晶度越低。由于纳米粒子的高表面能吸附，CNF 在低含量下有阻碍 PPS 分子有序排列的倾向，在 PPS 结晶过程中分子链的运动受到了抑制，使得其排入片晶变得更加困难。当填充量逐步增加时，纳米粒子的团聚造成其对分子链运动的抑制作用减弱，此时的纳米粒子团在材料的结晶过程中主要起到成核剂的作用。纳米金刚石(ND)也能作为聚苯硫醚的一种高效成核剂，ND 可以提供聚苯硫醚的异相成核点，提高结晶温度和结晶速率。在 1 wt%的含量下，它使结晶峰温度提高了 13.7 ℃。ND 的加入也影响了 PPS 的结晶行为，并增加了 PPS/ND 复合材料的非等温结晶活化能和拉伸强度[106]。

聚合物的相对较低的热导率也可以通过导热填料如碳纳米管、氮化硼(BN)和石墨等进行改性提高，用来解决在小型化微电子器件中的散热问题。氮化硼具有出色的导热性和电子封装绝缘性。然而，熔融混合的传统制备方法会使复合材料的热导率受到限制。Jiang 等[107]制备 BN@PPS 核-壳结构颗粒及其具有 3D 分离结构的复合材料，在 40% BN 添加量下，复合材料实现了 4.15 W/(m · K)的高热导率。这比相同 BN 添加量的 PPS/BN 共混物高 1.69 倍，主要归因于 PPS 基体中 BN 片状网络的形成可以提供有效的导热途径。类似地，K. Kim 和 J. Kim[108]将氮化硼(BN)和多壁碳纳米管(MWCNT)作为导热填料，通过颗粒涂覆法获得具有低填料浓度、高热导率的聚合物粒料。与传统方式相比，每个小球表面的颗粒能够相互连续，使热导率大大提高。此外，电绝缘的 BN 层能有效地中断电子传导，克服了 MWCNT 作为导热填料带来的弊端。

3. 流变性

PPS 纳米复合材料由于主要是通过熔融共混加工制备的，通过动态流变性能测试考察复合材料在熔融状态下的流变性能就具有非常重要的意义。

四川大学杨雅琦[109]研究了 PPS 与 SiO_2 以及纳米蒙脱土(clay)的流变行为(填料数据见表 7-29)，测定了 320 ℃时 PPS0、PPS4 和 PPS4C 三组试样复数黏度(η^*)随频率的变化趋势，如图 7-14 所示。三组试样在测试频率内均出现剪切变稀行为，呈现假塑性流体的流动特征。在低频区，黏度差异比较明显，而随着频率升高，黏度差异则逐渐减小，说明 PPS 体系对低剪切频率较为敏感。PPS4 和 PPS4C 的复数黏度比 PPS0 体系偏高，这与熔体模量的变化趋势一致。从局部放大图上可以看出三元体系(PPS4C)的复数黏度比二元体系(PPS4)略大，但差异很小。

表 7-29 填料数据

	PPS0	PPS4	PPS4C
PPS/wt%	100	96	95.2
SiO_2/wt%	0	4	4
OMMT/wt%	0	0	0.8

动态流变性能分析显示，二元体系与三元体系在熔体状态下模量与复数黏度的差别都很小，这可能是由于蒙脱土含量非常少，在 PPS4C 体系中仅为 0.8 wt%，当体系分子链处于冻结状态下，蒙脱土片层对分子链运动的限制作用表现较为明显，但在熔融状态下，由于分子链具有较高的运动能力，因此极少量的蒙脱土片

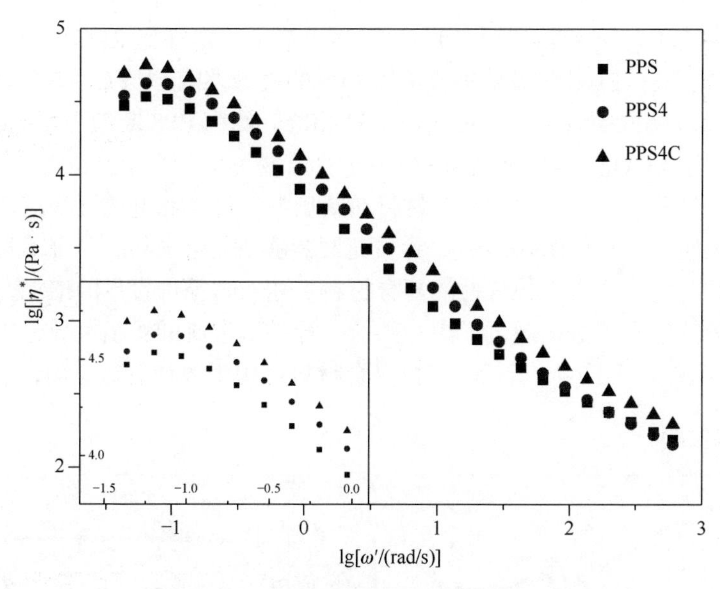

图 7-14　熔体复数黏度(η^*)作为ω'的函数

层对分子链的限制作用则被弱化。但在蒙脱土含量仅为 0.8 wt%的情况下仍能够使熔体动态流变性能有所差异，这也证明了通过形态控制方法实现纳米粒子的良好分散是行之有效的。

4. 电学性能

碳纳米管、石墨烯等具有很好的导电性能，作为纳米填料可以使聚合物的电阻降低 3 个数量级以上，但由于纳米填料的溶解性差、易团聚，在填料表面上接枝官能团或添加剂提高分散性被证明是制备聚合物复合材料的有效方法，另一种有效方法是利用有机聚合物包裹填料起到分散填料的作用。Caglar 等[110]通过挤出注塑合成石墨和碳纳米管填充的聚苯硫醚基双极板。聚苯硫醚在酸性介质中具有较高的稳定性，在这里作为基体材料。石墨是主要的导电填料，MWCNT 充当了石墨颗粒之间的桥梁，并提高了整体复合材料的电导率。钛酸酯偶联剂(KR-TTS)被用来改善填料的分散性和复合材料的流动性能。在 72.5 wt%总填料含量下，添加 2.5 wt% CNT 和 3 wt%的 KR-TTS 的复合材料通孔和面内电导率分别从 1.42 S/cm 和 6.4 S/cm 增加到 20 S/cm 和 57.3 S/cm。偶联剂使样品流动性提高，通过添加 1.25 wt%的 CNT，弯曲强度提高了 15%。

Zhang 等[111]通过 α-氯萘制备了导电聚苯硫醚/片状石墨(EG)复合材料来研究片状石墨对复合材料电导率的提升。随着还原片状氧化石墨(REGO)从 0.5 wt%增加到 5.52%，PPS/REGO 复合材料的电导率从 3.42×10^{-3} S/cm 增加到 1.17×10^{-2} S/cm。虽然片状氧化石墨(EGO)在 PPS 基中分散性更好，但引入 EGO 表面的基团会造成结构缺陷，破坏电子传输，降低电导率，因此它的导电性比 REGO 增强的复合材料低。但相比而言，EGO 更有效地改善了 PPS 的机械性能。当 EGO 含量达到 1 wt%时，PPS/EGO 的断裂强度达到最大值 1.31 MPa，约为 PPS 断裂强度的 109.5 倍。这主要归因于 EGO 的异质核化和 EG-硫醇加合物形成的大量共价键。

此外，具有负介电常数的复合材料在新型电容设计和电磁屏蔽应用方面也引起人们的关注。Fan 等[112]制备石墨烯填充聚苯硫醚复合材料，实现了具有可通过填料含量调节的负介电常数特性的复合材料。随着石墨烯含量的增加，复合材料中自由电子的等离子振荡超过了渗滤阈值，导致电渗流的发生，导电机理转变为自由电子模型，如图 7-15 所示，使得复合材料可用于各种电磁应用，如衰减和屏蔽等方面。

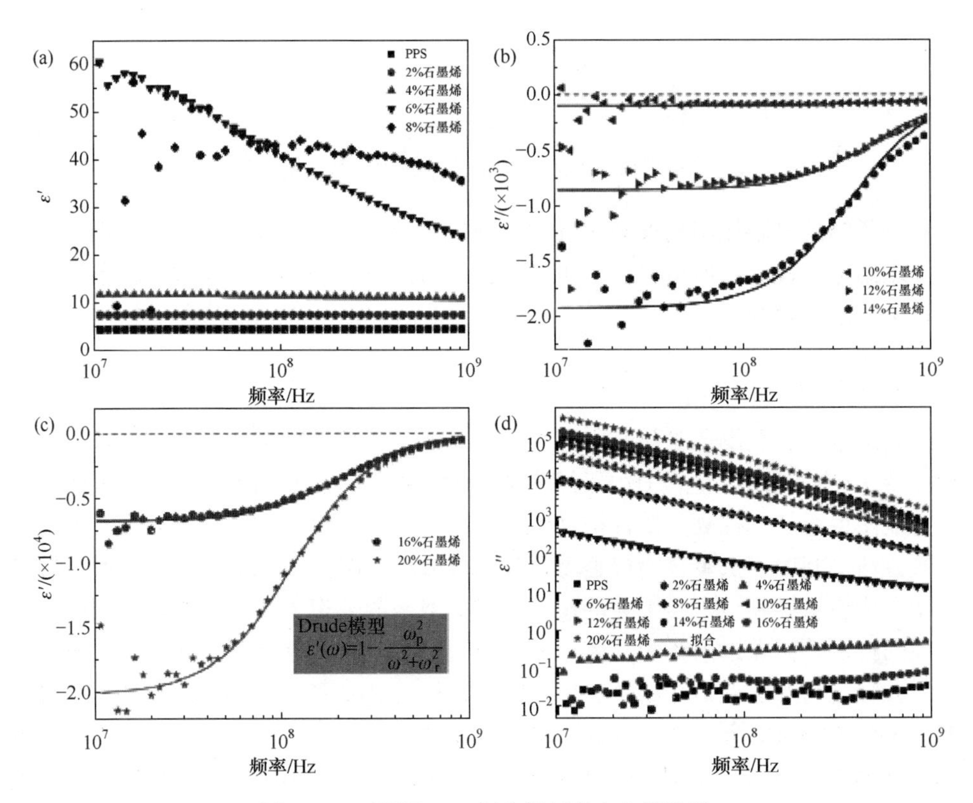

图 7-15　石墨烯/PPS 复合材料的介电常数谱

通过加入纳米粒子填料，聚苯硫醚可以作为轻型柔性膜在电容、电极等方面发挥很大的利用价值。M. Faraji 和 H. M. Aydisheh[113]通过将 PEG 均匀地添加到 PAN-石墨烯-MWCNT-PPS 复合材料基体中，然后从复合物中浸出 PEG 来制造超强电容性能的超薄柔性塑料，薄膜呈现大表面积和开孔的互联 3D 网络。复合材料薄膜有着良好的柔韧性、机械强度、高润湿性和低欧姆电阻，在电流密度为 1.6 mA/cm^2 时面积电容为 582 mF/cm^2。两块柔性薄膜组装而成的柔性全固态对称超级电容器器件的机械稳定性和电化学性能出色，2000 次循环后仍有 1.8 V 的高工作电压和 98%的电容保持率，表现出长期循环寿命，为塑料废料转化为用于轻便和便携式电子设备的柔性超级电容器提供了机会。

纳米复合材料在清洁能源方面也有一定的应用，由于具有高电导率和巨大的表面积活性，碳纳米材料已被广泛用来锚固纳米材料。Wang 等[114]通过将 CoP 纳米颗粒原位电沉积在柔性还原氧化石墨烯改性的碳纳米管/还原氧化石墨烯/聚苯硫醚(RGO-CNT/RGO/PPS)膜上，制备了新型电极。由于没有黏合剂，CoP 纳米颗粒与 RGO-CNT/RGO/PPS 电极之间能充分接触，制备出的复合材料膜在酸性介质中表现出优异的析氢反应(HER)电催化性能，在相对较低的电势(160 mV)下有着 10 mA/cm^2 的电流密度，测量得到的 Tafel 斜率为 60 mV/dec，低于 CoP-CNT/RGO/PPS 薄膜(105 mV/dec)，说明 CoP-RGO-CNT/RGO/PPS 膜上具有更快的电催化反应动力学特性。较大的电流密度是优化的结构和加速动力学协同作用的结果，并且复合膜电催化剂在中性条件下也表现出良好的 HER 活性和稳定性。

为了降解废水中的污染物，Liu 等[115]利用聚苯硫醚超细纤维和导电炭黑(CB)制备了一种应用在电芬顿系统(electroFenton system，又称 e-Fenton 系统)中具有通气功能的新型阴极膜。H_2O_2 的生成被大大增强，污染物[甲基橙(MO)、亚甲基蓝(MB)、罗丹明-B(RhB)、孔雀石绿(MG)]等在使用 PPS 阴极膜的 e-Fenton 系统中能被有效降解。此外，PPS 阴极膜的通气功能大大提高了污染物的去除率，可以在 e-Fenton 系统中发挥作用，经济高效地降解有机污染物，见图 7-16。

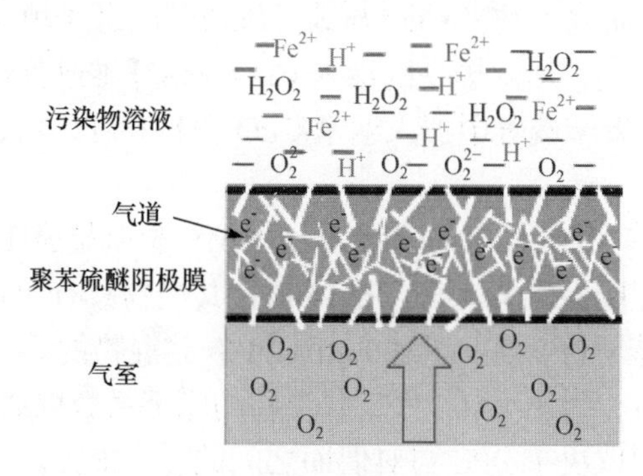

图 7-16　e-Fenton 系统中 PPS 阴极膜上 H_2O_2 生成示意图

5. 摩擦性能

聚苯硫醚的使用温度高、耐化学性良好和高的黏结强度使其被视为合适耐摩擦材料，通过纤维增强或者添加刚性颗粒填料来提高聚苯硫醚复合材料的耐磨性是比较传统和有效的方法。碳纤维能够显著提高聚苯硫醚的耐磨性，而对于颗粒填料的加入则使问题变得复杂，例如，一些微粒如 CuO、Ag_2S、CuS、NiS、SiC 和 Cr_3C_2 可以提高聚苯硫醚的耐磨性，而另一些微粒如 PbTe、PbSe、ZnF_2、SnS 和 Al_2O_3 则会对聚苯硫醚的耐磨性产生不利影响。

Laigui Yu 等[116]研究发现，原始聚苯硫醚具有较高的瞬时磨损，陶瓷粉末如 SiC、Cr_3C_2 和 Si_3N_4 显著提高了 PPS 的耐磨性，但在较长的实验时间内，其对耐磨性有损害。这是由于陶瓷填料促进了聚苯硫醚的分解，从而导致了复合材料耐磨性的变化。这被认为是由滑动过程中陶瓷颗粒的机械效应和热效应控制的。与之相对地，由于传统的有机纤维如碳纤维和芳纶纤维的硬度比陶瓷低，可以合理地预测有机纤维会产生比陶瓷更弱的机械效应和热效应。因此，Laigui Yu 等研究了芳纶纤维对聚苯硫醚复合材料摩擦性能的影响。结果发现，在聚苯硫醚中加入芳纶纤维，提高了材料对工具钢的摩擦系数，且提高了材料的耐磨性。在芳纶纤维体积分数为 30%时，复合材料的磨损体积损失最小。这种与陶瓷填充聚苯硫醚不同的磨损机理被解释为，纤维填料存在下的摩擦加热和磨损表面温度的增加，使聚苯硫醚在与工具钢的滑动过程中发生分解和氧化，产生 FeS 和 $FeSO_4$ 等化合物。这些化合物有助于增强转移膜与界面的结合，提高复合材料的耐磨性。

Zhenyu Jiang 等[117]采用挤出成型和注射成型的方法制备了填充短碳纤维(SCF)和亚微米级 TiO_2 颗粒的聚苯硫醚(PPS)复合材料。在 SCF 和 TiO_2 的体积分数分别为 15%和 5%时，复合材料比磨损率最低。这种混合填料的协同增强作用可以解释为颗粒在两个滑动面之间的正滚动效应，从而保护短碳纤维不被拉出 PPS 基体。

M. H. Cho 等[118]研究了纳米 CuO 与碳纤维或芳纶纤维填充聚苯硫醚复合材料的摩擦性能。结果发现，加入单一的纳米 CuO、碳纤维或芳纶纤维，均能明显降低材料的磨损率；在聚苯硫醚中加入纳米 CuO 颗粒和纤维后，稳态磨损率的降低幅度更大。

Zhaobin Chen 等[119]研究了聚酰胺 66(PA66)与聚苯硫醚(PPS)共混物的结构、力学性能和摩擦学性能。结果表明，PA66/PPS 共混物具有两相结构，30% PPS 共混物的综合力学性能最好，80% PA66-20% PPS 共混物的磨损率最低。作者通过摩擦热控制模型分析，得出 PA66/PPS 共混物的摩擦系数取决于熔点较低的 PA66 组分，而磨损性能则取决于 PPS 与对偶面之间的黏合能力。

Wei Luo 等[120]采用熔融共混法制备了短碳纤维增强聚苯硫醚/聚四氟乙烯(PPS/PTFE)自润滑复合材料，研究了碳纤维含量对复合材料形貌、力学性能和干滑动性能的影响。结果表明，CF 的加入明显提高了 PPS/PTFE 共混物的拉伸强度、弯曲模量和硬度。同时，15 vol% CF 增强 PPS/PTFE 的比磨损率和平均摩擦系数，其值分别达到 5.2×10^{-6} $mm^3/(N\cdot m)$和 0.085，比同一滑动条件下的单一 PPS/PTFE

低 88%和 47%。作者还通过一系列表征揭示了 CF 的引入使 PPS/PTFE 复合材料的主要磨损机制由黏着磨损转变为磨粒磨损，并且 PPS/PTFE/CF 三元共混物存在均匀、光滑和富 PTFE 的转移膜，这有助于增强摩擦性能。

7.6　聚苯硫醚结构-功能一体化材料

对高性能的聚苯硫醚特种工程塑料进行功能化填料复合以及特殊的结构设计，使其成为结构-功能一体化复合材料，是聚苯硫醚应用极具发展前景的方向，也是聚合物基复合材料的发展趋势。

7.6.1　导电材料

1. 抗静电材料、电磁屏蔽材料及吸波材料(RAM)

随着高新技术的发展，导电聚合物复合材料的应用场合多种多样，人们对材料的耐高温性、耐化学性、阻燃性、尺寸稳定性等提出了更高的要求。聚苯硫醚作为具有众多优异性能的特种树脂，与导电填料复合之后得到的导电性能优异的聚苯硫醚复合材料在越来越多的领域中得到了应用。

四川大学杨杰等[121]在 PPS 树脂中填充氧化锌晶须(ZnOw)，制备了高性能的 PPS/ZnOw 抗静电复合材料。研究发现，随着 ZnOw 添加含量的增加，材料的表面电阻逐渐降低。当 ZnOw 含量为 40 wt%时，材料的表面电阻从 1×10^{15} Ω 降到 1×10^{7} Ω，材料呈现良好的抗静电性。此外，通过在该复合材料中添加一定量的玻璃纤维可以有效提高材料的拉伸强度，获得具有优异力学性能和抗静电性的聚苯硫醚复合材料。

L. C. Folgueras 等[122]制备了具有聚氨酯/碳纳米管涂层的 PPS/GF 层压复合材料，并对微波(8～12 GHz)在该材料上的衰减进行了评估。结果表明，该材料能吸收高达 90%的入射微波能量，是一种有效的微波吸收材料。

Ling Xu 等[123]先制备了 PPS/多壁碳纳米管(MWCNT)母料，然后在 300 ℃下熔融共混制备了具有海岛结构的 PPS/PA6/MWCNT 导电复合材料。不同于低黏度的双逾渗体系，PPS 和 PA6 的高黏度导致 MWCNT 从 PPS 缓慢迁移至 PA6。通过合理控制共混时间(在该研究中为 4～16 min)可以实现大部分 MWCNT 分布在 PPS 相和界面处。而直接熔融共混制得的 PPS/PA6/MWCNT 复合材料中大部分 MWCNT 分布在 PA6 相和界面中，因此材料不能获得良好的导电性。

四川大学曹轶等[124]通过热压成型制备了具有隔离结构的聚苯硫醚/石墨烯纳米片(GNPs)复合材料，结果表明，该复合材料具有优异的电导率和电磁屏蔽效能(EMI SE)。当 GNPs 含量为 3.0 wt%时，复合材料的电导率和 EMI SE 分别达到

25.6 S/m 和 41.0 dB。这是由于隔离结构可以使填料选择性地分布在树脂颗粒表面，大大提高了导电网络的构建效率。

2. 燃料电池双极板

质子交换膜燃料电池(proton exchange membrane fuel cell, PEMFC)作为第五代燃料电池，具有功率密度高、能量转换效率高、工作温度低和启动快速等优点，是很有潜力的汽车动力源，近年来已成为电化学和能源科学领域中的研究热点。双极板是质子交换膜燃料电池的关键部件，对燃料电池的寿命、成本及性能具有重要影响[125]。然而，传统的金属双极板易在两极环境中发生腐蚀，且极板表面生成的氧化膜会降低其导电性，严重影响了电池的运行稳定性和使用寿命。此外，金属双极板较高的造价也阻碍了其进一步商业化。

PPS 作为一种耐化学性能突出、具有高温应用前景的特种工程塑料，通过填料改性可以得到具有较高电导率的复合材料，是作为双极板的理想材料。与金属双极板相比，聚苯硫醚复合材料具有优异的耐腐蚀性、低成本、轻质高强、加工性好、电导率可调等优势，具有更好的应用前景。

Burak Caglar 等[126]采用同向旋转双螺杆挤出机和注塑成型技术，通过在注射成型过程中施加剪切使填料取向最小化，制备了穿过平面和面内电导率之间差异相对较小的石墨/碳纳米管/聚苯硫醚复合双极板。多壁碳纳米管在石墨颗粒之间可以起到桥接作用，提高了材料的整体电导率。为了改善填料的分散性和复合材料的流动性能，体系中还引入钛酸酯偶联剂(KR-TTS)。结果表明，所制备的双极板可以在一定电位下工作，而不会发生破坏性的表面反应，如氢和氧的析出或碳基填料的腐蚀。与商用的双极板相比，聚苯硫醚复合双极板在更低电流密度和更高放电功率密度下具有较高的能量效率。

7.6.2 导热材料

对导热材料的选择不仅仅局限于热导率高、传热效率快，还需要满足其力学性能、加工性能、耐腐蚀性和电绝缘性等，这对于传统导热材料来说是难以实现的，因此可进行外形自由设计的聚合物热传导部件将扮演越来越重要的角色。

陈建野[47]采用体积排斥理论制得了 PPS/PA6 与石墨、炭黑的导热复合材料，其较传统单纯填充型导热复合材料的热导率高、填料添加量少，且仍保有一定的机械力学强度。在 PPS/PA6/石墨复合材料中，PA6 相的引入使得在未改变作为导热填料的石墨含量的情况下，复合材料的热导率出现了较大程度的增加，通过 SEM 观察发现：石墨主要选择性分布在 PPS 相中；PPS/PA6/石墨=50/50/10(质量比)复合材料体系的热导率可以达到纯 PPS 添加 20%石墨的复合材料的导热效果，且其热导率与体积排斥导热模型的理论预测值十分接近，说明该模型具有很好的实用性。

徐俊怡[127]创新性地采用固相剪切碾磨仪，用于剥离氮化硼纳米片(BNNS)并制备 BNNS/PSS 复合材料。导热性能测试表明，相同含量下，BNNS/PPS 复合材料较氮化硼(BN)/PPS 复合材料具有更高的热导率，一方面是因为 BNNS 在 PPS 基体中形成了更为致密的导热网络，另一方面是 BNNS 具有更高的热导率，见图 7-17。此外，BNNS/PPS 复合材料的热稳定性随着 BNNS 含量的增加而有所提高。

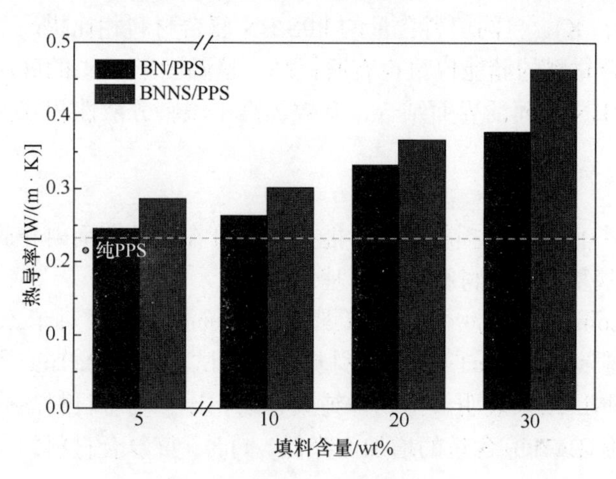

图 7-17　BN/PPS 和 BNNS/PPS 复合材料的导热性能

Junwei Gu 等[128]探究了石墨烯纳米片(GNPs)的体积分数对 GNPs /PPS 复合材料导热性能的影响。结果表明，GNPs 的加入大大提高了复合材料的热导率，当 GNPs 含量为 29.3 vol%时材料的热导率为 4.414 W/(m · K)，约为纯 PPS 的 20 倍，这归因于在 PPS 基体中形成的 GNPs 网络具有良好的热传输。此外，GNPs 的表面改性有助于进一步提升 GNPs/PPS 复合材料的导热性能和力学性能，这归因于表面改性提升了 GNPs 的均匀分散性，同时改善了 GNPs 和 PPS 界面相容性，降低了界面热阻。

Yongqiang Guo 等[129]采用微米氮化硼/纳米氮化硼(mBN/nBN)复合填料，制备了高导热绝缘的 mBN/nBN/PPS 复合材料。当 mBN/nBN(质量比为 2∶1)复合填料含量为 60 wt%时，制备的 mBN/nBN/PPS 复合材料的热导率由原始 PPS 基体的 0.286 W/(m · K)提高到 2.638 W/(m · K)。实验中模型拟合表明，mBN/nBN 复合填料更容易形成连续的导热网络。

Siu Ning Leung 等[130]探究了不同尺寸和形状的六方氮化硼复合以及碳基填料和六方氮化硼复合对 PPS 导热复合材料的协同作用。在复合体系中，第二填料可以促进第一填料的连接以形成导热网络，从而有效提高材料的热传导。作者认为，需要注意的是，每种复合填料体系都存在最佳体积比。如果第一填料与粒径较大的第二填料的体积比过高，则会使得较大的第二填料无法桥接，复合材料的有效热导率降低。相比之下，如果体积比太低，较大的第二填料的数量限制了填料的桥接程度。研究结果表明，具有较高长径比和较小粒径的二次填料(如 MWCNT)对提高复合材料的导热性能更为有效[131]。

Seokgyu Ryu 等[132]使用硅烷偶联剂改性的氮化硼作为填料制备了 PPS/BN-Si 导热复合材料。结果表明，当复合材料含有 60 wt%表面改性的 BN 时，最大热导率为 3.09 W/(m · K)，与同填料含量的 PPS/BN 复合材料相比提高了 116%。同时，PPS/BN-Si 复合材料的储能模量也有所提高。这归因于 BN 的硅烷表面处理改善了 PPS 基体与 BN 之间的界面结合，有效提高了填料分散性和减少了气隙。

7.6.3　介电材料

PPS 作为一种低介电损耗的高性能树脂，其在射频范围内介质损耗因子特别低，是聚合物基复合介电材料的良好基体。

Monika Konieczna 等[133]采用双螺杆挤出机制备了聚对苯二甲酸乙二醇酯(PET)/聚苯硫醚/钛酸钡($BaTiO_3$)复合材料，并测试了不同 $BaTiO_3$ 含量的复合材料的介电性能。测试结果表明，与两种纯聚合物相比，复合材料的介电常数增大，介电损耗因子随 $BaTiO_3$ 含量的增加而降低。同时，该复合材料的介电性能具有较好的温度稳定性。

Xutong Yang 等[134]利用 KH-560/NH_2-POSS 对六方氮化硼进行表面功能化改性(f-nBN)，制备了具有良好导热性、热稳定性和介电性能的 f-nBN/聚苯硫醚(f-nBN/PPS)复合材料。结果表明，f-nBN 填料的使用有利于提高 PPS 纳米复合材料的热导率和降低介电常数。当 f-nBN/PPS 复合材料含 60 wt% f-BN 填料时，热导率可达 1.122 W/(m · K)，介电常数为 3.99，耐热指数超过 275 ℃。

7.6.4　其他功能化材料

1. 磁性材料

代路[135]通过钕铁硼(NdFeB)磁体与 PPS 复合制备了高磁性的 PPS 磁性功能材料，并探讨了工艺及配方对该功能材料的性能影响。研究结果表明，经磷化+KH560 处理的磁粉与基体具有较好的结合。通过加入少量玻璃纤维布的方法，较大程度地提高了 PPS/NdFeB 黏结磁体板材的力学性能，同时未对板材的磁性能造成明显影响。

2. 锂电池隔膜

聚烯烃隔膜在锂离子电池(LIB)工业中占有领先地位，但其存在着耐热性差、孔隙率低、电解液润湿性差等缺点，这使得聚烯烃隔膜不能满足大功率电池的要求。近年来，无纺布基隔膜以其低成本、高孔隙率等优点引起了人们的广泛关注。与聚烯烃隔膜不同，无纺布基隔膜的基体选择性更广，因此，采用耐高温聚合物基无纺布作为隔膜基底是一种较好的选择，以保持优异的尺寸稳定性和获得高功率 LIB。目前的研究工作中多报道的是以 PET、PI、纤维素等作为无纺布基体，与之相比，PPS 兼具热稳定性、耐化学性、阻燃性和绝缘性等优点，其无纺布基复合材料在制备综合性能优异的隔膜的应用中更具潜力。但是，PPS 无纺布由于孔径大、孔径分布不均匀，不能直接用作隔膜，否则会导致 LIB 中出现自放电或不稳定的电流分布。

Dan Luo 等[136]通过物理涂覆聚偏氟乙烯-六氟丙烯(PVDF-HFP)和纳米二氧化硅颗粒到聚苯硫醚无纺布基底上，成功制备了复合隔膜。结果表明，与商品化聚烯烃隔膜相比，聚苯硫醚无纺布基复合隔膜具有较高的孔隙率、透气性、更好的电解质润湿性和电解质吸收，有利于锂离子在电极间的迁移和离子导电性的提高。这些行为使电池在 0.2 C 至 2 C 的不同放电倍率下具有优异的放电容量。此外，观察到复合隔膜即使在 250 ℃的热处理后仍具有优异的尺寸稳定性，并具有良好的阻燃性能。

3. 疏水材料

疏水材料最经典的应用对象是海洋舰艇，其可以有效阻断水分与金属材质的接触，从而缓解舰艇水线以上部分的氧化腐蚀，同时有效防止海洋生物在舰船表面的附着。此外，疏水材料还可以使电池能量转换效率达到 85%，可以有效提高热交换设备的散热效率，可以应用在水上机器人、定向集水、油水分离等。

孙娜等[137]采用传统的喷涂固化的方法，制备了超疏水聚苯硫醚/聚四氟乙烯涂层，并系统研究了 PTFE 含量和固化条件对超疏水涂层表面水接触角的影响。一系列实验表明，超疏水涂层具有较高的黏结强度、优异的抗冲击性能和较高的热稳定性。此外，所制备的超疏水 PPS/PTFE 涂层具有优异的耐化学稳定性。

王苏浩等[138]利用聚苯硫醚微粉和疏水性二氧化硅纳米粉末，采用喷涂法在瓷砖表面制备了疏水复合涂层。研究了热处理温度、组分配比对涂层表面形貌、粗糙度和接触角的影响，发现随着热处理温度升高，涂层表面粗糙度增大。而随着疏水性二氧化硅含量的增加，材料表面聚集的疏水性二氧化硅增多，涂层疏水性增强。在热处理温度为 280 ℃、疏水性二氧化硅与聚苯硫醚质量比为 1∶1 时，可获得超疏水涂层。由于聚苯硫醚树脂具有优异的耐化学性，pH 值为 1～14 的水溶液在复合材料表面都具有很高的接触角。经落沙法实验测定，超疏水涂层具有良好的自清洁效果。

4. 传感材料

用非化学、可逆、非接触的光学方法检测分子氧(O_2)在工业过程控制、环境监测、生物检测、医药和食品包装等许多领域都有很高的应用价值。聚苯硫醚具有耐化学性、热稳定性、适度的氧气渗透性以及在溶剂和水中的低溶胀性，是一种很有潜力的耐高温 O_2 传感器材料。

Claudio Toncelli 等[139]通过将 PtBP 和 PdBP 染料封装在 PPS 薄膜中制备了磷光氧气传感器，与现有的 O_2 传感器相比，具有很好的操作特性和优点。其在微观和宏观尺度上具有高度的横向和纵向均匀性。PPS 传感器在磷光寿命内运行时，0.1～100 kPa O_2 范围内展示出稳定的 O_2 校准、低温依赖性(线性范围在 10～50 ℃)、对湿度的低交叉敏感度和高再现性[21 kPa O_2 和无氧下 RSD 分别为 1.5% 和 0.5%]。

5. 水处理材料

聚苯硫醚的优异性能使其能应用于进行水处理的膜分离技术。热诱导相分离(TIPS)过程中，多孔碳纳米纤维(PCNF)可以迁移到杂化膜的顶表面，这使得膜顶表面上的孔径明显减小，孔径分布变窄。与常规的表面涂层改性膜相比，PCNF 的表面涂层材料不会从 PPS 膜上脱落，使其更加疏水，具有更高的断裂伸长率。同时杂化膜具有良好的拦截性能，对牛血清清蛋白(BSA)的拦截率为 92.7%，对染料亚甲基蓝(MLB)的拦截率为 99.9%。同时，它们在强极性有机溶剂中对细菌的去除率达到 93.7%。因此 PCNF 杂化 PPS 在未来的废水处理中将发挥关键作用。

6. 生物材料

生物材料是指用于诊断、修复，对生物体进行治疗和置换损坏组织、器官或增进其功能的材料。羟基磷灰石是人体骨骼、牙齿的主要无机成分，引入人体后不会产生排异反应，是一种较好的生物材料。聚苯硫醚作为一种综合性能优异的有机特种工程塑料，在填充羟基磷灰石等生物材料后可以得到具有良好生物相容性的高性能复合材料。

四川大学范珂夏等[140]通过液相复合工艺成功制备了纳米羟基磷灰石/PPS 复合材料。测试表明，该材料与血液相容性良好，细胞毒性属无毒范畴，并从体外水平初步证明该复合材料具有良好的生物相容性，是一种极具临床应用潜力的新型生物材料。

参 考 文 献

[1] 杨杰. 聚苯硫醚树脂及其应用. 北京: 化学工业出版社, 2006.

[2] 王国全. 聚合物共混改性原理与应用. 北京: 中国轻工业出版社, 2007.

[3] Zhang K, Zhang G, Liu B Y, et al. Effect of aminated polyphenylene sulfide on the mechanical properties of short carbon fiber reinforced polyphenylene sulfide composites. Composites Science and Technology, 2014, 98: 57-63.

[4] Fang L, Lin Q F, Zhou X D, et al. Flexural creep behavior of continuous fiber-reinforced polyphenylene sulfide laminates. High Performance Polymer, 2013, 25: 485-492.

[5] Khan S M, Gull N, Munawar M A, et al. Polyphenylene sulphide/carbon fiber composites: study on their thermal, mechanical and microscopic properties. Iranian Polymer Journal, 2016, 25: 475-485.

[6] Liu B Y, Wang X J, Long S R, et al. Interfacial micromechanics of carbon fiber-reinforced polyphenylene sulfide composites. Composite Interfaces, 2014, 21: 359-369.

[7] Liu D, Zhu Y D, Ding J P, et al. Experimental investigation of carbon fiber reinforced poly(phenylene sulfide) composites prepared using a double-belt press. Composites Part B: Engineering, 2015, 77: 363-370.

[8] Carnevale P. Fibre-matrix interfaces in thermoplastic composites: a meso-level approach. Technische Universiteit Delft, PhD Thesis, 2014.

[9] Ticona. Fortron PPS for thermoplastic composites. Report, PPS-014R1, 2012.

[10] 曹轶. 聚苯硫醚/石墨烯纳米片复合材料制备及性能研究. 四川大学硕士学位论文, 2019.

[11] 刘保英. 碳纤维增强聚苯硫醚复合材料界面力学性能及界面改性研究. 四川大学博士学位论文, 2014.

[12] 肖炜. PPS 多元复合体系增韧研究. 四川大学硕士学位论文, 2006.

[13] 佟伟. 聚苯硫醚摩擦复合材料的研究. 四川大学硕士学位论文, 2006.

[14] Asadi A, Miller M, Moon R, et al. Improving the interfacial and mechanical properties of short glass fiber/epoxy composites by coating the glass fibers with cellulose nanocrystals. Express Polymer Letters, 2016, 10(7): 587-597.

[15] 吴玉倩. 中长玻璃纤维增强聚苯硫醚设备及工艺探索. 四川大学硕士学位论文, 2013.

[16] 刘钊. 长玻璃纤维增强聚苯硫醚复合材料制备与性能优化. 四川大学硕士学位论文, 2015.

[17] 张翔. 长纤维增强聚苯硫醚复合材料的制备与性能优化. 四川大学硕士学位论文, 2018.

[18] 王孝军. 一种串联型长纤维增强热塑性塑料的浸渍设备和方法: 中国, 102367004A. 2012-03-07.

[19] 杨杰. 连续长纤维增强热塑性塑料的浸渍设备和方法: 中国, 102367003A. 2012-03-07.

[20] Liu Z, Zhang S Y, Yang J, et al. Effects of polyarylene sulfide sulfone on the mechanical properties of glass fiber cloth-reinforced polyphenylene sulfide composites. High Performance Polymers, 2015, 27(2): 145-152.

[21] Liu Z, Wu Y Q, Yang J, et al. Effects of the coupling agent on the mechanical properties of long glass fiber reinforced polyphenylenes. Materials Science Forum, 2015, 815: 509-514.

[22] 洪瑞. 聚苯硫醚/碳纤维增强热塑性复合材料的制备与改性研究. 四川大学硕士学位论文, 2016.

[23] 赵小川. 玻璃纤维织物增强聚苯硫醚复合材料层板. 四川大学硕士学位论文, 2007.

[24] Hong R, Yang J, Zhang K, et al. Improvement of mechanical properties of polyphenylene sulfide/carbon fiber composites modified by aminated reinforcement. Materials Science Forum, 2015, 815: 523-528.

[25] 张坤. 碳纤维增强聚苯硫醚复合材料界面调控与改性研究. 四川大学硕士学位论文, 2014.

[26] 徐东霞. 碳纤维增强聚苯硫醚复合材料界面微观力学性能研究. 四川大学硕士学位论文, 2016.

[27] 余婷. 碳纤维增强聚苯硫醚复合材料界面改性研究. 四川大学硕士学位论文, 2018.

[28] Yu T, Yang J, Huang X, et al. PES magnetic microspheres: preparation and performance for the removal of endocrine disruptor-BPA. RSC Advances, 2017, 7(83): 52729-52737.

[29] Wang X J, Xu D X, Yang J, et al. Effects of thermal residual stress on interfacial properties of polyphenylene sulphide/carbon fibre (PPS/CF) composite by microbond test. Journal of Materials Science, 2016, 51(1): 334-343.

[30] Ren H H, Wang X J, Yang J, et al. Effect of carboxylic polyphenylene sulfide on the micromechanical properties of polyphenylene sulfide/carbon fiber composites. Composites Science and Technology, 2017, 146: 65-72.

[31] Wang, X J, Xu D X, Yang J, et al. Effect of air plasma treatment on interfacial shear strength of carbon fiber-reinforced polyphenylene sulfide. High Performance Polymers, 2016, 28(4): 411-424.

[32] Park H S, Shin P S, Kim J H, et al. Evaluation of interfacial and mechanical properties of glass fiber/poly-dicyclopentadiene composites with different post curing at ambient and low temperatures. Fibers and Polymers, 2018, 19(9): 1989-1996.

[33] Jing M F, Che J J, Xu S M, et al. The effect of surface modification of glass fiber on the performance of poly(lactic acid) composites: graphene oxide *vs* silane coupling agents. Applied Surface Science. 2017, 435: 1046-1056.

[34] Iglesias J G, González-Benito J, Aznar A J, et al. Effect of glass fiber surface treatments on mechanical strength of epoxy based composite materials. Journal of Colloid and Interface Science. 2002, 250: 251-260.

[35] Tim K, Gurka M, Breuer U. Investigation of morphologies and tensile impact toughness of immiscible polyphenylene sulfide/polyether sulfone films and carbon fiber composites by quantitative optical methods. Polymer Composites, 2019, 40(9): 3725-3736.

[36] Gabrion X, Placet V, Trivandey F, et al. About the thermomechanical behaviour of a carbon fibre reinforced high-temperature thermoplastic composite. Composites Part B: Engineering, 2016, 95: 386-394.

[37] Wu Y, Liu Q, Heng Z G, et al. Improved mechanical properties of graphene oxide/short carbon fiber-polyphenylene sulfide composites. Polymer Composites, 2019, 40(10): 3866-3876.

[38] Liu D, Zhu Y D, Ding J P, et al. Experimental investigation of carbon fiber reinforced poly(phenylene sulfide) composites prepared using a double-belt press. Composites Part B: Engineering, 77: 363-370.

[39] Santos A L, Botelho E C, Kostov K G, et al. Carbon fiber surface modification by plasma treatment for interface adhesion improvements of aerospace composites. Advanced Materials Research, 2016, 1135: 75-87.

[40] Stoeffler K, Andjelic S, Legros N, et al. Polyphenylene sulfide (PPS) composites reinforced with recycled carbon fiber. Composites Science and Technology, 2013, 84: 65-71.

[41] Liu B Y, Wang X, Long S R, et al. Interfacial micromechanics of carbon fiber-reinforced polyphenylene sulfide composites. Composites Interfaces, 2014, 21: 359-369.

[42] 龙盛如. 聚苯硫醚(PPS)复合材料的形态、结构与性能研究. 四川大学博士学位论文, 2005.

[43] 李伟. PPS/PMMA 聚合物合金的制备及性能研究. 四川大学硕士学位论文, 2007.

[44] 曹轶, 杨家操, 王孝军, 等. 具有隔离结构的聚苯硫醚/石墨烯纳米片复合材料的制备及电磁屏蔽性能研究. 中国塑料, 2019, 8: 1-5.

[45] 安加东. 一种氧化石墨烯表面改性碳纤维的方法: 中国, 105040412A. 2015-11-11.

[46] 侯康. 聚苯硫醚耐磨材料的研究. 四川大学硕士学位论文, 2009.

[47] 陈建野. 导热型聚苯硫醚复合材料的制备和性能研究. 四川大学硕士学位论文, 2011.

[48] 马百钧. PPS 纳米复合材料制备及性能研究. 四川大学硕士学位论文, 2011.

[49] 万涛. 聚苯硫醚的合成与应用. 弹性体, 2003, 13(1): 38-43.

[50] 霍宇平. 聚苯硫醚的用途及生产方法的综述. 化学工程与装备, 2009, 10: 146-149.

[51] 黄嘉. 国内外聚苯硫醚产业的发展与前景. 化工新型材料, 2005, 33(10): 12-16.

[52] 王德禧. 聚苯硫醚的特性及应用. 塑料, 2002, 2: 27-31.

[53] Zhou S F, Zhang Q, Wu C Q, et al. Effect of carbon fiber reinforcement on the mechanical and tribological properties of polyamide6/polyphenylene sulfide composites. Materials and Design, 2013, 44: 493-499.

[54] Xu H Y, Feng Z Z, Chen J M, et al. Tribological behavior of the carbon fiber reinforced polyphenylene sulfide (PPS)composite coating under dry sliding and water lubrication. Materials Science and Engineering A, 2006, 416: 66-73.

[55] 卫晓明. 聚苯硫醚泡沫材料的制备与性能研究. 四川大学硕士学位论文, 2011.

[56] 陈广玲. 纳米 SiO_2/LDPE 协同增韧 PPS 的研究. 四川大学硕士学位论文, 2006.

[57] 连丹丹, 张蕊萍, 申霄晓. 聚苯硫醚纤维增强增韧改性研究进展. 合成纤维工业, 2013, 36(4): 45-48.

[58] 郑媛心. 聚苯硫醚共混物中分散相原位降解行为的研究. 四川大学硕士学位论文, 2013.

[59] 王波. PPS/PA6 聚合物合金的制备及性能研究. 四川大学硕士学位论文, 2009.

[60] 孙海青, 谭洪生, 王延刚, 等. 聚苯硫醚/高密度聚乙烯/玻纤复合材料增韧研究. 工程塑料应用, 2011, 39(12): 68-71.

[61] 周鹏, 高西萍, 谢利平, 等. 环氧树脂 E-44/HDPE-*g*-MAH 增韧聚苯硫醚性能. 塑料, 2011, 40(4): 9-11+39.

[62] 王港, 芦艾, 陈晓媛. 玻纤增强聚苯硫醚复合材料的增韧研究. 中国塑料, 2006, 20(3): 64-66.

[63] 曹琳, 邓淑玲, 陈之善, 等. sPS/PPS/CNT 复合材料的增容作用及其热学、电学、机械性能的研究. 信息记录材料, 2017, 18(10): 26-29.

[64] 张建强, 冯辉霞, 王毅, 等. 改性 MoS_2 填充型 PP/PPS 复合材料的制备及性能研究, 第六届中国功能材料及其应用学术会议论文集, 2007: 301-304.

[65] 万艳霞, 朱志国, 王锐, 等. PPS/PP 共混海岛超细纤维的制备及结构性能研究. 中国材料进展, 2014, 33(11): 677-689.

[66] 王英, 姜涛, 王宪忠, 等. 聚甲基乙烯基硅氧烷增韧聚苯硫醚的力学性能研究. 中国塑料, 2015, 29(3): 51-56.

[67] 张群安, 杜朝军, 汪世龙. 纳米二氧化硅、聚氨酯弹性体增韧改性聚苯硫醚. 山东工业技术, 2018(24): 23.

[68] 张翔, 刘钊, 王孝军, 等. PPS/PA66/GF 复合材料的制备及性能研究. 中国塑料, 2018, 32(10): 20-26.

[69] 修俊峰, 李淑莉, 程博闻, 等. PPS/PET 海岛型复合纤维开纤工艺研究. 产业用纺织品, 2014, 32(1): 28-31.

[70] Wu D F, Wu L F, Zhang M, et al. Morphology evolution of nanocomposites based on poly(phenylene sulfide)/poly(butylene terephthalate) blend. Journal of Polymer Science Part B: Polymer Physics, 2008, 42(12): 1265-1279.

[71] 梁基照, 刘冠生, 杨铨铨. PPS/PC/GF/Nano-$CaCO_3$ 复合材料的拉伸性能. 现代塑料加工应用, 2006, (5): 16-18.

[72] 马忠雷, 张广成, 杨全, 等. PPS/PEEK 共混物的超临界 CO_2 微孔发泡研究. 工程塑料应用, 2015, 43(6): 16-21.

[73] 陈晓媛, 芦艾, 王港, 等. 聚苯硫醚/聚砜反应性共混物的增韧机理研究. 工程塑料应用, 2007, (10): 9-12.

[74] Kubo K, Masamoto J. Microdispersion of polyphenylene ether in polyphenylene sulfide/polyphenylene ether alloy compatibilized by styrene-co-glycidyl methacrylate. Journal of Applied Polymer Science, 2002, 86: 3030-3034.

[75] 王孝军, 张坤, 黄光顺, 等. 聚芳硫醚砜/聚苯硫醚合金的流变行为. 高分子材料科学与工程, 2013, 29(2): 87-89.

[76] 孔雨. 聚芳硫醚砜熔融加工改性及复合材料制备. 四川大学硕士学位论文, 2015.

[77] Luo W, Liu Q, Li Y, et al. Enhanced mechanical and tribological properties in polyphenylene sulfide/polytetrafluoroethylene composites reinforced by short carbon fiber. Composites Part B: Engineering, 2016, 91: 579-588.

[78] Xing J, Ni Q Q, Deng B, et al. Morphology and properties of polyphenylene sulfide (PPS)/polyvinylidene fluoride (PVDF) polymer alloys by melt blending. Composites Science and Technology, 2016, 134: 184-190.

[79] Fai T J, Mark J E, Prasad P N. Polymers and Other Advanced Materials: Emerging Technologies and Business Opportunities. New York: Plenum Press, 1995.

[80] Béland S. High performance thermoplastic resins and their composites. Park Ridge Noyes Publications, 1990.

[81] 陶杰, 季学来. 聚合物纳米复合材料的研究进展. 机械制造与自动化, 2006, 35(1): 13-17.

[82] Hoffman D W, Roy R, Komarneni S. Diphasic xerogels, a new class of materials: phases in the system Al_2O_3-SiO_2. Journal of the American Ceramic Society, 1984, 67(7): 468-471.

[83] Naffakh M, Díez-Pascual A M, Marco C, et al. Morphology and thermal properties of novel poly(phenylene sulfide) hybrid nanocomposites based on single-walled carbon nanotubes and inorganic fullerene-like WS_2 nanoparticles. Journal of Materials Chemistry, 2012, 22(4): 1418-1425.

[84] Lu D, Mai Y W, Li R K Y, et al. Impact strength and crystallization behavior of nano-SiO_x/poly(phenylene sulfide) (PPS) composites with heat-treated PPS. Macromolecular Materials and Engineering, 2003, 288(9): 693-698.

[85] Schwartz C J, Bahadur S. Studies on the tribological behavior and transfer film-counterface bond strength for polyphenylene sulfide filled with nanoscale alumina particles. Wear, 2000, 237(2): 261-273.

[86] Hill H W Jr, Werkman R T, Carrow G E. Properties of filled polyphenylene sulfide compositions. Advances in Chemistry, 1974, 134: 149-158.

[87] Kumar S K, Benicewicz B C, Vaia R A, et al. 50th anniversary perspective: are polymer nanocomposites practical for applications? Macromolecules, 2017, 50(3)：714-731.

[88] Yang Y Q, Duan H J, Zhang S Y, et al. Morphology control of nanofillers in poly(phenylene sulfide): a novel method to realize the exfoliation of nanoclay by SiO_2 via melt shear flow. Composites Science and Technology, 2013, 75: 28-34.

[89] Murray H H. Overview-clay mineral applications. Applied Clay Science, 1991, 5(5-6): 379-395.

[90] Kotal M, Bhowmick A K. Polymer nanocomposites from modified clays: recent advances and challenges. Progress in Polymer Science, 2015, 51: 127-187.

[91] 邹浩. 纳米粒子改性聚苯硫醚及其共混物的形态结构与性能研究. 四川大学博士学位论文, 2006.

[92] Zhang M L, Wang X T, Li C Y, et al. Effects of hydrogen bonding between MWCNT and PPS on the properties of PPS/MWCNT composites. RSC Advances, 2016, 6(95): 92378-92386.

[93] Han M S, Lee Y K, Lee H S, et al. Electrical, morphological and rheological properties of carbon nanotube composites with polyethylene and poly(phenylene sulfide) by melt mixing. Chemical Engineering Science, 2009, 64(22): 4649-4656.

[94] Beck H N. Solubility characteristics of poly(etheretherketone) and poly(phenylene sulfide). Journal of Applied Polymer Science, 1992, 45(8): 1361-1366.

[95] Morishita T, Matsushita M, Katagiri Y, et al. Noncovalent functionalization of carbon nanotubes with maleimide polymers applicable to high-melting polymer-based composites. Carbon, 2010, 48(8): 2308-2316.

[96] Díez-Pascual A M, Naffakh M. Synthesis and characterization of nitrated and aminated poly(phenylene sulfide) derivatives for advanced applications. Materials Chemistry and Physics, 2012, 131(3): 605-614.

[97] Díez-Pa L D, Pan S W. Effects of ball milling dispersion of nano-SiO_x particles on impact strength and crystallization behavior of nano-SiO_x-poly(phenylene sulfide) nanocomposites. Polymer Engineering and Science, 2006, 46(6): 820-825.

[98] Díez-Pascual A M, Naffakh M, Marco C, et al. Mechanical and electrical properties of carbon nanotube/poly (phenylene sulphide) composites incorporating polyetherimide and inorganic fullerene-like nanoparticles. Composites Part A: Applied Science and Manufacturing, 2012, 43(4): 603-612.

[99] 龙盛如, 黄锐, 杨杰. 纳米 $CaCO_3$/PPS 复合材料微观结构及性能研究. 航空材料学报, 2006, (6):63-66.

[100] Mi S H, Yun K L, Lee H S, et al. Electrical, morphological and rheological properties of carbon nanotube

composites with polyethylene and poly(phenylene sulfide) by melt mixing. Chemical Engineering Science, 2009, 64(22):4649-4656.

[101] Rahate A S, Nemade K R, Waghuley S A. Polyphenylene sulfide (PPS): state of the art and applications. Reviews in Chemical Engineering, 2013, 29(6): 471-489.

[102] Yang Y Q, Duan H J, Zhang G, et al. Effect of the contribution of crystalline and amorphous phase on tensile behavior of poly(phenylene sulfide). Journal of Polymer Research, 2013, 20(7): 198.

[103] Wang X J, Tong W, Li W, et al. Preparation and properties of nanocomposite of poly(phenylene sulfide)/calcium carbonate. Polymer Bulletin, 2006, 57(6): 953-962.

[104] Jiang S L, Gu X Y, Zhang Z Y. Nucleation effect of hydroxyl-purified multiwalled carbon nanotubes in poly (*p*-phenylene sulfide) composites. Journal of Applied Polymer Science, 2013, 127(1): 224-229.

[105] Cho M H, Bahadur S. A study of the thermal, dynamic mechanical, and tribological properties of polyphenylene sulfide composites reinforced with carbon nanofibers. Tribology Letters, 2007, 25(3): 237-245.

[106] Deng S L, Cao L, Lin Z D, et al. Nanodiamond as an efficient nucleating agent for polyphenylene sulfide. Thermochimica Acta, 2014, 584: 51-57.

[107] Jiang Y, Liu Y J, Min P, et al. BN@PPS core-shell structure particles and their 3D segregated architecture composites with high thermal conductivities. Composites Science and Technology, 2017, 144: 63-69.

[108] Kim K, Kim J. BN-MWCNT/PPS core-shell structured composite for high thermal conductivity with electrical insulating via particle coating. Polymer, 2016, 101: 168-175.

[109] 杨雅琦. 聚苯硫醚及其纳米复合材料的形态结构控制与性能研究. 四川大学博士学位论文. 2012.

[110] Caglar B, Fischer P, Kauranen P, et al. Development of carbon nanotube and graphite filled polyphenylene sulfide based bipolar plates for all-vanadium redox flow batteries. Journal of Power Sources, 2014, 256: 88-95.

[111] Zhang M L, Wang H X, Li Z H, et al. Exfoliated graphite as a filler to improve poly(phenylene sulfide) electrical conductivity and mechanical properties. RSC Advances, 2015, 5(18): 13840-13849.

[112] Fan G H, Shi G Y, Ren H, et al. Graphene/polyphenylene sulfide composites for tailorable negative permittivity media by plasmonic oscillation. Materials Letters, 2019, 257: 126683.

[113] Faraji M, Aydisheh H M. Flexible free-standing polyaniline/graphene/carbon nanotube plastic films with enhanced electrochemical activity for an all-solid-state flexible supercapacitor device. New Journal of Chemistry, 2019, 43(11): 4539-4546.

[114] Wang T X, Jiang Y M, Zhou Y X, et al. *In situ* electrodeposition of CoP nanoparticles on carbon nanomaterial doped polyphenylene sulfide flexible electrode for electrochemical hydrogen evolution. Applied Surface Science, 2018, 442: 1-11.

[115] Liu M, Yu Y, Xiong S W, et al. A flexible and efficient electro-Fenton cathode film with aeration function based on polyphenylene sulfide ultra-fine fiber. Reactive and Functional Polymers, 2019, 139: 42-49.

[116] Yu L G, Yang S R. Investigation of the transfer film characteristics and tribochemical changes of Kevlar fiber reinforced polyphenylene sulfide composites in sliding against a tool steel counterface. Thin Solid Films, 2002, 413(1-2): 98-103.

[117] Jiang Z Y, Gyurova L A, Schlarb A K, et al. Study on friction and wear behavior of polyphenylene sulfide composites reinforced by short carbon fibers and sub-micro TiO_2 particles. Composites Science and Technology, 2008, 68(3-4): 734-742.

[118] Cho M H, Bahadur S. Study of the tribological synergistic effects in nano CuO-filled and fiber-reinforced

polyphenylene sulfide composites. Wear, 2005, 258(5-6): 835-845.

[119] Chen Z B, Li T S, Yang Y L, et al. Mechanical and tribological properties of PA/PPS blends. Wear, 2004, 257(7-8): 696-707.

[120] Luo W, Liu Q, Li Y, et al. Enhanced mechanical and tribological properties in polyphenylene sulfide/polytetrafluoroethylene composites reinforced by short carbon fiber. Composites Part B: Engineering, 2016, 91: 579-588.

[121] 杨杰, 龙盛如, 张东辰, 等. 聚苯硫醚/氧化锌晶须复合材料的研究. 工程塑料应用, 2003, 31(5): 5-8.

[122] Folgueras L C, Alves M A, Rezende M C. Evaluation of a nanostructured microwave absorbent coating applied to a glass fiber/polyphenylene sulfide laminated composite. Materials Research, 2014, 17: 197-202.

[123] Xu L, Zhang B Y, Xiong Z Y, et al. Preparation of conductive polyphenylene sulfide/polyamide 6/multiwalled carbon nanotube composites using the slow migration rate of multiwalled carbon nanotubes from polyphenylene sulfide to polyamide 6. Journal of Applied Polymer Science, 2015, 132(31): 42353.

[124] 曹轶, 杨家操, 王孝军, 等. 具有隔离结构的聚苯硫醚/石墨烯纳米片复合材料的制备及电磁屏蔽性能研究. 中国塑料, 2019, 33(8): 1-5.

[125] 杨涛, 史鹏飞. 燃料电池用碳/聚合物双极板的研究进展. 电池, 2008, 38(2): 66-68.

[126] Caglar B, Fischer P, Kauranen P, et al. Development of carbon nanotube and graphite filled polyphenylene sulfide based bipolar plates for all-vanadium redox flow batteries. Journal of Power Sources, 2014, 256: 88-95.

[127] 徐俊怡. 导热型聚苯硫醚复合材料的制备与性能研究. 四川大学硕士学位论文, 2017.

[128] Gu J W, Xie C, Li H, et al. Thermal percolation behavior of graphene nanoplatelets/polyphenylene sulfide thermal conductivity composites. Polymer Composites, 2014, 35(6): 1087-1092.

[129] Gu J W, Guo Y Q, Yang X T, et al. Synergistic improvement of thermal conductivities of polyphenylene sulfide composites filled with boron nitride hybrid fillers. Composites Part A: Applied Science and Manufacturing, 2017, 95: 267-273.

[130] Leung S N, Khan M O, Chan E, et al. Synergistic effects of hybrid fillers on the development of thermally conductive polyphenylene sulfide composites. Journal of Applied Polymer Science, 2013, 127(5): 3293-3301.

[131] Pak S Y, Kim H M, Kim S Y, et al. Synergistic improvement of thermal conductivity of thermoplastic composites with mixed boron nitride and multi-walled carbon nanotube fillers. Carbon, 2012, 50(13): 4830-4838.

[132] Ryu S, Kim K, Kim J. Silane surface modification of boron nitride for high thermal conductivity with polyphenylene sulfide via melt mixing method. Polymers for Advanced Technologies, 2017, 28(11): 1489-1494.

[133] Konieczna M, Markiewicz E, Jurga J. Dielectric properties of polyethylene terephthalate/polyphenylene sulfide/barium titanate nanocomposite for application in electronic industry. Polymer Engineering & Science, 2010, 50(8): 1613-1619.

[134] Yang X T, Tang L, Guo Y Q, et al. Improvement of thermal conductivities for PPS dielectric nanocomposites via incorporating NH_2-POSS functionalized nBN fillers. Composites Part A: Applied Science and Manufacturing, 2017, 101: 237-242.

[135] 代路. PPS/NdFeB 粘结磁体层压板的制备与表征. 四川大学硕士学位论文, 2009.

[136] Luo D, Chen M, Xu J, et al. Polyphenylene sulfide nonwoven-based composite separator with superior heat-resistance and flame retardancy for high power lithium ion battery. Composites Science and Technology, 2018, 157: 119-125.

[137] Sun N, Qin S, Wu J T, et al. Bio-inspired superhydrophobic polyphenylene sulfide/polytetrafluoroethylene coatings

with high performance. Journal of Nanoscience and Nanotechnology, 2012, 12(9): 7222-7225.

[138] 王苏浩, 李梅, 苏彬, 等. 聚苯硫醚超疏水复合涂层的制备与性能. 高分子学报, 2010, (4): 449-455.

[139] Toncelli C, Arzhakova O V, Dolgova A, et al. Phosphorescent oxygen sensors produced by spot-crazing of polyphenylenesulfide films. Journal of Materials Chemistry C, 2014, 2(38): 8035-8041.

[140] 范珂夏, 马原, 余思逊, 等. 羟基磷灰石/聚苯硫醚复合材料的制备及体外生物相容性. 中国组织工程研究, 2014, 18(52): 8443-8449.

附录 1

国内聚苯(芳)硫醚大事记

一、1964 年，华东化工学院廖爱德、李世晋率先在国内针对 Grenvess、Macallum 等前人的工作进行了 PPS 树脂合成的一些探索性研究；

二、20 世纪 70 年代初至 80 年代初，天津、广州、扬州、长沙、沈阳和成都相继开展 PPS 研究和试验，1974 年后，天津市合成材料工业研究所和广州市化工研究所都分别在化学工业部和广东省的支持和经费资助下进行了中试放大工作，并有少量树脂供加工试用；

三、1972 年，四川大学陈永荣在实验室合成出了 PPS 树脂，1975 年进行了放大，并带领学生们将合成出的 PPS 树脂大量制成鲍尔环涂层应用于四川化工厂、泸州天然气化工厂和自贡鸿鹤化工厂的大型化肥生产装置中，取得了极好的防腐蚀效果；

四、1979 年，四川大学陈永荣、伍齐贤等发展了自己开发的硫黄溶液法合成 PPS 技术，被教育部列为部重点项目——新方法合成 PPS；

五、1982 年，四川大学“合成 PPS 新方法”通过了教育部组织的鉴定并获得四川省重大科技成果奖，与成都望江化工厂合作进行 15 t/a PPS 树脂合成扩试工作，于 1985 年通过四川省科学技术委员会、四川省化工厅组织的鉴定。1982 年，四川大学开始进行聚芳(苯)硫醚砜的合成研究；

六、1984 年，四川大学与四川省自贡市化学试剂厂合作建立了 9 t/a PPS 树脂合成装置，1990 年该工艺技术获自贡市科技进步一等奖；

七、自 1987 年起，到 2000 年止，四川大学的聚苯硫醚合成研究被连续列入了“七五”、“八五”和“九五”期间的国家高技术研究发展计划(简称“863”计划)之中，聚苯硫醚高性能复合材料也在中山大学、北京玻璃钢研究设计院等单位的共同努力下获得了极大的进展；

八、1982 年，四川大学开始进行聚芳(苯)硫醚砜、彩色聚苯硫醚的合成研究，1987 年开始进行聚芳(苯)硫醚酮的合成研究；

九、1990 年，由四川大学(技术方)、化学工业部第八设计院(设计方)和自贡市化学试剂厂(后改名四川特种工程塑料厂)三方共同承担了国家计划委员会的重大新产品开发项目，在自贡市化学试剂厂原 9 t/a PPS 树脂合成扩试装置的基础上建立了国内首套百吨级(150 t/a)PPS 工业化试验装置；

十、1992 年，150 t/a PPS 工业化生产装置成功通过了四川省科学技术委员会、四川省化工厅组织的 72 h 生产考核和国家划计委员会的鉴定、验收，成为当时国产 PPS 树脂最主要的供应商，与此同时，国外的聚苯硫醚产品也开始大规模进入中国市场；

十一、1992 年，由四川大学为牵头单位，陈永荣、伍齐贤等为负责人，联合国内一些研究单位如北京市化学工业研究院和成都有机硅研究中心、生产单位如四川特种工程塑料厂以及加工应用单位如国有 719 厂共同承担了国家计划委员会“八五”攻关项目“聚苯硫醚制品开发”，进行了大规模的聚苯硫醚树脂纯化中试、PPS 复合材料品种的研究、加工生产和应用开发；

十二、1998 年 1 月，四川大学的“聚苯硫醚树脂的合成及应用研究”，获国家教育委员会科技进步二等奖；

十三、“八五”和“九五”期间，国内聚苯硫醚生产装置一哄而起，在四川、甘肃、河北、新疆、内蒙古、山东、沈阳等地先后建有二十多套 50～200 t/a 规模聚苯硫醚生产装置，仅四川就有十多套，但由于几乎都采用了极不成熟的技术源头，普遍在技术上存在一些缺陷，导致溶剂消耗量大，产品分子量低、质量差、成本高，因而很快这些装置就纷纷被关、停、并、转，损失巨大；

十四、1990 年，中国化工防腐协会组织国内 PPS 生产、加工和应用单位，发起成立了中国化工防腐协会聚苯硫醚分会，进行 PPS 防腐涂层的推广应用工作；

十五、2000 年，四川华拓实业发展股份有限公司和自贡鸿鹤化工集团下属自贡鸿鹤特种工程塑料有限责任公司在原四川特种工程塑料厂的合成技术基础上，采用精制工业硫化钠与对二氯苯在 NMP 中加压缩聚的工艺路线分别建成了 85 t/a 和 70 t/a 的 PPS 树脂合成中试装置，并分别通过了四川省组织的 72 h 生产考核和鉴定验收；

十六、2000 年，四川大学与四川华拓实业发展股份有限公司签订了联合开发聚苯硫醚的合同；

十七、2001 年，四川大学的高性能聚芳硫醚砜及复合材料研究列入国家“863”计划“十五”期间课题；

十八、2001 年，四川华拓实业发展股份有限公司正式接手国家计划委员会的高技术产业化示范工程，进行“千吨级硫化钠法合成线型高分子量聚苯硫醚”项目的建设工作，该工程还被列为四川省人民政府 1 号工程；

十九、2002 年底，四川华拓实业发展股份有限公司在四川德阳建成了千吨级的 PPS 产业化装置并试车成功；

二十、2003 年，四川华拓实业发展股份有限公司的千吨级的 PPS 产业化装置通过了国家计划委员会组织的考核和鉴定验收，并以四川得阳科技股份有限公司的名义开始了聚苯硫醚树脂的正式生产和复合材料的销售，成为几乎是唯一的国产 PPS 树脂生产与供应商；

二十一、2004 年，“1000t/a 硫化钠法合成线型高分子量聚苯硫醚树脂装置”获四川省科技进步一等奖，获奖单位为四川得阳科技股份有限公司和四川大学；

二十二、2005 年 5 月 9 日四川得阳科技股份有限公司在四川德阳市正式开工建设新的年产 5000 吨级 PPS 树脂生产线。

二十三、2007 年，四川得阳科技股份有限公司暨四川得阳化学有限公司投资新建年产 24000 吨 PPS 树脂生产线和年产 5000 吨 PPS 纺丝生产线，实现从 PPS 树脂到 PPS 纤维全程国产化；

二十四、2012 年，昊华西南化工有限责任公司 2000 吨聚苯硫醚生产线正式投产运营；

二十五、2011 年，四川大学与内蒙古晋通高新材料有限责任公司正式签署聚芳硫醚砜(PASS)树脂战略合作协议，并于 2012 年建成了国内唯一的中试生产线；

二十六、2013 年 9 月，浙江新和成采用日本无锂工艺路线的年产 5000 吨注塑级聚苯硫醚项目正式投产;

二十七、2013 年，由四川大学与鄂尔多斯市伊腾高科有限责任公司合作建立年产 1 万吨聚苯硫醚项目，年产 3000 吨纤维级树脂一期工程正式建成，并于 2013 年一次性试车成功；

二十八、2014 年 3 月，香港上市公司中国旭光高新材料集团有限公司(四川得阳科技股份有限公司暨四川得阳化学有限公司资产皆合并于其中)因招股说明书和财务年报涉嫌造假，被香港股市停牌，四川得阳科技股份有限公司暨四川得阳化学有限公司也被迫停业，2019 年进入破产状态，停业期间，其技术与管理人员及其 PPS 树脂生产工艺与技术几乎全部流失、扩散；

二十九、2014 年，张家港市新盛新材料有限公司年产 5000 吨注塑级聚苯硫醚项目正式投产，随后于 2016 年停产；

三十、2014 年 6 月，海西泓景化工有限公司拟投资 21 亿元立项建设 2 万吨硫化碱、2000 吨聚苯硫醚(PPS)生产线装置，但最终项目实体未落地；

三十一、2014 年 8 月，广安玖源新材料有限公司投资建设 2 万吨注塑级聚苯硫醚、1 万吨纤维级聚苯硫醚、2000 吨拉膜级聚苯硫醚、6 万吨聚苯硫醚改性料、1500 吨聚苯硫醚薄膜及 5000 吨聚苯硫醚合成纤维生产项目，并于 2015 年试运行，目前处于停车状态；

三十二、2015 年，敦煌西域特种材料股份有限公司一期 2000 吨 PPS 项目投产运行，目前停产；

三十三、受新能源汽车锂电池消耗量的影响，2015 年锂盐催化剂价格开始上涨，持续上涨至 2016 年，并一度涨至 17 万元/t，PPS 生产成本居高不下，之后，到 2018 年，催化剂价格保持 15 万元/t 的价格小幅度振荡，加之受环保成本影响，化工原材料价格全线上涨，导致 PPS 成本在 2018 年上半年涨至相对更高位，加之，受到国外市场的打压，PPS 树脂售价持续下跌至 5.5 万元/t 甚至更低，使得国内各生产商的树脂生产成本与市场售价倒挂，导致除浙江新和成外几乎所有的生产商都纷纷停产、甚至破产；

三十四、2016 年 7 月，重庆聚狮新材料科技有限公司聚苯硫醚(PPS)树脂项目开工建设年产 1 万吨聚苯硫醚生产装置，并于 2017 年投产，目前处于半停产状态；

三十五、2017 年 9 月，工业和信息化部、财政部和中国保险监督管理委员会发布了《重点新材料首批次应用示范指导目录(2017 年版)》，拟建立重点新材料首批次应用保险补偿机制并开展试点工作，聚芳硫醚砜和聚芳硫醚酮被列入其中；

三十六、2017 年，新疆中泰新鑫化工科技股份有限公司年产 10000 吨聚苯硫醚树脂生产线正式开工建设，2020 年正式投产；

三十七、2017 年浙江新和成采用新工艺的年产 10000 吨聚苯硫醚生产线正式开建，并于 2018 年投产；

三十八、2017 年底，四川大学与内蒙古晋通高新材料有限责任公司正式签署共建"四川大学-晋通高性能膜及先进复合材料联合研究中心"协议，开展高性能 PASS 膜、PASS 复合材料的基础研究以及相应的制备、加工与应用技术研发，筹建年产 3000 吨 PASS 树脂生产线及 PASS 渗透膜生产线；

三十九、2018 年 8 月以后，新能源汽车调查结果陆续公布，锂盐出货量陡降，PPS 催化剂价格出现断层式下降，从 15 万元/t 一路降至 7 万～8 万元/t，PPS 生产成本重新恢复到相对正常位点，同时，国内相当一部分生产企业也纷纷退出，产品价格开始缓慢回升，国内生产厂家开始扭亏为盈；

四十、因浙江新和成特种材料有限公司代表国内聚苯硫醚产业向商务部正式提交反倾销调查申请，2019 年 5 月 30 日，商务部发布 2019 年第 23 号公告，决定即日起对原产于日本、美国、韩国和马来西亚的进口聚苯硫醚进行反倾销立案调查。

附录 2

聚苯硫醚主要供应商产品性能列表

1. 聚苯硫醚拉伸性能

SOLVAY

非增强 RYTON（73–87）：P-6，PR11和V-1（不适用）；QC160P (6.0)；QC160N (6.0)；QA200P (4.0)；QA200N (4.0)；QC220P (10)；QC220N (10)；QC200P (10)；QC200N (10)；ASTM D638

玻璃纤维增强 RYTON（100–240）：R-7-121BL (0.9)；R-7-120BL (0.8)；R-7-121NA (1.0)；R-4-02 (1.0)；R-7-120NA (0.9)；R-4-230BL (1.1)；R-4 (1.2)；R-7-220BL (1.0)；BR111BL (1.0)；BR111 (1.1)；R-4-232NA (1.3)；R-4-230NA (1.3)；R-4-220BL (1.5)；R-4-240BL (1.7)；R-4-02XT (1.4)；BR42B (1.6)；R-4-200BL (1.7)；R-4-240NA (2.0)；R-4-220NA (1.6)；R-4XT (1.6)；R-4-200NA (1.7)

合金 RYTON（100–240）：XE5515BL (2.9)；XE5030BL (2.0)；XE4050BL (1.9)；XK2340 (1.8)

CELANESE

非增强 FORTRON（90–230；25–95）：0205B4/20um（无数据）；0203 (1)；FX72T6 (20)；FX75T1 (80)；FX32T4 (30)；FX4382T1 (25)；FX32T1 (25)；FX55T1 (6)；0205 (2)；1200L1 (15)；0309 (8)；0214 (3)；0320 (8)

增强 FORTRON（70–210；25–95）：SKX-390（无数据）；1115E7 (1.2)；6450A6 (1.5)；FX515T1 (2.1)；4665B6 (1.2)；CE551 (2.5)；6162A7 (1.3)；1120L4 (1.5)；1115L0 (2)；9115L0 (2)；6850L6 (1)；6165A4 (1.2)；6165A6 (1.2)；ICE716A (1.2)；6160B4 (1)；FX530T4 (2)；6345L4 (1.9)；4332L6 (1.2)；1131L4 (1.9)；1342L4 (1.6)；4184L4 (1.4)；ICE716L (1.2)；4184L6 (1.4)；6341L4 (1.6)；1132L4 (2)；1130L4 (1.9)；MT9140L4 (1.8)；1140L4 (1.9)；1140L6 (1.9)；1141L4 (1.9)；MT9140L6 (1.8)；9141L4 (1.9)；1140L0 (1.9)；ICE504L (1.9)；ICE506L (1.9)

COOLPOLY（20–160）：E5101 (0.43)；E5120 (0.8)

CELSTRAN（0–3000）：SF6-01 (1.21)；AF35-01- (1.35)；GF50-01 (1)；CF40-01 (0.57)；CFR-TP GF60-01 (2.41)；CFR-TP CF60-01 (1.79)；ASTM D 3039M

TORAY

非增强 TORELINA（35–105）：A670X01 (25)；A670MT1 (26)；A670R63 (10)；A670T05 (15)；A900 (8)

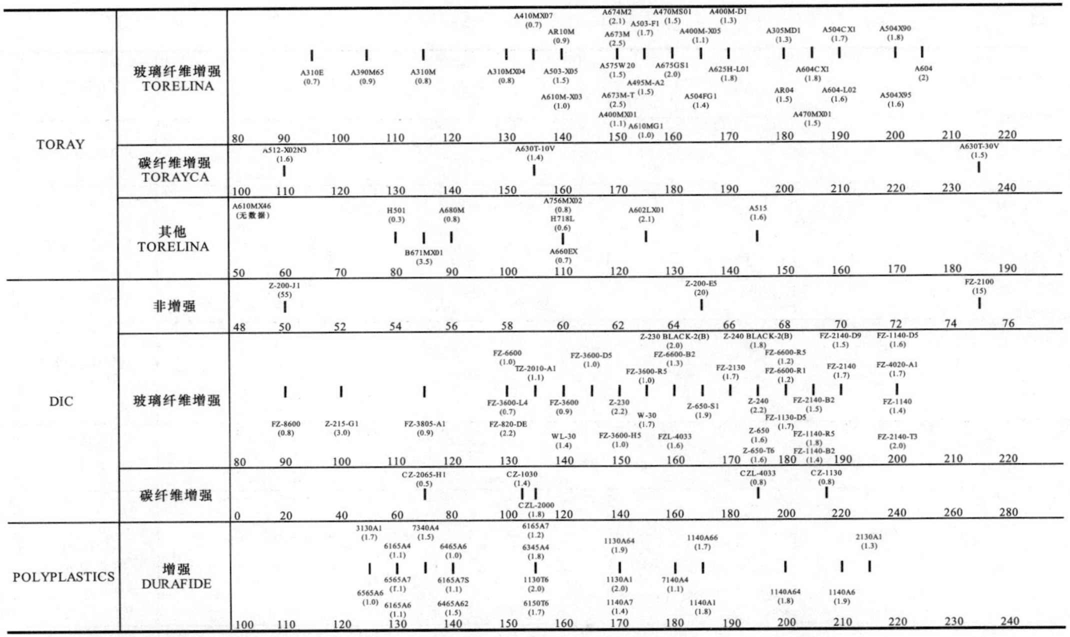

厂商	类别	牌号（断裂伸长率）	拉伸强度刻度
TORAY	玻璃纤维增强 TORELINA	A310E (0.7)、A390M65 (0.9)、A310M (0.8)、A310MX04 (0.8)、A410MX07 (0.7)、AR10M (0.9)、A503-X05 (1.5)、A610M-X03 (1.0)、A674M2 (2.1)、A673M (2.5)、A575W20 (1.5)、A673M-T (2.5)、A400MX01 (1.1)、A503-F1 (1.7)、A495M-A2 (1.5)、A610MG1 (1.0)、A470MS01 (1.5)、A675GS1 (2.0)、A400M-X05 (1.1)、A504FG1 (1.4)、A400M-D1 (1.3)、A625H-L01 (1.8)、A305MD1 (1.3)、AR04 (1.5)、A604CX1 (1.8)、A470MX01 (1.5)、A504CX1 (1.7)、A604-L02 (1.6)、A504X90 (1.8)、A504X95 (1.6)、A604 (2)	80 90 100 110 120 130 140 150 160 170 180 190 200 210 220
	碳纤维增强 TORAYCA	A512-X02N3 (1.6)、A630T-10V (1.4)、A630T-30V (1.5)	100 110 120 130 140 150 160 170 180 190 200 210 220 230 240
	其他 TORELINA	A610MX46 (无数据)、H501 (0.3)、B671MX01 (3.5)、A680M (0.8)、A756MX02 (0.8)、H718L (0.6)、A660EX (0.7)、A602LX01 (2.1)、A515 (1.6)	50 60 70 80 90 100 110 120 130 140 150 160 170 180 190
DIC	非增强	Z-200-J1 (55)、Z-200-E5 (20)、FZ-2100 (15)	48 50 52 54 56 58 60 62 64 66 68 70 72 74 76
	玻璃纤维增强	FZ-8600 (0.8)、Z-215-G1 (3.0)、FZ-3805-A1 (0.9)、FZ-6600 (1.0)、FZ-3600-L4 (0.7)、FZ-820-DE (2.2)、TZ-2010-A1 (1.1)、FZ-3600 (0.9)、WL-30 (1.4)、FZ-3600-D5 (1.0)、Z-230 (2.2)、FZ-3600-H5 (1.0)、FZ-3600-R5 (1.0)、W-30 (1.7)、Z-230 BLACK-2(B) (2.0)、FZ-6600-B2 (1.3)、FZL-4033 (1.6)、Z-650-S1 (1.9)、FZ-2130 (1.7)、Z-240 BLACK-2(B) (1.8)、Z-240 (2.2)、Z-650 (1.6)、Z-650-T6 (1.6)、FZ-6600-R5 (1.2)、FZ-6600-R1 (1.2)、FZ-1130-D5 (1.7)、FZ-2140-B2 (1.5)、FZ-1140-R5 (1.8)、FZ-1140-B2 (1.4)、FZ-2140-D9 (1.5)、FZ-2140 (1.7)、FZ-1140-D5 (1.6)、FZ-4020-A1 (1.7)、FZ-1140 (1.4)、FZ-2140-T3 (2.0)	80 90 100 110 120 130 140 150 160 170 180 190 200 210 220
	碳纤维增强	CZ-2065-H1 (0.5)、CZ-1030 (1.4)、CZL-2000 (1.8)、CZL-4033 (0.8)、CZ-1130 (0.8)	0 20 40 60 80 100 120 140 160 180 200 220 240 260 280
POLYPLASTICS	增强 DURAFIDE	3130A1 (1.7)、6565A6 (1.0)、6165A4 (1.1)、6565A7 (1.1)、6165A6 (1.1)、7340A4 (1.5)、6465A6 (1.0)、6165A7S (1.1)、6465A62 (1.5)、6165A7 (1.2)、6345A4 (1.8)、1130T6 (2.0)、6150T6 (1.7)、1130A64 (1.9)、1130A1 (2.0)、1140A7 (1.4)、7140A4 (1.1)、1140A66 (1.7)、1140A1 (1.8)、1140A64 (1.8)、1140A6 (1.9)、2130A1 (1.3)	100 110 120 130 140 150 160 170 180 190 200 210 220 230 240

注：(1) 数据均来源于各厂商公开资料。

(2) 横排数字代表拉伸强度，单位：MPa；牌号下面括号内为断裂伸长率，单位：%。

(3) 非注明情况下采用ISO 527测试，注明则采用虚线框内标准测试。

(4) 由于树脂及改性料生产厂商众多，本表仅列出主要厂商产品性能。

2. 聚苯硫醚弯曲性能

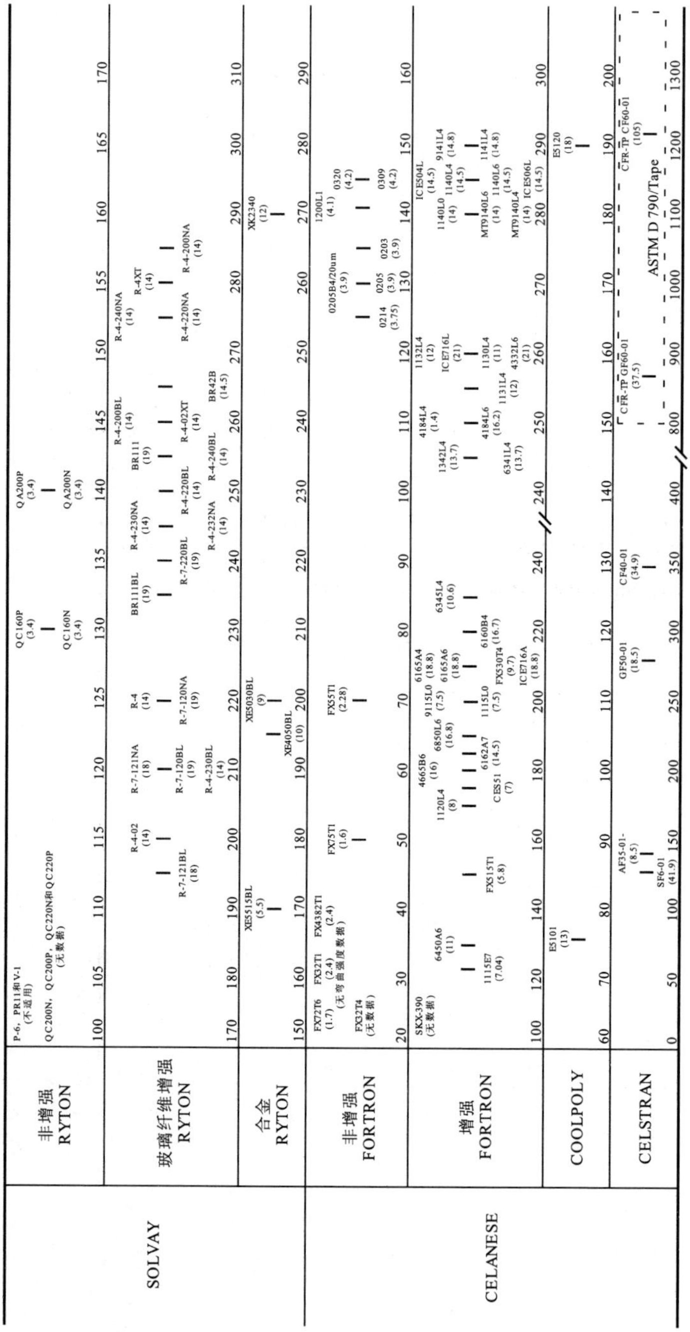

公司	类别	牌号（数值）	刻度
SOLVAY	非增强 RYTON	P-6，PR11和V-1（不适用）；QC200N，QC200P，QC220N和QC220P（无数据）；QC160P (3.4)；QC160N (3.4)；QA200P (3.4)；QA200N (3.4)	100 105 110 115 120 125 130 135 140 145 150 155 160 165 170
	玻璃纤维增强 RYTON	R-7-121BL (18)；R-4-02 (14)；R-7-121NA (18)；R-7-120BL (19)；R-4-230BL (14)；R-4 (14)；R-7-120NA (19)；BR111BL (19)；R-7-220BL (19)；R-4-230NA (14)；R-4-232NA (14)；R-4-220BL (14)；BR111 (19)；R-4-240BL (14)；R-4-200BL (14)；R-4-02XT (14)；BR42B (14.5)；R-4-240NA (14)；R-4-220NA (14)；R-4XT (14)；R-4-200NA (14)	170 180 190 200 210 220 230 240 250 260 270 280 290 300 310
	合金 RYTON	XE5515BL (5.5)；XE4050BL (10)；XE5030BL (9)；XK2340 (12)	150 160 170 180 190 200 210 220 230 240 250 260 270 280 290
CELANESE	非增强 FORTRON	FX72T6 (1.7)；FX32T1 (2.4)；FX4382T1 (2.4)（无弯曲强度数据）；FX32T4（无数据）；FX75T1 (1.6)；FX55T1 (2.28)；0214 (3.75)；0205B4/20um (3.9)；0205 (3.9)；0203 (3.9)；1200L1 (4.1)；0320 (4.2)；0309 (4.2)	20 30 40 50 60 70 80 90 100 110 120 130 140 150 160
	增强 FORTRON	SKX-390（无数据）；1115E7 (7.04)；6450A6 (11)；FX515T1 (5.8)；1120L4 (8)；CES51 (7)；4665B6 (16)；6162A7 (14.5)；6850L6 (16.8)；9115L0 (7.5)；1115L0 (7.5)；6165A4 (18.8)；6165A6 (18.8)；FX530T4 (9.7)；ICE716A (18.8)；6160B4 (16.7)；6345L4 (10.6)；1342L4 (13.7)；6341L4 (13.7)；4184L4 (1.4)；4184L6 (16.2)；1131L4 (12)；1132L4 (12)；ICE716L (21)；1130L4 (11)；4332L6 (21)；1140L0 (14)；MT9140L6 (14)；MT9140L4 (14)；ICE504L (14.5)；1140L4 (14.5)；1140L6 (14.5)；ICE506L (14.5)；9141L4 (14.8)；1141L4 (14.8)	100 120 140 160 180 200 220 240 // 240 250 260 270 280 290 300
	COOLPOLY	E5101 (13)；E5120 (18)	60 70 80 90 100 110 120 130 140 150 160 170 180 190 200
	CELSTRAN	AF35-01- (8.5)；SF6-01 (41.9)；GF50-01 (18.5)；CF40-01 (34.9)；CFR-TP GF60-01 (37.5)；CFR-TP CF60-01 (105)（ASTM D 790/Tape）	0 50 100 150 200 250 300 350 400 // 800 900 1000 1100 1200 1300

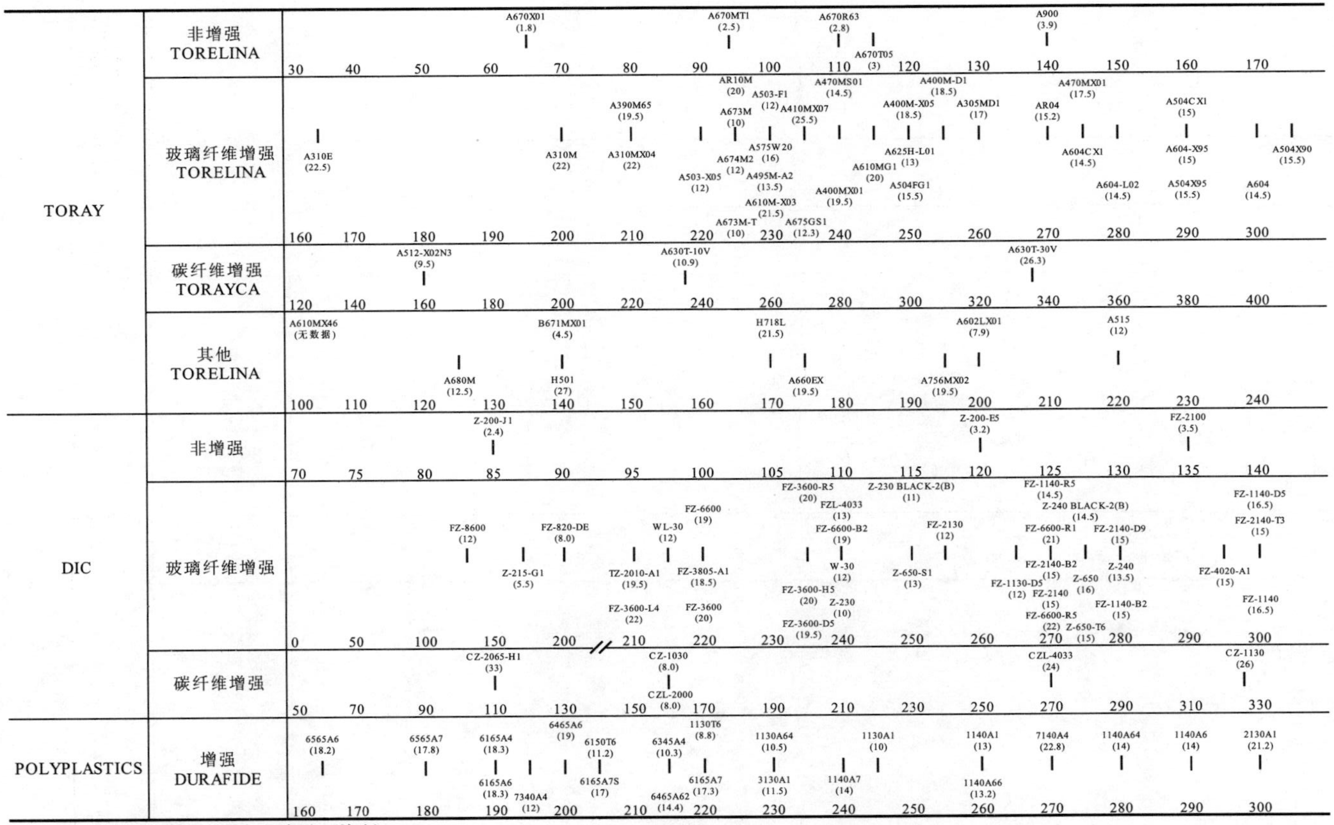

供应商	类别	刻度	牌号（弯曲模量）
TORAY	非增强 TORELINA	30 40 50 60 70 80 90 100 110 120 130 140 150 160 170	A670X01 (1.8); A670MT1 (2.5); A670R63 (2.8); A670T05 (3); A900 (3.9)
	玻璃纤维增强 TORELINA	160 170 180 190 200 210 220 230 240 250 260 270 280 290 300	A310E (22.5); A310M (22); A390M65 (19.5); A310MX04 (22); A503-X05 (12); AR10M (20); A673M (10); A674M2 (12); A673M-T (10); A503-F1 (12); A575W20 (16); A495M-A2 (13.5); A610M-X03 (21.5); A410MX07 (25.5); A675GS1 (12.3); A470MS01 (14.5); A400MX01 (19.5); A610MG1 (20); A400M-X05 (18.5); A625H-L01 (13); A504FG1 (15.5); A400M-D1 (18.5); A305MD1 (17); AR04 (15.2); A470MX01 (17.5); A604CX1 (14.5); A604-L02 (14.5); A504CX1 (15); A604-X95 (15); A504X95 (15.5); A604 (14.5); A504X90 (15.5)
	碳纤维增强 TORAYCA	120 140 160 180 200 220 240 260 280 300 320 340 360 380 400	A512-X02N3 (9.5); A630T-10V (10.9); A630T-30V (26.3)
	其他 TORELINA	100 110 120 130 140 150 160 170 180 190 200 210 220 230 240	A610MX46 (无数据); A680M (12.5); B671MX01 (4.5); H501 (27); H718L (21.5); A660EX (19.5); A756MX02 (19.5); A602LX01 (7.9); A515 (12)
DIC	非增强	70 75 80 85 90 95 100 105 110 115 120 125 130 135 140	Z-200-J1 (2.4); Z-200-E5 (3.2); FZ-2100 (3.5)
	玻璃纤维增强	0 50 100 150 200 // 210 220 230 240 250 260 270 280 290 300	FZ-8600 (12); Z-215-G1 (5.5); FZ-820-DE (8.0); TZ-2010-A1 (19.5); FZ-3600-L4 (22); WL-30 (12); FZ-6600 (19); FZ-3805-A1 (18.5); FZ-3600 (20); FZ-3600-R5 (20); FZ-3600-H5 (20); FZ-3600-D5 (19.5); FZL-4033 (13); FZ-6600-B2 (19); W-30 (12); Z-230 (10); Z-230 BLACK-2(B) (11); Z-650-S1 (13); FZ-2130 (12); FZ-1140-R5 (14.5); FZ-1130-D5 (12); FZ-6600-R1 (21); FZ-2140-B2 (15); FZ-2140 (15); FZ-6600-R5 (22); Z-240 BLACK-2(B) (14.5); Z-650 (16); Z-650-T6 (15); FZ-2140-D9 (15); Z-240 (13.5); FZ-1140-B2 (15); FZ-4020-A1 (15); FZ-1140-D5 (16.5); FZ-2140-T3 (15); FZ-1140 (16.5)
	碳纤维增强	50 70 90 110 130 150 170 190 210 230 250 270 290 310 330	CZ-2065-H1 (33); CZ-1030 (8.0); CZL-2000 (8.0); CZL-4033 (24); CZ-1130 (26)
POLYPLASTICS	增强 DURAFIDE	160 170 180 190 200 210 220 230 240 250 260 270 280 290 300	6565A6 (18.2); 6565A7 (17.8); 6165A4 (18.3); 6165A6 (18.3); 7340A4 (12); 6465A6 (19); 6150T6 (11.2); 6165A7S (17); 6345A4 (10.3); 6465A62 (14.4); 1130T6 (8.8); 6165A7 (17.3); 1130A64 (10.5); 3130A1 (11.5); 1140A7 (14); 1130A1 (10); 1140A1 (13); 1140A66 (13.2); 7140A4 (22.8); 1140A64 (14); 1140A6 (14); 2130A1 (21.2)

注：(1) 数据均来源于各厂商公开资料。

(2) 横排数字代表弯曲强度，单位：MPa；牌号下面括号内为弯曲模量，单位：GPa。

(3) 非注明情况下采用ISO 178测试，注明则采用虚线框内标准测试。

(4) 由于树脂及改性料生产厂商众多，本表仅列出主要厂商产品性能。

3. 聚苯硫醚冲击性能

SOLVAY

标准：ISO 180/A ISO 180
单位：kJ/m²
横排：缺口
括号内：无缺口

非增强 RYTON

P-6，PR11和V-1（不适用）
QC200N，QC200P，QC220N和QC220P（无数据）
QC160N QC160P QA200N QA200P
1.0 1.5 2.0 2.5 3.0 3.5 4.0 4.5 5.0 5.5 6.0 6.5 7.0 7.5 8.0

玻璃纤维增强 RYTON

R-7-121NA (16) R-7-121BL (14) R-7-120NA (15) R-7-120BL (15)
BR111BL (20)
① BR111 (24) R-7-220BL (20)
② R-4-232NA (25) R-4-240BL (40)
BR42B (40)
R-4-240NA (45)
①：R-4-02 (20) R-4-02XT (30) R-4-200BL (35) R-4-220BL (30) R-4-230BL (20)
②：R-4 (25) R-4XT (35) R-4-200NA (40) R-4-220NA (35) R-4-230NA (25)
5.0 5.5 6.0 6.5 7.0 7.5 8.0 8.5 9.0 9.5 10.0 10.5 11.0 11.5 12.0

合金 RYTON

XE4050BL (40)
XK2340 (35)
XE5030BL (45)
XE5515BL (45)
7.4 7.6 7.8 8.0 8.2 8.4 8.6 8.8 9.0 9.2 9.4 9.6 9.8 10.0 10.2

CELANESE

非增强 FORTRON

0205 0320 0203 0214
0309，0205B4/20um（无数据）
FX72T6
FX32T4 (7)
FX32T1 (9) FX4382T1 (9)
标准：ISO 179/1eA
单位：kJ/m²
横排：23℃缺口
括号内：-30℃缺口
FX55T1 (35)
FX75T1 (46)
标准：ISO 179/1eU
单位：kJ/m²
横排：23℃无缺口
括号内：-30℃无缺口
1200L1
0 2 4 6 8 10 // 0 15 30 45 60 // 50 100 150 200

增强 FORTRON

标准：ISO 180/1A
单位：kJ/m²
横排：缺口
SKX-390
6850L6
1115E7
4665B6 6165A6 6160B4 1120L4 6162A7 6165A4 6450A6
4184L4 4184L6
1342L4 1131L4 6341L4 1132L4 1130L4 6345L4
ICE504L ICE506L MT9140L4 MT9140L6
9115L0 (32) ICE716A (20) 4332L6 (30) 1115L0 (32)
③ 9141L4 (53) 1141L4 (53)
FX530T4 FX515T1
CES51 (50)
③：1140L0 1140L4 1140L6 ICE716L (30)
0 2 4 6 8 10 12 // 0 5 10 15 20 25 30 35

COOLPOLY

E5120 (13) E5101
2.5 2.6 2.7 2.8 2.9 3.0 3.1 3.2 3.3 3.4 3.5 3.6 3.7 3.8 3.9

CELSTRAN

SF6-01
CFR-TP GF60-01和CTF-TP CF60-01（不适用）
AF35-01-
CF40-01
GF50-01
0 2 4 6 8 10 12 14 16 18 20 22 24 26 28

厂商	类别	牌号（括号内为无缺口冲击强度）	刻度（缺口冲击强度）
TORAY	非增强 TORELINA	A900 (50)；A670T05 (350)；A670R63；A670MT1；A670X01 (400)	0　5　10　15　20　25　30　35　40　45　50　55　60　65　70
	玻璃纤维增强 TORELINA	A310E (11)；A610M-X03 (21)；A390M65 (17)；A310M (16)；A575W20 (35)；A495M-A2 (44)；A310MX04 (18)；A305MD1 (40)；④；A470MS01 (47)；A410MX07 (17)；A675GS1 (55)；A400M-X05 (25)；A400MX01 (23)；A610MG1 (22)；A470MX01 (43)；A604-L02 (55)；A504FG1 (30)；A504X90 (55)；A504X95 (45)；A504CX1 (55)；⑤；A604 (60)；A673M-T (60)；A674M2 (57)；A673M (60) ④：AR10M (20)　A400M-D1 (30)　A503-X05 (30)　A625H-L01 (36) ⑤：AR04 (35)　A503-F1 (25)　A604CX1 (55)　A604-X95 (45)	4　5　6　7　8　9　10　11　12　13　14　15　16　17　18
	碳纤维增强 TORAYCA	A512-X02N3；A630T-10V；A630T-30V	3.2　3.4　3.6　3.8　4.0　4.2　4.4　4.6　4.8　5.0　5.2　5.4　5.6　5.8　6.0
	其他 TORELINA	A610MX46（无数据）；A680M (15)；B671MX01 (60)；A660EX (16)（少缺口冲击数据）；H501 (8)；H718L (15)；A756MX02 (15)；A602LX01；A515 (35)	3.5　4.0　4.5　5.0　5.5　6.0　6.5　7.0　7.5　8.0　8.5　9.0　9.5　10.0　10.5
DIC	非增强	FZ-2100；Z-200-E5；Z-200-J1	0　5　10　15　20　25　30　35　40　45　50　55　60　65　70
	玻璃纤维增强	FZ-8600 (14)；TZ-2010-A1 (23)；FZ-3805-A1 (20)；FZ-3600-R5 (22)；FZ-3600-L4 (20)；FZ-6600 (25)；FZ-3600 (23)；FZ-3600-H5 (22)；WL-30 (20)；W-30 (32)；Z-650 (50)；⑥；FZ-2130 (45)；Z-230 BLACK-2(B) (58)；FZ-6600-R5 (27)；FZ-6600-R1 (31)；⑦；FZ-2140 (50)；FZ-2140-T3 (58)；Z-230 (61)；Z-240 (65)；Z-215-G1 (60) ⑥：FZ-1130-D5 (40)　FZ-2140-B2 (46)　FZ-2140-D9 (45)　FZ-3600-D5 (25)　FZ-4020-A1 (50)　FZ-6600-B2 (30)　FZ-820-DE (55) ⑦：Z-650-S1 (50)　Z-650-T6 (57)　FZ-1140 (45)　FZ-1140-B2 (35)　FZ-1140-D5 (50)　FZ-1140-R5 (48)　FZL-4033 (40)　Z-240 BLACK-2(B) (57)	0　2　4　6　8　10　12　14　16　18　20　22　24　26　28
	碳纤维增强	CZ-2065-H1 (3)；CZ-1030 (13)；CZL-2000 (15)；CZL-4033 (30)；CZ-1130 (32)	0　0.5　1.0　1.5　2.0　2.5　3.0　3.5　4.0　4.5　5.0　5.5　6.0　6.5　7.0
POLYPLASTICS	增强 DURAFIDE	3130A1；6565A6；7140A4；6165A4；6165A6；6165A7S；7340A4；6565A7；2130A1；6165A7；6465A6；6465A62；1130A64；6150T6；6345A4；1140A66；1140A7；1140A64；1130A1；1140A1；1140A6；1130T6	0　1　2　3　4　5　6　7　8　9　10　11　12　13　14

注：(1) 数据均来源于各厂商公开资料。

(2) 横排数字代表缺口冲击强度，单位：kJ/m^2；牌号下面括号内为无缺口冲击强度，单位：kJ/m^2。

(3) 非注明情况下采用ISO 179/1eA和ISO 179/1eU测试，注明则采用虚线框内标准测试。

(4) 由于树脂及改性料生产厂商众多，本表仅列出主要厂商产品性能。

关键词索引

W

X

Y

Z

其他